TECHNIK, WIRTSCHAFT und POLITIK 36

Schriftenreihe des Fraunhofer-Instituts
für Systemtechnik und Innovationsforschung (ISI)

Projektteam:

Fraunhofer-Institut für Systemtechnik und Innovationsforschung, Karlsruhe

Dr. Wolfgang Eichhammer
Dipl.-Soz. Edelgard Gruber
Dipl.-Wirt.-Ing. Dirk Köwener
Dipl.-Ing. Heinz Kottmann
Dipl.-Volksw. Wilhelm Mannsbart
Dipl.-Ing. Ursula Mielicke
Dipl.-Ing. Martin Patel
Dipl.-Ing. (FH) Dietmar Saage

Lehrstuhl für Energiewirtschaft und Kraftwerkstechnik der Technischen Universität München:

Dr.-Ing. Bernd Geiger
Dipl.-Ing. Heinrich Kleeberger
Dipl.-Phys. Thomas Brunner

Forschungsstelle für Energiewirtschaft, München:

Dipl.-Ing. Werner Megele
Dipl.-Ing. Alexander Saller
Dipl.-Ing. Gerhard Bressler
Dr.-Ing. Georg Rosenbauer
Dipl.-Ing. (FH) Cornelia Schmittinger
Dipl.-Ing. Ernst Hellriegel
Dipl.-Ing. (FH) Claudia Günther-Pomhoff

Büro für sozialverträgliche Ressourcenschonung, Karlsruhe:
Dipl.-Ing. Leif Laszig

Dipl.-Volkswirt Hans H. Forsbach, ETA-plus, Köln

Feldarbeit: INRA Marktforschung, Mölln

Die Studie wurde von der Deutschen Bundesstiftung Umwelt finanziell gefördert.

Bernd Geiger · Edelgard Gruber
Werner Megele

Energieverbrauch und Einsparung in Gewerbe, Handel und Dienstleistung

Mit 136 Abbildungen
und 156 Tabellen

Springer-Verlag Berlin Heidelberg GmbH

Dr.-Ing. Bernd Geiger
Lehrstuhl für Energiewirtschaft und Kraftwerkstechnik,
Technische Universität München
Arcisstraße 21
D-80333 München

Dipl.-Soz. Edelgard Gruber
Fraunhofer-Institut für Systemtechnik und
Innovationsforschung (ISI)
Breslauer Straße 48
D-76139 Karlsruhe

Dipl.-Ing. Werner Megele
Forschungsstelle für Energiewirtschaft (FfE)
Am Blütenanger 71
D-80995 München

ISBN 978-3-7908-1216-9 ISBN 978-3-642-52082-2 (eBook)
DOI 10.1007/978-3-642-52082-2

Die Deutsche Bibliothek - CIP-Einheitsaufnahme
Geiger, Bernd:
Energieverbrauch und Einsparung in Gewerbe, Handel und Dienstleistung / Bernd Geiger ; Edelgard Gruber ; Werner Megele.

(Technik, Wirtschaft und Politik ; 36)
ISBN 978-3-7908-1216-9

Ursprünglich erschienen bei Physica-Verlag Heidelberg 1999

Umschlaggestaltung: Erich Kirchner, Heidelberg
SPIN 10730893 88/2202-5 4 3 2 1 0 - Gedruckt auf säurefreiem Papier

Vorwort

Im Sinne des Umwelt- und Klimaschutzes ist es notwendig, die Anstrengungen zur Verbesserung der Energieeffizienz auf der Seite der Energieverbraucher zu verstärken. Dies gilt insbesondere nach den Vereinbarungen in Kyoto und den Verhandlungen der EU-Umweltminister im Juni 1998 um das „Burden Sharing". Die schnell wachsenden Umsätze von Energiedienstleistungsunternehmen, die vielen Bewerbungen deutscher Unternehmer um den Energieeffizienz-Preis der Elektrizitätswirtschaft und empirische Erhebungen belegen eindrucksvoll, daß es in hohem Maße wirtschaftliche, aber noch nicht genutzte Energieeffizienz-Potentiale in der Wirtschaft und den öffentlichen Einrichtungen gibt. Diese Chancen schnell zu ergreifen und die Bedingungen ihrer Realisierung zu verbessern, steigert nicht nur die Ertragskraft der Unternehmen und die Chancen der öffentlichen Hand, ihren Haushalt zu konsolidieren, sondern beschleunigt auch energietechnische Innovationen und das Wachstum der deutschen Exporteure solcher innovativer Produkte und Dienstleistungen.

Für eine umfassende Strategie, um die bestehenden Möglichkeiten in dem technologisch sehr vielfältigen und in der Forschung vernachlässigten Sektor „Kleinverbrauch" beschleunigt umzusetzen, fehlte bisher eine aktuelle Datenbasis zum Stand der energietechnischen Ausstattung und der Energiesparaktivitäten. Die Deutsche Bundesstiftung Umwelt förderte deshalb dieses Vorhaben, bei dem empirisch fundierte, repräsentative Aussagen hierzu gewonnen und konkrete Maßnahmen zur Umsetzung ergriffen wurden.

Die anspruchsvolle Analyse wurde von einem Konsortium aus mehreren Forschungsinstituten durchgeführt, die sich seit vielen Jahren mit der rationellen Energienutzung befassen und über Erfahrungen mit den für Strukturanalysen notwendigen methodischen Instrumenten verfügen.

Mit Ungeduld warten Wissenschaftler und energiepolitische Entscheidungsträger auf die Ergebnisse dieser Untersuchung, da eine vergleichbare Analyse 15 Jahre zurückliegt. Die Detaillierung des Energieverbrauchs im Sektor Kleinverbrauch liegt nunmehr mit einer Fülle von Ergebnissen und Erkenntnissen vor. Hinter den Beteiligten liegt eine Vielzahl unerwarteter Probleme und nicht absehbarer Änderungen im zeitlichen und methodischen Ablauf sowie im Umfang der Bearbeitung. Der Eigenanteil der Institute stieg so auf mehr als ein Drittel am Gesamtvolumen. Detaillierungsstudien erfordern wohl immer Detailarbeit in einem Ausmaß, wie dies Unbeteiligten nur schwer zu vermitteln ist. Dafür eröffnen sie die Chance zu verbrauchernahen Informationen, wie dies breitenwirksam nur selten möglich ist.

Die Tiefeninterviews und Betriebsbegehungen erwiesen sich als aufwendiger und langwieriger als ursprünglich geplant, vor allem wegen der Heterogenität der

Betriebe und der Tatsache, daß die meisten Befragten für die Beantwortung der Fragen schlecht gerüstet waren. Dieses Manko trat noch stärker in der Breitenerhebung zutage, wodurch für die Fehlerbereinigung und die Interpretation der Daten ein ganz erheblicher Mehraufwand entstand. Wenn diese Studie zu einem glücklichen Abschluß gelangte, dann auch deshalb, weil ein Mitarbeiter des Lehrstuhls für Energiewirtschaft und Kraftwerkstechnik, Heinrich Kleeberger, mit Stehvermögen, Engagement, unendlicher Geduld und Einsatz von Freizeit das Datenmaterial in der von allen gewünschten Qualität aufbereitete, wofür wir uns an dieser Stelle besonders bedanken möchten.

Die Ergebnisse sollen nun den interessierten Forschern, Politikern, Verbänden, Betrieben und der Öffentlichkeit zur Verfügung gestellt werden. Die im Umsetzungsteil erarbeiteten Broschüren werden in ein laufendes „Impulsprogramm" im Bundesland Hessen eingebunden; damit ist ihre zielgerichtete und effiziente Verbreitung im Zusammenhang mit Weiterbildungsseminaren garantiert. Im September 1998 wurde die Studie auf einem Workshop für Multiplikatoren präsentiert. Daraus folgten weitere, bundesweit wirksame Anstöße.

Wir bedanken uns für wertvolle Anregungen von Vertretern des Forschungsministeriums, des Wirtschaftsministeriums und des Umweltbundesamtes in der Startphase des Vorhabens. Unser Dank gilt aber auch allen Beteiligten im Projektteam, die sich in überdurchschnittlicher Weise für diese Untersuchung eingesetzt und den immer wieder auftretenden Schwierigkeiten getrotzt haben. Eingeschlossen ist in diesen Dank auch unsere Mitarbeiterin Bärbel Katz, die sich mit viel Umsicht der Manuskripte und der umfangreichen Korrekturen zu diesem Bericht angenommen hat.

Dipl.-Soz. Edelgard Gruber
Projektleiterin im ISI

Dr.-Ing. Bernd Geiger
Projektleiter am Lehrstuhl der TU München

Inhaltsverzeichnis

1 Ausgangslage und Zielsetzung

Zum Sektor Kleinverbrauch zählen in der Energiebilanz der Bundesrepublik alle Endenergieverbraucher, die nicht den Sektoren Industrie, private Haushalte und Verkehr zugeordnet werden. Es handelt sich um einen sehr heterogenen Bereich mit einem großen Anteil an mittelständischen Wirtschaftsunternehmen aus den Bereichen Kleingewerbe, Handel, Handwerk, Landwirtschaft, Baugewerbe und private Dienstleistungen. Außerdem gehören die gesamten öffentlichen Gebäude und Einrichtungen zu diesem Sektor.

Die Vielfalt des Sektors zeigt sich auch darin, daß sehr unterschiedliche Betriebsgrößenklassen vertreten sind. Bei den Unternehmen des Verarbeitenden Gewerbes zählen alle Betriebe mit weniger als 20 Beschäftigten zum Kleinverbrauch, in den übrigen Bereichen sind alle Größenklassen der Beschäftigten einbezogen.

Insgesamt umfaßte der Sektor Kleinverbrauch 1994 in Deutschland mit 26,9 Mio. rund zwei Drittel der Erwerbstätigen, und auf ihn entfielen 1994 mit ca. 49 Mio. t SKE (1.440 PJ) rund 16 % des gesamten Endenergieverbrauchs.

Zum Stand der Forschung in der statistischen Bestandsaufnahme

Die vorliegende Studie füllt eine Lücke aus, die seit vielen Jahren als großer Mangel empfunden wird (Görgen 1993), wenn es darum geht, die Entwicklung des Energieverbrauchs abzuschätzen, die Einsparpotentiale zu quantifizieren und umsetzungsorientierte Maßnahmen zur Förderung der rationellen Energienutzung für den Kleinverbrauchssektor vorzuschlagen. Dies lag vor allem an der unzureichenden statistischen Basis über den Energieeinsatz in diesem Sektor. Insbesondere war der Stand der rationellen Energienutzung bisher noch wenig erforscht, und Bestandsdaten über Nutzflächen und energierelevante Anlagen und Geräte fehlten gänzlich.

Für die alten Bundesländer liegen Untersuchungen mit einer Datenbasis von 1978 und 1982 vor (DIW u. a. 1982; 1986), die eine Strukturierung nach eingesetzten Energieträgern und Verwendungszwecken – Wärme, Kraft, Beleuchtung etc. – enthalten. Diese Daten sind heute veraltet. Außerdem wurden die vorhandenen Anlagen nicht sehr detailliert und die Energiespar-Aktivitäten überhaupt nicht erfaßt. Selbst die Daten über die Verwendungszwecke sind erklärungsbedürftig.

Für die neuen Bundesländer war die Datenbasis noch schmaler. Bei Beantragung der Studie lagen kaum Informationen über die Situation in den neuen Bundesländern vor, was statistische Erkenntnisse über die wirtschaftliche Struktur und den energietechnischen Ist-Zustand im Sektor Kleinverbraucher anbetrifft. In den Statistiken der früheren DDR gab es den Sektor „Kleinverbrauch“ nicht. Die Energieverbräuche waren einzelnen Ministerien zugeordnet, darüber hinaus wurden die Bereiche „Bevölkerungslieferung" und „übrige Verbraucher" erfaßt. Diese „übrigen Verbraucher" umfaßten nach der Definition „Abnehmer außerhalb der Bereiche Wirtschaft und Bevölkerung; ohne Wärmebezug" und waren ab 1988 „ohne Industriebaukombinate und örtliche Landwirtschaft für Elektroenergie, Stadtgas, Importerdgas, DDR-Erdgas" ausgewiesen. Die überarbeitete Energiebilanz für die DDR entsprechend der Bilanzmethode der Bundesrepublik enthält nun die Zeile „Haushalt und Kleinverbraucher insgesamt". Die hierin enthaltenen Angaben dürften jedoch noch unsicherer sein als in der Bilanz der alten Bundesländer. In Studien (z. B. Schaefer u. a. 1993) wurden mit Hilfe von Forschungseinrichtungen der ehemaligen DDR vorhandene Datenbestände zur Verbrauchsstruktur von Bereichen, die dem Sektor Kleinverbrauch zuzurechnen sind, erfaßt und dokumentiert. Durch die teilweise erhebliche Umstrukturierung der ostdeutschen Wirtschaft, z. B. durch den Übergang von Kombinaten zu Kleinbetrieben, wie etwa im Baugewerbe oder bei Wäschereien, war die Notwendigkeit einer Erhebung von Primärdaten zur Beurteilung des Energieverbrauchs jedoch unumgänglich.

Auf der Basis verschiedener Studien (Kolmetz/Rouvel 1992; Schaefer u. a. 1993; Sonntag 1992) wurden im BMBF-Forschungsvorhaben IKARUS (Instrumente für Klimagas-Reduktions-Strategien – Möglichkeiten der Reduktion energiebedingter Klimagasemissionen in den produzierenden Branchen des Sektors Kleinverbrauch) die Möglichkeiten und Kosten eines rationelleren Energieeinsatzes im produzierenden Kleingewerbe technik- und anlagenspezifisch ermittelt. Mit diesen Studien konnten auf der Basis von fortgeschriebenen, hochgerechneten, abgeschätzten und plausibel erscheinenden Eckwerten zur Anwendungsbilanz (Geiger/Heß 1996; 1997; 1998) des Sektors Kleinverbrauch der damit korrespondierende Energieverbrauch nach Energieträgern ausgewiesen werden. Er genügt Plausibilitätskontrollen und kann als Orientierungshilfe für eine grobe und pauschale Beurteilung des Energieverbrauchs der Kleinverbraucher angesehen werden. Darüber hinausgehende Interpretationen oder daraus abgeleitete Daten, z. B. zur energietechnischen Ausstattung und zum Energieeinsparpotential, können jedoch nicht mehr als fundierte Aussagen gewertet werden.

Potentiale und Hemmnisse

In der energiewirtschaftlichen und -politischen Forschung besteht Einigkeit darüber, daß in vielen Zielgruppen der Energienachfrage erhebliche rentable Potentiale zur Verbesserung der Energieeffizienz bestehen. Techniken zur rationellen Energieverwendung sind inzwischen weit entwickelt und weisen häufig auch eine hohe Rentabilität auf. Die technischen und wirtschaftlichen Potentiale sowie ihr möglicher Beitrag zur Minderung der Klimagasemissionen sind weitgehend bekannt (Enquête-Kommission 1990; Jochem u. a. 1996; Kolmetz u. a. 1995; Eicke-Hennig u. a. 1994).

Die Potentiale sind heute noch bei weitem nicht ausgeschöpft. Am ehesten werden energiesparende Maßnahmen in großen Unternehmen und energieintensiven Branchen durchgeführt, wo spezialisiertes Fachpersonal vorhanden ist oder hohe Energiekosten die Betriebsleiter zu Einsparungen motivieren (z. B. Gillissen u. a. 1995; Hofer/Schnitzer 1994; DeCanio 1993; Gruber/Brand 1990). Ansonsten wird wenig Augenmerk auf das Energiethema gelegt. Gerade in mittelständischen Betrieben wurde in der Vergangenheit festgestellt, daß die am Markt verfügbaren Technologien und die organisatorischen Maßnahmen zur Energieeinsparung nur zu einem geringen Teil eingesetzt werden; je kleiner die Betriebe und je geringer die Energiekostenanteile sind, desto größer sind die Hemmnisse (Gruber/Brand 1990). Die Hemmnisse werden vor allem mit wirtschaftswissenschaftlich begründeten Hypothesen erklärt, z. B. mangelnde energietechnische Kenntnisse, fehlender Marktüberblick, hohe Transaktionskosten, Investor-Nutzer-Dilemma, mangelndes Eigenkapital, für zu lang gehaltene Amortisationszeiten, andere Investitionsprioritäten etc.

Eine umfassende Bestandsaufnahme der Potentiale und Hemmnisse erfolgte durch die erste und zweite Enquête-Kommission des Deutschen Bundestages zum Klimaschutz (Enquête-Kommission 1990; 1995). In breitem Umfang wurden hier theoretische und praktische Erkenntnisse und Erfahrungen gesammelt und systematisiert. Auf dieser Basis wurden differenzierte, gruppenspezifische Maßnahmenkataloge vorgeschlagen. Sie mündeten teilweise in Beschlüsse der Bundesregierung (Reichert u. a. 1993), wurden aber konkret und wirksam bisher nur zu einem geringen Teil umgesetzt. Seit einigen Jahren verlagert sich die Förderpolitik für die rationelle Energienutzung und erneuerbare Energien mehr und mehr auf die Bundesländerebene (Jochem u. a. 1996). Empfehlungen von Experten tendieren zunehmend zu marktwirtschaftlichen Maßnahmen und zur Anregung von Eigeninitiativen, die sich am wirkungsvollsten auf regionaler Ebene umsetzen lassen (z. B. Gruber 1996; Frahm u. a. 1997). Neuere Forschungsansätze (Hennicke u. a. 1998) verfolgen die Strategie, Erfolgsfaktoren zu identifizieren und zu analysieren, die zur Realisierung von Projekten zur rationellen Energieanwendung, z. B. in Unternehmen, geführt oder die Programmen und Aktivitäten zur Förderung der Energie-Effizienz zu einer Breitenwirkung verholfen haben.

Eine notwendige Maßnahme ist die Verbesserung des Informationsstands der Entscheidungsträger in den Betrieben und Einrichtungen. Für die weitaus meisten Branchen und Verbrauchsbereiche des Sektors Kleinverbraucher fehlten jedoch bisher die Grundlagen, um geeignete informative Maßnahmen zu ergreifen. Es lagen zwar detaillierte Daten über Techniken zur rationellen Energienutzung, ihre Kosten und ihre Wirtschaftlichkeit vor, aber es fehlten Bestandszahlen zur Betriebsfläche, zur Nutzungsart, zum Beheizungsumfang, zum Umfang von Maßnahmen zur Raumkonditionierung, zur Lüftung und Klimatisierung und generell zu Energieumwandlungsanlagen sowie über den Anlagenbestand und quantitative empirische Erkenntnisse über die Energiespar-Aktivitäten der Energieverbraucher.

Die vorliegende Literatur bietet in aller Regel Detailuntersuchungen, d. h. Einzelinformationen für bestimmte Techniken oder Fallstudien über Betriebe oder Gemeinden. Hieraus läßt sich weder ein gesamtes Bild des Maschinen-, Geräte- und Anlagenparks oder des Gebäudebestandes noch eine repräsentative Aussage zu den Hemmnissen in einer Branche ableiten. Größere empirische Erhebungen wurden allenfalls in einigen wenigen Branchen durchgeführt (z. B. Fleißner/Thöne 1993; Gruber/Brand 1990). Aussagen für die Gesamtheit des heterogenen Sektors Kleinverbraucher waren bisher nicht möglich.

Zielsetzung der Studie

Zweck der Untersuchung war im Unterschied zu den vorangegangenen Detaillierungsstudien nicht nur eine Hochrechnung des Energieverbrauchs und seiner Verwendungszwecke auf die Gesamtheit des Kleinverbrauchssektors, sondern auch die Gewinnung inhaltlich fundierter Erkenntnisse zu einzelnen – vom energetischen Standpunkt aus gesehen besonders wichtigen und interessanten – Branchen.

Die Studie sollte vom Ansatz her nach Möglichkeit mit der Erhebung von 1982 vergleichbar sein. Der Energieverbrauch sollte in homogenen Untergruppen des Sektors erfaßt und auf Verwendungszwecke aufgeteilt werden. Ziel war, repräsentative Aussagen über den Bestand energierelevanter Anlagen, Einflußfaktoren auf den Energieverbrauch der Betriebe, Energiesparaktivitäten und Hemmnisse zu erhalten.

Die Ergebnisse der Studie sollen auch eine gezielte Energieeffizienzpolitik für den Sektor Kleinverbrauch ermöglichen. Deshalb sollten auf der Basis empirischer, repräsentativer Methoden die Grundlagen für umsetzungsorientierte Maßnahmen erhoben werden. Die Erhebung sollte dazu beitragen, den tatsächlichen Handlungsbedarf zu ermitteln und auf dieser Grundlage informative Maßnahmen zu gestalten, nämlich mit Bezug auf die tatsächliche Ausstattung der Betriebe, mit energetischen Kennwerten und Hinweisen auf wirtschaftliche Energiesparmöglichkeiten im Betrieb. Da es in den neuen Bundesländern bislang keine solche Daten gab, war es insbesondere dort erforderlich zu ermitteln, welche Zielgruppen genau welche Informationen benötigen. Die Hochrechnungen sollten ferner eine solide statistische Basis für Energiebedarfsprognosen liefern, die unter anderem für kommunale und regionale Energiekonzepte sowie für Eigeninitiativen der Wirtschaftsorganisationen und der Hersteller energieeffizienter Anlagen und energiesparender Güter genutzt werden kann.

Mit der Untersuchung und den dabei verfolgten makro- und mikroanalytischen Verknüpfungen, die von der Meßkampagne bei Einzelbetrieben bis zur Erhebung bei Gruppen von Gewerbebetrieben reichte, können folgende umsetzungsrelevanten Fragenkomplexe behandelt werden:

- wo unter gruppentypischen Aspekten vornehmlich Maßnahmen rationelleren Energieeinsatzes Priorität haben sollen, wo also die wichtigsten und für Verbrauchsreduzierungen interessanten Betriebe von Verbrauchergruppen zu finden sind,
- wie unter anwendungstypischen Aspekten Maßnahmen zu ergreifen sind, um eine rationelle Bedarfsdeckung zu ermöglichen, wie also ausgehend von ähnlicher Prozeßtechnik auf breiter Ebene übertragbare Techniken zum Einsatz kommen sollten,
- welche Rahmenbedingungen unter gebäudetypischen und nutzungstypischen Aspekten eine grundsätzliche Veränderung erfahren sollten, welche Anforderungskataloge also an die wärmetechnische und versorgungstechnische Qualität von Nichtwohngebäuden unter Einbezug typischer Nutzungsprofile und Arbeitsabläufe zu stellen sind.

Auf diesem Wege können belastbare, praktikable und auch umsetzbare Lösungen zur Verbesserung der Energieeffizienz erarbeitet werden.

2 Methodisches Vorgehen

Bei der vorliegenden Studie wurde nach der „Bottom-up/Top-down“-Methode verfahren. Dem „Top-down“-Ansatz mit den verfügbaren Daten aus der amtlichen Statistik wurden „Bottom-up“-Ergebnisse aus Verbands- und Expertengesprächen, Betriebsinterviews und Betriebsbegehungen gegenübergestellt, um aus einzelbetrieblicher Sicht typische Betriebs- und Branchenstrukturen sowie energietechnische Gegebenheiten zu ermitteln.

Schwerpunkt der Untersuchung war die Breitenerhebung. Wesentliche Kriterien für die spätere Verwendbarkeit ihrer Ergebnisse waren Erkenntnisse über die energietechnische Ausstattung der Betriebe und den Stand ihrer Energiesparaktivitäten sowie der Hemmnisse für die rationelle Energienutzung. Die Schlußfolgerungen aus der Erhebung sollten über das hinausgehen, was in den früheren Detaillierungsstudien behandelt wurde, zumal es ein Hauptziel der neuen Untersuchung war, einen Beitrag zur Realisierung gehemmter Energieeffizienz-Potentiale durch Informationsbroschüren zu leisten. Gleichzeitig war eine bestmögliche Repräsentativität der Ergebnisse für den Kleinverbrauchssektor und seine Subsektoren erforderlich, denn erfahrungsgemäß dient eine solche Analyse später einer Vielzahl von Anwendungen wie etwa Energieprognosen, Potentialanalysen etc. Es waren deshalb methodische Überlegungen anzustellen, wie diese beiden Zielsetzungen in der Breitenerhebung erfüllt werden können.

Das Vorgehen bestand im wesentlichen aus sechs Arbeitsschritten: Strukturierung relativ homogener Verbrauchergruppen aus technischer Sicht, Erarbeitung technischer und organisatorischer Indikatoren für den Energieverbrauch und die Energiesparaktivitäten, intensive technische Analysen und Hemmnis-Untersuchungen mittels Betriebsbegehungen und Tiefeninterviews, Breitenerhebung bei knapp 3.000 Betrieben und Einrichtungen, Hochrechnung der Ergebnisse auf den Sektor Kleinverbrauch und Umsetzung der Erkenntnisse für ausgewählte Verbrauchergruppen mittels Informationsbroschüren und anderen Instrumenten.

2.1 Aufbereitung vorliegender Erkenntnisse und Branchengruppierung

Zunächst war erforderlich, die Vielfalt der Verbrauchsbereiche derart zu strukturieren, daß hinsichtlich der Produktionsverfahren und der energietechnischen Anlagen vergleichbare Betriebe und Einrichtungen zusammengefaßt werden konnten. Für die Breitenerhebung bedeutete dies, daß für jede Branche ein weitgehend einheitlicher Fragebogen verwendet werden konnte und für eine sinnvolle Interpretation der

Ergebnisse sowohl ausreichende Fallzahlen als auch inhaltliche Stimmigkeit der Aussagen der Befragten gegeben waren. Außerdem mußte berücksichtigt werden, daß sowohl die Daten des Statistischen Bundesamtes als auch die Angaben aus der Energiebilanz der Bundesrepublik Deutschland (Arbeitsgemeinschaft Energiebilanzen 1997) zum Abgleich der Ergebnisse verwendet werden konnten. Beide Quellen nehmen zum Teil unterschiedliche Branchenabgrenzungen vor. So war z. B. darauf zu achten, daß keine Doppelzählungen von Betrieben vorkamen, wenn diese in unterschiedlichen Statistiken verschiedenen Branchen zugeordnet wurden (z. B. Abgrenzung der Schreinereien gegenüber Baugewerbe und Holzverarbeitung).

Eine weitere Schwierigkeit bestand darin, daß wichtige branchenbezogene Daten, wie z. B. Energieverbräuche, Energiekosten oder Produktionsdaten im Sektor Kleinverbrauch nicht durchgängig beim Statistischen Bundesamt vorliegen oder die Branchen nicht in gleicher Weise abgegrenzt sind wie bei der Arbeitsstättenstatistik. In diesen Fällen wurden z. B. Handwerkszählungen und Daten einzelner Branchenverbände sowie Ergebnisse aus wissenschaftlichen Untersuchungen (Kolmetz u. a. 1995) und von den früheren Detaillierungsstudien (DIW u. a. 1982; 1986) herangezogen.

Zunächst wurde der Sektor Kleinverbrauch nach insgesamt mehr als 200 Untergruppen aufgeschlüsselt. Aufgrund von Arbeitsstätten-, Beschäftigten- und Energieverbrauchszahlen wurden Schwerpunkte ermittelt; dort wurden Tiefeninterviews und Betriebsbegehungen durchgeführt. Dabei wurden auch Branchen untersucht (z. B. Nahrungs- und Genußmittel), die später wegen ihrer untergeordneten Bedeutung und teilweise zugleich heterogenen Produktionstechnik angesichts der Begrenzung auf 3.000 Fälle aus der Breitenerhebung ausgeschlossen wurden.

Die Gesamtheit der Betriebe und Einrichtungen wurde schließlich nach drei Kriterien zusammengefaßt: Sie sollten technisch und wirtschaftlich relativ homogen, mit vorhandenen statistischen Quellen kompatibel und in ihren energietechnischen Details hinreichend zutreffend beschreibbar sein. Es ergaben sich 23 Hauptgruppen („Splits“) als Grundlage für die Quotierung in der Breitenerhebung (siehe Kapitel 2.4.1 und Tabelle 2.1-1). Für diese Verbrauchergruppen wurden die jeweiligen energierelevanten Anlagen und Produktionsschritte analysiert. Dies erfolgte aufgrund von Literaturauswertungen und Gesprächen mit Betrieben, Verbänden, Innungen, Herstellerunternehmen und Branchenforschungsinstituten. Aus der vorangegangenen Detaillierungsstudie (DIW u. a. 1986) konnten einige methodische Erkenntnisse genutzt werden.

Tabelle 2.1-1: Liste der 23 Hauptgruppen des Kleinverbrauchs im Rahmen dieser Untersuchung

1	Metallgewerbe	12	Einzelhandel
2	Kfz-Gewerbe	13	Großhandel
3	Holzbe- und -verarbeitung	14	Kreditinstitute, Versicherungen
4	Papier- und Druckgewerbe	15	Beherbergungsgewerbe
5	Bäckereien/Konditoreien	16	Gaststätten
6	Fleischereien	17	Verlagsgewerbe
7	Restliche Nahrungsmittel	18	Sonst. betriebliche Dienstleistungen
8	Wäschereien, Chem.-Reinigungen	19	Org. ohne Erwerbszweck, Heime
9	Baugewerbe	20	Gebietskörperschaften
10	Landwirtschaft	21	Krankenhäuser
11	Gartenbau	22	Schulen
		23	Bäder

2.2 Erarbeitung energietechnischer Indikatoren

Um für die Breitenerhebung geeignete Indikatoren für Energieverbrauch und -einsparaktivitäten zu ermitteln, wurden aus der Literatur sowie aus Experten- und Betriebsinterviews Kenngrößen bestimmt, die mit dem tatsächlichen Energieverbrauch verglichen werden konnten.

Ähnlich wie in den früheren Detaillierungsstudien wurde die Ausstattung der Betriebe mit energierelevanten Einrichtungen ermittelt. Neu war in der vorliegenden Untersuchung, daß auch die Dimensionierung der Geräte und die Benutzungsstrukturen – jährliche Betriebsdauer und Betriebsweise – erfragt wurden.

Neben branchenspezifischen Energieanwendungen wurde eine Reihe von Querschnittstechnologien identifiziert, die in mehreren oder allen Branchen vorkommen, so z. B. Heizung, Warmwasserbereitung, Beleuchtung, elektronische Bürogeräte, Lüftung und Klimatisierung, Kühl- und Gefrieranlagen sowie Drucklufterzeugung und -verteilung.

Außerdem stellten sich die betrieblichen Bedingungen in drei Branchen als besonders heterogen dar. Dies waren zum einen Landwirtschaft und Baugewerbe, da sie nicht nur alle Betriebsgrößen umfassen, sondern auch ein sehr unterschiedliches Produktspektrum und damit nicht vergleichbare Produktionstechniken und -verfahren aufweisen. Eine heterogene Branche war zum anderen das Metallgewerbe, in dem das Spektrum von energieintensiven Schmieden bis zu Augenoptikern reicht.

2.3 Tiefeninterviews und technische Analysen

Zur detaillierten Behandlung der energierelevanten Gesichtspunkte und zur Vorbereitung der Breitenerhebung wurden in zahlreichen Arbeitsstätten Betriebsbegehungen und Tiefeninterviews nach Gesprächsleitfäden durchgeführt. Wesentliche inhaltliche Gesichtspunkte waren dabei:

- betriebsstrukturelle Daten (Beschäftigte, Flächen, verarbeitete Rohstoffmengen und andere Meßgrößen, Produktspektrum),
- vorhandene energietechnische und energierelevante Anlagen und ihre Merkmale (Anzahl, Alter, Dimensionierung, Benutzungsstunden etc.),
- Energieverbrauch (so detailliert wie möglich nach Energieträgern und Verbrauchsbereichen),
- durchgeführte Maßnahmen zur rationellen Energienutzung und Hemmnisse, Rolle der Energieeinsparung bei Investitionen, Anforderungen an die Rentabilität, wahrgenommenes Einsparpotential, Energieverbrauchskontrolle, Inanspruchnahme von Energieberatung,
- Informationsbedarf, Beurteilung vorhandener Materialien, Beratungsangebote etc.

Den Betriebsbegehungen kam dabei in mehrfacher Hinsicht große Bedeutung zu: Der Energieverbrauch und der dazugehörige Abrechnungszeitraum wurden vor Ort erfaßt und verifiziert. Der zu dem Energieverbrauch gehörende Betriebs- bzw. Gebäudeteil oder -komplex wurde genau beschrieben. Die energietechnische Ausstattung sowie die Altersstruktur und die Betriebsweise wurden festgehalten. Ferner wurden energetische Besonderheiten des Betriebs bei einem Durchgang durch die relevanten Gebäudeteile mit dem Betriebsleiter oder -beauftragten vermerkt.

Die Erfahrung zeigt, daß die Inaugenscheinnahme der Betriebe bei der Beurteilung der energetischen Effizienz der Betriebsweise und der Anlagen sehr wichtig ist. Das ausführliche Gespräch mit dem Betriebsleiter oder dem technischen Betriebsbeauftragten bringt sowohl für den Betrieb selbst als auch für die Forscher neue Aspekte und wichtige Hinweise für die Beurteilung des Energieverbrauchs. Gleichzeitig können hierbei auch Hemmnisse für Energiesparaktivitäten qualitativ ermittelt werden. Diese Detailbetrachtung konnte jedoch die Breitenerhebung nicht ersetzen, denn sie lieferte keine repräsentativen Aussagen.

Die Ergebnisse mündeten in branchenspezifische technische Analysen. Auf der Basis der Tiefeninterviews und Betriebsbegehungen wurden betriebliche Energiebilanzen erstellt und spezifische Energieverbräuche berechnet (pro Anlage, Prozeß, Beschäftigten, Fläche etc.). Um für die Breitenerhebung geeignete Indikatoren für Energieverbrauch und -einsparaktivität zu ermitteln, wurden Kenngrößen bestimmt, die mit dem tatsächlichen betrieblichen Endenergieverbrauch verglichen wurden.

Die Ergebnisse der technischen Analysen dienten unter anderem dazu, für die Breitenerhebung die Fragen zur Energietechnik, nach den für den Energieverbrauch relevanten Größen, nach der Energiesparaktivität und den Hemmnissen für die Breitenerhebung formulieren zu können.

2.4 Breitenerhebung

Ein Schwerpunkt der Untersuchung lag auf der Befragung von rund 3.000 Betrieben und Einrichtungen, die den Sektor Kleinverbrauch möglichst repräsentativ abdecken und gleichzeitig branchenbezogene Einzelaussagen ermöglichen sollte.

Anhand der in Interviews, bei Begehungen von Arbeitsstätten, durch meßtechnische Betriebsanalysen und Befragung von Gewerbebetrieben ermittelten Daten:

- zum Energieverbrauch und seinen Verwendungszwecken,
- zum Einsatz und Betrieb von Anlagen und Maschinen,
- zur Flächennutzung und ihrer Raumkonditionierung und
- zu energierelevanten Verhaltensweisen

sollte über charakteristische Merkmale der nichtindustriellen Arbeitsstätten der Energieverbrauch des Kleinverbrauchs „per Hochrechnung" ermittelt und strukturiert werden. Solche Merkmale, die bundesweit erhoben werden und den gesamten Bereich der Kleinverbraucher erfassen, sind die Anzahl von Arbeitsstätten, Erwerbstätigen in Arbeitsstätten sowie Beschäftigten und tätigen Inhabern, klassifiziert nach verschiedenen Branchen und Verbrauchergruppen des Kleinverbrauchs. Weitere charakteristische Merkmale einzelner Branchen sind z. B. Schülerzahlen in Schulen, Planbetten in Krankenhäusern, Wasserflächen in Hallenbädern, Großvieheinheiten in der Landwirtschaft, Unterglasflächen im Gartenbau sowie Passagierzahlen für Flughäfen.

Zwangsläufig wird man sich auf die jährlich erfaßte Bezugsgröße der „Beschäftigten und tätigen Inhaber" abstützen, die für den Gesamtbereich der Kleinverbraucher zur Verfügung steht. Sie ermöglicht eine an statistisch erfaßte Bezugsgrößen direkt angekoppelte Hochrechnung des Energieverbrauchs, bietet ein Prüfkriterium auf Vollständigkeit der Erfassung und gewährleistet eine ausreichende Detaillierung der Arbeitsplatzstrukturen. Allerdings hat sie den gravierenden Nachteil, daß auf die Beschäftigten bezogene Energieverbrauchswerte infolge der meist unbekannten Entwicklung der Arbeitsproduktivität nach wenigen Jahren überholt sind.

2.4.1 Beschäftigten- und Arbeitsplatzstruktur

Die für das Referenzjahr 1994 notwendigen Daten zu Arbeitsplatz- und Beschäftigtenzahlen in den Arbeitsstätten der Kleinverbraucher in Deutschland lagen in den verfügbaren offiziellen Statistiken nicht vor, konnten jedoch anhand einiger Fakten und Kriterien erarbeitet werden.

Die Strukturierung der Arbeitsplätze erfolgte in Anlehnung an die „Arbeitsstättenzählung 1987" und an die „Wirtschaftsgliederung 1993". Alle Betriebe werden drei Betriebsgrößenklassen zugeordnet, da ein Einfluß von Betriebsgröße auf Tätigkeit, Ausstattung und spezifischen Energieverbrauch zu unterstellen ist. Betriebsgrößenklassen sind (jeweils einschließlich tätigem Inhaber und mitarbeitenden Familienangehörigen):

- Betriebe mit bis zu 4 Beschäftigten,
- Betriebe mit 5 bis 9 Beschäftigten,
- Betriebe mit mehr als 9 Beschäftigten (im produzierenden Gewerbe bis 19 Beschäftigte, übrige Branchen unbegrenzt).

Alle Arbeitsstätten sind in der Statistik mit ihren Beschäftigten ausgewiesen. Dies gewährleistete eine Kontrolle auf vollständiges Erfassen der Kleinverbraucher. Falls anstelle der Bezugsgröße „Beschäftigte" eine andere, den Energieverbrauch besser bestimmende Bezugsgröße wie z. B. „Großvieheinheit" oder „Planbett" dienlich ist, wurde diese zusätzlich aufgenommen und für Berechnungen herangezogen. Doppelzählungen konnten somit vermieden werden. Den prinzipiellen Weg zur erarbeiteten Arbeitsplatzstruktur 1994 im Kleinverbrauch Deutschlands vermittelt Abbildung 2.4-1.

Als Ausgangspunkt dient die Arbeitsstättenzählung 1987 (in Abbildung 2.4-1 mit Ziffer 1 bezeichnet), die in den alten Bundesländern durchgeführt wurde und Kriterien wie Art der Arbeitsstätte und Betriebsgröße enthält. Diese Zählung umfaßt alle Arbeitsstätten: die des Kleinverbrauchs, der Industrie, des Verkehrs und jene im Bereich der Haushalte. Arbeitsstätten des Verkehrs und im Wohnbereich ließen sich aufgrund ihrer Branchen-Kennung identifizieren und ggf. eliminieren; bei Arbeitsstätten des produzierenden und verarbeitenden Bereichs war dies direkt jedoch nicht möglich.

Anhand der Industrieberichterstattung (2) des Statistischen Bundesamtes und ihrer Systematik zum Produzierenden und Verarbeitenden Gewerbe (Sypro) mit Angabe der Beschäftigungsverhältnisse im Jahr 1987 konnten für das Produzierende und Verarbeitende Gewerbe die industriellen Arbeitsplätze ermittelt werden. Damit wurde auch die Beschäftigungssituation im Kleinverbrauch eindeutig erfaßt, und es konnte nach Verbrauchergruppen unterschieden werden (3).

Abbildung 2.4-1: Schematische Vorgehensweise zur Ermittlung der Arbeitsstättenstruktur im Kleinverbrauch

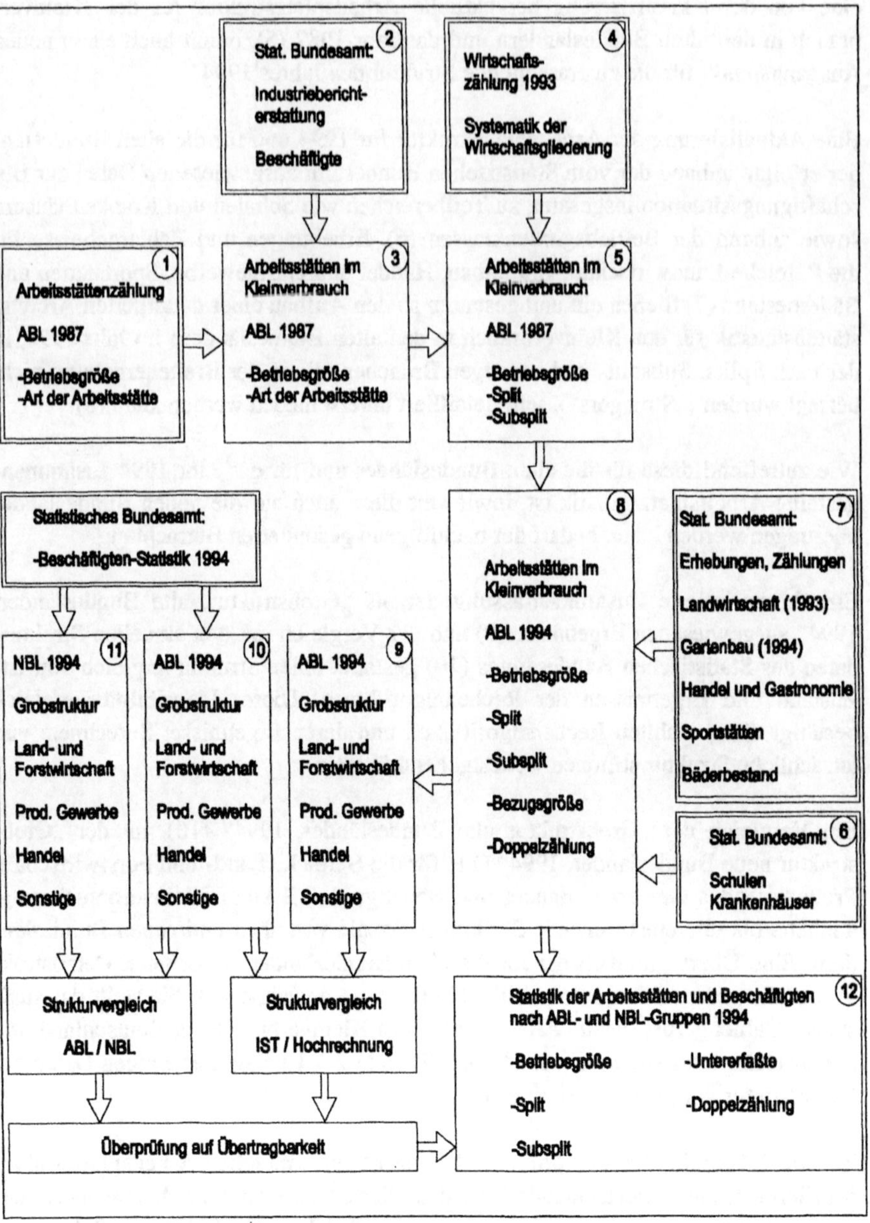

Die 1993 eingeführte Wirtschaftszählung WZ 93 (4), eine neugefaßte Systematik der Wirtschaftsgliederung in Deutschland, wurde herangezogen, um die Arbeitsstätten des Kleinverbrauchs schematisch daran anzupassen, in Branchen und

Untergruppen („Splits“ und „Subsplits“) zu untergliedern und auf das Ausgangsjahr 1987 und den Bilanzraum „alte Bundesländer“ zu projizieren. Man erhielt damit eine von der Klassifizierung her aktuelle Arbeitsplatzstruktur für den Kleinverbrauch in den alten Bundesländern und das Jahr 1987 (5), damit auch einen neuen Ausgangspunkt für die zu erarbeitende Struktur des Jahres 1994.

Eine Aktualisierung der Arbeitsplatzstruktur für 1994 und für die alten Bundesländer erfolgte anhand der vom Statistischen Bundesamt ausgewiesenen Daten zur Beschäftigungssituation insgesamt, zu Teilbereichen wie Schulen und Krankenhäusern sowie anhand der Betriebsgrößenklassen (6). Erhebungen und Zählergebnisse für die Bereiche Landwirtschaft, Gartenbau, Handel und Gastgewerbe, Sportstätten und Bäderbestand (7) fließen ein und gestatten so den Aufbau einer detaillierten Arbeitsstättenstatistik für den Kleinverbrauch in den alten Bundesländern im Jahr 1994, in der nach Splits, Subsplits und sonstigen Branchen, die in der Breitenerhebung nicht befragt wurden („Strangers“), sehr detailliert unterschieden werden kann (8).

Wie zutreffend diese für die alten Bundesländer und für das Jahr 1994 zusammengestellte Arbeitsplatzstatistik ist, inwieweit diese auch auf die neuen Bundesländer übertragen werden kann, bedarf der nachfolgend gesonderten Betrachtung.

Eine komprimierte Zusammenfassung der als „Grobstruktur, alte Bundesländer, 1994“ ausgewiesenen Ergebnisse (9) und der Vergleich mit den aktuellen Strukturdaten des Statistischen Bundesamtes (10) gestattet einen Strukturvergleich von Ist-Zustand und Ergebnissen der Rechenalgorithmen. Dieser Plausibilitätsvergleich bestätigt die gewählten Rechenalgorithmen und deren Ergebnisse: Berechnete und tatsächliche Struktur stimmen weitestgehend überein.

Ein Vergleich der „Grobstruktur alte Bundesländer, 1994“ (10) mit der „Grobstruktur neue Bundesländer, 1994“ (11) für die Bereiche Land- und Forstwirtschaft, Produzierendes Gewerbe, Handel und Sonstige des Sektors Kleinverbrauch zeigt ähnliche bis übereinstimmende Strukturmerkmale von alten und neuen Bundesländern. Eine Übertragbarkeit der für die alten Bundesländer erarbeiteten Detailstruktur auf die gesamte Bundesrepublik (12) ist somit gewährleistet. Sie stellt das statistische Zahlengerüst für die Arbeitsstätten des Kleinverbrauchs in Deutschland und die Grundlage für Hochrechnungen dar. Tabelle 2.4-1 belegt mit einigen Daten zur Grobstruktur vorgenannte Aussagen.

Tabelle 2.4-2 gibt eine komprimierte Übersicht zur ermittelten Arbeitsplatzstruktur im Kleinverbrauch Deutschlands. Eine detaillierte Gliederung der Arbeitsplatzstruktur ist im Anhang enthalten. Unterschieden wird dabei nach Splits und Subsplits – die in dieser Studie detailliert behandelt werden und für die nach Betriebsgrößen unterschiedene Informationen zur Verfügung stehen – und Strangers, die mittels sekundärstatistischer Unterlagen einbezogen werden können. Für alle Verbrauchergruppen sind Betriebsgrößen, Beschäftigtenanzahl und branchenspezifische Merkmale vorhanden.

Tabelle 2.4-1: Strukturvergleich der Arbeitsstätten (Kleinverbrauch, Deutschland 1994)

Erwerbstätige/Beschäftigte	Erarbeitete Arbeitsstätten-struktur 1994		Arbeitsstättenstruktur 1994 (Statistisches Bundesamt Deutschland)					
	Alte Bundesländer		Alte Bundesländer		Neue Bundesländer		Deutschland	
	[1.000]	[%]	[1.000]	[%]	[1.000]	[%]	[1.000]	[%]
Produzierendes Gewerbe	10.527	36,8	11.165	38,0	2.468	36,9	13.633	37,8
davon: Kleingewerbe	3.747 *							
Gewerbe	6.780 **							
Land- und Forstwirtschaft	840 *	2,9	929	3,2	261	3,9	1.190	3,3
Handel, Verkehr, Nachrichten	5.210 *	18,2	5.334	18,1	1.237	18,5	6.571	18,2
Dienstleistungen, übrige	12.049 *	42,1	11.969	40,7	2.712	40,6	14.681	40,7
Gesamt	28.626	100	29.397	100	6.679	100	36.076	100

Quellen: * eigene Schätzung
** Statistisches Bundesamt, Industriestatistik WZ 93, Stand 1.1.95

Tabelle 2.4-2: Arbeitsplatzstruktur im Kleinverbrauch

Split		Beschäftigte gesamt [Mio.]	Split		Beschäftigte gesamt [Mio.]
1	Metallgewerbe	0,960	18	Sonst. betr. Dienstlstg.	4,014
2	Kfz-Gewerbe	0,144	19	Org.o.Erwerbsz.,Heime	1,676
3	Holzgewerbe	0,209	20	Gebietskörperschaft	4,164
4	Papier- und Druckgew.	0,106	21	Krankenhäuser	1,059
5	Backgewerbe	0,193	22	Schulen	1,271
6	Fleischereien	0,147	23	Bäder	0,066
7	Restl. Nahrungsmittel	0,027		***Strangers***	
8	Wäschereien, Reinig.	0,086	N1	Bekleidung,Leder,Textil	0,328
9	Baugewerbe	2,998	N2	Handelsvermittlungen	0,250
10	Landwirtschaft	0,794	N3	Postdienst	0,351
11	Gartenbau	0,273	N4	Telekom	0,229
12	Einzelhandel	3,065	N5	Postbank	0,020
13	Großhandel	1,567	N6	Deutsche Bahn AG	0,224
14	Kreditinst., Vers.	1,039	N7	Binnenschiffahrt	0,040
15	Beherbergungsgew.	0,354	N8	Flughäfen	0,055
16	Gaststättengewerbe	0,856	N9	Spedition, Lagerei, Verkehrsvermittlung	0,145
17	Verlagsgewerbe	0,182			
1-17		13,000	Gesamt 1 – N9		26,892

Unterschieden wird insgesamt nach 23 Splits, die zum Teil in weitere Subsplits gegliedert sind. Die Spanne reicht von keiner weiteren Untergliederung bei Split 2 „Kfz-Gewerbe" bis zu 22 Subsplits bei Split 12 „Einzelhandel". Die Angabe der Beschäftigten, unterschieden nach Betriebsgröße der Arbeitsstätte, erfolgt für die Splits 1 bis 9 und 12 bis 20, sofern dies durch ausreichendes Datenmaterial belegbar ist. Für Split 10 und 11 (Landwirtschaft und Gartenbau) sowie die Splits 21 bis 23 (Krankenhäuser, Schulen und Bäder) werden die Beschäftigten auf Split-Ebene ausgewiesen und zusätzlich durch weitere, treffendere Merkmale gekennzeichnet. In diese Studie nicht einbezogene Verbrauchergruppen des Kleinverbrauchs (Stranger) – sie repräsentieren 6 % der Beschäftigten im Kleinverbrauch – sind aus Gründen der Vollständigkeit und Plausibilität mit ihren Beschäftigten aufgeführt. Damit liegt eine von Doppelzählungen freie Gesamtübersicht vor.

Der Kleinverbrauch in Deutschland umfaßt somit nach Tabelle 2.4-2 und der Auflistung im Anhang insgesamt ca. 26,9 Mio. Beschäftigte.

2.4.2 Quotierung der Arbeitsstättenstruktur im Kleinverbrauch

Für die Arbeitsstätten des Kleinverbrauchs sollten energierelevante Befragungen durchgeführt werden, die weitgehend repräsentative Aussagen ermöglichen. Eine Erfassung der Grundgesamtheit ist schon aus Kostengründen ausgeschlossen. Die Gestaltung der Stichprobe hatte im Rahmen der vorliegenden Untersuchung einer ganzen Reihe von Kriterien, Vorgaben und Untersuchungszielen Rechnung zu tragen:

- Orientierung am feldforschungsgestützten Ansatz, wie er zuletzt 1982 (DIW u. a. 1986) für die Analyse des Energieverbrauchs im Sektor Kleinverbraucher zur Anwendung kam, um eine Vergleichbarkeit zu Vorläuferstudien zu ermöglichen,
- Stichprobenbildung für die einzelnen Splits nach dem Quotenverfahren, das eine nach mehreren Merkmalen zu strukturierende Grundgesamtheit voraussetzt,
- Beschränkung auf eine Fallzahl von rund 2.800 Betrieben, da eine über diese Anzahl hinausgehende Finanzierung im Rahmen dieser Untersuchung nicht möglich war,
- Möglichkeit zur Hochrechnung der Informationen aus den befragten Arbeitsstätten zur Ermittlung von Verbrauchsstrukturen in den einzelnen Betrieben, auf Split-Ebene und für den gesamten Sektor Kleinverbrauch in Deutschland.

Schon aufgrund der Kosten-Restriktionen konnte das in den Vorgängerstudien angewendete Instrument der Quotenstichprobe nicht mehr durchgängig herangezogen werden. Seine Anwendung hätte eine zu breite Streuung auch in aus energetischer Sicht wenig relevanten Verbrauchergruppen geführt. Letztlich stellt so die gewählte und im Anhang dargestellte Quotierung der Stichproben das Ergebnis einer in mehreren Schritten durchgeführten Optimierung des Nutzens von Befragungen bei finanzieller Limitierung der Interviews dar. Auswahlkriterien waren dabei im wesentlichen:

- gezielte Erfassung von energierelevanten Verbrauchergruppen, zusammengefaßt in Splits und Subsplits,
- Ermittlung von Bestandsdaten zu Gebäuden, Anlagen und Geräten sowie Erhebungen zu deren betrieblichem Einsatz und Gebrauch,
- Erfassung von Energieverbrauch und Nutzerprofilen, von branchenspezifischen Ansätzen zur Energieeinsparung und Hemmnissen der Verbrauchsminderung,
- Schaffung einer Grundlage für Hochrechnungen zum Energieverbrauch nach Energieträgern (zumindest getrennt nach Strom und Brennstoffen) und nach Verwendungszwecken, wobei nach Splits und Subsplits unterschieden werden sollte,
- Zusammenführung der Ergebnisse aus den Befragungen, aus Begehungen und Literaturrecherchen,
- Berücksichtigung von Arbeitsstätten in den neuen Bundesländern, um für Quervergleiche mit den alten Bundesländern charakteristisches Zahlenmaterial einbeziehen zu können.

Bei der Quotierung wurde ferner innerhalb eines Splits der interessanteste und energietechnisch wichtigste Subsplit ausgewählt, um über breitenwirksame Erhebungen Informationen für Quervergleiche zu erhalten. Diese Vergleiche betreffen:

- die einzelnen Betriebsgrößen der Subsplits (drei Betriebsgrößen zu je 20 Betrieben in den alten und neuen Bundesländern),
- die verschiedenen Subsplits (jeweils drei Betriebsgrößen zu je 20 Betrieben in den alten und neuen Bundesländern),
- Arbeitsstätten gleicher Subsplits in den alten und den neuen Bundesländern, wobei typische Unterschiede oder Gemeinsamkeiten zum Tragen kommen.

Über alle Betriebsgrößen hinweg wurden zusätzliche Strukturvergleiche zwischen alten und neuen Bundesländern bei ausgewählten Splits vorgesehen, um charakteristische Unterschiede verdeutlichen zu können.

Grundsätzlich richteten sich die Fallzahlen in den einzelnen Untergruppen der 23 Splits nach der bundesweiten Gesamtbeschäftigungszahl in der jeweiligen Untergruppe sowie nach den Beschäftigten-Größenklassen. Im Produzierenden Kleingewerbe, dem nur Betriebe unter 20 Beschäftigte angehören, wurden die Beschäftigtengrößenklassen wie folgt eingeteilt:

Klasse 1:	1 – 4	Beschäftigte
Klasse 2:	5 – 9	Beschäftigte
Klasse 3:	10 – 19	Beschäftigte.

Für alle übrigen Branchen und Bereiche gilt folgende Aufteilung:

Klasse 1:	1 – 4	Beschäftigte
Klasse 2:	5 – 19	Beschäftigte
Klasse 3:	20 und mehr	Beschäftigte.

Die in Tabelle 2.4-3 enthaltenen Kriterien bestimmen die Anzahl der Fälle in den einzelnen Splits (mit Ausnahme des Metallgewerbes, siehe Anhang).

In der Untergruppe mit der höchsten Beschäftigtenzahl waren in den jeweiligen Splits immer 60 Interviews vorgesehen, um innerhalb dieser Branchen vertiefte Einzelaussagen treffen zu können. Diese Regel wird nur für die Splits 7, 17 und 23 durchbrochen. Bei den Splits 7 (restliches Nahrungsmittelgewerbe) und 17 (Verlagsgewerbe) liegt dies in der untergeordneten energetischen Relevanz begründet. Für Split 23 (Bäder) reichen wegen der Homogenität dieses Bereichs 30 Interviews aus, um auch hier branchenspezifische Einzelaussagen treffen zu können.

Tabelle 2.4-3: Fallzahlen in Abhängigkeit von der Beschäftigtenzahl in einer Branche

Gesamte Beschäftigtenzahl in der Branche	Beschäftigte in den einzelnen Größenklassen	Fallzahl
unter 10.000		0
10.000 – 20.000		insgesamt 3
über 20.000	alle Klassen jeweils unter 20.000	insgesamt 5
	Klassen von 20.000 – 40.000	pro Klasse 3
	Klassen von 40.000 – 80.000	pro Klasse 5
	Klassen von 80.000 – 160.000	pro Klasse 10
	Klassen über 160.000	pro Klasse 20

Das Metallgewerbe umfaßt eine Vielzahl von Subsplits mit sehr unterschiedlicher Energieintensität. Aus den energieintensiven Subsplits wurden die Kfz-Werkstätten als größte Einzelbranche ausgegliedert. Sie erhielten einen eigenen Fragebogen und wurden später separat ausgewertet (Split 2). Bei den weniger energieintensiven Branchen wurde die größte Branche „Herstellung von elektrotechnischen Erzeugnissen" gesondert betrachtet. Sie erhielt zwar den gleichen Fragebogen wie alle restlichen Branchen des Metallgewerbes und gehört deshalb zu Split 1 „Metall", ist aber in der Quotierung überrepräsentiert.

In fünf Splits erschien die Quotierung nach Beschäftigten nicht sinnvoll, deshalb wurden dort andere Kriterien gewählt:

- Landwirtschaft (Split 10) und Gartenbau (Split 11): Arbeitsstättenzahl
- Krankenhäuser (Split 21): Bettenzahl
- Schulen (Split 22): Zahl der Schüler
- Bäder (Split 23): Frei-, Hallen- und Kurbäder.

Für die neuen Bundesländer wurden lediglich die beschäftigungsstärksten Branchen herangezogen, da die statistische Datenlage keine genauere Aufteilung zuläßt und bei einem gegebenen Gesamtumfang von ca. 2.800 Interviews eine detailliertere Aufteilung der etwa 500 Interviews für diese Bundesländer grundsätzlich nicht sinnvoll war. Ziel war auch die getrennte Auswertung nach ost- und westdeutschem Befragungsraum, da innerhalb der einzelnen Branchen noch unterschiedliche Betriebsstrukturen zu unterstellen waren.

2.4.3 Fragebogenerstellung und Pretests

Als Grundlage für die Breiterhebung entwickelten die beteiligten Institute zunächst einen Fragebogen, der in ca. 50 Tiefeninterviews getestet wurde. Kriterien waren dabei die Vollständigkeit des Fragebogens, die Relevanz und Beantwortbarkeit der Fragen und der sachlich-logische Aufbau des Fragebogens.

Als zentrales inhaltliches Problemfeld kristallisierte sich sehr schnell die Abfrage der Energieverbräuche einzelner, insbesondere elektrischer Maschinen und Geräte heraus. Deren jährlicher Stromverbrauch war den Befragten in keinem Fall bekannt, und auch die Angaben über Betriebszeit und Leistung waren für einen erheblichen Anteil der abgefragten Maschinen nicht ohne größeren Aufwand erhältlich. Deshalb wurden noch weitere branchenspezifische Bezugsgrößen erfaßt, mit deren Hilfe auf die Nutzung von Geräten, Maschinen oder Anlagen geschlossen werden konnte. Bei Wäschereien und Chemischreinigungen war diese Bezugsgröße die Menge der Trockenwäsche und bei den Bäckereien die Menge des verarbeiteten Mehls.

Mit den überarbeiteten Fragebögen führte das mit der Feldarbeit betraute Meinungsforschungsinstitut SAMPLE (jetzt INRA) 24 Pretests durch. Die durchschnittliche Interviewdauer betrug hierbei 90 Minuten, was als zu lang eingeschätzt wurde; vorgesehen waren nur rund 45 Minuten. Daraufhin wurden die Fragebögen erheblich gekürzt. Weitere organisatorische Probleme betrafen einzelne Zielpersonen, die sich weigerten, Auskünfte über Betriebsinterna zu geben, sowie die Informationsbeschaffung in Filialbetrieben mit zentralem Rechnungswesen und fehlende Rechnungen und Belege – trotz der vorherigen telefonisch angekündigten Bitte, diese bereitzuhalten. Schwierig war auch bei einigen Branchen und Kleinbetrieben die Trennung von betrieblichem und privatem Energieverbrauch. Teilweise zeigte sich auch, daß in den Betrieben mehrere Personen hätten befragt werden müssen, um den Fragenkatalog vollständig zu beantworten (z. B. technischer und kaufmännischer Leiter). Dies war aber wegen des zu hohen Aufwands für die Betriebe nur in Ausnahmefällen möglich. Die Probleme wurden bei der Erstellung des endgültigen Fragebogens für die Breitenerhebung berücksichtigt, konnten jedoch nur teilweise durch entsprechende Fragetechniken gelöst werden. Der endgültige Fragebogen enthielt die folgenden Fragekomplexe:

- Einleitung

  Statistische Fragen: Standort des Betriebs, Spezifikation des Tätigkeitsfeldes, Anzahl der Mitarbeiter, Betriebstyp (Einzel-, Filial- oder Hauptbetrieb) und Position des Befragten

- Hauptteil
  - *Energieverbräuche nach Energieträgern:* Strom, Erdgas, Stadtgas, Fernwärme, Heizöl, Flüssiggas, Kohle, Holz, ggf. Heizkostenverteilung, Wärmepumpe, Solarenergienutzung, Abwärmenutzung, Kraft-Wärme-Kopplung
  - *Betriebsfläche:* Aufteilung, Temperaturniveau der verschiedenen Räume, belüftete und klimatisierte Flächen
  - *Gebäudedaten:* Nutzfläche, energetisch relevante Gebäudemerkmale (Baujahr, Größe, Geschoßzahl, Beschaffenheit der Außenwände, Verglasung), Durchführung energiesparender Maßnahmen am Gebäude
  - *Heizanlage:* Wärmeerzeugung und -verteilung, Warmwasserbereitung
  - *Klimatisierung:* Großanlagen und Kleingeräte
  - *Beleuchtung:* Ausstattung und Einschaltdauer in typischen Räumen
  - *Bürogeräte:* Datenverarbeitung: Computer, Drucker, Kopierer, Großrechner
  - *Aufzüge und Rolltreppen*
  - *Betrieblich genutzte Kraftfahrzeuge*
  - *Energieverbrauchskontrolle, Energieeinsparung:* Maßnahmen zur Wärme- und Strom(kosten)einsparung, Einschätzung des Potentials, Informationsstand, Hemmnisse

- Branchenteil

  Branchenspezifische Fragen: Zuordnung zu Branchen und Untergruppen, Produkte, Verfahren, Anlagen und Geräte, branchenspezifische Energiesparmaßnahmen.

Alle Splits – außer Landwirtschaft und Gartenbau, die aufgrund der Betriebsstruktur einen eigenständigen, aber weitgehend an die übrigen Splits angelehnten Fragebogen erhielten – hatten einen identischen Hauptteil und einen spezifischen Branchenteil.

2.4.4 Vorgehen bei der Datenerhebung

SAMPLE begann mit der Breitenbefragung im Sommer 1995. Es handelte sich um persönliche Interviews in den Betrieben nach vorheriger telefonischer Vereinbarung mit der Bitte, die Energierechnungen des letzten Jahres bereit zu halten. Zunächst sollte die Feldarbeit innerhalb von drei bis vier Monaten abgewickelt werden. Es zeigte sich jedoch, daß es sehr schwierig war, auskunftsbereite und genügend informierte Betriebe zu finden, um vollständige, verwertbare Interviews zu erhalten. Eine wesentliche Voraussetzung für die Auswertung waren hinreichend präzise Antworten auf die Fragen nach dem Energieverbrauch bei den verschiedenen Energieträgern. Bei Zielpersonen, die hierüber keine genauen Angaben machen oder Rechnungen vorlegen konnten, wurde die Befragung abgebrochen.

Die Befragungsdauer erstreckte sich schließlich auf rund neun Monate, so daß die letzten Interviews erst im April 1996 stattfanden. Dies hatte zur Folge, daß ein kleiner Teil der Fragebögen die Verbrauchsdaten nicht von 1994, sondern von 1995 enthält, was aber auf die Ergebnisse keinen nennenswerten Einfluß hatte.

Laut Quotenplan (siehe Anhang) waren 2.661 Arbeitsstätten nach festgelegter Struktur zu befragen. Die Befragung erfolgte in drei Erhebungswellen, da der Quotenplan zunächst nicht abbildgerecht umzusetzen war und zudem eine Reihe von Fragebögen nicht den geforderten Ansprüchen genügten. Da auch nach der dritten Erhebungswelle der Quotenplan nicht zu 100 % umgesetzt war und erkennbar wurde, daß dies nur mit unverhältnismäßig hohem Aufwand zu erreichen wäre, wurde auf eine weitere Welle verzichtet, hätte sie zudem zu wenig Zugewinn an Informationen, aber weiteren, unvertretbaren zeitlichen Verzögerungen im Untersuchungsablauf geführt. Schließlich wurden insgesamt 2.848 Arbeitsstätten befragt; für die Berechnung des Stromverbrauchs konnten immerhin 2.717, im Falle der Berechnung des Brennstoffverbrauchs jedoch nur 2.474 Fragebögen akzeptiert werden. Selbst diese Fallzahlen waren nur dadurch erreichbar, daß eine stichprobenmäßige Vorprüfung der Fragebögen durch Mitarbeiter der beteiligten Institute vor Ort bei SAMPLE erfolgte und eine ursprünglich nicht vorgesehene individuelle Nachbearbeitung der einzelnen Fragebogeninhalte hinsichtlich Schlüssigkeit und Vollständigkeit vorgenommen werden mußte.

Ein grundsätzliches Problem bestand darin, daß die Interviewer keine Energiefachleute waren. Sie wurden jedoch dahingehend geschult, Energierechnungen und energetische Verbrauchsangaben zu verstehen und die richtigen Zahlen in den Fragebogen einzutragen. Eine Befragung der Betriebe durch Experten wäre weder zeitlich noch finanziell durchführbar gewesen.

Trotz verkürzten Fragebogens, wodurch auf weitere Detailfragen verzichtet werden mußte, lag die Interviewdauer meist deutlich über einer Stunde. Mit den rund 150 Fragen waren die teilweise schlecht informierten Betriebe und die energietechnisch nicht versierten Interviewer häufig überfordert, was sich nach den Erfahrungen von SAMPLE in nachlassender Motivation und in Qualitätseinbußen niederschlagen kann. Eine weitere Kürzung der Fragebögen erschien den beteiligten Instituten jedoch nicht mehr vertretbar, weil dann eine angemessene Analyse der Energieverbrauchsbereiche nicht mehr möglich gewesen wäre. So besteht das grundsätzliche Dilemma, daß bei begrenzten Finanzmitteln entweder eine Breitenerhebung im genannten, aber auch notwendigen Umfang nur mit energietechnischen „Laien“ und damit nicht fehlerfrei oder eine Anzahl von Tiefeninterviews durch Experten durchgeführt werden kann, deren Ergebnisse aber dann nicht repräsentativ sind. In der vorliegenden Studie hatte man sich für die Breitenerhebung entschieden und investierte in der Nachbereitung einen erheblichen, aus eigenen Mitteln finanzierten Aufwand in die notwendige Datenbereinigung.

2.4.5 Datenbereinigung

Bei der inhaltlichen Kontrolle der einzelnen Fragebögen stellte sich heraus, daß eine Reihe von ihnen nicht zu akzeptieren war, enthielten sie doch unplausible und zum Teil extrem verfälschende Angaben. Sie konnten durch die Vorgabe noch akzeptabler Bandbreiten von spezifischen Kenngrößen wie

Brennstoffverbrauch pro Bezugseinheit	(z. B. kWh/Beschäftigtem)
Stromverbrauch pro Bezugseinheit	(z. B. kWh/Planbett)
Betriebsfläche pro Bezugseinheit	(z. B. m^2/Schüler)

identifiziert werden. Außerhalb der vorgegebenen Bandbreiten liegende Informationen wurde Fragebogen für Fragebogen überprüft, um erkenn- und erklärbare Fehler zu berichtigen. Solche Fehler wurden manuell korrigiert. In der Regel handelte es sich um Datumsfehler bei der Angabe des Zeitraums, den die Energierechnung abdeckt, um Monatsangaben anstelle des Jahresbezugs oder um Einheitenfehler (kg anstelle t, kW anstelle W). Fragebögen mit nach wie vor suspekten Informationen wurden weiteren Plausibilitätskontrollen unterzogen. Hierzu gehörten:

- Berechnung des Energieverbrauchs für die Raumheizung anhand erhobener Gebäudedaten (Baujahr, Kubatur, Nutzfläche, Wärmeschutzniveau, Nutzungsart, Heizsystem und Baujahr des Kessels, eingesetzter Energieträger und übliche Raumtemperatur),
- Berechnung des Energieverbrauchs für die Warmwasserbereitung anhand angegebener täglicher Verbrauchsdaten, der Versorgungsart (zentral oder dezentral) und dem zugehörigen Energieträger,
- Berechnung des Stromverbrauchs für die Beleuchtung, für mechanischen Energiebedarf, für Prozeßwärme oder Prozeßkälte und Kommunikation anhand von Bestands-, installierter Leistungs- und Benutzungsdaten sowie anlagen- und branchentypischen Lastgraden.

Konnten unplausible Angaben im Fragebogen näherungsweise durch Berechnungen bestätigt werden, wurden sie akzeptiert. Lagen sie fernab jeder Nachvollziehbarkeit, wurde der entsprechende Fragebogen eliminiert.

Für jede befragte Arbeitsstätte wurde anhand der erhobenen Daten zum Betrieb baulicher und produzierender Anlagen sowie von arbeitsplatztypischen Austattungen der Strom- und Brennstoffverbrauch berechnet und mit dem angegebenen Verbrauch verglichen. Dabei auftretende Abweichungen sind verschiedenen Ursachen zuzuschreiben:

- Eine Abgrenzung zwischen betrieblichem und privatem Verbrauch war in den Fällen, wo Wohnung und Arbeitsstätte des Firmeninhabers sich im gleichen Gebäude befinden, nicht immer trennscharf anzugeben.
- Die angegebene Betriebsfläche enthielt auch Freiflächen; da Büro-, Lager- und Produktionsflächen gesondert erhoben wurden, konnte über deren Flächensumme die Betriebsfläche in Gebäuden ermittelt und korrigiert werden.
- Wenn die betrachtete Arbeitsstätte eine oder weitere Arbeitsstätten mit Heizwärme und Warmwasser versorgt, konnten diese Energiemengen näherungsweise ermittelt und korrigierend einbezogen werden.
- Die spezifischen Verbrauchskennwerte, Mittelwerte, die für verschiedene Gebäudetypen in Abhängigkeit von Baujahr, getroffener Wärmeschutzmaßnahme, Nutzungsart und Temperaturniveau zur Verfügung standen, führten beim Einzelfall zwangsläufig zu Streuungen und waren zu akzeptieren.
- Wenn die maschinelle Ausstattung zwar angegeben war, jedoch die zugehörigen Leistungs- und Einsatzdaten fehlten, fanden Kennwerte Eingang, die im Zuge der vorgelagerten Untersuchungen für Arbeitsstätten zusammengestellt wurden und so bestehende Lücken schließen halfen.
- Die energetische Nutzung betrieblicher Abfälle, z. B. Restholz, konnte nicht quantifiziert werden.

Unter diesen Aspekten, die nur durch individuelle Einsicht in die einzelnen Fragebögen erkennbar wurden, waren Dateneingriffe möglich, sinnvoll und zweckentsprechend. So war es möglich, rund 97 % aller befragten Betriebe in die Studie einzubeziehen.

2.5 Hochrechnung der Befragungsergebnisse

Die Hochrechnung des Strom- und Brennstoffverbrauchs erfolgt für die Splits 1 bis 9 und 12 bis 23, für die keine Vollerhebung vorliegt, auf der Grundlage der aus den Fragebögen „stichprobenartig“ ermittelten spezifischen Verbräuche auf Subsplitebene für die nach Quotenplan festgelegten Betriebsgrößen und den zugehörigen Merkmalen der Grundgesamtheit; diese sind Zahl der Beschäftigten, Planbetten oder Schüler (siehe Anhang).

Da sich Soll-Quotenplan und Ist-Quotenplan geringfügig unterscheiden, wurden abweichende Konstellationen vom Soll-Quotenplan wie folgt behandelt: Liegen für die Beschäftigtenzahl einer Betriebsgröße keine entsprechenden spezifischen Verbrauchskenngrößen vor, wird für diese Beschäftigtenzahl der Mittelwert des Subsplits herangezogen. Diese Vorgehensweise kann sich auf Ergebnisse abstützen, die auf Splitebene für die verschiedenen Betriebsgrößen ermittelt wurden. Danach zeichnen sich keine gravierenden Veränderungen im spezifischen Verbrauch in Abhängigkeit von der Betriebsgröße ab.

Für Stranger-Bereiche wie N1 (Bekleidung, Leder, Textil) wurden spezifische Verbrauchswerte aus der Industriestatistik herangezogen, für N2 (Handelsvermittlungen) konnten solche aus dem Einzel- und Großhandel, für N5 (Postbank) solche aus Split 14 (Kreditinstitute, Versicherungen) angesetzt werden.

Ergebnisse aus Vollerhebungen standen für Split 10 und 11 (Landwirtschaft und Gartenbau) sowie für Strangers 3, 6 und 8 (Post, Bahn und Flughäfen) zur Verfügung.

Abgeschätzt wurden die Energieverbräuche von N4 (Telekom), N7 (Binnenschifffahrt) und N9 (Speditionen). Hierbei stellen die Stranger-Bereiche N7 und N9 nur marginale, nahezu vernachlässigbare Verbrauchsanteile am stationären Energieverbrauch (ohne Kraftstoffverbrauchsanteil im Verkehr) in der Bundesrepublik dar.

2.6 Umsetzungsmaßnahmen

Da die Studie auch dazu dient, für Verbrauchsbereiche mit hohen Potentialen, aber erheblichen Hemmnissen Informationsmaterial über Möglichkeiten zur rationellen Energienutzung zu erarbeiten, wurde eine umfassende Recherche über den gegenwärtigen Stand der Versorgung mit geeigneten Broschüren etc. durchgeführt. Bei der inhaltlichen Durchsicht der Materialien nach Kriterien im Hinblick auf ihre Verwendbarkeit in der betrieblichen Praxis zeigten sich erhebliche Defizite, selbst in solchen Branchen, die auf den ersten Blick als gut abgedeckt erschienen. Bereiche, die schon ausreichend versorgt sind oder für die anderweitig neue Broschüren erarbeitet wurden, sollten im Umsetzungsteil des Projekts nicht weiter bearbeitet werden.

Recherchiert wurde Informationsmaterial z. B. bei Verbänden, Fachinstituten, Brancheneinrichtungen, Experten, Energieversorgern, Landesgewerbeämtern und Energieagenturen. Analysiert wurden die Materialien nach folgenden Kriterien:

- Anwendbarkeit für die konkrete betriebliche Praxis,
- Lieferung von Anleitungen zur Erfassung des Energieverbrauchs, Beschaffung von Meßgeräten (Vergleich des Ist-Zustands mit Durchschnitts- und Bestwerten),
- Darstellung von Maßnahmen zur rationellen Energienutzung in einer für den Betrieb umsetzbaren Form (Checklisten, Praxisbeispiele),
- weiterführende Hinweise auf Beratung, Förderung und weitere Informationsmöglichkeiten.

Zum Projektabschluß wurden neun branchenspezifische Broschüren erstellt, die im Rahmen von Weiterbildungsaktivitäten eingesetzt und möglichst breit verteilt werden sollen. Hierbei konnte eine Zusammenarbeit mit dem IMPULS-Programm Hessen erreicht werden. Außerdem wurde ein Workshop für Multiplikatoren durchgeführt, bei dem die Ergebnisse der Studie vorgestellt und Umsetzungsmaßnahmen besprochen und bei relevanten Akteuren (Weiterbildungsträgern, Kammern, Branchenverbänden, Fachpresse) angestoßen wurden. Es wurde ein Konzept entwickelt, um Multiplikatoren zu motivieren und die Umsetzungsaktivitäten in ein Maßnahmenbündel zu integrieren.

3 Branchenübergreifende Ergebnisse

Dieses Kapitel beschreibt zusammenfassend die Ergebnisse der Breitenbefragung unter inhaltlichen Gesichtspunkten sowie die Resultate der Hochrechnung.

3.1 Abgrenzungen zu Energieeinsatz und Verwendungszwecken

Um ein über merkmalgestützte Hochrechnungen erarbeitetes Abbild des Energieverbrauchs der Kleinverbraucher zu erhalten, wurde der Endenergieverbrauch erfragt und dabei nach Strom- und Brennstoffeinsatz unterschieden. Letzterer wurde mit der Angabe des Heizöl-, Gas-, Kohle- und Holzverbrauchs erfaßt; der Fernwärmeverbrauch wurde gesondert aufgenommen. So war es prinzipiell immer möglich, nach Energieträgern differenzierende Betrachtungen und Analysen vorzunehmen sowie energieträgerspezifische Eigenheiten bei der Bewertung der Energiebereitstellung ausreichend zu beschreiben. Schließlich unterscheiden sich Brennstoff und Fernwärmeeinsatz bei gleicher Energiedienstleistung signifikant durch Umwandlungsverluste bei Brennstoffen im Wärmeerzeuger, die bei Einsatz von Fernwärme beim Endverbraucher nicht mehr auftreten, da sie bereits beim Versorger bilanziert sind. Ebenso bedingen Strom- und Brennstoffmengen einen gravierend voneinander abweichenden Primärenergieeinsatz.

Eine methodisch derart angelegte Informationsbasis zum Energieverbrauch der befragten Arbeitsstätten erlaubt eine klare Unterscheidung nach Technologien, Verwendungszwecken und Energieträgern. Eine Differenzierung nach Energieträgern war auch deshalb geboten, weil zentrale und dezentrale Versorgungstechniken (z. B. bei Heizwärme- und Warmwasserversorgung), an Energieträger gebundene Prozeßtechnologien (z. B. Induktions-, Widerstands- oder Flammenerwärmung) und Umwandlungsverluste (z. B. Kälteerzeugung über Kompressor oder Absorber) einen sehr unterschiedlichen Einsatz an Endenergie erforderlich machen.

Im Vordergrund des Energieverbrauchs stand daher die Energieanwendung bzw. der Einsatz für die verschiedenen Bedarfsarten, die system- und energieträgertypisch sind:

Stromeinsatz für:
- Heizung und Warmwasser (vorwiegend dezentral)
- Raumkühlung (Kompressoreinsatz)
- Beleuchtung
- mechanischer Energiebedarf (Kraft)
- Prozeßwärme (elektrische Verfahrenstechniken)
- Prozeßkälte (Kompressoreinsatz)
- Kommunikation und Information

Brennstoffeinsatz für:	Heizung und Warmwasser (überwiegend zentral) Raumkühlung (Absorbertechnik) Prozeßwärme (Nieder-, Mittel- und Hochtemperatur)
Fernwärmeeinsatz für:	Heizung und Warmwasser (zentral) Prozeßwärme (zentral)

Die Unterscheidung nach Energieträger, Versorgungssystem und Verwendungszweck in Verbindung mit weiteren energierelevanten Daten und Informationen gestatteten Kontrollrechnungen zum angegebenen Energieverbrauch. Aus dem berechenbaren Nutzenergiebedarf, Anhaltswerten zu Nutzungsgraden der Energiewandlung, zu Verteilungs- und Speicherungsverlusten wurden so die Angaben zum Endenergieverbrauch überprüfbar.

Eine weitere Prüfgröße stellt der aus Verbraucherinformationen ableitbare Nutzenergiebedarf für Raum- und Prozeßwärme, Klimatisierung, für Prozeßkälte, mechanischen Energiebedarf, Beleuchtung, Information und Kommunikation dar:

- So konnte z. B. aus den Befragungsdaten der Nutzenergiebedarf für die Raumheizung anhand der Gebäudeart, des Baujahrs, der Kubatur, den wärmetechnischen Angaben zur Gebäudehülle, zur Flächennutzung, zum üblichen Temperaturniveau und zum Anlagenbetrieb berechnet werden. Als Vergleichsdaten standen hierzu Angaben aus IKARUS zur Verfügung (Kolmetz u. a. 1994, bei klimatisierten Gebäuden Kolmetz u. a. 1995). Da die Beheizungsart, der eingesetzte Energieträger und das Alter des Wärmeerzeugers abgefragt wurden, konnte aus Nutzwärmebedarf, Kennwerten zu Verteilungs-, Erzeugungs- und Regelungsnutzungsgraden der zugehörige Strom-, Fernwärme- oder Brennstoffverbrauch ausgewiesen werden.
- So konnte auch der Nutzenergiebedarf für die Warmwasserbereitung bestimmt werden, da die Warmwassermenge pro Tag, Temperaturniveau und Arbeitstage pro Jahr bekannt waren. Analog zum Endenergieeinsatz für Raumheizung konnte damit über Verteilungs-, Speicher-, Umwandlungs- und Regelungsnutzungsgrade der Endenergieverbrauch für die Warmwasserbereitung, differenziert nach Energieträgern, ermittelt werden.
- Aus der installierten Lampenleistung, der Anzahl der Lampen bestimmter Leistung, den ungefähren Einschaltdauern der Beleuchtung in den erfaßten Referenzräumen sowie den nutzungstypisch unterschiedlichen Beleuchtungsintensitäten (Produktions-, Verkaufs-, Lager- oder Sozialraum) errechnete sich der zugehörige Stromeinsatz für die Beleuchtung.
- Mit den Angaben zu Kühlvolumina, Kühltemperatur und Einsatzzeiten in Verbindung mit spezifischen Kenndaten zu den Kühleinrichtungen (Theken, Regale, Schränke, Truhen) ergab sich der zugehörige Stromverbrauch.

- Aus installierter Kälteleistung und Vollbenutzungsstunden oder der im Mittel in Anspruch genommenen Kälteleistung und der Einschaltdauer ergab sich der Prozeßkältebedarf. Mit Kenndaten zu Kälteziffern bei Kompressions- und Absorptionskältemaschinen sowie dem elektrischen Antrieb bei Kompressoren konnte näherungsweise der Strom- bzw. Brennstoffeinsatz für die Prozeßkälteerzeugung berechnet werden.
- Die installierte elektrische Leistung von Kraftmaschinen und deren tägliche Einschaltdauer führten bei üblich unterstellbarer Auslastung zum zugehörigen Stromverbrauch.
- Die installierte Wärmeleistung prozeßtechnischer Anlagen und deren tägliche Einschaltdauer lieferten bei üblicherweise unterstellter Auslastung und Erfahrungswerten zum Ofennutzungsgrad den zugehörigen Brennstoffeinsatz.
- Kraftstoffverbrauch, Fahrzeugbestände, Motor- und Jahresfahrleistungen lieferten erstmals einen Einblick in den mobilitätsbedingten Energiebedarf der einzelnen Arbeitsstätten. Im Bereich der Landwirtschaft geben sie auch Aufschluß über den prozeßbedingten Kraft-Bedarfsanteil bei der Feld- und der Hofpflege.

Alle auf vorgenannt skizzierter Grundlage ermittelten Verbräuche dienen sowohl als Anhaltswerte zur Analyse des Strom-, Brennstoff- und Kraftstoffeinsatzes nach Verwendungszwecken als auch zur Beurteilung der individuellen Verbrauchsniveaus der befragten Kleinverbraucher. Hier ergeben sich grundsätzliche Erkenntnisse zu vorbildlich günstigem oder höchst unangemessenem Energieverbrauch als Basis für intelligente Energieberatung. Leider konnten derart identifizierte Arbeitsstätten nicht weiter verfolgt und beraten werden, da eine anonymisierte Datenaufnahme erfolgen mußte. So sind wertvolle Erkenntnisse zu rationellerem Energieeinsatz bei den einzelnen befragten Verbrauchern nicht mehr vermittelbar, da sie individuellen, meistens nur bedingt übertragbaren Charakter haben. Diesem Umstand wäre bei ähnlich strukturierten Vorhaben unbedingt Rechnung zu tragen, wenn es zielführend sein soll: Befragte Unternehmen sollten identifizier- und ansprechbar sein.

Von den per Fragebogen erhobenen Informationen konnten aus Kostengründen der Datenerfassung nicht alle interessierenden Energie-Verwendungszwecke aufgenommen werden. Aufschlüsselungen des Strom- und Brennstoffverbrauchs sind daher anhand der erhobenen Verbraucherdaten nur näherungsweise möglich. Defizite traten vor allem in folgenden Bereichen auf:

- Beleuchtung: nicht erfaßte Objekt-, Schaufenster- und Notbeleuchtung,
- mechanische Energie: nicht erhobene Pumpenantriebe, Lüfter und Verdichterstationen,
- Prozeßwärme: teilweise nicht registrierte, aber energieintensive Verfahren,
- Raumkonditionierung: nicht erfragte Informationen zu Luftwechsel und Klimaanlagensystem,

- Kommunikation und Information: nicht erfaßte Anlagen wie Telefon, Kassen, Waagen, Lesegeräte.

Auf Angaben zu diesen Energieverbrauchern mußte verzichtet werden, da neben den Kosten zum Erhebungsumfang auch die zu erwartende Qualität an fundierten und belastbaren Informationen eine Beschränkung der Fragebögen auf wichtigere Sachverhalte erforderlich machten.

In Kenntnis dieser Informationsdefizite konnten die auf Grundlage der befragten Arbeitsstätten erarbeiteten und in Kapitel 3.5 vorgestellten Analyseergebnisse zum bedarfsorientierten Energieträgereinsatz jedoch per Expertenschätzung modifiziert und ergänzt werden.

3.2 Bestandsaufnahme energierelevanter Anlagen

Gebäudestruktur

In Abbildung 3.2-1 ist die Baualtersverteilung über alle Branchen (2.758 erfaßte Gebäude) dargestellt. Etwa je ein Drittel wurde vor 1952, im Zeitraum von 1952 bis 1977 und nach 1977 errichtet. 2 % der Befragten konnten das Baualter nicht angegeben.

Abbildung 3.2-1: Baualtersverteilung von 2.758 Gebäuden der Breitenerhebung

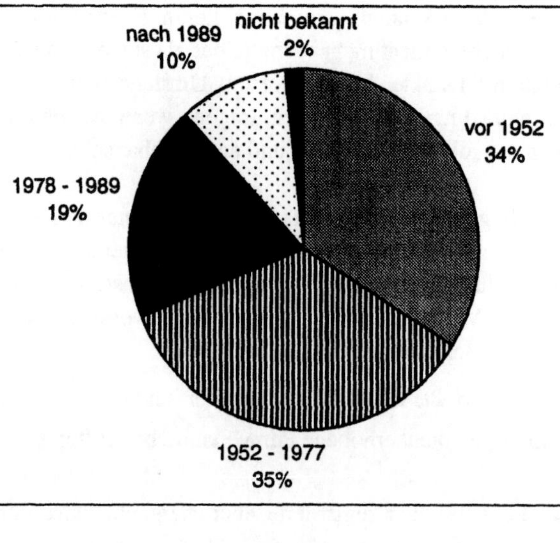

In Tabelle 3.2-1 ist der Bestand an Fensterverglasungsarten in Abhängigkeit des Baualters der Gebäude aufgelistet. Betrachtet man die Verglasung in den verschiedenen Baualtersklassen der Gebäude, so ist festzustellen, daß der Anteil einfach verglaster Fenster von 32 % auf 6 % zurückging. Der Anteil zweifach verglaster Fenster liegt in fast allen Baualtersklassen bei rund 35 %; erst bei nach 1989 erstellten Gebäuden ist eine Abnahme der Zweifachverglasung zugunsten höherwertiger Verglasungen zu verzeichnen. Der Anteil isolierverglaster Fenster ist stetig angestiegen, wird aber in naher Zukunft von Fenstern mit Wärmeschutzverglasung verdrängt werden.

Tabelle 3.2-1: Fensterverglasung nach Baualtersklassen

Verglasung	Baualtersklasse der Gebäude [%]					alle Baujahre [%]
	vor 1952	1952–1977	1978–1989	nach 1989	nicht bekannt	
Einfach	32	27	16	6	24	25
Doppelt	35	36	35	24	20	34
Isolierglas	21	24	29	38	29	25
Wärmeschutzglas	8	8	15	26	12	11
Schallschutzglas	2	2	3	3	6	2
Sonstiges	2	2	1	3	8	2

In Tabelle 3.2-2 ist analog zu Tabelle 3.2-1 die zeitliche Entwicklung von Wandaufbauten aufgeführt. Wärmetechnisch höherwertige Systeme verdrängen mit abnehmendem Baualter der Gebäude zunehmend Wandkonstruktionen ohne Wärmedämmung.

Tabelle 3.2-2: Wandkonstruktionen nach Baualtersklassen

Wandaufbau	Baualtersklasse der Gebäude [%]					alle Baujahre [%]
	vor 1952	1952 bis 1977	1978 bis 1989	nach 1989	nicht bekannt	
Mauerwerk ohne Wärmedämmung	65	46	23	12	44	44
Mauerwerk mit Wärmedämmung	22	29	40	45	24	31
Beton mit Wärmedämmung	1	8	12	13	4	7
Gas- oder Porenbetonsteine	1	3	7	9	0	3
Leichtkonstruktion ohne Wärmedämmung	2	3	4	4	0	3
Leichtkonstruktion mit Wärmedämmung	1	4	8	13	2	5
Sonstiges	3	2	2	1	4	2
Nicht bekannt	5	5	4	2	22	5

Heizkessel

Bei der Befragung machten 1.013 Betriebe verwertbare Aussagen zur Leistung ihrer Heizkessel. Die angegebene Kesselleistung wurde auf die beheizte Betriebsfläche bezogen. Die Häufigkeitsverteilung der spezifischen Kesselleistung ist in Abbildung 3.2-2 dargestellt, wobei die Leistung in Schritte von je 25 W/m^2 eingeteilt wurde. Die häufigste angegebene Leistung (108mal) liegt zwischen 50 und 75 W/m^2. Eine installierte Kesselleistung von ca. 35 W/m^2 ist für einen gut gedämmten Neubau erforderlich. Bei 74 Betrieben ist die Kesselleistung kleiner als 25 W/m^2. Bei diesen wird z. B. zusätzlich zur Wärme aus Heizkesseln Fernwärme bezogen, ein BHKW oder eine Wärmepumpe eingesetzt, oder die Angaben waren unvollständig.

Bei 1.485 Heizkesseln machten die Betriebe Angaben zum Baualter (Abbildung 3.2-3). Am häufigsten (211mal) waren Kessel der Baujahre 1991 bis 1992 vertreten. Auffallend ist die hohe Häufigkeit von Kesseln der Baujahre 1979 bis 1980.

Abbildung 3.2-2: Häufigkeitsverteilung der spezifischen Kesselleistung

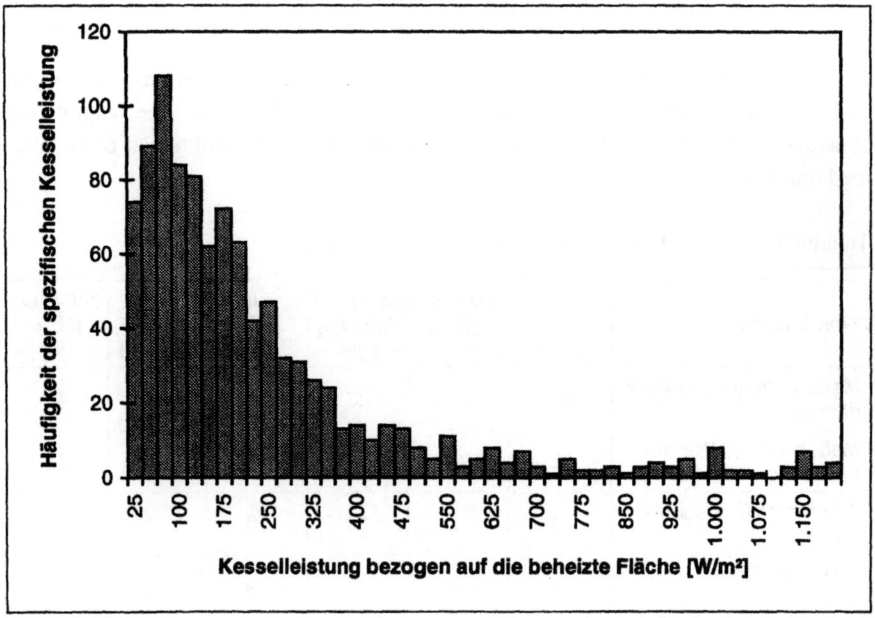

Abbildung 3.2-3: Baualtersverteilung der Heizkessel

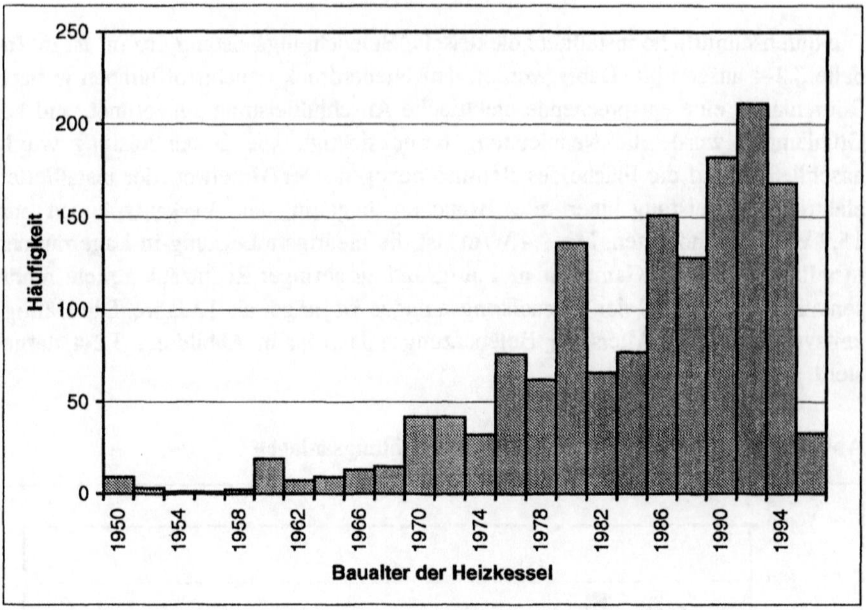

Warmwasserversorgung

In Tabelle 3.2-3 ist die Aufteilung der Warmwasserverbräuche auf zentrale und dezentrale Erzeugung angegeben. Im Durchschnitt wurde in den 2.572 Betrieben, die hierzu Angaben machten, Warmwasser zu 61,4 % zentral und zu 38,6 % dezentral bereitet.

Tabelle 3.2-3: Zentrale und dezentrale Erzeugung des Warmwassers

	Betriebe	Zentral [%]	Dezentral [%]
Metall	117	49,3	50,7
Kfz	80	53,8	46,2
Holz	80	52,8	47,2
Druck	77	46,4	53,6
Bäcker	96	75,8	24,2
Fleisch.	79	72,8	27,2
NuG	3	100,0	0,0
Wäsch.	71	72,3	27,7
Bau	208	56,9	43,1
Landw.	162	74,0	26,0
Gartenb.	54	75,5	24,5
Einzelh.	294	52,5	47,5

	Betriebe	Zentral [%]	Dezentral [%]
Großh.	167	58,0	42,0
Kredit	149	52,8	47,2
Hotels	129	87,4	12,6
Gastst.	116	64,9	35,1
Verlage	14	37,8	62,2
Sonst. DL	272	51,5	48,5
Org.	120	64,5	35,5
Gebietsk.	83	45,2	54,8
Krankenh.	81	92,0	8,0
Schulen	90	66,4	33,6
Bäder	30	83,1	16,9
Ingesamt	2.572	61,4	38,6

Quelle: ISI/FfE/TUM 1998

Beleuchtung

Die durchschnittliche installierte elektrische Beleuchtungsleistung pro m^2 ist in Tabelle 3.2-4 aufgeführt. Dabei wurden den Niederdruck-Leuchtstofflampen je nach Röhrenlänge eine entsprechende elektrische Anschlußleistung zugeordnet, und bei Glühlampen wurde die Nennleistung berücksichtigt. Die Gesamtleistung wurde anschließend auf die Fläche des Raumes bezogen. Der Mittelwert der installierten elektrischen Leistung über alle Branchen liegt in den Verkaufsräumen mit 15,9 W/m^2 am höchsten. Mit 8,4 W/m^2 ist die niedrigste Leistung in Lagerräumen installiert. Werte in Klammern sind aufgrund zu geringer Raumzahlen nicht repräsentativ. Der Großteil der Beleuchtungsanlagen ist jünger als 12 Jahre. Die Häufigkeitsverteilung des Alters der Beleuchtungsanlage ist in Abbildung 3.2-4 dargestellt.

Abbildung 3.2-4: Altersstruktur der Beleuchtungsanlagen

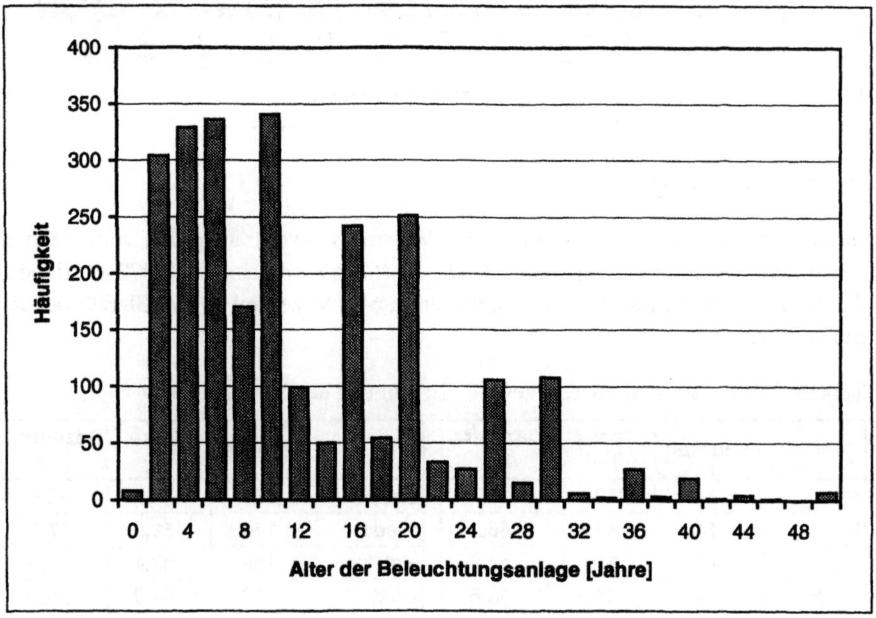

Bei der Befragung der Betriebe wurde auch der Bestand an Helligkeitssteuerungen erfaßt. Das Ergebnis der Befragung ist in Tabelle 3.2-5 zusammengefaßt. Es ist festzustellen, daß nur 14 % der Betriebe über eine Helligkeitssteuerung verfügen.

Tabelle 3.2-4: Durchschnittliche installierte elektrische Leistung je Raumtyp

	Produktionsraum	**Verkaufsraum**	**Büroraum**	**Lagerraum**	**Küche**	**Restaurant, Kantine**	**Sonstiger Raum**
	[W/m²]						
Metallgewerbe	9,9	28,3	10,6	11,6	k. A.	k. A.	5,0
Kfz-Gewerbe	7,6	14,7	13,1	8,5	(90,0)	k. A.	9,1
Holzgewerbe	7,7	10,0	12,1	5,1	k. A.	k. A.	6,3
Papier und Druck	11,8	18,8	17,0	7,6	k. A.	k. A.	2,3
Bäckereien	7,3	22,3	15,1	5,6	10,9	k. A.	20,0
Fleischereien	9,0	19,0	10,7	5,7	13,2	k. A.	14,0
Restl. Nahrungsm.	7,5	3,6	9,0	2,6	k. A.	k. A.	k. A.
Wäschereien	9,3	17,4	11,2	12,2	(53,5)	k. A.	6,2
Baugewerbe	8,9	23,3	11,4	5,4	(20,3)	13,9	7,3
Landwirtschaft	3,0	16,2	1,9	7,7	9,7	5,9	k. A.
Gartenbau	3,5	10,5	9,7	6,2	9,0	k. A.	16,0
Einzelhandel	11,4	15,0	11,8	7,4	15,0	0,6	18,6
Großhandel	10,9	13,0	16,2	14,2	(37,5)	4,0	11,9
Banken/Versich.	14,8	14,0	14,4	8,1	14,8	8,9	16,3
Hotels	10,6	13,6	10,5	15,4	14,0	21,2	16,9
Gaststätten	12,3	11,7	11,2	6,5	11,3	19,6	12,2
Verlagsgewerbe	9,5	22,5	13,6	1,4	6,0	k. A.	2,5
Sonst. Dienstl.	13,3	14,5	13,2	8,2	13,0	4,4	11,6
Organis., Heime	9,3	15,2	11,9	8,0	10,9	4,7	9,7
Öffentl. Einricht.	11,5	16,2	12,6	11,3	17,2	11,4	13,4
Krankenhäuser	16,0	18,4	12,0	15,0	7,6	7,6	22,8
Schulen	13,4	11,6	13,8	6,7	12,5	7,5	15,7
Bäder	8,5	14,2	8,1	12,7	3,0	15,7	9,7
Insgesamt	9,6	15,9	12,4	8,4	13,2	14,9	12,8

Tabelle 3.2-5: Häufigkeit von Helligkeitssteuerungen

	Betriebe	Manuell Dimmer	Automatisch Einzelraum	Automatisch Gebäudeteile	Keine Steuerung/ keine Angabe
		[in % der Befragten]			
Metallgewerbe	126	5	2	2	82
Kfz-Gewerbe	87	7	6	5	89
Holzgewerbe	106	4	4	1	94
Papier und Druck	88	5	2	–	95
Bäckereien	98	4	–	–	96
Fleischereien	81	6	6	–	89
Restl. Nahrungsm.	3	–	–	–	100
Wäschereien	86	2	3	1	94
Baugewerbe	240	4	4	3	92
Landwirtschaft	192	1	6	5	92
Gartenbau	60	10	7	1	88
Einzelhandel	334	7	5	4	88
Großhandel	182	7	6	4	86
Banken/Versich.	164	8	5	5	86
Hotels	131	39	13	5	57
Gaststätten	118	38	–	–	62
Verlagsgewerbe	15	–	13	–	87
Sonst. Dienstl.	291	13	3	1	86
Organis., Heime	137	14	3	2	85
Öffentl. Einricht.	100	8	2	9	84
Krankenhäuser	81	17	7	7	78
Schulen	96	7	2	2	90
Bäder	32	3	3	9	84
Insgesamt	2.848	10	4	3	86

Kälteanlagen

In Abbildung 3.2-5 ist die Häufigkeitsverteilung der spezifischen installierten Kälteleistung pro m^2 klimatisierte Fläche in Schritten von 20 W/m^2 dargestellt. Die häufigste spezifische Leistung liegt bei 20 W/m^2. Zum Teil sind allerdings die Angaben in den Fragebögen zur klimatisierten Fläche und zur Kälteleistung problematisch. Ursache sind Defizite beim technischen Verständnis der Befragten.

Abbildung 3.2-5: Spezifische installierte Kälteleistung pro m^2 klimatisierte Fläche

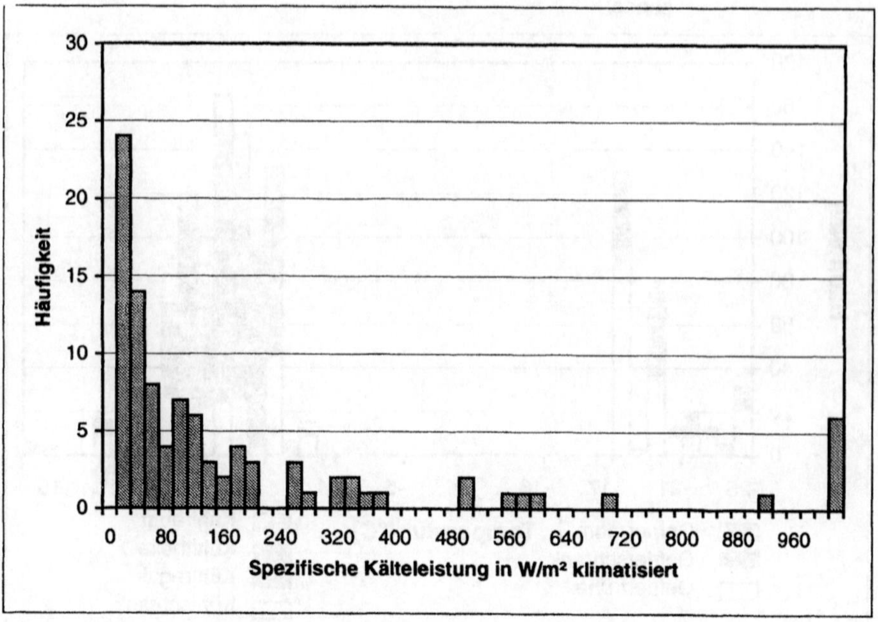

Kühl- und Gefrieranlagen

Im Bereich des Einzelhandels sind insgesamt zu über 1.200 Kühl- und Gefrieranlagen Angaben wie Temperaturniveau, Baujahr, Art der Kältebereitstellung, Volumen und Fläche vorhanden. In Abbildung 3.2-6 ist die Temperaturverteilung der Kühl- und Gefrieranlagen dargestellt. Bei den Gefrieranlagen (Gefrierraum, -schrank und -truhe) überwiegen Anlagen mit -18 °C und mit -20 °C. Dieses Temperaturniveau dient üblicherweise zur langfristigen Lagerung von Lebensmitteln. Bei den Kühlanlagen (Kühlraum, -theke, -regal und -schrank) liegt das Temperaturniveau hauptsächlich im Bereich von 2 °C bis 8 °C. Dieser Temperaturbereich dient z. B. zur Kühlung von Getränken, Milchprodukten, Fleisch- und Fischprodukten. Der Temperaturbereich ab 10 °C dient z. B. zur Kühlung von Käse.

Die Baualtersverteilung der Kühl- und Gefrieranlagen ist in Abbildung 3.2-7 abgebildet. Wie zu erwarten, sind die neueren Anlagen (Baujahre 1989 bis 1994) am häufigsten vertreten. Auffallend ist die geringe Häufigkeit von Anlagen der Baujahre 73/74, 77/78, 83/84, 87/88 und 93/94. Eine mögliche Ursache dieser Einbrüche könnte sein, daß die Betriebe den Geräteaustausch verzögerten oder auch forcierten, um technische Neuerungen oder ein neues Design abzuwarten. Die geringe Häufigkeit der Anlagen der Baujahre 1995 und 1996 ist dadurch zu erklären, daß in diesem Zeitraum die Befragung der Betriebe durchgeführt wurde und dadurch die Erfassung von Bestandserneuerungen unpräzise ist.

Abbildung 3.2-6: Temperaturverteilung der Kühl- und Gefrieranlagen im Einzelhandel

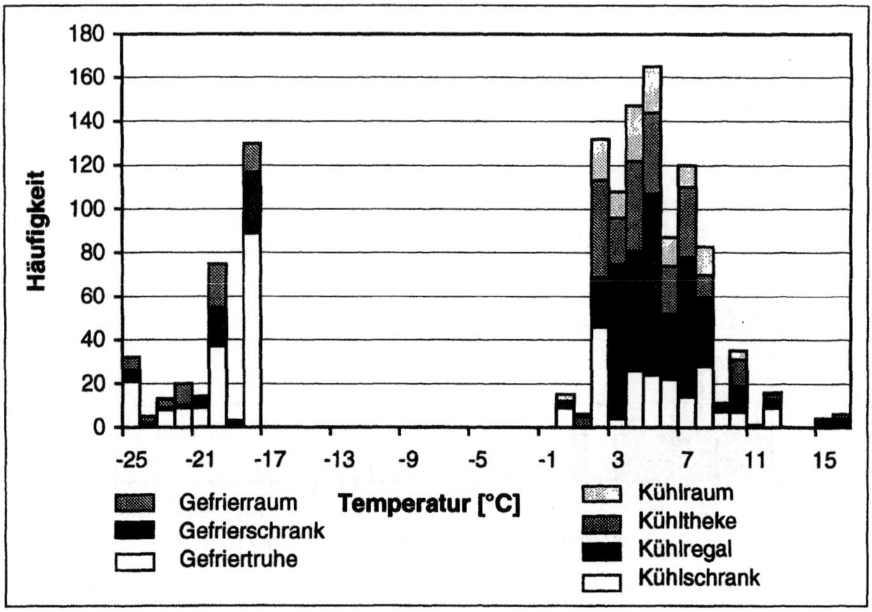

Abbildung 3.2-7: Baualtersverteilung der Kühl- und Gefrieranlagen im Einzelhandel

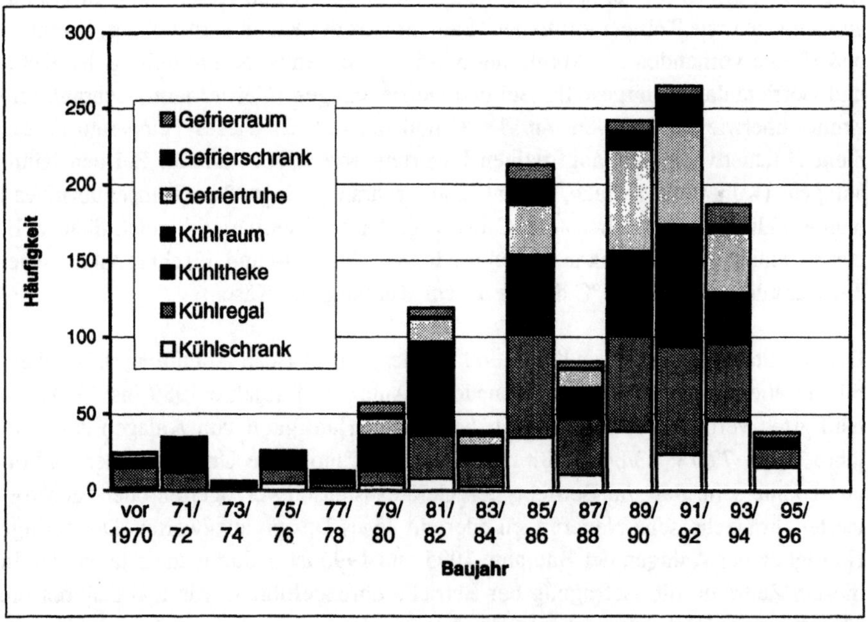

Bürogeräte

In Tabelle 3.2-6 sind die spezifischen Bestände an Computern, Laserdruckern sowie Stand- und Tischkopierern aufgeführt.

Tabelle 3.2-6: Kleingeräteausstattung der Betriebe im Kleinverbrauch (1996)

	Beschäftigte pro Gerät			
	PC	Laserdrucker	Kopierer	
			Standgeräte	Tischgeräte
Metallgewerbe	4,6	9,7	17,1	13,2
Kfz-Gewerbe	7,1	12,3	8,5	–
Holzgewerbe	10,5	17,6	18,8	–
Papier und Druck	4,6	8,5	5,8	8,6
Bäckereien	11,1	16,1	–	–
Fleischereien	12,5	12,5	23,0	23,0
Restl. Nahrungsm.	4,0	–	–	4,0
Wäschereien	17,7	36,8	100,9	86,0
Baugewerbe	9,4	16,8	73,0	50,0
Landwirtschaft	–	–	–	–
Gartenbau	4,9	6,7	–	6,1
Einzelhandel	10,0	23,9	26,5	50,2
Großhandel	6,8	11,9	41,5	53,5
Banken/Versich.	2,8	7,1	23,3	26,3
Hotels	9,0	15,9	47,4	21,3
Gaststätten	11,1	15,6	38,0	–
Verlagsgewerbe	3,9	15,3	27,6	31,7
Sonst. Dienstl.	3,6	6,9	17,8	15,2
Organis., Heime	7,3	10,4	18,0	51,3
Öffentl. Einricht.	4,0	9,3	24,8	25,7
Krankenhäuser	–	–	–	–
Schulen	2,8	11,2	42,5	48,3
Bäder	24,4	40,9	57,3	–

Fahrzeugbestand

Der Fahrzeugbestand in Betrieben des Kleinverbrauchs reicht von vier Beschäftigten je Pkw (Landwirtschaft) bis zu 7.400 Beschäftigten je Lkw über 2,8 t (Kreditinstitute und Versicherungen). Im Durchschnitt über alle Branchen kommen 39 Beschäftigte auf einen Pkw, 89 auf einen Lkw bis 2,8 t und 89 auf einen Lkw ab 2,8 t.

Tabelle 3.2-7: Beschäftigte pro Fahrzeug im Kleinverbrauch (1996)

	Beschäftigte pro				Beschäftigte pro		
	Pkw	Lkw bis 2,8 t	Lkw ab 2,8 t		Pkw	Lkw bis 2,8 t	Lkw ab 2,8 t
Metallgewerbe	12	15	21	Banken/Versich.	45	615	7.400
Kfz-Gewerbe	125	862	16	Hotels	22	55	–
Holzgewerbe	10	11	16	Gaststätten	15	12	55
Papier und Druck	12	23	31	Verlagsgewerbe	29	52	59
Bäckereien	14	13	21	Sonst. Dienstl.	11	59	77
Fleischereien	13	15	15	Organis., Heime	37	69	212
Restl. Nahrungsm.	6	5	8	Öffentl. Einricht.	51	39	51
Wäschereien	23	28	50	Krankenhäuser	491	733	1.465
Baugewerbe	12	15	29	Schulen	158	212	–
Landwirtschaft	4	9	8	Bäder	17	140	–
Gartenbau	6	5	10				
Einzelhandel	40	41	71	**Insgesamt**	39	89	89
Großhandel	21	41	22				

3.3 Energietechnische Kennwerte und Schwachstellen

Gebäudealter und Heizenergieverbrauch

In Abbildung 3.3-1 sind die spezifischen Heizenergieverbräuche der Gebäude aus der Breitenerhebung aufgegliedert nach Baualtersklasse für zwei Größenklassen dargestellt. Der überwiegende Teil der Gebäude hat einen Heizenergieverbrauch zwischen 100 und 300 kWh/m^2 a. Interessant dabei ist, daß sich die Häufigkeitsverteilungen des Heizenergieverbrauchs zwischen Gebäuden mit weniger bzw. mehr als 500 m^2 Nutzfläche nur unwesentlich unterscheidet. Deutlich wird aber auch, daß eine ganze Reihe von Arbeitsstätten überhöhte bis drastisch hohe spezifische Verbrauchswerte aufweisen.

Durch eine nachträgliche Wärmedämmung kann der Heizenergieverbrauch oft deutlich gesenkt werden. Im Normalfall werden energiesparende Maßnahmen nur während einer Renovierung durchgeführt. Am Beispiel eines Stadthauses mit fünf Stockwerken und einer Nettogrundfläche von 650 m^2, das typisch für den Zeitraum zwischen 1952 und 1977 ist, sollen die Kosten und die Wirksamkeit einiger Maßnahmen aufgezeigt werden.

Abbildung 3.3-1: Spezifischer Heizenergieverbrauch pro m^2 beheizter Fläche und Jahr in den erhobenen Gebäuden nach Baualtersklassen

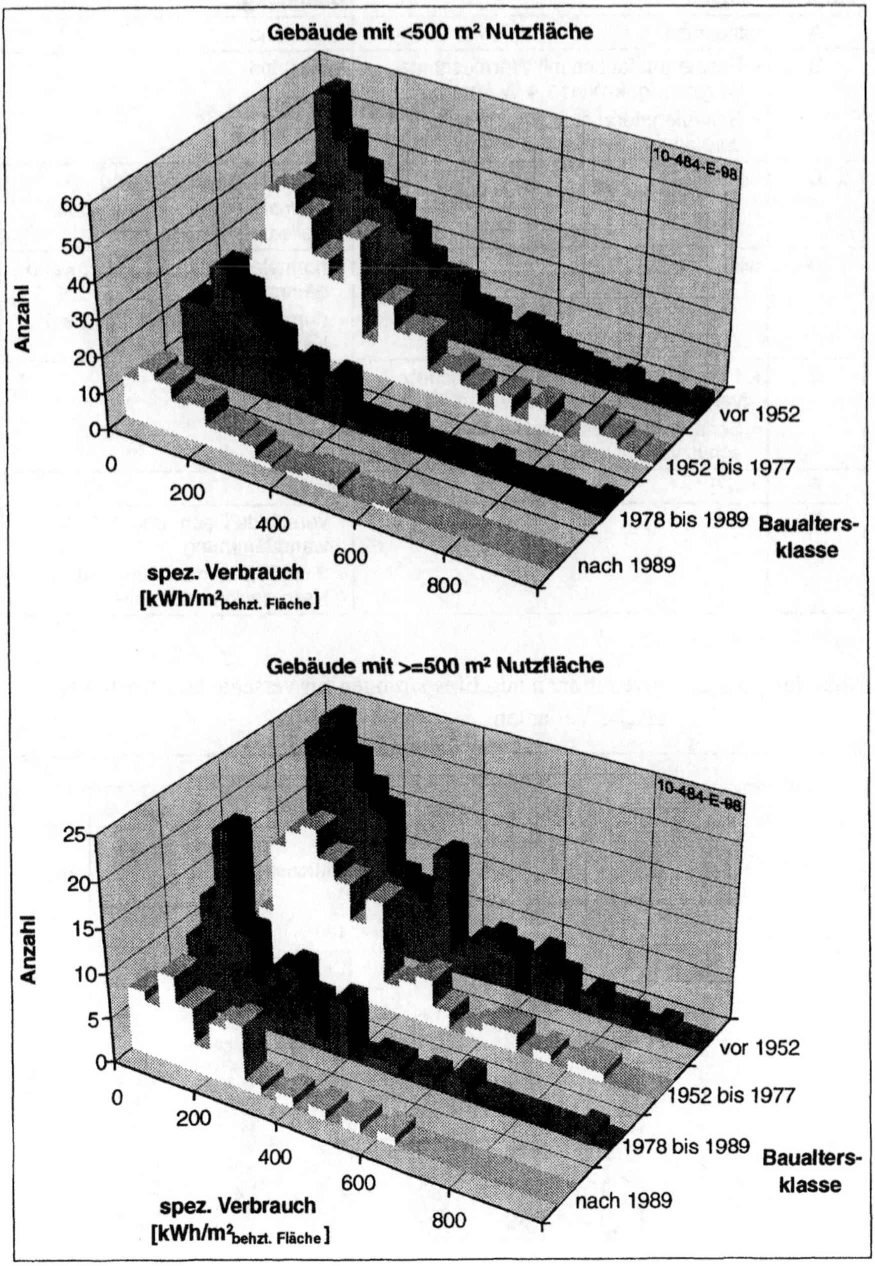

Quelle: ISI/FfE/TUM 1998

Tabelle 3.3-1: Beschreibung verschiedener Dämmvarianten

Variante	Fenster	Dämmung
A	Istzustand	Istzustand
B	• Fensteraustausch mit Wärmeschutzverglasung, k-Wert 1,4 W / (m^2 K) • Schaufensteraustausch mit Isolierverglasung, k-Wert 2,0 W / (m^2 K)	Istzustand
C	wie B	• normale Dachdämmung • normale Wärmedämmung auf Kellerdeckenunterseite
D	wie B	• normale Dach- und Außenwanddämmung • normale Wärmedämmung auf Kellerdeckenunterseite
E	• Fensteraustausch mit Wärmeschutzverglasung, k-Wert 1,0 W / (m^2 K) • Schaufensteraustausch mit Wärmeschutzverglasung, k-Wert 1,4 W / (m^2 K)	wie C
F	wie E	wie D
G	wie E	• verstärkte Dach- und Außenwanddämmung • 8 cm Wärmedämmung auf Kellerdeckenunterseite

Abbildung 3.3-2: Investitionen und Einsparungen für verschiedene wärmetechnische Varianten

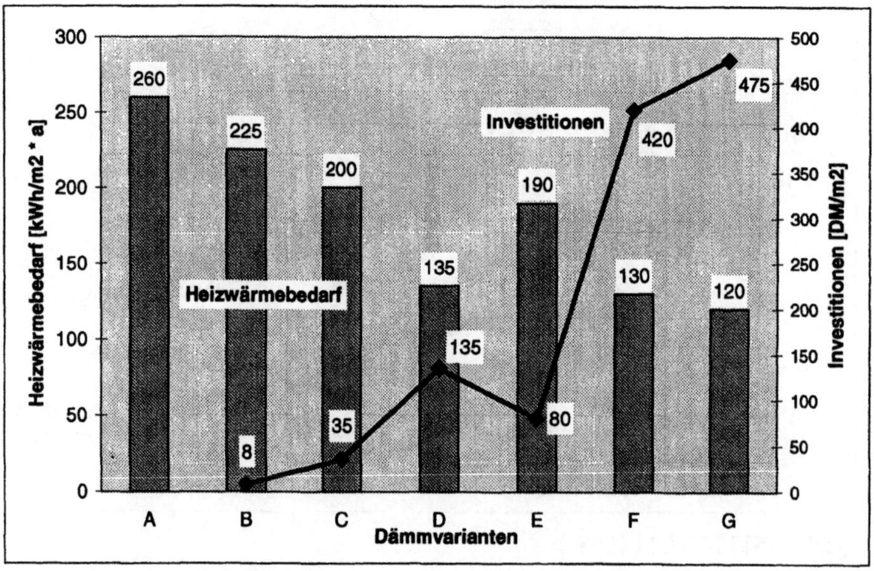

Quelle: IKARUS-Technikdatenbank

Für verschiedene wärmetechnische Varianten wurden die Investitionen und die erzielten Einsparungen betrachtet. In Abbildung 3.3-2 ist zu sehen, daß bei Investitionen von 8 DM/m² Nettogrundfläche in der Variante B der Heizwärmebedarf um 35 kWh/m²a gesenkt werden kann. Bei der Variante C sind schon Investitionen von 35 DM/m² notwendig, um den Heizwärmebedarf um insgesamt 60 kWh/m²a zu senken. Die Abbildung zeigt, daß bei jeder weiteren Verbesserung der Wärmedämmung die Investitionen überproportional ansteigen.

Heizkessel

82 % des Brennstoff- und Fernwärmeverbrauchs im Kleinverbrauch werden für die Raumheizung und 14 % für Prozeßwärme eingesetzt. Die Wärmebereitstellung mit Öl- oder Gaskesseln hatte für diesen Einsatzfall mit Abstand den größten Anteil am Endenergieverbrauch.

Der Nutzungsgrad von Heizkesseln hängt im wesentlichen von folgenden Einflußgrößen ab:

- Vorlauf-/Rücklauftemperatur
- Dimensionierung
- Bauart.

Mit sinkender Vorlauf-/Rücklauftemperatur erhöht sich der Nutzungsgrad. Dem Absenken der Vorlauf-/Rücklauftemperatur werden allerdings durch die Dimensionierung der Heizkörper Grenzen gesetzt. Sind z. B. Thermostatventile auf niedriger Leistungsstufe eingestellt und alle Räume werden wie gewünscht warm, so ist das ein Zeichen dafür, daß die Vorlauftemperatur mittels Absenken der Heizkennlinie reduziert werden kann. Eine Absenkung der Vorlauftemperatur um 10 °C erhöht den Nutzungsgrad um ca. 0,5 %.

Heizkessel sind häufig überdimensioniert. Durch die Überdimensionierung reduzieren sich die Vollaststunden und die Taktrate steigt. Bei jedem Ein- und Ausschalten entstehen zusätzliche Verluste. Zudem steigen auch die Bereitschaftsverluste, wenn eine größere Anlage als erforderlich eingesetzt wird. Daher sollte nach Durchführung einer wärmedämmenden Maßnahme am Gebäude der nächste Heizkessel auf alle Fälle kleiner dimensioniert werden als der alte Kessel. Generell sollte bei Austausch eines alten Kessels die Dimensionierung überprüft werden.

In Tabelle 3.3-2 ist die energietechnische Entwicklung von Heizkesseln anhand der zeitlichen Entwicklung des Nennwirkungsgrades charakterisiert. Innerhalb der letzten 20 Jahre ist der Nennwirkungsgrad von ca. 82 % auf über 93 % gestiegen. Berücksichtigt man den überwiegenden Teillastbetrieb während einer Heizperiode, so kann durch Austausch eines Umstell- und Wechselbrandkessels gegen einen modernen Heizkessel der Brennstoffverbrauch um bis zu 20 % reduziert werden.

Erlaubt das Heizungssystem Rücklauftemperaturen von weniger als 55 °C, so kann mit Gasbrennwertkesseln die latente Wärme des Abgases genutzt werden. Bei einer Vorlauf-/Rücklauftemperatur von 70/50 °C im Auslegungspunkt lassen sich durch die Brennwertnutzung ca. 5 bis 6 % an Energie einsparen.

Tabelle 3.3-2: Entwicklung von Heizkesseln mit Gasgebläsebrennern

<table>
<tr><th>Bauart</th><th>Umstell- und Wechselbrandkessel</th><th>Spezialkessel</th><th colspan="3">Niedertemperaturkessel</th></tr>
<tr><td>Brennstoff</td><td colspan="5">Erdgas</td></tr>
<tr><td>Heizleistung</td><td colspan="5">10 – 80 kW</td></tr>
<tr><td>Kesseltemperatur</td><td>konstant</td><td>konstant</td><td>gleitend, untere Begrenzung 40°C</td><td colspan="2">gleitend, ohne untere Begrenzung</td></tr>
<tr><td>Baujahr</td><td>vor 1976</td><td>1976 – 1982</td><td>1983 – 1988</td><td>1989</td><td>1995</td></tr>
<tr><td>Nennwirkungsgrad</td><td>82 %</td><td>88 %</td><td>90,6 %</td><td>92,5 %</td><td>93,5 %</td></tr>
</table>

Quelle: IKARUS-Technikdatenbank

Beleuchtung

Die Beleuchtung hat einen Anteil von 37 % am gesamten Stromverbrauch bzw. 8 % am Endenergieverbrauch. Bei der Beleuchtung spielen folgende Einflußfaktoren eine entscheidende Rolle:

- Beleuchtungsstärke,
- Raumgeometrie,
- Reflexionsfaktoren,
- Verminderungsfaktoren und
- Design.

In den meisten Fällen wird die Grundbeleuchtung der Räume mit Leuchtstoffröhren gedeckt. Derartige Leuchten werden noch häufig mit konventionellen Vorschaltgeräten (KVG) ausgerüstet. Der Einsatz elektronischer Vorschaltgeräte (EVG) kann bei Beleuchtungsanlagen mit Leuchtstoffröhren den Stromverbrauch um ca. 10 bis 20 % gegenüber Beleuchtungsanlagen mit KVG senken. Wird eine Modernisierung der Beleuchtungsanlage durchgeführt, so kann mit einer Spiegelreflektorleuchte mit EVG gegenüber einer einfachen Rasterleuchte mit KVG über 30 % an Strom eingespart werden (vgl. Abbildung 3.3-3).

Glühlampen haben eine sehr ungünstige Lichtausbeute. Sie können, ausgenommen bei Effektbeleuchtung oder sehr häufigen Schaltvorgängen, in fast allen Fällen durch Kompaktleuchtstofflampen ersetzt werden. Kompaktleuchtstofflampen werden in den unterschiedlichsten Leistungen und Bauformen angeboten, so daß der

Austausch rein technisch betrachtet unproblematisch ist. Glühlampen haben eine Lichtausbeute von ca. 8 lm/W, Kompaktleuchtstofflampen hingegen haben eine Lichtausbeute von ca. 46 lm/W. Das Einsparpotential beträgt somit ca. 80 % je Glühlampe.

Da Halogenlampen bevorzugt für Effektbeleuchtungen eingesetzt werden und dort das Design der Beleuchtungsanlage eine entscheidende Rolle spielt, ist ein Energieeinsparpotential hier nicht gegeben.

Abbildung 3.3-3: Anhaltswerte für die zu installierende Leistung in einem Büroraum mit 100 m^2 Grundfläche (1996)

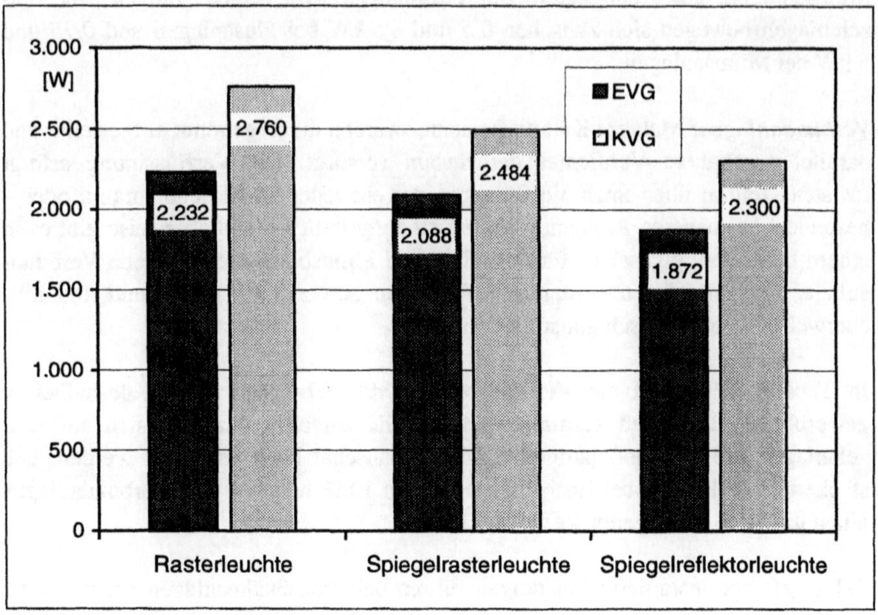

Quelle: IKARUS-Technikdatenbank

Kühlanlagen

Für die Prozeßkälteerzeugung werden im Sektor Kleinverbrauch durchschnittlich ca. 11 % des Strombedarfs aufgewendet. Davon entfällt etwa die Hälfte auf die Kühlung von Lebensmitteln im Einzelhandel und Großhandel. Weitere größere Verbraucher sind das Gaststätten- und Beherbergungsgewerbe. In diesen Branchen kommen Kühl- und Gefrierräume zum Einsatz, vor allem im Lebensmitteleinzelhandel werden außerdem Kühlregale, Kühltheken, Gefrierschränke und -truhen verwendet. Die Kühlmöbel werden in drei Kategorien eingeteilt:

Steckerfertige Kühlmöbel: Hier sind sämtliche Komponenten der Kälteanlage in Kühlmöbel eingebaut. Sie werden in kleinen Geschäften ausschließlich und in großen Märkten ergänzend (z. B. Speiseeistruhe vor der Kasse) eingesetzt. Übliche Kälteleistungen liegen zwischen 0,25 und 3 kW. Aufgrund der geringen Leistungen besitzt dieser Anlagentyp einen vergleichsweise schlechten Wirkungsgrad.

Einzelanlagen: Von Einzelanlagen wird gesprochen, wenn jeder Verbraucher mit einem eigenen Kältemittelkreislauf ausgestattet und der Verbraucher örtlich getrennt vom Verdichter aufgestellt ist. Eine Einzelanlage besitzt entweder einen eigenen Verflüssiger, oder mehrere Anlagen verwenden einen gemeinsamen Mehrkreisverflüssiger. Je nach Temperaturniveau spricht man bei Gefriergeräten von Minusanlagen, bei Kühlgeräten von Plusanlagen. Die Kälteleistungen von Einzelanlagen bewegen sich zwischen 0,5 und 8,5 kW bei Plusanlagen und 0,75 und 5 kW bei Minusanlagen.

Verbundanlagen: Mehrere Kälteverbraucher werden durch getrennt aufgestellte und parallel geschaltete Verdichter gemeinsam versorgt. Die Verflüssigung erfolgt meistens zentral über einen Verflüssiger, der entweder im Maschinenraum oder – besonders bei neueren Anlagen – im Freien aufgestellt ist. Üblicherweise gibt es in einem Lebensmittelgeschäft für den Plus- und Minusbereich eine eigene Verbundanlage. Verbundanlagen werden ab Kälteleistungen von 3 kW gebaut und sind üblicherweise die energetisch günstigste Variante.

In Tabelle 3.3-3 sind die Verbrauchswerte der gebräuchlichsten Kühlmöbel in gewerblichen Betrieben zusammengefaßt. Alle Angaben beziehen sich auf Einzelanlagen pro Tag und laufenden Meter; pauschal kann angesetzt werden, daß steckerfertige Kühlmöbel im Mittel einen um 10 % höheren und Verbundanlagen einen um 10 % niedrigeren Verbrauch haben.

Selbst geringe installierte Leistungen führen bei Prozeßkälteanlagen aufgrund der Betriebszeiten von bis zu 8.760 Stunden pro Jahr zu einem hohen Verbrauch. In dieser Anwendungsart sind besonders in Betrieben mit älteren Kühlgeräten noch hohe Einsparpotentiale vorhanden. Nachfolgend werden einige Beispiele für Energiesparmaßnahmen vorgestellt.

- *Maßnahmen im Bereich der Kühlmöbel:*
  - *Optimierte Beleuchtung:* Durch Anordnung der Beleuchtung und Vorschaltgeräte außerhalb der Kühlzone muß nur ein sehr geringer Teil der installierten Beleuchtungsleistung über die Kälteanlage abgeführt werden. Eine Leuchtstofflampe (120 cm) mit konventionellem Vorschaltgerät hat eine Leistungsaufnahme von ca. 50 W. Bei 2.200 Betriebsstunden pro Jahr entsteht ein Wärmeeintrag von 110 kWh pro Jahr und Leuchtstofflampe. Befindet sich die Beleuchtung außerhalb der Kühlzone, so lassen sich durch verminderten Kältebedarf 50 bis 110 kWh pro Jahr und Leuchtstofflampe an Strom einsparen.

– *Nachtabdeckung:* Viele Kühl- und Gefriertruhen sind während der Öffnungszeiten der Geschäfte ohne Abdeckung. Werden bei Neuanschaffung Geräte mit permanenter Abdeckung beschafft, so kann bis zu 80 % des Stromverbrauchs bei Gefriertruhen und bis 20 % bei Kühltruhen eingespart werden. Durch konsequentes Abdecken der Kühl- und Gefriertruhen kann gegenüber nicht abgedeckten Anlagen je nach Temperaturniveau ca. 10 % bis 40 % Energie eingespart werden.

Tabelle 3.3-3: Verbrauchswerte von Kühlanlagen (Einzelanlagen)

	Temperatur	Mittelwert	Minimum	Maximum
			[kWh/d•m]	
Kühlregal ohne Abdeckung	6 – 8 °C	2,9	5,5	
	5 – 7 °C	3,3	2,5	
	2 – 4 °C	4,7	3,8	14,4
	0 – 2 °C	5,5	5,2	6,0
Kühltheken ohne Abdeckung	5 – 7 °C	1,3	1,2	1,5
	0 – 2 °C	2,2	1,0	5,0
Gefriertruhe ohne Abdeckung	-18 – -20 °C	14	12	50
	-21 – -23 °C	37	16	59
Gefriertruhe mit Glasabdeckung	-21 – -23 °C	8	8	12
Gefriertruhe mit fest. Abdeckung	-21 – -23 °C	5	4	8
Gefrierschrank, verglast	-18 – -20 °C	14	12	16
	-21 – -23 °C	16	14	18
Kühlschrank	5 °C	2,5	1,0	12,4
	2 °C	3,0	1,2	6,7
Kühlraum	5 – 7 °C	0,5	0,4	0,6
	0 – 2 °C	1,2	0,8	2,0
Gefrierraum	-18 – -20 °C	3,0	2,0	4,0
Getränkeautomat	11 °C	5,9	2,6	9,1

Quellen: Domotechnika 1992 (Michael 1992)

- *Maßnahmen im Bereich der Kälteversorgungsanlage:*

  Verbundanlagen benötigen gegenüber Einzelanlagen ca. 10 % weniger Strom, da Kältemittelverdichter und elektrische Motoren bei größeren Einheiten energetisch effizienter arbeiten. Bei verbesserter Leistungsanpassung und einem ausgeglichenen Kältebedarf erhöhen sich die Laufzeiten und sinken die Taktverluste. Durch drehzahlgeregelte Verdichter und Ventilatoren lassen sich die Taktverluste ganz vermeiden. Da die Leistungszahl von Kältemittelverdichtern von der Verdampfungs- und Verflüssigungstemperatur abhängen, sollte die Temperatur der Kühlanlagen nicht unnötig niedrig eingestellt sein. Die Abwärme des Verflüssigers und des Verdichters kann zur Warmwasserbereitung genutzt werden.

Generell sollten lufttechnische Kurzschlüsse vermieden werden, weil sonst die Abwärme die Kühlluft erwärmt.

- *Regelungstechnische Maßnahmen:*

  Das Abtauen der Verdampfer sollte nicht zeitgesteuert, sondern nach Bedarf erfolgen. Ebenso ist es nicht notwendig, daß Rahmen- und Scheibenheizungen permanent betrieben werden.

Bürogeräte

Moderne Personal Computer (PC) bieten die Möglichkeit, Energiesparfunktionen nach einer einstellbaren Zeit der Nichtbenutzung zu aktivieren. So können Festplatten und Graphikkarten abgeschaltet werden. Die Prozessorleistung kann in mehreren Stufen heruntergefahren werden. Durch diese Maßnahmen kann nach einer Nichtbenutzung von ca. ¼ bis 1 Stunde die Leistungsaufnahme in etwa halbiert werden. Diese Einstellungen müssen allerdings im BIOS (Basic input output system) erfolgen und können nur von Administratoren oder versierten Benutzern durchgeführt werden.

Monitore bieten ebenfalls Energiesparfunktionen. Sie können sich nach einer einstellbaren Zeit in mehreren Stufen herunterfahren. Voraussetzung ist allerdings, daß ein Bildschirmschoner wie „Black Screen" installiert ist oder ein Bildschirmschoner, der die Energiesparfunktionen des Monitors direkt ansteuern kann. Bildschirmschoner, die besonders hell sind oder komplexe sich bewegende Muster auf dem Bildschirm generieren, erhöhen den Stromverbrauch. In Tabelle 3.3-4 sind die Stromverbrauchswerte eines PC mit Monitor in Abhängigkeit von der Aktivität und der Helligkeit des Bildschirms dargestellt. Diese Werte sind als Beispiel zu sehen und können je nach PC und Monitor abweichen. Der Energiebedarf eines Bildschirmschoners mit Animation und einem hellen Hintergrund ist um ca. ein Drittel höher als bei einem dunklen Hintergrund (z. B. „Starfield").

Tabelle 3.3-4: Leistungsbedarf eines PC mit Monitor

Zustand	**Leistung [W]**
Ruhezustand, normaler Hintergrund	100
Ruhezustand, heller Hintergrund	110
Stand-By Modus des Bildschirms („Black Screen")	90
Bildschirmschoner mit dunklem Hintergrund	95
Bildschirmschoner mit Animation, normaler Hintergrund	115
Bildschirmschoner mit Animation, heller Hintergrund	125

Laserdrucker und Kopierer können sich selbständig in einen Stand-by-Modus umschalten. Oft benötigen sie allerdings mehrere Minuten, um bei Anforderung wieder betriebsbereit zu werden.

Bei externen Zusatzgeräten für den PC, wie Modem, Streamer, Lautsprecher, Drukker usw. läßt sich der Stand-by-Stromverbrauch außerhalb der Arbeitszeit vermeiden, indem der PC, der Monitor und die Zusatzgeräte zentral mit einer schaltbaren Steckerleiste ausgeschaltet werden. Wird eine Master-Slave-Steckerleiste verwendet, so können der Monitor und die Zusatzgeräte mit dem Schalter des Computers abgeschalten werden.

Bei Faxgeräten und Telefonanlagen kann nur durch Neuanschaffung energieeffizienter Geräte eine Einsparung erzielt werden. Durch Änderung der Betriebsweise sind kaum Energieeinsparungen möglich.

Fahrzeuge

Der spezifische Kraftstoffverbrauch der Kraftfahrzeuge lag in der Breitenerhebung bei 9,7 Liter/100 km, bei den Lkw bis 2,8 Tonnen bei 11,2 l/100 km und bei den Lkw ab 2,8 Tonnen bei 16,9 Liter/100 km. Die Häufigkeitsverteilung des spezifischen Kraftstoffverbrauchs ist in Abbildung 3.3-4 dargestellt. Durch den Einsatz moderner Fahrzeuge mit Diesel-Direkteinspritzung läßt sich der Kraftstoffverbrauch von Pkw auf 5 bis 7 Liter/100 km reduzieren.

Abbildung 3.3-4: Häufigkeitsverteilung des spezifischen Kraftstoffverbrauchs firmeneigener Pkw und Lkw (1996)

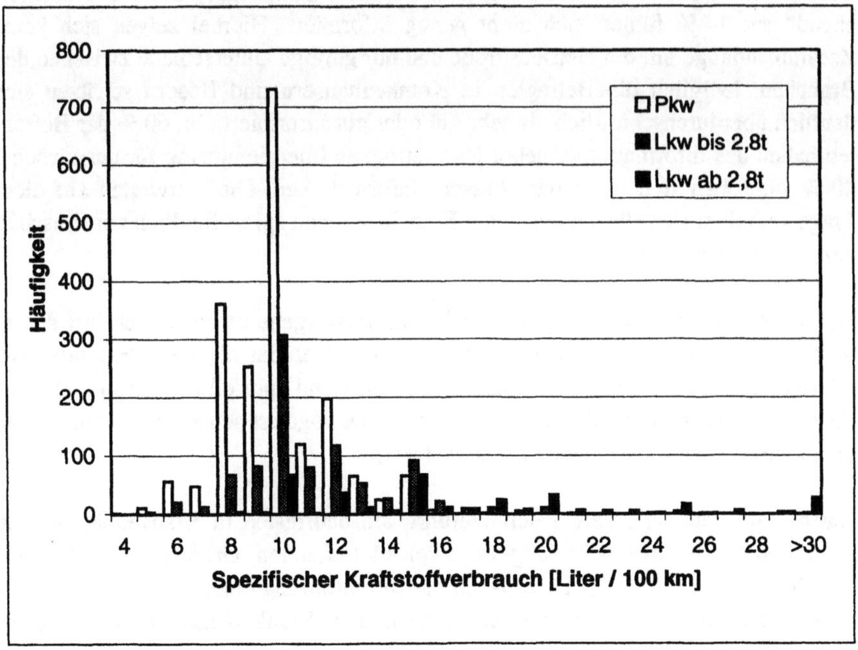

Quelle: ISI/FfE/TUM 1998

3.4 Energiesparaktivität und Hemmnisse

Ein Teil der Intensivgespräche in den Betrieben und der Breitenerhebung war dem Stellenwert der rationellen Energienutzung und der Umsetzung in konkrete technische und organisatorische Maßnahmen gewidmet. Ausgangspunkt war eine Reihe von Hypothesen aus vorangegangenen und laufenden Hemmnisstudien. Hieraus wurden Indikatoren gebildet, die Aufschluß über die Energiesparaktivität der Betriebe geben sollten. Im wesentlichen waren dies Fragen nach der Beschäftigung mit Energiefragen, dem Energie-Controlling, der eigenen Einschätzung des Energiesparpotentials, der Inanspruchnahme von Energieberatung und nach Hemmnissen für energiesparende Investitionen.

Des weiteren wird hier zusammenfassend dargestellt, inwieweit die befragten Betriebe konkrete technische Maßnahmen zur Energieeinsparung ergriffen haben und welche Zusammenhänge dieser Energiesparaktivität mit betriebsstrukturellen oder einstellungsbezogenen Faktoren bestehen.

Schon die Schwierigkeiten in der Breitenerhebung, Betriebe zum Interview zu motivieren und energietechnische Sachverhalte abzufragen, weisen auf Informationsmängel oder Desinteresse der Verantwortlichen hin. Noch deutlicher wurde dies im Zuge der Fehlerbereinigung der Daten, als die individuellen Fragebögen betrachtet wurden. Auf die Frage nach der Einschätzung des **eigenen Informationsstands** gaben 7 % der Befragten „sehr gut", 33 % „gut" und 46 % „ausreichend" an; 14 % fühlen sich nicht genug informiert. Hierbei zeigen sich keine Zusammenhänge mit der Betriebsgröße und nur geringe Unterschiede zwischen den Branchen; lediglich die Befragten in Krankenhäusern und Bädern schätzen sich deutlich überdurchschnittlich als sehr gut oder gut informiert ein. 60 % der Befragten halten das Informationsangebot über rationelle Energienutzung für ausreichend, 40 % wünschen sich mehr oder bessere Informationen. Die Antworten auf diese Frage verhalten sich für die einzelnen Branchen genau spiegelbildlich zur Einschätzung des Informationsstands.

Bei der Auswertung der **Fragen zum Energiemanagement** ergab sich fast durchweg ein Zusammenhang mit der Betriebsgröße. Je größer die Betriebe sind, desto häufiger kontrollieren sie ihren Energieverbrauch und speziell den Stromverbrauch oder die Abrechnungen, desto eher werten sie die abgelesenen Werte aus und desto eher kennen sie die Lastspitzen (Tabelle 3.4-1).

Lastmanagement wird selten durchgeführt, am häufigsten in Krankenhäusern mit 33 % und in Bädern mit 26 %, gefolgt von Fleischereien, Großhandel, Hotels und Schulen mit jeweils 10 bis 12 %. Auch die Durchführung einer Blindstromkompensation ist abhängig von der Betriebsgröße und in Krankenhäusern am häufigsten anzutreffen (71 %).

Die wenigsten Betriebe (knapp 20 %) wurden nach Angaben der Befragten bisher auf **energietechnische Schwachstellen** hin untersucht. Am weitaus häufigsten gab es solche Analysen in Krankenhäusern (65 %), Bädern (52 %) und Schulen (47 %), am seltensten in Metallbetrieben, Druckereien, kleinen Bürobetrieben (je 10 bis 11 %) und im Baugewerbe (6 %). Sie bezogen sich in 15 % der Fälle auf das Gebäude, bei 14 % auf die Heizanlage, bei 20 % auf Anlagen oder Maschinen und bei den übrigen auf den Energieverbrauch insgesamt.

Tabelle 3.4-1: Energiemanagement im Betrieb nach Betriebsgrößenklassen

	Betriebsgrößenklasse*		
	Kleine Betriebe	Mittelgroße Betriebe	Große Betriebe
	[in % der Befragten]		
Energieverbrauchskontrolle			
• monatlich	9	14	33
• vierteljährlich	13	11	12
• halbjährlich oder jährlich	49	46	34
• keine Kontrolle	29	28	21
Auswertung abgelesener Stromverbrauchswerte	40	44	56
Tageslastspitzen bekannt	31	31	39
Lastmanagement	2	4	12
Blindstromkompensation	2	7	26

* Betriebsgrößen im Kleingewerbe: klein 1 – 4, mittel 5 – 9 und groß 10 – 19 Beschäftigte; in den übrigen Branchen: klein 1 – 4, mittel 5 – 19, groß 20 und mehr Beschäftigte

Quelle: ISI/FfE/TUM 1998

Auch bei dieser Maßnahme zeigt sich ein starker Zusammenhang mit der Betriebsgröße (Tabelle 3.4-2). Dies gilt ebenso für **Energieberatung,** die nur von rund 20 % der Betriebe in Anspruch genommen wurde, wobei sich die kleineren Betriebe vor allem von Energieversorgern und die größeren Betriebe vor allem durch freie Berater oder Ingenieurbüros beraten ließen. Demgegenüber sind die Beratungsschwerpunkte unabhängig von der Betriebsgröße. Auch bei der Inanspruchnahme einer Energieberatung ragen Krankenhäuser (62 %), Bäder (55 %) und Schulen (36 %) heraus. Die Art der Berater ist in den Branchen unterschiedlich: Produzierende Betriebe haben häufiger Energieversorger, Bürobetriebe häufiger freie Berater herangezogenen. Branchenverbände wurden am häufigsten im Gartenbau (71 %), von Kfz-Betrieben (50 %), im Großhandel (46 %) und im Baugewerbe (44 %) genannt. Bei den Beratungsschwerpunkten zeigen sich kaum Unterschiede zwischen den Branchen.

Die **Durchführung von Maßnahmen zur rationellen Energienutzung** wurde branchenspezifisch mit Nennung konkreter Maßnahmen abgefragt; die Ergebnisse werden detailliert in den Einzelbeschreibungen der Branchen (Kapitel 4) behandelt. Außerdem wurden die Befragten zusammenfassend gebeten, bisher erzielte Wärme- und Stromeinsparungen anzugeben, sofern sie entsprechende Maßnahmen durchgeführt hatten. Hieraus ergab sich, daß 29 % der Betriebe Angaben zu Brennstoff-Einsparungen und 26 % zu Stromeinsparungen machen konnten. Die Bandbreite der genannten Einsparungen war groß: zwischen 0 und 60 % mit Schwergewicht auf 10 bis 20 %. Je mehr Einsparungen bei Wärme genannt wurden, desto höher lagen auch die Einsparungen beim Strom. Betrachtet man die einzelnen Branchen, so zeigt sich, daß besonders hohe Einsparungen bisher in Gärtnereien, bei kommunalen Verwaltungen und in Schulen erzielt wurden.

Tabelle 3.4-2: Schwachstellenanalyse und Energieberatung im Kleinverbrauch

	Betriebsgrößenklasse*		
	Kleine Betriebe	Mittelgroße Betriebe	Große Betriebe
	[in % der Befragten]		
Schwachstellenanalyse	8	14	28
Energieberatung	9	14	29
• durch Energieversorger	74	60	54
• Verband, Berufsorganisation	35	31	28
• freier Berater	34	49	59
• sonstige Beratung	21	14	16
Beratungsschwerpunkt			
• Energieeinsparung allgem.	83	77	83
• Tarifberatung	58	56	63
• Heizkostensenkung	49	60	54
• Energiekostensenkung in der Produktion	38	34	35

Quelle: ISI/FfE/TUM 1998 * Betriebsgrößen siehe Tabelle 3.4-1

Gut die Hälfte der Befragten glaubt, schon alle Möglichkeiten zur Energieeinsparung ausgeschöpft zu haben; bei Brennstoffen sind es 51 % und bei Strom 53 %. Bei der Einschätzung der Höhe des noch bestehenden Potentials zeigte sich wieder eine große Bandbreite zwischen 0 und 80 %, mit Schwergewicht bei Nennungen bis zu 10 %. In den raumwärmeintensiven Bereichen wurden eher höhere erzielte Einsparungen und höhere Potentiale angegeben als in den produzierenden Branchen (Tabelle 3.4-3). Je kleiner die Betriebe sind, desto häufiger glauben sie, daß sie ihr Potential schon ausgeschöpft haben.

Fast alle Befragten (90 %) gaben an, daß sie beim Kauf neuer Anlagen, Geräte oder Fahrzeuge normalerweise auf den Energieverbrauch achten. Hierbei zeigen sich geringe Unterschiede nach Branchen: Bei kleinen Bürobetrieben sind es 84 %, bei Versicherungen/Kreditinstituten 88 %, hingegen bei Gartenbaubetrieben 100 %.

Tabelle 3.4-3: Einschätzung der Energieeinsparpotentiale im Kleinverbrauch

	Produzierende Betriebe*	Raumwärmeintensive Betriebe*
	[in % der Befragten]	
Brennstoffe		
• Potential ausgeschöpft	53	50
• Einsparpotential über 10 % genannt	40	48
Strom		
• Potential ausgeschöpft	56	50
• Einsparpotential über 10 % genannt	27	37

* Als produzierende Betriebe wurden definiert: Metall, Kfz, Holz, Druck/Papier; Bäcker, Fleischer, Wäschereien/Chem. Reinigungen, Baugewerbe, Landwirtschaft und Gartenbau; die übrigen wurden als „raumwärmeintensive Betriebe" bezeichnet.

Quelle: ISI/FfE/TUM 1998

Vier Maßnahmen zur Wärmedämmung wurden in allen Branchen außer Gartenbau abgefragt. Hierbei wurden nur Maßnahmen gewertet, die laut Fragetext „nachträglich in größerem Ausmaß, d. h. an mindestens 20 % der jeweiligen Fläche", durchgeführt wurden. In den raumwärmeintensiven Branchen waren dies:

Bessere Fenster, z. B. mit Isolierglas	75 %
Außenwanddämmung	48 %
Dachdämmung	55 %
Dämmung der Kellerdecke	28 %

bezogen auf diejenigen, welche diese Maßnahmen in ihren Gebäuden überhaupt als relevant betrachteten. Ein Teil der Gebäude war bereits energetisch in gutem Stand, andere können auf solche Maßnahmen kaum Einfluß nehmen, da sie ihre Betriebsräume gemietet haben. Einige Gebäude sind auch nicht unterkellert, so daß die Dämmung der Kellerdecke entfällt. Unter den verschiedenen Branchen waren Hotels, Krankenhäuser, Schulen und Bäder hier überdurchschnittlich aktiv.

Weitere Maßnahmen, die in allen Branchen abgefragt und für einen Indikator der Energiesparaktivität herangezogen wurden, waren:

Außentemperatursteuerung der Heizung	38 %
Nacht- und Wochenendabsenkung der Temperatur	43 %
Helligkeitssteuerung (überall oder teilweise)	14 %
Abwärmenutzung (aus Abluft, Kühlung, Abwasser o. a.)	11 %
Energieverbrauchskontrolle	76 %
Schwachstellenanalyse oder Energieberatung	26 %

In den raumwärmeintensiven Branchen wurden die genannten zehn branchenübergreifenden Maßnahmen ausgewertet. Hierbei zeigt sich im wesentlichen ein ähnliches Ergebnis wie bei den vier Fragen zur Wärmedämmung (Abbildung 3.4-1). In den neuen Bundesländern wurde die Durchführung von Maßnahmen in Hotels, Gaststätten und „sonstigen Dienstleistungsbetrieben" überdurchschnittlich, in öffentlichen Einrichtungen dagegen unterdurchschnittlich häufig genannt. Bäder sind in den neuen Bundesländern nicht befragt worden, bei den Verlagen ist die Fallzahl für diese Auswertung zu gering.

Abbildung 3.4-1: Energiesparaktivität in raumwärmeintensiven Branchen

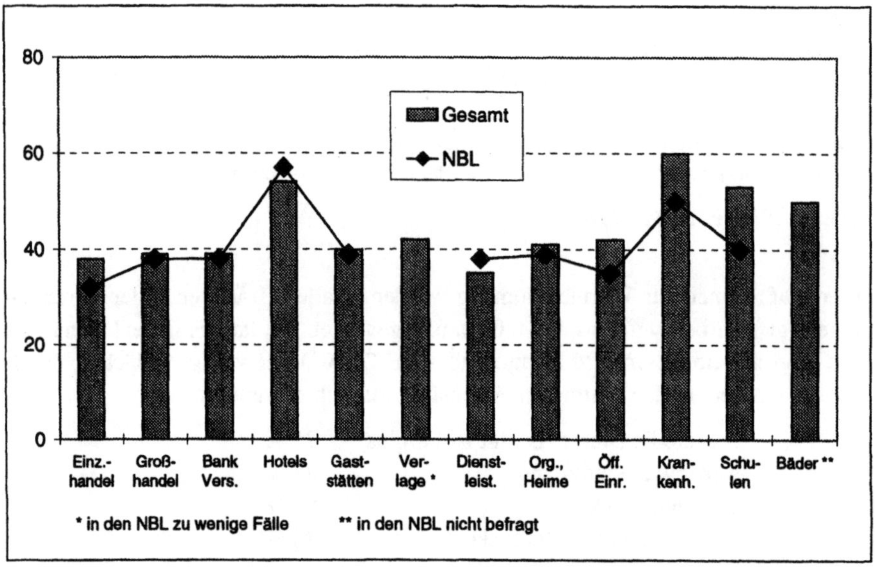

In den produzierenden Betrieben wurde außerdem nach der Nutzung prozeßspezifischer technischer und organisatorischer Möglichkeiten zur rationellen Energienutzung gefragt. Für beide Maßnahmengruppen zusammengenommen ergaben sich branchenspezifisch unterschiedliche Energiesparaktivitäten (Abbildung 3.4-2). Es läßt sich daraus jedoch nicht erkennen, daß die Betriebe um so mehr Maßnahmen durchführten, je energieintensiver die Branche ist. In den neuen Bundesländern wurden die abgefragten Maßnahmen etwas häufiger durchgeführt als in den alten Bundesländern.

Nur bei einem Teil der Branchen nimmt die Energiesparaktivität mit der Betriebsgröße zu. Dies ist bei metall- und holzverarbeitenden Betrieben, bei Fleischereien, im Baugewerbe und tendenziell im Kfz-Gewerbe der Fall. Allerdings waren große Unterschiede im Kleingewerbe, das ohnehin nur Betriebe mit weniger als 20 Beschäftigten umfaßt, auch nicht zu erwarten (Abbildung 3.4-2). Gesonderte Auswertungen mit einer stärkeren Unterteilung nach Größenklassen wurden deshalb nur für die Branchen durchgeführt, bei denen alle Größenklassen im Sektor Kleinverbrauch enthalten sind. Hierbei zeigt sich der Zusammenhang mit der Betriebsgröße in produzierenden Branchen – Wäschereien, Baugewerbe und Gartenbau – sehr deutlich (Abbildungen 3.4-3, 3.4-4 und 3.4-5), in raumwärmeintensiven Bereichen zeigt sich dagegen kaum ein Zusammenhang.

Abbildung 3.4-2: Energiesparaktivität in produzierenden Branchen

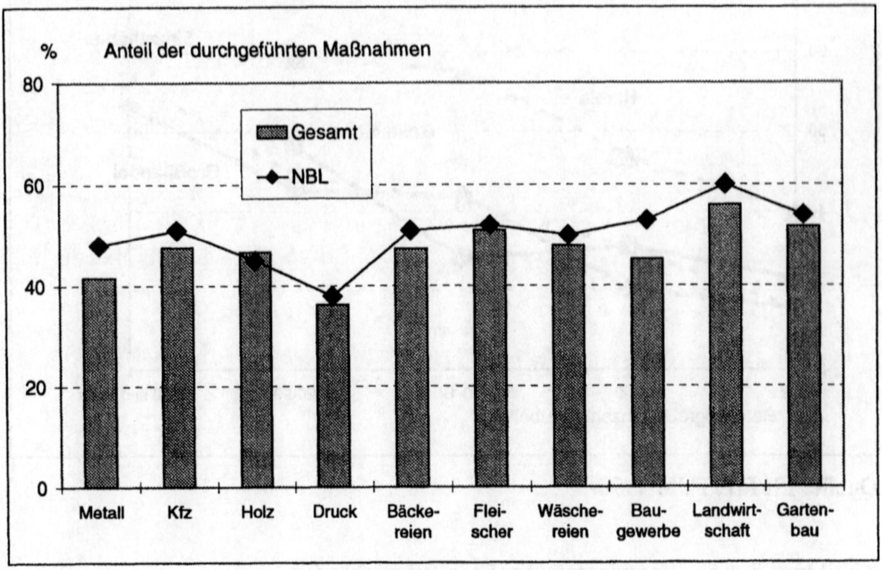

Abbildung 3.4-3: Energiesparaktivität nach Betriebsgrößen im Kleingewerbe

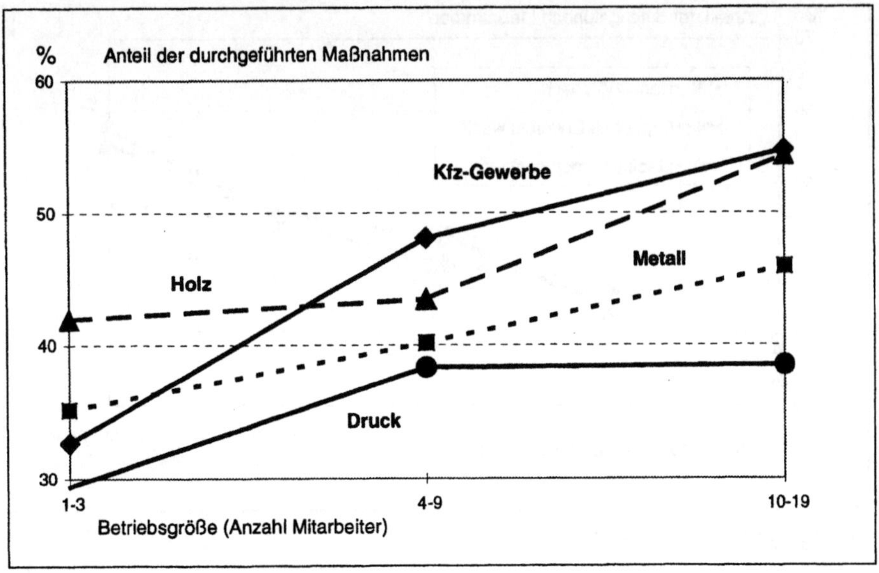

Quelle: ISI/FfE/TUM 1998

Abbildung 3.4-4: Energiesparaktivität im Handel und im Gastgewerbe

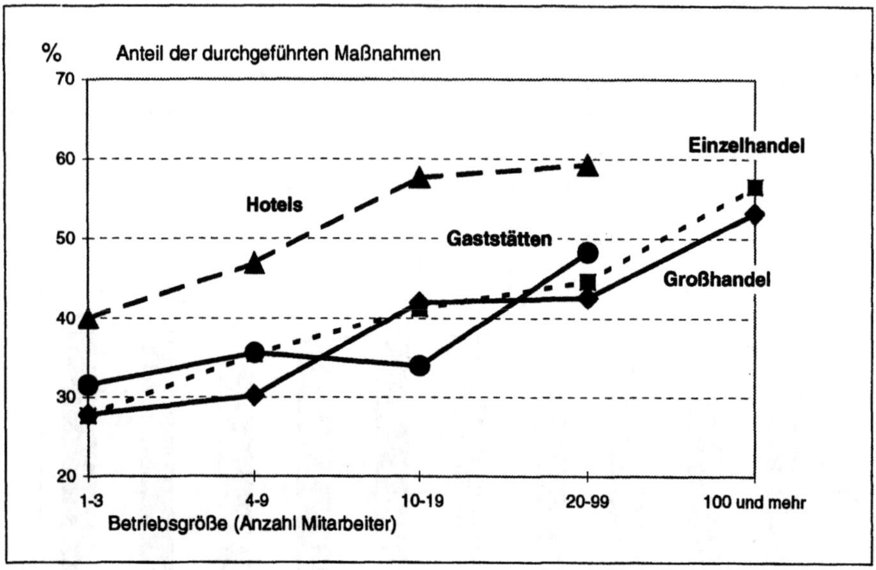

Quelle: ISI/FfE/TUM 1998

Abbildung 3.4-5: Energiesparaktivität in Bürogebäuden

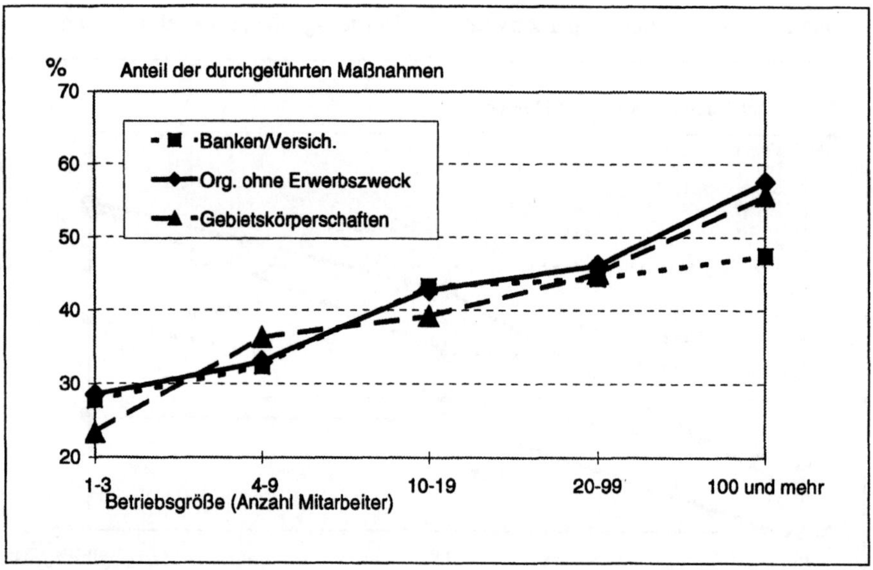

Quelle: ISI/FfE/TUM 1998

Es wäre zu erwarten gewesen, daß die Energiesparaktivität der Betriebe mit der Höhe ihres **Energiekostenanteils** ansteigt. Dies ist jedoch nicht der Fall. Allerdings zeigt sich, daß der Energiekostenanteil häufig überschätzt wird. Die Betriebe wurden dabei gefragt, wie hoch ihr Energiekostenanteil am Umsatz – bei öffentlichen Einrichtungen an den Gesamtkosten – ist. Die Antworten zeigen eine große Bandbreite: insgesamt zwischen nahe 0 und 80 %, aber auch innerhalb der einzelnen Branchen. Angaben von 10 % Energiekostenanteil und mehr finden sich – realistischerweise – mit 63 % bei Bädern, mit 48 % im Gartenbau und mit 41 % in Wäschereien, aber auch z. B. bei Hotels und Gaststätten mit 28 bzw. 29 %, bei Organisationen ohne Erwerbszweck und im Holzgewerbe mit 26 %, bei Bäckereien mit 25 % und bei Fleischereien mit 24 %. Gut ein Viertel der Befragten konnte zur Höhe des Energiekostenanteils keine Angaben machen, überdurchschnittlich viele in kommunalen Verwaltungen, bei Banken/Versicherungen und erwartungsgemäß in Schulen (wegen der fehlenden Bezugsgröße).

Hemmnisse für die Durchführung energiesparender Maßnahmen wurden branchenspezifisch anhand der konkreten Möglichkeiten abgefragt. Außerdem wurden die Befragten um ihre Meinung gebeten, welche Argumente generell gegen energiesparende Maßnahmen im Betrieb sprechen. Aus einer Liste möglicher Hemmnisse ragen vier Gründe deutlich heraus:

- Neue Gebäude oder Maschinen werden als energietechnisch optimal betrachtet, so daß keine Überlegungen zur Energieeinsparung nötig sind (71 %),
- die Energiekostenentwicklung erscheint ungewiß (61 %),
- verfügbare Mittel müssen in wichtigere Investitionen fließen (56 %) und
- die Verantwortlichen haben zu wenig Zeit, sich mit rationeller Energienutzung zu beschäftigen (50 %).

33 % nennen fehlende Informationen über richtige Maßnahmen und 26 % den geringen Einfluß als Mieter der Betriebsräume als Argumente. Informationsmangel als Grund wurde in den einzelnen Branchen sehr unterschiedlich häufig genannt; die Bandbreite reicht von 13 % bei Bädern bis 45 % bei Bäckereien. Daß die Mittel in wichtigere Investitionen fließen müssen, ist im produzierenden Gewerbe ein häufiger angeführter Grund als in Bürobetrieben. Große Unterschiede zeigen sich erwartungsgemäß auch bei den gemieteten Betriebsräumen; hier reicht die Bandbreite von 4 % bei Krankenhäusern bis 50 % bei kleineren Bürobetrieben. Der Faktor Zeitverfügbarkeit spielt für kleinere Betriebe eher eine Rolle als für größere Betriebe, die ihrerseits häufiger das Argument nannten, daß neue Anlagen energietechnisch optimal seien. Weitere systematische Unterschiede nach Branchen oder Größenklassen waren nicht festzustellen. Auch die Anzahl der genannten Hemmnisse zeigt insgesamt nur einen geringen Zusammenhang mit der Betriebsgröße: Bei Kleinbetrieben werden häufiger alle oder fast alle Hemmnisse gleichzeitig genannt als bei größeren Betrieben. In einzelnen Branchen zeigt sich dagegen hier ein klarer Zusammenhang (vgl. Kapitel 4).

Die Unterschiede zwischen den Antworten der Betriebe in den **alten und neuen Bundesländern** zum Komplex der Energieverbrauchskontrolle und der Energiesparaktivitäten sind gering. In den alten Bundesländern wurden etwas häufiger energiesparende Maßnahmen durchgeführt, obwohl dort die Zahl der genannten Hemmnisse etwas höher ist. Das noch bestehende Einsparpotential wird in den alten Bundesländern etwas höher eingeschätzt, sowohl bei Brennstoffen als auch beim Strom.

3.5 Hochrechnung auf den Sektor Kleinverbrauch

Die im Anhang detailliert ausgewiesene Zusammensetzung der Kleinverbraucher stellt neben dem Quotenplan und den nachfolgend erläuterten spezifischen Verbrauchskennwerten, wie sie aus den untersuchten und befragten Betrieben ermittelt werden konnten, sowie weiteren – gesondert einbezogenen Untersuchungen zu einzelnen Verbrauchergruppen – die Berechnungsgrundlage für alle im Folgenden vorgestellten und diskutierten Ergebnisse dar.

3.5.1 Hochrechnung nach Quotenplan

Für die im Quotenplan erfaßten Betriebe der Splits 1 bis 9 und 12 bis 23 wurden jeweils die Strom-, Brennstoff- und Kraftstoffverbräuche pro Beschäftigten oder pro Merkmal ermittelt. Sie werden als über alle Betriebsgrößen gewichtete Verbrauchskennwerte für die einzelnen Splits und Subsplits im Anhang angegeben. Die für Split 10 und 11 enthaltenen Angaben entstammen Vollerhebungen (siehe 3.5.2).

Die detaillierten Ergebnisse zu den Hochrechnungen des Strom-, Brennstoff- und Kraftstoffverbrauchs, verstanden als Produkt aus spezifischem Verbrauchskennwert und Beschäftigtenzahl bzw. Merkmal auf Split- und Subsplitebene, finden sich ebenfalls im Anhang.

Eine auf Splitebene aggregierte Übersicht (Split 1 bis 9 und 12 bis 23) zum spezifischen Strom-, Brennstoff- und Kraftstoffverbrauch der per Fragebogen erfaßten Betriebe liefert Tabelle 3.5-1. Im Quervergleich der verschiedenen Splits wird erkennbar, wo die strom- und brennstoffintensiven Verbrauchergruppen beheimatet sind und wo Mobilitätsaspekte und Transportaufwendungen, gekennzeichnet durch den Kraftstoffverbrauch der eingesetzten Pkw und Lkw, besonders hervortreten.

Tabelle 3.5-1: Hochrechnung des absoluten und spezifischen Energieverbrauchs (1996)

	Spezifische Verbräuche			Absolute Verbräuche		
	Strom	Brennst. Fernw.	Kraft-stoffe	Strom	Brennst. Fernw.	Kraft-stoffe
	[MWh/Besch.*a]			[MWh/Besch.*a]		
Metallgewerbe	2,43	8,85	11,38	2,33	8,50	10,92
Kfz-Gewerbe	3,22	13,61	6,84	0,46	1,96	0,99
Holzgewerbe	3,27	20,31	11,27	0,68	4,25	2,36
Papier und Druck	4,05	12,72	6,44	0,43	1,35	0,68
Bäckereien	6,13	31,07	6,62	1,18	5,99	1,28
Fleischereien	7,03	14,46	5,89	1,03	2,13	0,87
Restl. Nahrungsm.	3,17	14,32	13,43	0,09	0,39	0,37
Wäschereien	7,02	39,23	5,79	0,60	3,37	0,50
Baugewerbe	0,82	5,63	10,82	2,47	16,87	32,45
Einzelhandel	4,24	11,58	4,75	12,99	35,50	14,54
Großhandel	4,49	10,37	11,85	7,04	16,25	18,57
Banken/Versich.	2,70	6,95	4,11	2,80	7,22	4,27
Hotels	9,18	30,83	2,87	3,25	10,91	1,02
Gaststätten	5,86	13,99	5,04	5,01	11,98	4,32
Verlagsgewerbe	2,63	3,86	5,87	0,48	0,70	1,07
Sonst. Dienstl.	1,35	5,89	7,97	5,44	23,63	31,99
Organis., Heime	2,55	14,60	1,72	4,27	24,48	2,88
Öffentl. Einricht.	1,42	7,70	0,71	5,92	32,07	2,94
Krankenhäuser	4,38	14,51	0,12	4,64	15,36	0,13
Schulen	3,89	21,93	0,04	4,94	27,88	0,05
Bäder	25,79	84,31	0,03	1,70	5,56	0,00
Insgesamt				67,76	256,34	132,17

Quelle: ISI/FfE/TUM 1998

So weisen die Arbeitsstätten des Backgewerbes, der Fleischereien und Wäschereien, der Beherbergungsbetriebe, des Gaststättengewerbes und der Bäder einen spezifischen Stromverbrauch von über 5 MWh pro Beschäftigten auf. Im Baugewerbe, bei Sonstigen Dienstleistungen und bei den Gebietskörperschaften liegen die entsprechenden Verbrauchswerte unter 2 MWh pro Beschäftigten.

Beim Brennstoffeinsatz liegen das Backgewerbe, die Wäschereien, das Beherbergungsgewerbe und die Bäder als wärmeintensive Arbeitsstätten mit über 30 MWh pro Beschäftigten an der Spitze aller Verbrauchergruppen, während Metall-, Bau- und Verlagsgewerbe sowie Kreditinstitute, Sonstige Dienstleistungen und die

Gebietskörperschaften einen von der Raumbeheizung geprägten Verbrauch von unter 10 MWh pro Beschäftigten aufweisen.

An der Spitze des Kraftstoffverbrauchs pro Beschäftigten liegen Großhandel, Restliches Nahrungsmittelgewerbe, Metall- und Holzgewerbe mit über 11 MWh, gefolgt vom Baugewerbe mit knapp 11 MWh. Ein nur geringer Mobilitätsbedarf ist für Verbrauchergruppen wie Gebietskörperschaften, Krankenhäuser, Schulen und Bäder zu erwarten. In der Tat liegen dort auch die spezifischen Verbräuche deutlich unter 1 MW pro Beschäftigten, entsprechend etwa einer Fahrleistung zwischen 30 km (Bäder) und 700 km (Gebietskörperschaften) pro Beschäftigten und Jahr.

Die in Tabelle 3.5-1 enthaltenen Informationen sind bei den spezifischen Angaben als branchentypische Verbrauchskennwerte zu verstehen; die absoluten Verbrauchsangaben stellen den auf die einzelnen Branchen des Kleinverbrauchs in Deutschland hochgerechneten Energieverbrauch dar. Der ausgewiesene Treibstoffverbrauch entsteht zwar branchentypisch, wird aber in den Energiebilanzen der Bundesrepublik Deutschland unter dem Sektor Verkehr und nicht dem Kleinverbrauch geführt. Er stellt damit eine Zusatzinformation zur Entstehung des verkehrlichen Energieverbrauchs dar, wie dies bisher nicht quantifiziert und differenziert ausgewiesen war.

3.5.2 Hochrechnungsprobleme und Vollerhebungen in Landwirtschaft und Gartenbau

Betriebsbegehungen und Erhebungen in landwirtschaftlichen und gartenbaulichen Betrieben ergaben zwar eine Fülle interessanter Einzeldaten und Zusammenhänge, aber aufgrund des einerseits begrenzten Stichprobenumfangs und andererseits der Strukturvielfalt der Betriebe eine für Hochrechnungen statistisch nur begrenzt belastbare Zuordnung, zumal auch die öffentliche Branchenstatistik hier erhebliche Daten-Defizite aufweist.

Die befragten 193 landwirtschaftlichen Betriebe, davon 172 Betriebe in den alten Bundesländern, sind in die drei Kategorien „Betriebe mit überwiegend Weidewirtschaft und Ackerbau“, „Betriebe mit Milch- oder Mastwirtschaft“ oder „Mischbetriebe“ einzustufen. Für jeden Einzelbetrieb wurde aus den Verbrauchsangaben der nur auf den landwirtschaftlichen Teil entfallende Verbrauchsanteil ermittelt. Der dem landwirtschaftlichen Haushalt zuzurechnende Stromverbrauch wurde ebenso abgezogen wie der auf das Bauernhaus entfallende Heizungs- und Warmwasserverbrauch. Der Kraftstoffverbrauch für die landwirtschaftlichen Fahrzeuge wurde differenziert erfaßt und auf Zusammenhänge mit der Produktion untersucht.

Tabelle 3.5-2 zeigt eine Übersicht zum Kraftstoffverbrauch der untersuchten Betriebe in den alten Bundesländern mit deren überwiegender Tätigkeit. Landwirtschaftsbetriebe in den neuen Bundesländern wurden nicht berücksichtigt, da es sich um überwiegend große Genossenschaftsbetriebe mit einer zum Teil völlig anderen Verbrauchsstruktur handelt.

Tabelle 3.5-2: Betriebsdaten der untersuchten Betriebe und Treibstoffverbrauch (1996)

Bestands- und Verbrauchsdaten von 172 landwirtschaftlichen Betrieben				
	Agrar-flächen	Tiere		Kraftstoff-verbrauch
	[ha]	[Anzahl]	[Großvieh-einheiten]	[1.000 l/a]
Allg. Betrieb				477,5
Getreide	6.072			574,1
Mais	1.531			196,1
Hackfrüchte	947			213,3
Weiden	1.617			51,9
Wiesen	1.613			145,2
Brache	783			0,0
sonst. Agrarflächen	1.017			111,3
Mastschweine		16.825	2.692	75,5
Zuchtsauen		2.649	802	14,5
Aufzuchtferkel		9.539	193	4,0
Milchkühe		3.463	3.463	80,1
Mastkälber u. Mastrinder		1.904	575	15,8
Stärken u. Färsen		852	605	14,6
Jungvieh		2.373	1.672	39,1
Legehennen		130.263	519	11,4
Masthähnchen		64.439	258	5,1
Sonst. Geflügel		35.696	142	4,5
Summe	13.580		10.921	2.034,1

Landwirtschaftliche Fahrzeuge	Anzahl	Kraftstoffverbrauch pro		Kraftstoff-verbrauch
		Fahrzeug [l/a]	Betrieb [l/a]	[1.000 l/a]
Traktoren	484	3.132	8.813	1.515,8
Mähdrescher	65	1.764	667	114,6
Spezialfahrzeuge	27	2.053	322	55,4
Lkw bis 2,8 t	27	1.693	266	45,7
Lkw über 2,8 t	14	2.903	236	40,6
Pkw	172	1.523	1523	261,9
Summe	789		11.826	2.034,1

Quelle: ISI/FfE/TUM 1998

Der Treibstoffverbrauch der 172 landwirtschaftlichen Betriebe in den alten Bundesländern wurde in Tabelle 3.5-2 sowohl dem Schwerpunkt der landwirtschaftlichen Tätigkeit (Feld-, Vieh- oder Mischwirtschaft) zugeordnet als auch nach Fahrzeugeinsatz differenziert. Dabei erweist sich erwartungsgemäß der Traktor als kraftintensives Betriebsmittel. Mit deutlichem Abstand folgen Pkw, Mähdrescher, Lkw und Spezialfahrzeuge. Rund 75 % des Kraftstoffverbrauchs dieser Betriebe ist durch den Einsatz der Traktoren bedingt.

Rund 23 % des gesamten Kraftstoffverbrauchs entfallen auf im einzelnen nicht zuordenbare Tätigkeiten der Betriebe, gekennzeichnet durch „Allgemeiner Betrieb", rund 63 % auf die Bodenbearbeitung (Getreide, Mais, Hackfrüchte, Weiden, Wiesen, sonstige Agrarflächen) und etwa 14 % auf die Tierhaltung.

Tabelle 3.5-3: Hochrechnung des Energieverbrauchs für die Landwirtschaft in Deutschland (1996)

		Stromeinsatz für						Summe
		Beleuchtung	Lüftung	Kraft	Wärme	Warmwasser	Kälte	
		[GWh/a]						
Betriebe *Einheit*	*[1.000]*							
Allg. Betrieb	588	–	–	812	–	588	–	1.400
Fläche *Einheit*	*[ha]*							
Getreide	6.296	–	–	–	39	–	–	39
Mais	1.483	–	–	134	–	–	–	134
Hackfrüchte	851	–	–	–	–	–	–	–
Weiden	4.107	–	–	–	–	–	–	–
Wiesen	212	–	–	–	2	–	–	2
Anzahl *Einheit*	*[1.000]*							
Mastschweine	15.300	84	912	2	–	7	–	1.005
Zuchtsauen	2.600	16	376	0	–	11	–	404
Aufzuchtferkel	6.400	26	–	–	–	0	–	26
Milchkühe	4.576	56	–	404	–	159	744	1.363
Mastkälber/-rinder	2.600	20	–	46	–	29	–	96
Stärken u. Färsen	960	6	–	14	–	–	–	20
Jungvieh	6.400	47	–	106	–	64	–	217
Legehennen	43.760	698	–	–	–	–	–	698
Masthähnchen	40.600	37	–	–	–	–	–	37
sonst. Geflügel	8.500	16	–	–	–	–	–	16
Gesamt		1.006	1.288	1.519	40	858	744	5.456
Anteil		18 %	51 %		16 %		14 %	

Fortsetzung ...

Fortsetzung Tabelle 3.5-3

		Brennstoff für			Summe	Kraftstoff für		Summe
		Hei-zung	Prozeß-wärme	Warm-wasser		Trakto-ren, Lkw, Sonst.	Pkw	
			[GWh/a]				[Mio. l/a]	
Betriebe *Einheit*	*[1.000]*							
Allg. Betrieb	588	9.664	–	3.178	12.841	369	323	691
Fläche *Einheit*	*[ha]*							
Getreide	6.296	–	64	–	64	595	–	595
Mais	1.483	–	–	–	–	190	–	190
Hackfrüchte	851	–	–	–	–	192	–	192
Weiden	4.107	–	–	–	–	132	–	132
Wiesen	212	–	–	–	–	19	–	19
Anzahl *Einheit*	*[1.000]*							
Mastschweine	15.300	–	–	54	54	69	–	69
Zuchtsauen	2.600	–	–	9	9	14	–	14
Aufzuchtferkel	6.400	580	–	25	605	3	–	3
Milchkühe	4.576	–	–	990	990	106	–	106
Mastkälber/–rinder	2.600	184	–	110	294	22	–	22
Stärken u. Färsen	960	–	–	–	–	16	–	16
Jungvieh	6.400	1.117	–	413	1.530	105	–	105
Legehennen	43.760	–	–	–	–	4	–	4
Masthähnchen	40.600	–	–	–	–	3	–	3
sonst. Geflügel	8.500	–	–	–	–	1	–	1
Gesamt		11.544	64	4.779	16.387	1.840	323	2.162
Anteil		70 %	30 %			85 %	15 %	

Quelle: ISI/FfE/TUM 1998

Der auf Basis von 172 Betrieben vorgenommene Versuch einer Hochrechnung auf die gesamte Landwirtschaft in Deutschland mit insgesamt 587.744 Betrieben (BML 1996) kann mit Tabelle 3.5-3 vermittelt werden. Darin wird der Strom- und Brennstoffverbrauch nach Anwendungen und betrieblicher Tätigkeit unterschieden; der Kraftstoffverbrauch ist ebenfalls ausgewiesen.

Strom- und Brennstoffeinsatz sind nach Verwendungszwecken aufgeschlüsselt. Beim Stromeinsatz dominiert mit einem Anteil von 51 % der Kraftbedarf, beim Brennstoffeinsatz der Raumheizenergiebedarf mit rund 70 %.

Der Stromverbrauch mit 5,45 TWh und der Kraftstoffverbrauch mit 2,16 Mio. Liter pro Jahr liegen danach über, der Brennstoffverbrauch mit 16,38 TWh unter den offiziellen Verbrauchsangaben, wie dies im Vergleich mit Tabelle 3.5-4 zu entnehmen ist.

In Tabelle 3.5-4 ist die aus Vollerhebungen resultierende Verbrauchsstruktur im Jahr 1994/95 für Landwirtschaft, Garten- und Weinbau (BML 1996) wiedergegeben. Da der Energieverbrauch des Weinbaus von geringer Bedeutung ist, entsprechen die ausgewiesenen Verbrauchsergebnisse weitgehend der Landwirtschaft und sind mit den Daten nach Tabelle 3.5-3 vergleichbar.

Tabelle 3.5-4: Energieverbrauch von Landwirtschaft, Garten- und Weinbau (1996)

	Brennstoffe			Kraftstoffe		Strom	Gesamt
	Heizöl	Gas	Übrige	Diesel	VK-Kr.		
	[TWh/a]						
Landwirtschaft Garten-Weinbau	24,6*	0,6	ca. 2*	21,7	3,5	5,5	ca. 57,9
Gartenbau	4,6	1,8	ca. 0,5			0,6	ca. 7,5
Landwirtschaft	20,3			21,7	3,5	4,9	ca. 50,4

* ermittelt aus Brennstoffkosten und Brennstoffpreisen

Quelle: ISI/FfE/TUM 1998

Im Quervergleich der Ergebnisse von Tabelle 3.5-3 und 3.5-4 ist ersichtlich, daß die Hochrechnungsergebnisse beim Stromverbrauch um rund 11 % zu hoch, beim Brennstoffverbrauch um rund 19 % zu tief liegen und sich beim Kraftstoffverbrauch mit 2.162 Mio. Liter/a (rund 21,4 TWh/a) gegenüber 25,2 TWh/a Abweichungen von rund 15 % ergeben.

In nachfolgenden Betrachtungen wird deshalb auf die Ergebnisse der Vollerhebungen zurückgegriffen, wenn der Energieverbrauch des gesamten Kleinverbrauchs behandelt wird. Dabei wird aber auch die nach Tabelle 3.5-3 für die einzelnen Anwendungen erarbeitete Verbrauchsstruktur berücksichtigt.

3.5.3 Hochrechnung der nicht befragten Verbrauchergruppen mit splitähnlicher Struktur (Strangers N1, N2)

Die im Kleinverbrauch produzierenden Kleinbetriebe der Verbrauchergruppe N1 „Bekleidung, Textil, Leder, Kunststoff, Gummi, Chemie, Steine, Erden, Glas" mit insgesamt 328.000 Beschäftigten können anhand der Verbrauchsstatistik der industriell organisierten Betriebe, die im Mittel zwangsläufig wesentlich größere Betriebsgrößen, höhere Automatisierungsgrade und Fertigungstiefen sowie einen höheren spezifischen Energieverbrauch aufweisen, ausreichend sicher abgeschätzt werden. Vergleicht man z. B. die in Split 1 erfaßten kleingewerblichen Betriebe mit den industriell produzierenden, ergeben sich signifikante, typische und plausible Verbrauchsminderungen beim spezifischen Stromverbrauch auf rund 27 % und beim Brennstoffverbrauch auf rund 58 % der industriell organisierten Betriebe. Auf dieser Grundlage kann auch der Energieverbrauch von Stranger N1 ermittelt werden:

Stromverbrauch:	7,33 TWh * 0,27	=	1,97 TWh
Brennstoffverbrauch:	17,50 TWh * 0,58	=	10,20 TWh

Abschätzungen zur Verwendung des Strom- und Brennstoffeinsatzes analog zu Split 1 ergeben nachfolgende Verbrauchsanteile. Dabei ist festzuhalten, daß der Strom- und Brennstoffeinsatz für Prozeßwärmezwecke deutlich untererfaßt sein dürfte. 20 % beim Stromeinsatz und 30 % beim Brennstoffeinsatz dürften zutreffendere Anteile darstellen.

Stromeinsatz:	Beleuchtung	24 %
	Mechanischer Energiebedarf	58 %
	Prozeßwärme	11 %
	Raumwärme	1 %
	Information und Kommunikation	5 %
Brennstoffeinsatz:	Prozeßwärme und Prozeßkälte	3 %
	Raumheizung	97 %

Die Geschäftsfelder der Handelsvermittler (Stranger N2) sind nach Art und Umfang der Tätigkeiten nahezu direkt vergleichbar mit jenen des Splits 13. Beim Brennstoffeinsatz dominiert die Raumheizung, und der Stromverbrauch wird vornehmlich durch Beleuchtung und mechanischen Energiebedarf verursacht. Damit ergibt sich bei einer Beschäftigtenanzahl von 250.000 und spezifischen Kennwerten zum Stromverbrauch in Split 13 mit 4.492 kWh und zum Brennstoffverbrauch mit 10.367 kWh pro Beschäftigten für Stranger N2 folgender Energieverbrauch:

Strom:	1,123 TWh
Brennstoffe:	2,592 TWh

Die für N2 (Handelsvermittlungen) zutreffende Verbrauchsanalyse liefert für:

Stromeinsatz:	Beleuchtung	47 %
	Mechanischer Energiebedarf	36 %
	Prozeßwärme	2 %
	Raumwärme	1 %
	Information und Kommunikation	14 %
Brennstoffeinsatz:	Prozeßwärme und Prozeßkälte	8 %
	Raumheizung	92 %

3.5.4 Ergebnisse zu nicht befragten Verbrauchergruppen (Strangers N3 bis N11)

In Tabelle 3.5-5 sind neun Verbrauchergruppen mit insgesamt rund 1,06 Mio. Beschäftigten erfaßt, deren Energieverbrauch Erhebungen, Studienergebnissen oder Geschäftsberichten von Unternehmen entnommen werden konnten oder über Abschätzungen und Hochrechnung ermittelt wurden. Die zugehörigen Verbräuche und Datenquellen sind angegeben. Aufgrund der relativ geringen Bedeutung dieser Verbrauchergruppen wird auf sie nur insoweit eingegangen, als dies für eine einheitliche Darstellung der Verbrauchsstrukturen erforderlich ist. Der Kraftstoffverbrauch zählt nur bei den militärischen Dienststellen zum Sektor Kleinverbrauch, bei allen anderen Strangers zählt er zum Verkehrssektor.

Tabelle 3.5-5: Endenergieverbrauch der Verbrauchergruppen N3 bis N11 (1996)

	Beschäftigte	Spezifische Verbräuche		Absolute Verbräuche		
		Strom	Brennst. Fernw.	Strom	Brennst. Fernw.	Kraftstoffe
	[Mio.]	[MWh/Besch.∗a]		[TWh/a]		
Deutsche Bundespost, Postdienst (Quelle: Deutsche Post)	0,35	1,64	3,40	0,57	1,19	0,00
Telekom (Quelle:Telekom AG, Deutsche Post)	0,23	13,00	2,77	2,98	0,63	0,00
Postbank (Quelle: Eigene Berechnungen)	0,02	2,70	6,95	0,05	0,14	0,00
Deutsche Bahn AG (Quelle: Deutsche Bahn AG)	0,22	7,95	35,62	1,78	7,98	0,00
Binnenschiffahrt	0,04	0,00	0,00	0,00	0,00	0,00
Flughäfen (Quelle: ARGE dt.Verkehrsflughäfen)	0,06	11,05	10,87	0,61	0,60	0,02
Speditionen, Lagerei, Verkehrsvermittl. (Quelle: Eigene Berechn.)	0,15	0,50	1,00	0,07	0,15	0,00
Straßenbeleuchtung (Quelle: VDEW)	0,00			3,33	0,00	0,00
Militärische Dienststellen (Quelle: ARGE Energiebilanz)	k. A.			0,81	3,25	11,39
Summe	1,06			10,20	13,94	11,41

Quelle: ISI/FfE/TUM 1998

3.5.5 Verbrauchsstruktur des Strom- und Brennstoffeinsatzes

Eine Übersicht zur Verwendung des Energieeinsatzes der Verbrauchergruppen Split 1 bis 23 und Strangers 1 bis 11 zeigen Tabelle 3.5-6 und Tabelle 3.5-7. Darin wird getrennt nach Strom- und Brennstoffeinsatz der aus den Befragungsergebnissen ableitbare prozentuale Anteil für die verschiedenen Energiebedarfsarten angegeben. Da die Datenerhebung nicht alle energierelevanten Verbraucher erfaßte, insbesondere beim Prozeßwärmeeinsatz, sind alle Verbrauchergruppen mit Untererfassung eines Anwendungsbereiches gesondert gekennzeichnet. Nach Tabelle 3.5-6 ergibt sich ein verbrauchergruppenspezifisches Abbild des Stromeinsatzes mit einem Detaillierungsgrad, das bisherige Wissenslücken weitgehend schließt und Ansätze für eine effiziente Energieberatung liefert.

In analoger Weise wird die Verbrauchsstruktur des Brennstoffeinsatzes in Tabelle 3.5-7 vorgestellt. Auch hier treten Untererfassungen beim Prozeßwärmeeinsatz auf, weshalb die angegebenen Verbrauchsanteile für Raumheizung zu hoch ausfallen. Der Raumheizungsanteil dürfte eher bei 70 bis 75 % liegen, der Verbrauchsanteil der Prozeßwärme bei ca. 20 bis 25 %.

Tabelle 3.5-6: Verbrauchsstruktur des Stromeinsatzes im Kleinverbrauch (1994)

	Stromverbrauch	Beleuchtung	Kraft	Prozeßwärme	Prozeßkälte	Kommunikation	Raumheizung
	[TWh/a]	[%]					
Befragte Branchen							
Metallgewerbe	2,33	24	57	11 *	1	5	1
Kfz-Gewerbe	0,46	27	41	18	1	8	5
Holzgewerbe	0,68	13	70	7 *	0	3	7
Papier und Druck	0,43	24	62	2	0	7	4
Bäckereien	1,18	14	26	41	17	2	1
Fleischereien	1,03	16	27	2 *	48	5	1
Restl. Nahrungsm.	0,09	27	31	16	12	13	0
Wäschereien	0,60	12	41	41	0	3	3
Baugewerbe	2,47	26	49	5	0	12	8
Landwirtschaft	4,90	18	51	16	14	1	0
Gartenbau	0,60	40	20	20	10	10	0
Einzelhandel	12,99	42	22	2	24	8	3
Großhandel	7,04	47	18	2	18	14	1
Banken/Versich.	2,80	34	22	3	18	21	3
Hotels	3,25	31	23	28	16	2	0
Gaststätten	5,01	16	15	48	16	2	4
Verlagsgewerbe	0,48	45	38	1	1	16	0
Sonst. Dienstl.	5,44	42	31	6	0	16	5
Organis., Heime	4,27	44	17	23	7	8	1
Öffentl. Einricht.	5,92	53	22	6	1	16	3
Krankenhäuser	4,64	30	25	29 *	10	5	0
Schulen	4,94	53	24	6	10	8	0
Bäder	1,70	3	71	26	0	0	0
Strangers							
Bekleidung	1,97	24	57	11 *	1	5	1
Handelsvermittlung	1,12	47	18	2	18	14	1
Post	0,57	39	20	1	19	17	4
Telekom	2,98	13	5	0	5	78	0
Postbank	0,05	29	18	4	24	25	0
Deutsche Bahn	1,78	17	21	7	0	55	0
Binnenschiffahrt	0,00	0	0	0	0	0	0
Flughäfen	0,61	32	57	3	0	8	1
Speditionen	0,07	35	50	0	0	5	10
Straßenbeleucht.	3,33	100	0	0	0	0	0
Militär	0,81	44	17	23	7	8	1
Insgesamt	86,55	37	27	12 *	11	12	2

Quelle: ISI/FfE/TUM 1998

* Untererfassung

Tabelle 3.5-7: Verbrauchsstruktur des Brennstoffeinsatzes im Kleinverbrauch (1994)

	Brennstoff-/Fernwärme-verbrauch	Kraft	Prozeß-wärme	Prozess-kälte	Raum-heizung
	[TWh/a]		[%]		
Befragte Branchen					
Metallgewerbe	8,50	0	3 *	0	97
Kfz-Gewerbe	1,96	0	5 *	0	95
Holzgewerbe	4,25	0	13 *	0	87
Papier und Druck	1,35	1	2	0	98
Bäckereien	5,99	0	82	0	19
Fleischereien	2,13	0	58	2	41
Restl. Nahrungsm.	0,39	0	15	0	85
Wäschereien	3,37	0	86	0	14
Baugewerbe	16,87	1	20	0	80
Landwirtschaft	20,30	0	30	0	70
Gartenbau	6,90	0	80	0	20
Einzelhandel	35,50	0	2	0	98
Großhandel	16,25	0	5	3	92
Banken/Versich.	7,22	0	3	1	96
Hotels	10,92	0	24	0	76
Gaststätten	11,98	0	19 *	0	81
Verlagsgewerbe	0,70	0	2	0	98
Sonst. Dienstl.	23,63	0	10	0	90
Organis., Heime	24,48	0	11	0	89
Öffentl. Einricht.	32,07	0	2	0	98
Krankenhäuser	15,36	0	10 *	0	91
Schulen	27,88	0	4	0	97
Bäder	5,56	0	100	0	0
Strangers					
Bekleidung	10,20	0	3 *	0	97
Handelsvermittlung	2,59	0	5	3	92
Post	1,19	0	5	0	95
Telekom	0,63	0	5	20	75
Postbank	0,14	0	1	3	96
Deutsche Bahn	7,98	0	5	0	95
Binnenschiffahrt	0,00	0	0	0	0
Flughäfen	0,60	0	5	5	90
Speditionen	0,15	0	5	0	95
Straßenbeleucht.	0,00	0	0	0	0
Militär	3,25	0	11	0	89
Insgesamt	310,27	0	15 *	0	85

Quelle: ISI/FfE/TUM 1998 — * Untererfassung

3.5.6 Zusammenfassende Betrachtung und Wertung

Eine Gesamtübersicht zur Hochrechnung des Endenergieverbrauchs der Kleinverbraucher Deutschlands im Jahre 1994 zeigt Tabelle 3.5-8. In einer kompakten Zusammenstellung zu Merkmalen, spezifischem und absolutem Strom-, Brennstoff- und Kraftstoffverbrauch sowie zum Flächenbedarf werden für die 23 befragten und 11 nicht befragten Verbrauchergruppen differenzierte Ergebnisse vorgestellt.

Eine grafische Übersicht zum Energieeinsatz von Strom, Brenn- und Kraftstoffen auf der Verbrauchergruppenebene „Split“ und „Stranger“ zeigt Abbildung 3.5-1. Hier werden sowohl strom- und brennstoff- als auch kraftstoffintensive Verbrauchergruppen ersichtlich.

Eine Gesamtübersicht zum spezifischen Strom- und Brennstoffverbrauch der verschiedenen Verbrauchergruppen im Kleinverbrauch zeigt Abbildung 3.5-2, in der die Verbrauchsschwerpunkte innerhalb einer Verbrauchergruppe im Quervergleich zwischen Verbrauchergruppen, aber auch strom- und brennstoffintensive Branchen deutlich werden. Hohe spezifische Brennstoffverbräuche ergeben sich sowohl in prozeßwärmeintensiven Bereichen (Backen, Waschen, Gartenbau) als auch bei beschäftigungsextensiven Verbrauchergruppen (Beherbergung, Schulen, Deutsche Bahn AG).

Den Ergebnissen der Tabelle 3.5-8 kann der Energieverbrauch der Kleinverbraucher anhand der Energie- und Anwendungsbilanzen (Arge Energiebilanzen 1997; Geiger/Hess 1996) gegenübergestellt werden, die zum Teil signifikante, aber begründete Abweichungen aufzeigen. Diese Quellen geben für das Jahr 1994 und für die Kleinverbraucher Deutschlands an:

Stromverbrauch:	102,7 TWh
Brennstoff- und Fernwärmeverbrauch:	302,8 TWh
Kraftstoffverbrauch:	42,2 TWh

Unterschiede im Stromverbrauch in Höhe von rund 16 TWh erklären sich aus nicht erfaßten Verbräuchen beim Prozeßwärmeeinsatz der Splits 1 bis 23 und Strangers 1 bis 11 in Höhe von rund 13 TWh, nicht erfaßtem Verbrauch bei den Infrastruktureinrichtungen von Split 20 (vornehmlich der Kommunen) in Höhe von rund 1 TWh, nicht erfragtem Verbrauch für Treppenhausbeleuchtung, Lift und Hilfsantriebe bei zentraler Wärmeversorgung in Mehrfamilienhäusern, die auf den Kleinverbrauch entfallen, in Höhe von 1 bis 2 TWh, nicht erfaßbarem Verbrauch von Fernsehanstalten, Parkhäusern, privaten Theatern etc. Unter diesen Aspekten muß der ermittelte Stromverbrauch als sehr belastbares Analyseergebnis gewertet werden.

Tabelle 3.5-8: Endenergieverbrauch der Kleinverbraucher (1994)

	Beschäftigte [Mio.]	Strom [TWh/a]	Brennstoff, Fernwärme [TWh/a]	Kraftstoffe im Sektor Kleinverbrauch [TWh/a]	Kraftstoffe im Sektor Verkehr [TWh/a]	Fläche [Mio. m^2]
Befragte Branchen						
Metallgewerbe	0,96	2,33	8,50		10,92	53
Kfz-Gewerbe	0,14	0,46	1,96		0,99	18
Holzgewerbe	0,21	0,68	4,25		2,36	22
Papier und Druck	0,11	0,43	1,35		0,68	6
Bäckereien	0,19	1,18	5,99		1,28	8
Fleischereien	0,15	1,03	2,13		0,87	6
Restl. Nahrungsm.	0,03	0,09	0,39		0,37	2
Wäschereien	0,09	0,60	3,37		0,50	3
Baugewerbe	3,00	2,47	16,87		32,45	137
Landwirtschaft	0,79	4,90	20,30	25,20		624
Gartenbau	0,27	0,60	6,90		1,02	35
Einzelhandel	3,07	12,99	35,50		14,54	205
Großhandel	1,57	7,04	16,25		18,57	184
Banken/Versich.	1,04	2,80	7,22		4,27	36
Hotels	0,35	3,25	10,92		1,02	51
Gaststätten	0,86	5,01	11,98		4,32	46
Verlagsgewerbe	0,18	0,48	0,70		1,07	6
Sonst. Dienstl.	4,01	5,44	23,63		31,99	106
Organis., Heime	1,68	4,27	24,48		2,88	152
Öffentl. Einricht.	4,16	5,92	32,07		2,94	153
Krankenhäuser	1,06	4,64	15,36		0,13	47
Schulen	1,27	4,94	27,88		0,05	130
Bäder	0,07	1,70	5,56		0,00	6
Strangers						
Bekleidung	0,33	1,97	10,20			
Handelsvermittlung	0,25	1,12	2,59			29
Post	0,35	0,57	1,19			6
Telekom	0,23	2,98	0,63			
Postbank	0,02	0,05	0,14			1
Deutsche Bahn	0,22	1,78	7,98			
Binnenschiffahrt	0,04	0,00	0,00			
Flughäfen	0,06	0,61	0,60		0,02	
Speditionen	0,15	0,07	0,15			
Straßenbeleucht.	0,00	3,33	0,00			
Militär	k. A.	0,81	3,25	11,39		
Insgesamt	26,89	86,55	310,27	36,59	133,22	2.070

Quelle: ISI/FfE/TUM 1998

Abbildung 3.5-1: Verbrauchsstruktur des Strom- und Brennstoffeinsatzes (1994)

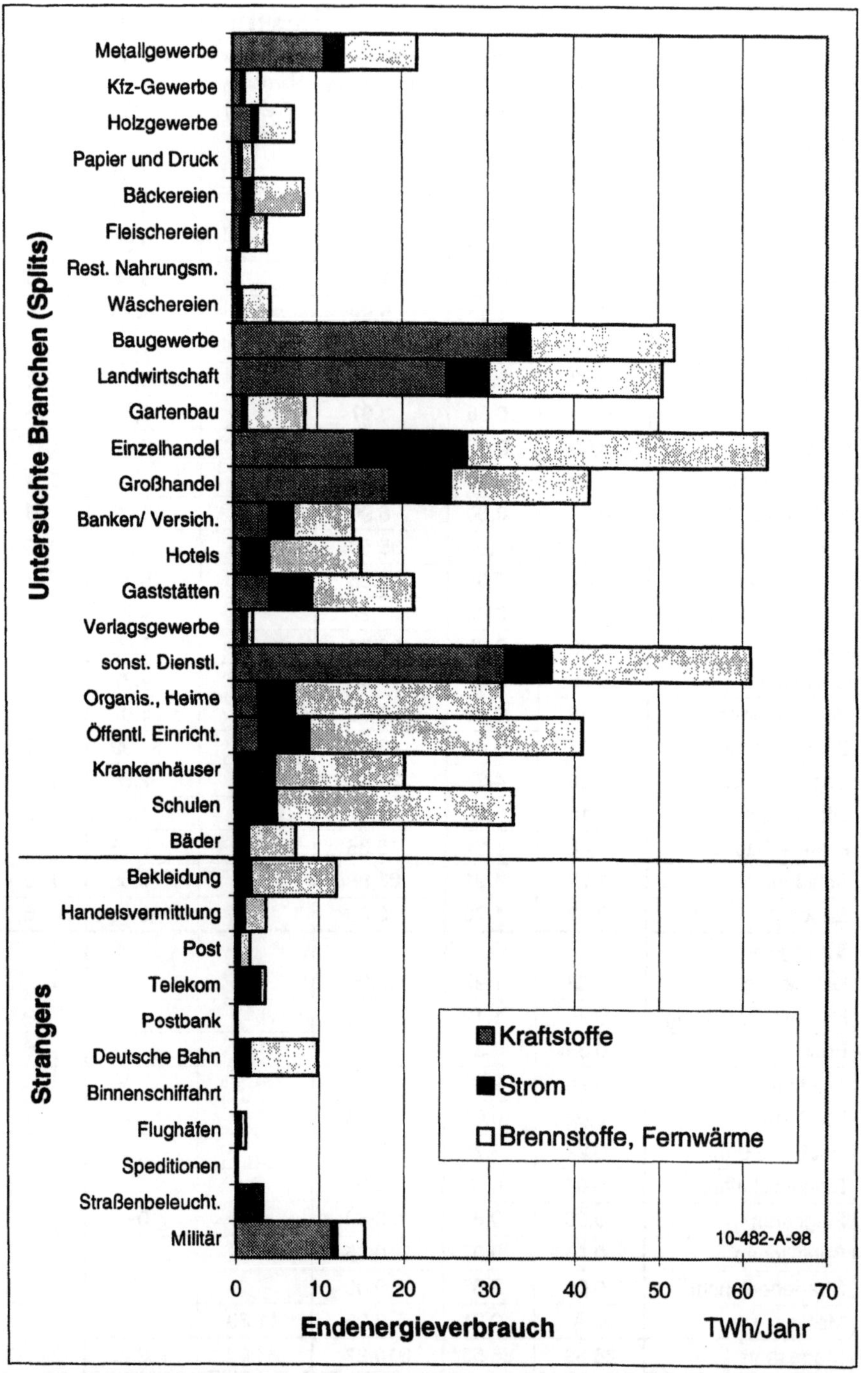

Quelle: ISI/FfE/TUM 1998

Abbildung 3.5-2: Spezifischer Endenergieverbrauch von Verbrauchergruppen des Kleinverbrauchs in Deutschland (1996)

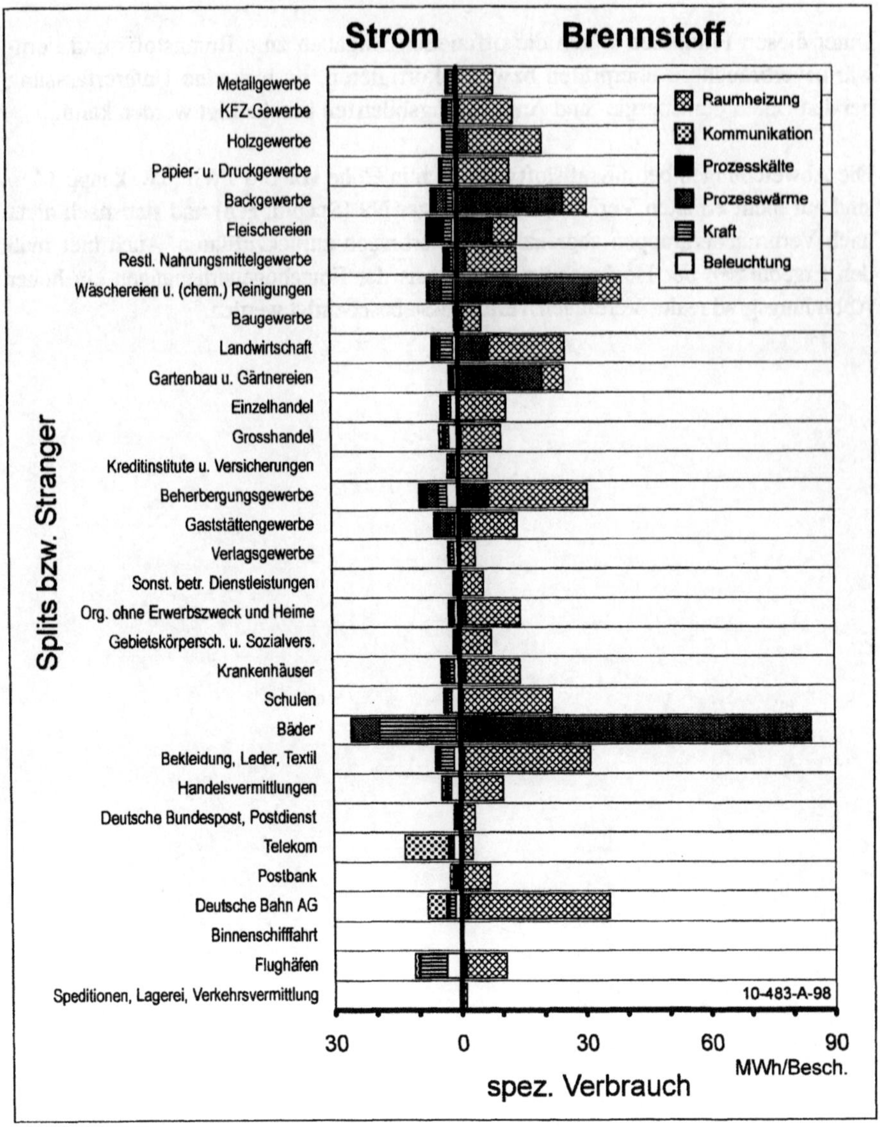

Quelle: ISI/FfE/TUM 1998

Unterschiede im Brennstoff- und Fernwärmeverbrauch – und zwar eine Mehrerfassung in Höhe von mindestens 7,5 TWh – sind darauf zurückzuführen, daß richtigerweise der Aufwand aus der „Versorgung durch Dritte“ (Versorgung aus Anlagen von Wohngebäuden) miterfaßt wurde. Die Miterfassung „privaten Verbrauchs“, der aus verschiedensten Gründen von den Befragten dem „betrieblichen Verbrauch“

zugeordnet wurde, kann im Einzelfall zwar von erheblicher Bedeutung sein, ist jedoch unter übergeordneten Aspekten nahezu vernachlässigbar.

Unter diesen Prämissen wären die offiziellen Angaben zum Brennstoff- und Fernwärmeverbrauch zu überprüfen bzw. zu korrigieren, da hier eine Untererfasssung bei den Daten der Energie- und Anwendungsbilanzen bescheinigt werden kann.

Die Abweichungen beim Kraftstoffverbrauch in Höhe von 5,6 TWh bzw. knapp 14 % sind auf nicht erfaßten Verbrauch bei Stranger N9 (Speditionen) und statistisch nicht nach Verbrauchergruppen abgrenzbarem Verbrauch zurückzuführen. Auch hier muß den Ergebnissen der Hochrechnung auf Basis der Fragebogenerhebungen ein hoher Abbildungsgrad realer Verbrauchsverhältnisse bescheinigt werden.

4 Branchenspezifische Ergebnisse

Im folgenden werden die branchenspezifischen Ergebnisse jeder Branche dargestellt (Kapitel 4.1 bis 4.23). Die Ergebnisse bzgl. des Energieverbrauchs basieren weitestgehend auf der Breitenerhebung. Zusätzlich wurde eine intensive Literaturstudie durchgeführt, um diese zu untermauern und weiterführende Einzelaussagen zu ermöglichen.

Der Energieverbrauch für Kraftfahrzeuge wurde nur dann berücksichtigt, wenn er einen bedeutenden Anteil am Gesamtenergieverbrauch der Branche darstellt oder sich deutlich vom herkömmlichen Berufsverkehr (Auslieferungsfahrten, Kundenservice) unterscheidet. Dies gilt z. B. für die Branchen Baugewerbe und Landwirtschaft. In allen anderen Fällen ist davon auszugehen, daß der Kraftstoffverbrauch nicht durch branchentypische Gegebenheiten bestimmt wird.

Folgende Punkte sind für die Aussagen zu den einzelnen Branchen von besonderer Bedeutung:

- Die Beschäftigtenzahlen nach Betriebsgrößenklassen in den jeweiligen Kapiteln zur Charakteristik der Branche stammen aus der Hochrechnung (s. Kapitel 3.5). Betriebs- und Umsatzangaben der gesamten Branche (Kleinverbrauch und Industrie) wurden als zusätzliche Informationen nur dann angegeben, wenn sie mit den zugrundeliegenden Beschäftigtenzahlen kompatibel waren. Dies war jedoch bei der Handwerksstatistik des Statistischen Bundesamtes für das produzierende Gewerbe häufig ein Problem, da diese nur eingetragene Handwerksbetriebe erfaßt. Falls nicht andere vollständige Statistiken zur Verfügung standen, wurde auf diese weitergehenden Informationen verzichtet.
- Die Ergebnisse der Branchenauswertung, insbesondere spezifische Angaben, sind nicht ohne weiteres mit denen der Hochrechnung zu vergleichen, denn die in der Breitenerhebung befragten Betriebe stellen i. d. R. keine repräsentative Stichprobe für die Branchen des Kleinverbrauchs dar (s. Kapitel 2.4.2). In allen Branchen wurden Einzelobjektanalysen durchgeführt, innerhalb derer der Energieverbrauch eines typischen Betriebes nach einzelnen Verbrauchsschwerpunkten aufgegliedert wurde. Diese Analysen verdeutlichen, wie sich die in der Breitenerhebung und Hochrechnung ermittelte Verbrauchsstruktur in einem konkreten Betrieb widerspiegeln kann.
- Die Unterteilung in betriebliche Einzelverbräuche, Ergebnisse der Breitenerhebung und Hochrechnung war unbedingt notwendig, da speziell in den heterogenen Branchen des Kleinverbrauchs nur auf diese Weise aussagefähige Daten zu einzelnen Verbrauchsschwerpunkten gemacht werden konnten. Die Basis wird im folgenden jeweils gekennzeichnet.

- In vielen Branchen sind die Verbrauchsangaben zu einzelnen Maschinen oder Prozessen von Betrieb zu Betrieb oft sehr unterschiedlich. Dies liegt einerseits in den Tätigkeitsbereichen der Betriebe begründet und andererseits auch in der technischen Ausstattung, die sich mit der Betriebsgröße deutlich ändern kann. So sind beispielsweise im Kfz-Gewerbe Betriebe mit dem Schwerpunkt „Autohaus" und „Werkstatt" vertreten, die zwar gleiche technische Anlagen besitzen (z. B. Hebebühne), diese aber unterschiedlich intensiv nutzen. In solchen Fällen wurden – soweit möglich – auf Grundlage der Breitenerhebung Bandbreiten für den Verbrauch der Geräte angegeben. Ähnlich gilt dies auch für die Angaben des spezifischen Brennstoff- und Stromverbrauchs pro Beschäftigten.

Die Branche „Sonstiges Nahrungsmittelgewerbe" wurde im Rahmen der Breitenerhebung wegen ihrer untergeordneten quantitativen Bedeutung nur mit drei Befragungen berücksichtigt. Die genannten Ergebnisse basieren auf einzelbetrieblichen Untersuchungen, IKARUS-Daten, Interviews mit Verbänden und Literaturrecherchen.

Das Baugewerbe stellt bezüglich des Energieverbrauchs insofern eine Besonderheit dar, als ein wesentlicher Teil der Energie auf den Baustellen verbraucht wird. Dieser Verbrauch kann strenggenommen nicht dem Baugewerbe zugerechnet werden. Da er jedoch einen bedeutenden Bestandteil darstellt und in anderen Studien bisher nicht gesondert betrachtet wurde, wurde er hier einbezogen.

4.1 Metallgewerbe

4.1.1 Charakteristik der Branche

Das Metallgewerbe umfaßt betriebstechnisch sehr heterogene Wirtschaftszweige mit sehr unterschiedlicher Energieintensität (vgl. Tabelle 4.1-1). Die Verteilung der Unternehmen im Jahr 1994 zeigt, daß der Maschinenbau mit 23 % den größten Wirtschaftszweig darstellt, gefolgt von Schlossereien und Schweißereien mit 14 %. Einen Anteil von 10 und mehr Prozent haben auch Elektrotechnik, medizinische und orthopädische Erzeugnisse sowie Eisen-, Blech- und Metallwaren. Insgesamt arbeiten 25 % der Beschäftigten in Betrieben mit bis zu vier Mitarbeitern, 32 % in mittelgroßen Betrieben mit bis zu neun Mitarbeitern und 43 % in Betrieben mit zehn und mehr Mitarbeitern.

Die zum Kleinverbrauchssektor gehörenden Betriebe des Metallgewerbes erwirtschafteten im Jahr 1994 einen Umsatz von rund 67 Mrd. DM (Statistisches Bundesamt 1996). Die durchschnittliche Betriebsgröße der insgesamt knapp 100.000 metallverarbeitenden Betriebe liegt bei 9,7 Beschäftigten.

Tabelle 4.1-1: Wirtschaftszweige im Metallgewerbe

Wirtschaftszweig	Beschäftigte [1.000]	Anteil [%]
Stahlverformung	47,6	5
Schlosserei, Schweißerei	136,8	14
Reparatur von Landmaschinen	45,5	5
Herstellung von Stahl- und Metallkonstruktionen	70,3	7
Maschinenbau	217,1	23
Herstellung von elektrotechnischen Erzeugnissen	108,3	11
Reparatur von Elektrogeräten für den Haushalt	62,2	6
Herstellung von augenoptischen Erzeugnissen	49,0	5
Herstellung von medizinischen und orthopäd. Erzeugnissen	97,7	10
Herstellung von Eisen-, Blech- und Metallwaren	99,6	10
Gold- und Silberschmieden	26,0	3
Insgesamt	960,1	100

Quelle: Statistisches Bundesamt 1996 und eigene Schätzungen

4.1.2 Untersuchte Betriebe

Im Rahmen der Breitenerhebung wurden 125 Betriebe befragt, davon 22 in den neuen Bundesländern. Aufgrund der starken Verzweigung und der breiten Produktpalette des Metallgewerbes – die eine Vielfalt verschiedener Produktionstechniken mit sich bringt – sind Aussagen, die die gesamte Branche betreffen, nur schwer zu treffen. Die Verteilung der untersuchten Betriebe bei der Breitenerhebung und deren Tätigkeitsschwerpunkte sind aus Tabelle 4.1-2 ersichtlich.

Die mittlere Betriebsfläche liegt bei 550 m^2; bei zwei Dritteln der befragten Betriebe ist sie kleiner als 500 m^2. Die Bandbreite reicht von 15 bis 3.200 m^2. Die Größenverteilung der Betriebsfläche stellt sich folgendermaßen dar:

- 32 % sind kleiner als 200 m^2,
- 28 % sind zwischen 200 bis 399 m^2 groß,
- 24 % sind zwischen 400 bis 999 m^2 groß und
- 16 % sind größer als 1.000 m^2.

Der beheizte Flächenanteil beträgt durchschnittlich 86 %. 65 % der Produktionsräume werden im Regelfall auf über 18 °C, 32 % auf unter 18 °C und 3 % überhaupt nicht beheizt. Eine Zweifachverglasung ist bei 37 % und eine Wärmeschutz- oder Isolierverglasung bei 33 % eingebaut. Knapp die Hälfte der Gebäude hat einen wärmedämmenden Außenwandaufbau (Mauerwerk, Beton, Leichtkonstruktion). Das Betriebsgebäude wurde bei 25 % der Unternehmen vor 1952 erstellt, für den Rest beträgt das durchschnittliche Gebäudealter 21 Jahre. Damit sind die Gebäude verglichen mit denen der anderen Branchen des produzierenden Gewerbes vergleichsweise jung.

Tabelle 4.1-2: Befragte Betriebe des Metallgewerbes

	Betriebsgrößenklasse		
	1 bis 4 Beschäftigte	5 bis 9 Beschäftigte	10 bis 19 Beschäftigte
Stahlverformung	–	2	4
Schlossereien / Schweißereien	2	2	2
Reparatur von Landmaschinen	–	1	2
Herstellung von Stahl- und Metallkonstruktionen	2	1	3
Maschinenbau	–	1	7
Herstellung von elektrotechnischen Erzeugnissen	20	25	26
Reparatur von Elektrogeräten für den Haushalt	–	2	1
Herstellung von augenoptischen Erzeugnissen / Augenoptiker	3	3	1
Herstellung von medizinischen und orthopädischen Erzeugnissen	3	1	1
Herstellung von Eisen-, Blech- und Metallwaren	2	3	1
Gold- und Silberschmieden	3	1	–
Summe	35	42	48

4.1.3 Energieverbrauchsschwerpunkte

Für die abgesehen von der Raumwärme- und Warmwasserbereitstellung wichtigsten Verwendungszwecke, nämlich die Prozeßwärmebereitstellung über Brennstoffe und die strombetriebenen Kraftprozesse, liefert Tabelle 4.1-3 Anhaltswerte für den Einsatz nach Prozessen auf der Technologieebene. Von den Urformprozessen ist vor allem das Gießen von metallischen Werkstoffen und von Kunststoffen energetisch von Bedeutung. Die wichtigsten Umformprozesse sind das Schmieden sowie das Umformen von Blech. Verfahren zur Änderung von Stoffeigenschaften sind Wärmebehandlungsprozesse wie das Härten, Anlassen und Vergüten sowie Glühen. Unter Fügen ist in erster Linie das Schweißen zu verstehen, während die Trennverfahren alle spanabhebenden Verfahren, also Drehen, Fräsen, Bohren und Schleifen umfassen.

Tabelle 4.1-3: Strom- und Brennstoffbedarf für Prozesse im Metallbau

Prozeß	Strombedarf für Kraft [%]	Brennstoffbedarf für Prozeßwärme [%]
Urformen	6	3
Umformen	44	12
Ändern von Stoffeigenschaften	–	84
Fügen	–	1
Trennen	28	–
Druckluft	22	–
Summe	100	100

Einzelobjektanalyse

Um die Bandbreite der eingesetzten Betriebstechnik zu verdeutlichen, wird an dieser Stelle zunächst ein typischer Handwerksbetrieb aus den neuen Bundesländern beschrieben. Er hat 14 Beschäftigte und zwei Auszubildende. Der Umsatz beträgt 1,4 Mio. DM. Das Produktspektrum umfaßt Metallbau- und Schlosserarbeiten (50 % Umsatzanteil), Arbeiten mit Alu-Produkten, z. B. Fenster, Fassaden, Wintergärten (40 %), sowie Heizungsbau (10 %).

In jüngster Zeit wurde der Betrieb erweitert. Die ehemalige Werkstatt (40 m^2, heute Ausstellungsraum), das Lager (12 m^2) und die Büroräume (35 m^2) werden von einem Brennwertkessel mit 19 kW beheizt, der im Dezember 1993 von Flüssiggas auf Erdgas umgestellt wurde. Die neue Werkstatthalle (ca. 500 m^2) wird mit einem Gas-Heizkessel mit 26,6 kW beheizt. Die Produktionsmaschinen zeigt Tabelle 4.1-4. Aus diesen Angaben errechnet sich ein Durchschnittsalter der Maschinen von rund 14 Jahren und ein Gesamtstromverbrauch (hauptsächlich für Arbeitsprozesse) von 9.830 kWh/Jahr. Hinzu kommen noch die Verbräuche für Beleuchtung und den Betrieb der Heizung (Pumpen), die jedoch nicht quantifiziert werden konnten.

Die Zusammensetzung des Maschinenparks wie auch die geplante Betriebsgröße (Werkstattfläche pro Beschäftigtem) können als typisch für einen Betrieb dieser Größe angesehen werden, auch in den alten Bundesländern.

Auswertung der Breitenerhebung

Die metallverarbeitenden Betriebe lassen sich hinsichtlich ihres Energieverbrauchs für die Produktion grob in zwei Gruppen einteilen: Betriebe mit hohem Anteil an energieintensiven Prozessen wie z. B. Umformen und Schweißen einerseits und solche Betriebe wie z. B. Hersteller elektrotechnischer Erzeugnisse.

Tabelle 4.1-4: Produktionsmaschinen eines ausgewählten Handwerksbetriebes im Metallgewerbe

Art	Anzahl	Alter [Jahre]	Anschlußwert [kW]	Energieverbrauch pro Jahr [kWh]
Metallkreissäge	1	2	1,0	500
Ständerbohrmaschine	1	11	1,0	150
Exzenterpresse	1	20	1,0	250
Exzenterpresse	1	20	1,0	200
Fräse	1	2	1,0	240
Fräse	1	2	0,5	120
Schlagschere	1	50	3,5	280
Schlagschere	1	10	2,2	175
Flächenschleifmaschine	1	9	2,5	150
Hobelmaschine	1	14	4,0	240
Fräsmaschine	1	36	3,0	600
Drehbank	1	26	10,0	2.000
Ständerbohrmaschine	1	13	1,5	340
Handbohrmaschine	5	unbekannt	0,5	330
Winkelschleifmaschine	2	unbekannt	1,0	260
Winkelschleifmaschine	3	unbekannt	0,5	200
Gehrungssäge	1	2	0,9	675
Schleifbock	1	36	0,6	12
Schleifbock	1	13	1,1	20
Metallkreissäge	1	9	0,4	40
Säulenbohrmaschine	1	14	2,2	265
Schweißtrafo	1	14	18,0	1.190
Schweißtrafo	1	1	8,8	1.160
Schweißtrafo	1	1	6,6	435
Summe				9.830

Absolut sowie am Umsatz gemessen liegt der Energieverbrauch in Gruppe 1 des Metallgewerbes etwas höher als in Gruppe 2. Der Energieverbrauch pro Beschäftigtem beträgt für die untersuchten Betriebe der Gruppe 1 durchschnittlich 11.750 kWh/a und für die Betriebe der Gruppe 2 durchschnittlich 10.940 kWh/a (Tabelle 4.1-5). Nach eigener Einschätzung der Betriebe beträgt der Energiekostenanteil im Durchschnitt 5,5 %, wobei die Bandbreite von 1 bis 40 % reicht. In Wirklichkeit dürfte der Anteil bei gut 2 % liegen (Statistisches Bundesamt 1994).

Einzelbetriebliche Untersuchungen haben ergeben, daß die Bereitstellung von Raumwärme und Warmwasser den größten Verbrauchsposten darstellt. In Gruppe 1 werden demnach rund zwei Drittel des gesamten Brennstoffeinsatzes und etwa 55 % des Gesamtenergiebedarfs hierfür aufgewendet. Fast das gesamte verbleibende Drittel der eingesetzten Brennstoffe und etwa 30 % des Gesamtverbrauchs werden zur Bereitstellung von Prozeßwärme verwendet. Die restlichen 15 % am Energieeinsatz werden als elektrische Energie für Kraftprozesse und Beleuchtung genutzt. Für die Gruppe 2 wird der Anteil zur Bereitstellung von Raumwärme und Warmwasser auf rund 80 % des gesamten Energiebedarfs geschätzt. Dieser im Vergleich zur Gruppe 1 hohe Anteil an Niedertemperaturwärme steht einem geringen Bedarf an Prozeßwärme und Kraft gegenüber, die zusammen nur gut 16 % des gesamten Bedarfes ausmachen. Für die beiden Gruppen des Metallgewerbes zeigt Tabelle 4.1-6 die Aufteilung des Einsatzes von Strom und Brennstoffen auf die Verwendungszwecke Raumwärme und Warmwasser, Licht, Kraft sowie Prozeßwärme. Wegen der großen Heterogenität der Branche sind diese Kennzahlen jedoch mit einer gewissen Unsicherheit behaftet.

Tabelle 4.1-5: Durchschnittlicher Brennstoff- und Stromverbrauch der untersuchten Betriebe

	Brennstoffverbrauch [kWh/a Besch.]	Stromverbrauch [kWh/a Besch.]
Gruppe 1	8.460	3.290
Gruppe 2	8.540	2.400
Darunter: Herstellung von elektrotechnischen Erzeugnissen	8.050	2.350

Tabelle 4.1-6: Energieeinsatz nach Verwendungszwecken im Metallgewerbe

Verwendungszweck	Brennstoffe [%]		Strom [%]		Summe [%]	
	Gruppe 1	Gruppe 2	Gruppe 1	Gruppe 2	Gruppe 1	Gruppe 2
Raumwärme/Warmwasser	50,5	73,5	5,0	7,0	55,5	80,5
Prozeßwärme	25,5	5,0	4,5	4,5	30,0	9,5
Kraft	2,0	–	10,5	7,0	12,5	7,0
Beleuchtung	–	–	2,0	3,0	2,0	3,0
Summe	78,0	78,5	22,0	21,5	100,0	100,0

Ein erheblicher Kraftstoffverbrauch wird durch den Verkehr der Branche (z. B. Lieferfahrten) verursacht, der rund 50 % des Endenergieverbrauchs auf Branchenebene ausmacht (s. Kapitel 3.5).

4.1.4 Potentiale der rationellen Energienutzung

Das größte Einsparpotential für die Betriebe des Metallgewerbes liegt im Bereich der Raumheizung, da diese den Hauptanteil am Gesamtenergieeinsatz ausmacht. Als Einsparmaßnahmen sind hier die Verbesserung der Anlagenwirkungsgrade durch regelmäßige Wartung sowie die der Gebäudebauweise angepaßte Fahrweise der Heizungsanlagen, z. B. durch Nachtabsenkung, Wochenendabschaltung und Außentemperaturregelung, zu nennen. Ferner kann durch sich automatisch öffnende und schließende Tore sowie durch Luftschleiertore die Luftwechselzahl reduziert und damit Wärmeverluste vermieden werden. Neben der Wärmedämmung ermöglicht schließlich als vielversprechende, neuere Technik die Beheizung mit Infrarot-Deckenstrahlern anstelle konventioneller Heizungssysteme erhebliche Einsparungen. Bei diesen Strahlungsheizungen werden ausschließlich die Arbeitszonen und nicht die gesamte Halle beheizt. Die Strahlung und deren Reflexion erwärmt also nicht die Luft, sondern die Festkörper. Auf diese Weise wird bei einer niedrigen Hallengrundtemperatur von beispielsweise 15 °C eine Behaglichkeitstemperatur von subjektiv empfundenen 18 °C erzielt. Ein weiterer Vorteil der Deckenstrahlungsheizung liegt darin, daß gezielt nur ein Teilbereich, z. B. ein Einzelarbeitsplatz, beheizt werden kann (Betrieb & Meister 1992).

Bei Betrieben mit nennenswertem Bedarf an Druckluft können Leckageverluste durch regelmäßige Wartung vermieden und die Rückgewinnung der Kompressorabwärme angestrebt werden. Ferner ist die Kompressorgröße an den Bedarf anzupassen, ggf. kann auch der Arbeitsablauf so gestaltet werden, daß der Kompressor nicht den ganzen Tag im Taktbetrieb arbeiten muß.

Im Vergleich zur Raumbeheizung bietet der Kraftstromverbrauch ein wesentlich geringeres Einsparpotential. Wichtige Einsparmaßnahmen sind hier die richtige Dimensionierung der Antriebsmaschinen bei Neuanschaffungen (schlechte Wirkungsgrade und Leistungsfaktoren im Teillastbereich) und das Vermeiden von Leerlauf- und Leerbetriebszeiten. Weitere Maßnahmen sind Blindstromkompensation und Lastmanagement, die zur Stromkostensenkung beitragen.

4.1.5 Durchführung energiesparender Maßnahmen und Hemmnisse

Den Befragten im Metallgewerbe wurden insgesamt 25 – davon 15 branchenspezifische und 10 branchenübergreifende – energiesparende Maßnahmen genannt. Die Hälfte der Betriebe hat weniger als sieben dieser Maßnahmen durchgeführt (Abbildung 4.1-1).

An erster Stelle in der Häufigkeit der Durchführung rangieren organisatorische Maßnahmen, und zwar regelmäßige Wartung der prozeßtechnischen Anlagen mit 88 %, die regelmäßige Überprüfung Druckluftverteilung auf Leckagen mit 86 % und die Vermeidung einer großen Entfernung zwischen Kompressor und Verbraucher mit 70 % der Betriebe. Häufig wurden auch Fensterisolierung (68 %), Dachdämmung (62 %) und Überprüfung der Falschluftzufuhr (62 %) genannt.

Am seltensten wurden Vergleiche von produktionsabhängigem und –unabhängigem Stromverbrauch (31 %), Nutzung der Abgaswärme (25 %) und Nutzung der Kompressorabwärme für die Erzeugung von Warmwasser oder Warmluft (22 %) angegeben.

Abbildung 4.1-1: Häufigkeit durchgeführter Maßnahmen im Metallgewerbe

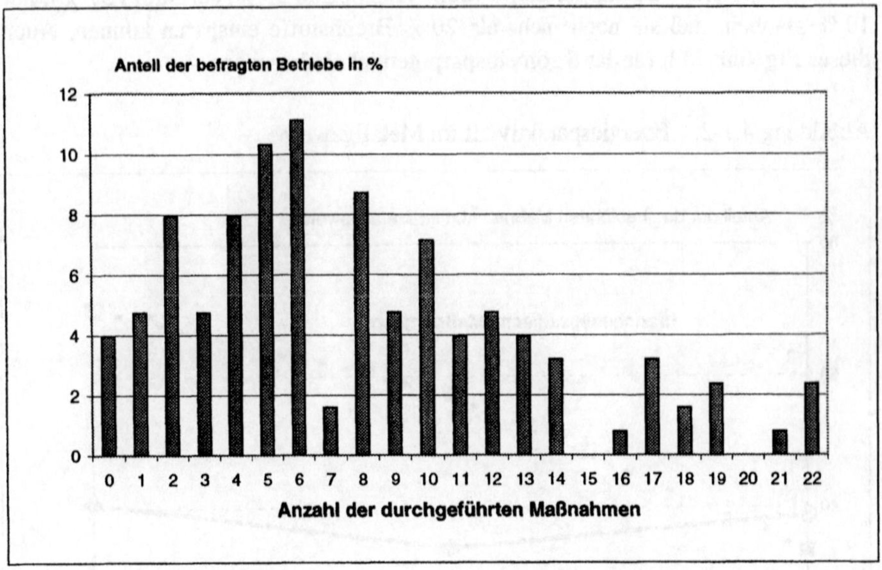

Allerdings können die wärmedämmenden, heizungstechnischen, prozeßspezifischen und organisatorischen Maßnahmen nicht in allen Betrieben durchgeführt werden. So gaben die kleinen Betriebe durchschnittlich 16, die mittleren und großen Betriebe durchschnittlich 19 Maßnahmen als grundsätzlich realisierbar an. Je größer die Betriebe sind, desto höher ist der Anteil der branchenspezifischen Maßnahmen, die durchgeführt wurden (Abbildung 4.1-2). Insgesamt wurden diese wesentlich häufiger realisiert als die branchenübergreifenden Maßnahmen.

71 % der Betriebe überprüfen mindestens einmal im Jahr ihren Energieverbrauch bzw. die Rechnungen, 36 % verwenden abgelesene Werte zur Stromverbrauchskontrolle. Nur 3 % geben an, daß sie Lastmanagement durchführen, aber 26 % verfügen immerhin über einen Lastwächter. 10 % der Betriebe haben eine Blindstromkompensationsanlage.

44 % der Betriebe haben keine Vorstellung über die Aufteilung ihres Energieverbrauchs für einzelne Verwendungszwecke. Rund 10 % nahmen schon einmal eine Energieberatung in Anspruch, in knapp 60 % der Fälle zu Tariffragen. 9 % der Betriebe wurden schon einmal auf energietechnische Schwachstellen hin untersucht.

Der Anteil der Betriebe, die Maßnahmen zur Brennstoffeinsparung durchgeführt haben und die erzielte Einsparungen quantifizieren konnten, lag bei 28 %, bei der Stromeinsparung waren es nur 19 %. Davon gaben 26 % realisierte Brennstoffeinsparungen von mehr als 20 % an, bei Strom wurde offenbar deutlich weniger gespart (8 % mehr als 20 % Einsparung). Mehr als die Hälfte der Befragten halten ihr Einsparpotential für ausgeschöpft (bei Brennstoffen 53 %, bei Strom 57 %); nur 10 % glauben, daß sie noch mehr als 20 % Brennstoffe einsparen können. Auch dieses Ergebnis fällt für das Stromeinsparpotential niedriger aus.

Abbildung 4.1-2: Energiesparaktivität im Metallgewerbe

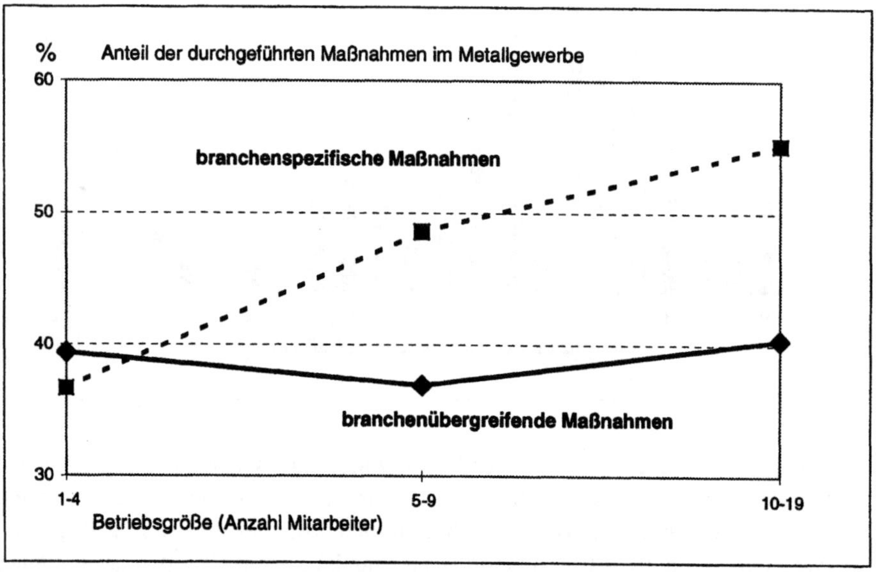

Die untersuchten Betriebe überschätzen ihren umsatzbezogenen Energiekostenanteil erheblich. Dabei ist 44 % der Befragten die Aufteilung der Energiekosten auf die einzelnen Verwendungszwecke nur ungefähr und 43 % gar nicht bekannt.

Gut 40 % der Befragten bezeichnen ihren Informationsstand über energietechnische Aspekte im Betrieb als sehr gut oder gut. 9,5 % haben schon einmal eine Energieberatung für ihren Betrieb in Anspruch genommen. Ein Drittel der Befragten äußerten, daß ein Interesse an weiteren Informationen zum Thema rationelle Energienutzung besteht.

Als Gründe, die sich hemmend auf die Durchführung von energiesparenden Maßnahmen auswirken, wurden vorwiegend genannt: Neue Gebäude bzw. Maschinen seien heute energietechnisch optimal (65 %), die Entwicklung der Energiekosten sei ungewiß (63 %), die verfügbaren Mittel müßten in wichtigere Investitionen fließen (57 %) und die nötige Zeit fehle (50 %). Tabelle 4.1-7 zeigt die Anzahl der Hemmnisse in Abhängigkeit von der Betriebsgröße. Analog zu vielen anderen Branchen sinkt auch beim Metallgewerbe die Zahl der Hemmnisse mit zunehmender Betriebsgröße.

Tabelle 4.1-7: Anzahl der zutreffenden Hemmnisse nach Betriebsgrößenklasse

Anzahl der genannten Hemmnisse	0	1	2	3	4	≥ 5	Ø
1 bis 4 Beschäftigte	2	4	9	8	2	10	3,0
5 bis 9 Beschäftigte	2	5	5	11	10	9	3,2
10 bis 19 Beschäftigte	2	6	16	9	7	8	2,8

4.2 Kraftfahrzeuggewerbe

4.2.1 Charakteristik der Branche

Das Kraftfahrzeuggewerbe umfaßt alle Handwerksunternehmen und industriellen Kleinbetriebe mit weniger als 20 Beschäftigten, die Instandhaltungsmaßnahmen und Reparaturen an Kraftfahrzeugen und Fahrrädern sowie deren Lackierung durchführen. Die Verteilung der Beschäftigten nach Betriebsgrößenklassen zeigt Tabelle 4.2-1. Die Anzahl der Handwerksunternehmen und industriellen Kleinbetriebe des Kfz-Gewerbes im Jahr 1994 (Statistisches Bundesamt 1996), einschließlich der Betriebe mit mehr als 19 Beschäftigten, beträgt 31.051. Gemessen am Umsatz des gesamten Gewerbezweigs, wurde von den Betrieben mit bis zu 19 Beschäftigten 62 % des Umsatzes erzielt. Die durchschnittliche Betriebsgröße in Betrieben des Kraftfahrzeuggewerbes, die zum Kleinverbrauchssektor gehören, liegt bei 8,1 Beschäftigten (Statistisches Bundesamt 1996).

Tabelle 4.2-1: Betriebe und Beschäftigte im Kraftfahrzeuggewerbe 1994

	Betriebsgrößenklasse			Summe	Jahresumsatz [Mio. DM]*
	1 bis 4 Beschäftigte	5 bis 9 Beschäftigte	10 bis 19 Beschäftigte		
Betriebe*	16.884	9.246	3.647	29.777	22.789
Beschäftigte**	35.800	55.000	53.100	143.900	

* Statistisches Bundesamt 1996 ** Hochrechnung: s. Kapitel 3.5

Während die Beschäftigtenzahlen und der erzielte Umsatz in den ABL Ende der 70er/Anfang der 80er Jahre stark rückläufig waren, sich dann ab Mitte der 80er Jahre nicht wesentlich änderten, ist im Zeitraum von 1990 bis 1994 (ABL und NBL) bei einem Zuwachs der Beschäftigtenzahl um 10 % ein Umsatzrückgang um 10 % zu verzeichnen.

Der Haupttätigkeitsbereich der Betriebe des Kfz-Gewerbes ist die Kfz-Mechanik (ca. 95 % der Betriebe). Weitere wichtige Bereiche sind mit jeweils über 80 %

Blechner-/Karosseriearbeiten, Gebrauchtwagenhandel, Ersatzteil- und Zubehörverkauf sowie Reifenhandel (74 %), Neuwagenhandel (64 %), Autoleasing (51 %) und Lackierarbeiten (32 %). Die Zusammensetzung eines Betriebes aus den genannten Tätigkeitsbereichen hängt von der Betriebsgröße und der Zielsetzung des Betriebes ab. Dabei lassen sich im wesentlichen drei Kategorien unterscheiden:

- Werkstätten, deren Aktivitäten ausschließlich im Dienstleistungsbereich liegen (Reparatur- und Wartungsarbeiten);
- Werkstätten, die neben den Dienstleistungen auch Handel mit Neu- und Gebrauchtwagen, Zubehör und Ersatzteilen betreiben;
- Autohäuser mit Werkstatt, aber Schwerpunkt im Handel.

Die kleineren Kfz-Betriebe der hier betrachteten Größenklassen zeigen tendenziell eher das „Werkstattprofil", größere Kfz-Betriebe eher das „Autohausprofil".

4.2.2 Untersuchte Betriebe

Im Rahmen der Breitenerhebung wurden 87 Kraftfahrzeugbetriebe (davon 18 in den NBL) befragt. Für die untersuchten Betriebe ergaben sich folgende Betriebsgrößen: 27 Betriebe haben 1 bis 4 Beschäftigte (31 %), 32 Betriebe haben 5 bis 9 Beschäftigte (37 %) und 28 Betriebe haben 10 bis 19 Beschäftigte (32 %). Die durchschnittliche Betriebsgröße der Stichprobe entspricht somit in etwa derjenigen der Grundgesamtheit. Dies gilt auch für die Betriebsprofile. Die Tätigkeitsschwerpunkte der untersuchten Betriebe sind aus Tabelle 4.2-2 ersichtlich.

Tabelle 4.2-2: Tätigkeitsschwerpunkte der untersuchten Kfz-Betriebe

Tätigkeit	**Anzahl der Betriebe**	**Anteil am Jahresumsatz in der Branche** [%]
Blechner/-Karosseriearbeiten	65	23
Gebrauchtwagenhandel	58	16
Ersatzteilverkauf	57	13
Zubehörverkauf	52	6
Nutzfahrzeugreparatur	50	26
Reifenhandel	49	6
Neuwagenhandel	40	29
Autolackierarbeiten	22	22
Autovermietung/-leasing	20	5

Die Größe der Betriebsfläche beträgt

- bei 9 % der Betriebe weniger als 200 m^2,
- bei 38 % reicht sie von 200 bis 399 m^2,
- bei 35 % von 400 bis 999 m^2 und
- bei 18 % ist sie größer als 1.000 m^2.

Die Bandbreite reicht von 80 bis 5.600 m^2. Der beheizte Flächenanteil beträgt durchschnittlich 82 %, wobei die kleineren mit 71 % (Stichwort: Werkstattprofil) deutlich hinter den großen Betrieben mit 89 % (Stichwort: Autohausprofil) zurückliegen. Das Betriebsgebäude wurde bei 22 % der Betriebe vor 1952 erstellt, für den Rest beträgt das durchschnittliche Gebäudealter 24 Jahre. Damit sind die Gebäude verglichen mit denen der anderen Branchen des produzierenden Gewerbes vergleichsweise jung.

4.2.3 Energieverbrauchsschwerpunkte

Für die Handwerksbetriebe des Gewerbezweiges 209 „Kraftfahrzeugmechaniker" weist die amtliche Statistik (Statistisches Bundesamt 1994) den Energiekostenanteil für das Jahr 1990, gemessen am Umsatz der Betriebe, mit 1,0 bis 2,5 % (bei zunehmender Betriebsgröße abnehmend) aus. Nach eigener Einschätzung der untersuchten Betriebe beträgt dieser Kostenblock im Durchschnitt 5 %.

Einzelobjektanalyse

In einer typischen Kfz-Werkstatt mit 12 Beschäftigten entstehen im Durchschnitt Energiekosten von rund 28.000 DM pro Jahr, die sich zu 65 % auf Stromkosten und zu 35 % auf Brennstoffkosten aufteilen (DEKRA 1992). Ein solcher Betrieb mit 8 Beschäftigten in der Werkstatt und 4 Beschäftigten in Handel und Büro wurde genauer untersucht. Er war mit folgenden Arbeitsgeräten ausgestattet:

- 8 elektrisch betriebene Hebebühnen mit je 3 kW Antriebsleistung, Ausnutzungsgrad ca. 15 %
- 1 elektrisch betriebener Kompressor mit 10 kW Antriebsleistung, Ausnutzungsgrad ca. 35 %
- Arbeitsgeräte mit elektrischer Antriebsleistung von insgesamt ca. 5 kW und einem Ausnutzungsgrad von durchschnittlich ca. 20 %: Bohrmaschinen, Winkelschleifer, Härteofen/Wasserbad 2 kW, Preßluftmeißel, Schweißgeräte
- 1 Lackierbox mit Ölbrenner (ca. 50 kW), Ausnutzungsgrad ca. 65 %
- 1 Dampfstrahler mit Dieselöl (4-5 kW), Ausnutzungsgrad 30 %.

Anhand dieser Angaben wurden für den Kraftstrombedarf dieses Betriebes folgende Verbräuche ermittelt (jeweils 220 Tage zu je 8 Stunden):

Tabelle 4.2-3: Stromverbrauch in einem untersuchten Betrieb

Einrichtungen	**Verbrauch** [kWh]
8 Hebebühnen je 3 kW, 15 %	6.400
1 Kompressor 10 kW, 35 %	6.200
Arbeitsgeräte 5 kW, 20 %	1.800
Summe	14.400

Dies führt bei einem kWh-Preis von 33 Pf zu Stromkosten von jährlich 4.750 DM. Die tatsächlichen Stromkosten lagen in diesem Betrieb bei rund 13.000 DM. Die Differenz war durch die erheblichen Stromverbräuche für einen großen Warmwasser-Boiler für die Duschen der Sozialräume, zwei kleinere Boiler in den Kunden-WC, einer Lackierbox sowie Beleuchtung und Büroeinrichtungen wie Kopierer und EDV-Anlagen zu erkären.

Der zentrale Kompressor liefert die Druckluft für die angeschlossenen Arbeitsgeräte, z. B. Schlagschrauber (für unzugängliche Stellen), Vibrations- oder Excenterschleifer (zum Abschleifen der Farbe bei kleinen Lackreparaturen), Preßluftmeißel (zum Abtrennen z. B. eines Kotflügels) und Unterbodensprühpistolen. Verluste infolge Undichtigkeiten im Druckluftbereich werden für frühere Jahre mit bis zu 25 % angegeben; seit der Einführung selbstdichtender Kunststoffrohre (vor 10 Jahren) konnten solche Verluste aber auf etwa 5 %, reduziert werden. Aus diesem Grunde werden pneumatisch betriebene Geräte wieder bevorzugt eingesetzt, zumal sie gegenüber elektrischen Geräten ein geringeres Gewicht haben und unempfindlicher gegenüber Wasser und Nässe sind. Bei der Prozeßwärme sind in dem Betrieb folgende Einrichtungen von Bedeutung:

(1) Lackierbox mit etwa 50 kW.

(2) Einrichtungen für die Teilereinigung (Dampfstrahlgerät am Waschplatz) 4 bis 5 kW Leistung.

(3) Härteofen (oder einfacher Wassererhitzer), in dem die überzuschiebenden Teile der Preßpassung auf ca. 90 °C erwärmt werden.

Auswertung der Breitenerhebung

Für die in der Breitenerhebung befragten Betriebe ergeben sich die in Tabelle 4.2-4 ausgewiesenen Jahresverbrauchswerte. Der durchschnittliche Energieverbrauch liegt bei 16.200 kWh/a pro Beschäftigtem. Er unterscheidet sich vor allem in Abhängigkeit von der Beheizung des Gebäudes sowie der Geräteausstattung stark zwischen den einzelnen Betrieben.

Zwischen 60 und 70 % des Stromverbrauchs entfallen auf mechanische Arbeitsprozesse. Die Erzeugung von Prozeßwärme und Warmwasser sowie die Beleuchtung sind demgegenüber von geringerer Bedeutung für den Stromverbrauch (Ausnahme: Lackierbox).

Tabelle 4.2-4: Brennstoff- und Stromverbrauch der untersuchten Betriebe

	Brennstoffverbrauch [kWh/Besch. a]	**Stromverbrauch** [kWh/Besch. a]
Mittelwert	12.700	3.500
Bandbreite	500 bis 64.000	300 bis 14.500
zum Vergleich: DEKRA 1992	13.200*	2.500

* nur Heizöl/Gas

Die Untersuchung zeigt, daß vor allem der Betrieb von Absauganlagen (in 44 % der Betriebe eingesetzt) und Kompressoren (86 % der Betriebe) einen hohen Stromverbrauch verursacht. Die elektrischen Kleingeräte sind aufgrund ihrer geringen Leistungen und Laufzeiten von geringerer Bedeutung. Zu Lötgeräten, Umformern oder Gleichrichtern wurden wenig Angaben gemacht; sie werden offensichtlich selten im Betrieb eingesetzt. Bei den Arbeitsprozessen ist das Trocknen (z. B. Lackierbox) sehr verbrauchsintensiv. In 20 % der Betriebe werden Trocknungsanlagen eingesetzt, die überwiegend elektrisch beheizt werden. In Tabelle 4.2-5 sind die für die untersuchten Kfz-Betriebe verbrauchsrelevanten Arbeitsgeräte und Prozesse zusammengefaßt.

Tabelle 4.2-5: Durchschnittlicher Stromverbrauch verschiedener Arbeitsgeräte und Prozesse im Kfz-Gewerbe (Breitenerhebung)

Gerät/Prozeß	**Mittelwert** [kWh/a]	**Bandbreite** [kWh/a]
Kompressor	1.200	50 – 5.300
Absauganlage	1.500	100 – 14.000
2-Säulenhebebühne	600	40 – 5.000
4-Säulenhebebühne	400	30 – 1.200
Bohrmaschine	180	10 – 1.100
Schleifgerät	300	40 – 3.300
Schweißmaschine	400	50 – 2.500
Brennen	700	50 – 4.000
Waschen	800	50 – 4.300
Trocknen	2.300	150 – 10.600

4.2.4 Potentiale der rationellen Energienutzung

Im Raumwärmebereich entstehen sowohl Verluste durch eine mangelnde Wärmedämmung wie auch durch den Raumluftwechsel. Die Untersuchung zeigt, daß 48 % der Betriebsflächen auf über 18 °C heizen, 49 % auf unter 18 °C und 3 % überhaupt nicht geheizt werden. Eine Zweifach-, Wärmeschutz- oder Isolierverglasung ist bei 54 % eingebaut, und über einen wärmedämmenden Außenwandaufbau in Beton oder Ziegelbauweise verfügen 61 % aller Betriebe. Nachträgliche Wärmeschutzmaßnahmen unterschiedlicher Art wurden von rund 32 % der Betriebe durchgeführt. Im Bereich der Wärmeerzeugung haben 53 % der Betriebe eine Außentemperatur-Regelung und 65 % eine automatische Temperaturabsenkung für den Nacht- und Wochenendbetrieb installiert. Annähernd alle Betriebe geben den Einbau von Thermostatventilen oder die Möglichkeit einer Einzelraumregelung der Temperatur an. Ein befragter Betrieb setzt erneuerbare Energie (Sonnenkollektoren) ein. Die anfallende Abwärme (z. B. der Lackierbox) wird von 3 % der Betriebe genutzt.

Ein bedeutendes Einsparpotential in den Kfz-Betrieben ergibt sich bei den betriebsbedingt geöffneten Toren. Wärmeverluste aufgrund des Luftwechsels, der zu einer Luftwechselzahl bis 10 führen kann, zeigt das folgende Beispiel:

> Beispiel:
>
> Um die Luft einer 2.700 m^3 großen Halle (600 m^2 * 4,5 m Höhe) um 15 °C zu erwärmen (Luftwechselzahl 1), ist ein stündlicher Energiebedarf von
>
> $$600\ m^2 * 4{,}5\ m * 0{,}347\ Wh/(m^2 K) * 15\ K = 14{,}1\ kWh$$
>
> erforderlich.
>
> Die Heizleistung für die gesamte (Heizperiode 150 Tage, 8 h pro Tag) beträgt folglich 16.850 kWh. Die Heizkosten (Kesselwirkungsgrad: 90 %) errechnen sich zu
>
> $$16.850\ kWh / 0{,}9 * 0{,}05\ DM/kWh = 936\ DM$$
>
> Dies bedeutet: Läßt sich die Luftwechselzahl von z. B. 10 auf 9 reduzieren, können 950 DM Energieeinsparung pro Jahr erzielt werden.

Eine Abhilfemöglichkeit wäre eine Begrenzung der Toröffnungshöhe. Vorteilhaft sind Sektionaltore. Diese Tore kann man mit sogenannten Höhenbegrenzern ausstatten, die auf die tatsächlich benötigte Durchfahrtshöhe (bei Lkw 4,5 m, bei Pkw 2,5 m) eingestellt werden. Aber auch andere Lösungen sind denkbar: So bietet ein Spezialist „Luftschleier-Tore“ an (Stratos Ventilation GmbH 1992). Jedesmal, wenn das Tor geöffnet wird, bläst ein starker Luftstrom aus einer festen oder beweglichen Düse über die gesamte Torbreite von unten nach oben. Dieses „unsichtbare“ Tor hält kalte Zugluft außen und verhindert das Entweichen warmer Raumluft. Die Investition für ein solches Tor liegt bei rund 18.000 DM. Wird durch diese Lösung eine Reduzierung der Luftwechselzahl von 2 bis 3 erreicht, was durchaus als realisierbar gilt, wäre eine Amortisation nach weniger als zehn Jahren erreicht.

Für Lackierboxen gibt es die Möglichkeit einer Wärmerückgewinnung. Der wesentliche Anteil (ca. 80 %) des Energieverbrauchs einer Lackierbox entfällt auf die Erwärmung der Frischluft auf die benötigte Temperatur. Deshalb ist es sinnvoll, die Wärme der Abluft zurückzugewinnen und für die Aufheizung der Frischluft zu nutzen. Allerdings ist eine Filterung der Abluft erforderlich, da Lacktröpfchen beim Spritzen zu einer Verschmutzung des Wärmetauschers führen können. Außerdem ist darauf zu achten, daß die Frischluft nicht aus der Halle, sondern direkt von außen angesaugt wird, weil so die Hallenbeheizung um die Beheizung der sonst nachströmenden Frischluft entlastet wird. Die Einsparung an Brennstoff für die Lackierbox ergibt sich in etwa aus der Multiplikation des Wirkungsgrades der Wärmerückgewinnung (0,6) mal der jährlich verbrauchten Brennstoffmenge mal einem Faktor von etwa 0,8 (ungefährer Anteil der Energie für die Lufterwärmung).

> Beispiel:
>
> Für eine 50-kW-Lackierbox, die wöchentlich 25 Stunden in Betrieb ist, würden jährlich rund
>
> $$50\ kW * 25\ h * 50\ Wochen = 62.500\ kWh$$
>
> Heizenergie benötigt. Die zu erwartende Einsparung würde bei einen Brennstoffpreis von 0,05 DM pro kWh jährlich 1.250 DM betragen.

Neben der dargestellten Lösung ist zu prüfen, ob die Infrarottrocknung bei Reparaturlackierungen in Frage kommt. Mit geringem konstruktivem Aufwand und Platzbedarf (Thomas 1992) ist es möglich, hohe Energiedichten ohne Erwärmung der Umgebungsluft direkt an die zu trocknenden Oberflächen zu übertragen. Sie bewirkt eine schnellere Aushärtung des Lackes von innen nach außen. Ein Vergleich zeigt, daß für eine typische Reparaturlackierung bei konventioneller Umlufttrocknung insgesamt 135 kWh (128 kWh Gas, 7 kWh Strom für Lüfter) verbraucht werden, denen bei Infrarottrocknung nur 29 kWh gegenüberstehen.

4.2.5 Durchführung energiesparender Maßnahmen und Hemmnisse

Den Befragten im Kfz-Gewerbe wurden insgesamt 25 – davon 15 branchenspezifische und 10 branchenübergreifende – energiesparende Maßnahmen genannt. Knapp die Hälfte der Betriebe hat weniger als sieben dieser Maßnahmen durchgeführt (Abbildung 4.2-1).

Abbildung 4.2-1: Häufigkeit durchgeführter Maßnahmen im Kfz-Gewerbe

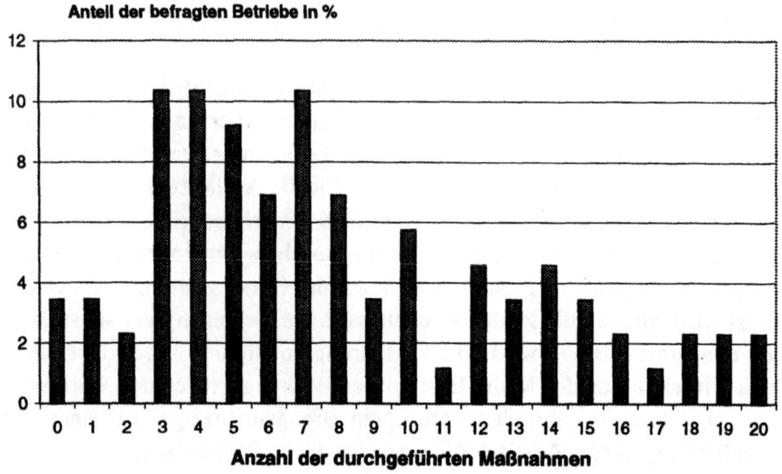

An erster Stelle rangieren organisatorische Maßnahmen: Fast alle Betriebe überprüfen regelmäßig die Druckluftverteilung auf Leckagen und warten ihre prozeßtechnischen Anlagen häufig. Auch die Überprüfung der Falschluftzufuhr und die Vermeidung großer Entfernungen vom Kompressor zu den Verbrauchern wurden sehr häufig genannt (87 bzw. 83 %). 61 % haben nachträglich Isolierfenster eingebaut und 59 % eine Dachdämmung durchgeführt.

Die Abwärme aus Kompressoren für die Erzeugung von Warmwasser oder Warmluft nutzen 29 %, aus dem Abgas 47 %. Generell ist die angegebene Energiesparaktivität im Vergleich mit anderen Branchen relativ hoch.

Allerdings können die wärmedämmenden, heizungstechnischen, prozeßspezifischen und organisatorischen Maßnahmen nicht in allen Betrieben durchgeführt werden. So gaben die Betriebe durchschnittlich 16 Maßnahmen als grundsätzlich realisierbar an. Je größer die Betriebe sind, desto mehr Maßnahmen wurden durchgeführt (Abbildung 4.2-2), wobei die branchenspezifischen Maßnahmen wesentlich häufiger als die branchenübergreifenden Maßnahmen realisiert wurden.

70 % der Betriebe überprüfen mindestens einmal im Jahr ihren Energieverbrauch bzw. die Rechnungen, 40 % verwenden abgelesene Werte zur Stromverbrauchskontrolle. Nur 6 % geben an, daß sie Lastmanagement durchführen, aber 43 % verfügen immerhin über einen Lastwächter. 7 % der Betriebe haben eine Blindstromkompensationsanlage.

Abbildung 4.2-2: Energiesparaktivität im Kfz-Gewerbe

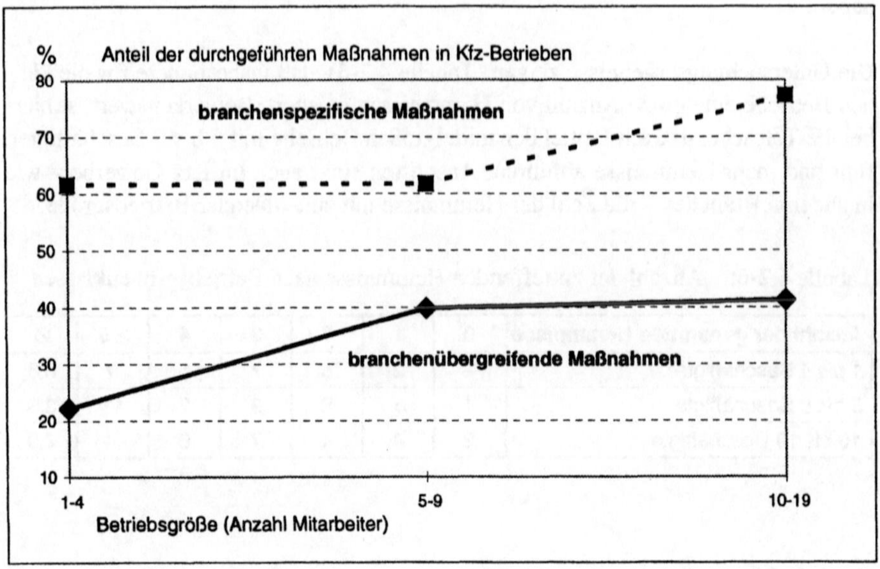

45 % der Betriebe haben keine Vorstellung über die Aufteilung ihres Energieverbrauchs für einzelne Verwendungszwecke. 13 % nahmen schon einmal eine Energieberatung in Anspruch, in 60 % der Fälle zu Tariffragen. 14 % der Betriebe wurden schon einmal auf energietechnische Schwachstellen hin untersucht.

Der Anteil der Betriebe, die Maßnahmen zur Brennstoffeinsparung durchgeführt haben und die erzielte Einsparungen quantifizieren konnten, lag bei 28 %, bei der Stromeinsparung waren es nur 15 %. 13 % gaben realisierte Brennstoffeinsparungen von mehr als 20 % an, bei Strom wurde deutlich weniger gespart (keine Nennung über 20 %). 43 % der Befragten halten ihr Einsparpotential bei Brennstoffen und 49 % bei Strom für ausgeschöpft; nur 10 % glauben, daß sie noch mehr als 20 % Brennstoffe einsparen können. Auch dieses Ergebnis fällt für das Stromeinsparpotential wesentlich niedriger aus.

Die untersuchten Betriebe gaben den umsatzbezogenen Energiekostenanteil mit durchschnittlich 4,8 % an. Die Bandbreite reicht von 1 bis 30 %. 40 % äußerten ein Interesse an Informationen zum Thema rationelle Energienutzung; den anderen 60 % erscheint der aktuelle Informationsstand ausreichend.

Als Gründe, die sich hemmend auf die Durchführung von energiesparenden Maßnahmen auswirken, wurden vorwiegend genannt: Neue Gebäude bzw. Maschinen seien heute energietechnisch optimal (78 %), die verfügbaren Mittel müßten in wichtigere Investitionen fließen (67 %), mangelnde Zeit (63 %) und die Ungewißheit der Energiekostenentwicklung (58 %). Wenig Einfluß auf die Gebäudeisolierung sahen 30 % der Betriebe als Hemmnis, da sie ihre Betriebsräume gemietet haben.

Die Untersuchungsergebnisse zeigen (Tabelle 4.2-6), daß insbesondere für die kleinen Betriebe eine große Anzahl von Hemmnissen existiert. Bemerkenswert ist hierbei die Tatsache, daß ein Drittel der mittelgroßen Betriebe mit 5 bis 9 Beschäftigten fünf und mehr Hemmnisse anführen. Ansonsten sinkt auch im Kfz-Gewerbe – wie in anderen Branchen – die Zahl der Hemmnisse mit zunehmender Betriebsgröße.

Tabelle 4.2-6: Anzahl der zutreffenden Hemmnisse nach Betriebsgrößenklassen

Anzahl der genannten Hemmnisse	0	1	2	3	4	≥ 5	Ø
1 bis 4 Beschäftigte	–	2	6	7	5	7	3,3
5 bis 9 Beschäftigte	1	1	8	9	2	11	3,3
10 bis 19 Beschäftigte	2	4	4	7	6	4	2,9

4.3 Holzgewerbe

4.3.1 Charakteristik der Branche

Das Holzgewerbe in der Bundesrepublik Deutschland bestand 1994/95 aus ca. 53.800 holzbe- und -verarbeitenden Betrieben mit einem Umsatz von knapp 110 Mrd. DM bei etwa 625.000 Beschäftigten. Zum Sektor Kleinverbrauch gehören ca. 90 % der Betriebe, die knapp 30 % der Beschäftigten und des Umsatzvolumens darstellen.

Im Durchschnitt haben die Betriebe in der Holzbe- bzw. -verarbeitung im Kleinverbrauch vier Beschäftigte. Die Tischler stellen mit etwa 36.500 Betrieben und 193.200 Beschäftigten bei 21,3 Mrd. DM Umsatz den weitaus größten Handwerkszweig in dieser Branche dar (Statistisches Bundesamt 1996). Weiterhin gehören Parkettleger, Sägewerke, Drechsler, Rolladen- und Jalousienbauer, Wagner, Modellbauer, Bootsbauer und andere Holzverarbeiter dazu. Jedoch zählen nicht alle Berufe, die Holz verarbeiten, zum Holzgewerbe; Zimmerer z. B. gehören zum Baugewerbe.

Tabelle 4.3-1: Beschäftigte im Holzgewerbe 1994

	Betriebsgrößenklasse			Summe
	1 bis 4 Beschäftigte	5 bis 9 Beschäftigte	10 bis 19 Beschäftigte	
Säge- und Hobelwerke	7.000	8.500	11.600	27.100
Herstellung von Bauelementen aus Holz	21.900	31.100	24.900	77.900
Herstellung von Holz- und Polstermöbeln	21.500	30.300	29.300	81.100
Herstellung von sonstigen Holzwaren	7.600	6.300	9.100	23.000

Quelle: eigene Hochrechnung

4.3.2 Untersuchte Betriebe

In der Breitenerhebung wurden 106 Betriebe befragt. Den Schwerpunkt bildete die Gruppe der Möbelhersteller (ca. 80 %), zu der auch die Tischlereien gehören. Daher konzentrieren sich die Ergebnisse im wesentlichen auf diesen Zweig.

Die Tischlereien gliedern sich in die Bautischlereien, die vor allem Vollholz zu Fenstern, Türen und Treppen verarbeiten, und in den Innenausbau. Dieser produziert qualitativ hochwertige Möbelteile und Spezialeinrichtungen in Einzelanfertigung. Die handwerkliche Holzverarbeitung hat sich auf Maßanfertigungen und Sonderteile spezialisiert, die in der Holzindustrie nicht als Serie produziert werden können.

Tabelle 4.3-2: Befragte Holzbe- und -verarbeitungsbetriebe

	Betriebsgrößenklasse		
	1 bis 4 Beschäftigte	5 bis 9 Beschäftigte	10 bis 19 Beschäftigte
Säge- und Hobelwerke	3	2	5
Herstellung von Bauelementen aus Holz	–	4	1
Herstellung von Holz- und Polstermöbeln	30	27	28
Herstellung von sonstigen Holzwaren	4	1	1
Summe	37	34	35

4.3.3 Energieverbrauchsschwerpunkte

Die Arbeitsausstattung der Betriebe ist in der Regel wenig energieintensiv. Eine Ausnahme hiervon bilden aber größere Tischlereien und Sägewerke. Nach Einschätzung der Betriebe liegen die Kosten des Energieverbrauchs im Durchschnitt bei 7 % ihres Umsatzes, wobei der Anteil mit steigender Betriebsgröße etwas zunimmt. Bereinigt man diese Aussagen um den Anteil der Betriebe, die ihre Energiekosten mit – unwahrscheinlichen – 15 % oder mehr angeben, so liegen die durchschnittlichen Energiekosten bei etwa 5,2 %. Die amtliche Statistik (Statistisches Bundesamt 1994) weist den Energiekostenanteil für 1990, gemessen am Jahresumsatz der Betriebe, mit 1,8 bis 2,9 % (bei zunehmender Betriebsgröße abnehmend) aus. Damit spielt dieser Kostenblock keine zentrale Rolle, ist aber auch nicht zu vernachlässigen. Durch die hohen Kilowattstundenpreise spielt der Strombezugsvertrag bei der Einsparung von Energiekosten eine entscheidende Rolle.

Einzelobjektanalyse

Eine im Rahmen der Tiefeninterviews befragte Tischlerei mit acht Beschäftigten hat bespielsweise die in Tabelle 4.3-3 beschriebene elektrische Geräteausstattung. Der Stromverbrauch liegt bei etwa 13.600 kWh im Jahr. Die Stromkosten betragen 7.500 DM.

Tabelle 4.3-3: Produktionseinrichtungen einer Tischlerei

Art	**Anzahl**	**Alter** [Jahre]	**Anschlußleistung** [kW]	**Geschätzter Stromverbrauch pro Jahr** [kWh]
Vierseitendickenhobelmaschine	1	2	17	2.720
Schlitz- und Zapfenschneider	1	2	6	1.920
Fräsmaschine	1	2	8	1.920
Bandschleifmaschine	1	40	3,5	1.400
Fräsmaschine	1	11	2,5	500
Formatkreissäge	1	2	8	3.200
Abrichte	1	7	4	400
Langlochbohrmaschine	1	1	1,8	360
Leuchten	19	14	je 58 W	800
Gesamtverbrauch				13.620 kWh/Jahr

Damit liegt der durchschnittliche Stromverbrauch pro Beschäftigtem im Jahr bei 1.700 kWh, also im Rahmen der branchenüblichen Bandbreite für den Stromverbrauch. Gegenwärtig verfügt der Betrieb über vier Produktionsräume mit insgesamt 200 m^2 Fläche. Das Produktspektrum umfaßt alle Arten von Holzfenstern (90 % des Umsatzes) und Holz-Außentüren (10 %). Die Holzreste dieser abfallintensiven Produktion werden in zwei handbeschickten Holzfeuerungsanlagen verbrannt und beheizen die Produktionsräume vollständig. Daher war eine Abschätzung des Heizenergiebedarfs hier nicht möglich.

Auswertung der Breitenerhebung

In den befragten Betrieben liegt der durchschnittliche Brennstoffeinsatz pro Beschäftigten (in einigen Fällen ohne Restholz) bei 14.800 kWh im Jahr, die Bandbreite beträgt 2.000 bis 65.000 kWh. Diese Unterschiede sind nicht ungewöhnlich, weil sich der Brennstoffeinsatz hauptsächlich aus der Raumwärme erklärt (s. Tabelle 4.3-4) und die beheizte Betriebsfläche zwischen 30 und 6.000 m^2 schwankt. Der Heizenergieverbrauch liegt je nach der Intensität der Beheizung, der Gebäudeisolation und der Betriebsgröße zwischen 50 und 700 kWh pro m^2 und Jahr. Außerdem wird ein Teil des Restholzes nicht zur Raumwärmeerzeugung, sondern nur aus Gründen der Abfallbeseitigung verbrannt. Dies führt ebenfalls zu einer Unsicherheit in der Abschätzung. Der Stromeinsatz beträgt rund 2.700 kWh im Jahr pro Beschäftigten. Hier ist die Bandbreite zwischen 400 und 9.500 kWh. Im einzelnen verteilt sich der Energieeinsatz auf die in Tabelle 4.3-4 angegebenen Bereiche.

Tabelle 4.3-4: Energieeinsatz nach Verbrauchsbereichen in den untersuchten Betrieben

Verbrauchsbereiche	**Brennstoff** [%]	**Strom** [%]
Raumwärme	90	1
Warmwasser	2	2
Prozeßwärme	8	12
Arbeitsprozesse	–	60*
Beleuchtung	–	20
Sonstiges	–	5
Summe	100	100

* falls vorhanden, inklusive des Zerhackers, des Gebläses und der Fördermotoren für die Holzfeuerung

Da in der gewerblichen Holzbe- und -verarbeitung nur selten Prozeßwärme eingesetzt wird (Trocknung, Furnierpressen), konzentriert sich der Wärmebedarf auf die Raumwärme. Dieser macht ca. 90 % des gesamten Brennstoffbedarfs und über 75 % des gesamten Energiebedarfs aus. Der Brennstoffeinsatz für den Prozeßwärmebedarf liegt bei etwa 8 % und für die Warmwasserbereitung bei etwa 2 %. Als Brennstoff wird vielfach Holz verwendet (50 % der befragten Betriebe heizen mit Restholz). Eine nennenswerte Rolle spielt sonst nur noch Heizöl, das in 40 % aller befragten Betriebe eingesetzt wird. Erdgas wird hingegen nur in knapp 10 % der Betriebe genutzt. Da das Volumen und der Feuchtegehalt, damit auch der Brennwert des Restholzes nicht genau bekannt sind, ist der Brennstoffeinsatz nur als Richtwert zu betrachten. Die Vorteile für die Betriebe bei einer Beheizung mit Restholz liegen auf der Hand:

- Reststoffe können zur Wärmegewinnung genutzt werden.
- Durch den Einsatz des Holzes wird auf den Zukauf von teurer Fremdenergie zumindest teilweise verzichtet. Die damit erzielte Kosten- und Energieeinsparung beträgt pro m^3 geschüttete Holzspäne etwa 100 l Heizöl.
- Die Kosten für eine außerbetriebliche Entsorgung entfallen.

Problematisch ist hingegen die Verbrennung der Reste von gestrichenem, lackiertem oder beschichtetem Holz sowie von Sperrholz, Spanplatten und Faserplatten, also von Resthölzern, die vor allem im Innenausbau anfallen. Dabei müssen hinsichtlich der Grenzwerte die Vorschriften der TA Luft eingehalten werden.

Der durchschnittliche Stromverbrauch von 3.000 kWh pro Beschäftigten im Jahr kann von Betrieb zu Betrieb sehr unterschiedlich sein. Werte bis 10.000 kWh pro Mitarbeiter sind in etwa bei 10 % der Betriebe ermittelt worden. Sägewerke und Bautischlereien sind aufgrund der Vollholzbearbeitung als etwas stromintensiver als andere Betriebe einzustufen. 60 % des Stromverbrauchs entfallen dabei auf Arbeitsprozesse und 20 % auf die Beleuchtung. Allerdings kann dies stark variieren, so daß in weniger stromintensiven Betrieben bis zu 50 % des Stromes für die Beleuchtung benötigt werden.

Tabelle 4.3-5: Durchschnittlicher Stromverbrauch einzelner Arbeitsgeräte im Holzgewerbe

Gerät	**Mittelwert** [kWh/a]	**Bereich*** [kWh/a]
Hobel	3.400	300 – 16.000
Schleifmaschine	1.300	100 – 4.500
Säge	2.600	70 – 9.000
Bohrmaschine	400	50 – 1.100
Fräse	1.600	200 – 6.000
Absauganlagen	3.900	350 – 12.000
Kompressoren	1.600	150 – 6.000
Furnierpresse	1.700	100 – 5.100

* kann im Einzelfall auch noch größer sein

Bei der Untersuchung der einzelnen Geräte und Maschinen bezüglich des Energieverbrauchs zeigte sich, daß die Verbrauchsschwerpunkte bei den Sägen und den Hobelmaschinen liegen, die in über 90 % der Betriebe eingesetzt werden. Schleifmaschinen, Fräsen und Bohrmaschinen fallen aufgrund ihrer geringen Betriebsdauer oder geringen Leistung etwas ab (Tabelle 4.3-5). Weitere Verbrauchsschwerpunkte sind die Absauganlagen, die in 51 % der Betriebe genutzt werden, und Furnier- und Trocknungsanlagen (38 % bzw. 16 % der Betriebe; beide überwiegend elektrisch beheizt), die eher in den größeren Betrieben zu finden sind.

Holzfeuerungsanlagen gibt es in 45 % der Betriebe. 30 % der Betriebe haben dazu auch einen Zerhacker und ein Gebläse für die Warmluft. Aufgrund der langen Laufzeiten benötigt das Gebläse durchschnittlich etwa 2.000 kWh Strom pro Jahr. Die Fördermotoren zur automatischen Beschickung der Öfen spielen aufgrund ihrer geringen Verbreitung in den Betrieben des Kleinverbrauchs nur eine untergeordnete Rolle.

4.3.4 Potentiale der rationellen Energienutzung

Da der größte Teil der Energie für Raumwärme benötigt wird, sind mit einer effektiven Wärmeerzeugung sowie einer ausreichenden Wärmedämmung die größten Einsparpotentiale zu realisieren. Nach der Breitenerhebung werden 54 % der genutzten Betriebsfläche auf über 18 °C geheizt, 25 % auf unter 18 °C und 21 % der Fläche werden nicht geheizt. Das durchschnittliche Gebäudealter, in dem sich die Betriebe befinden, liegt bei 38 Jahren und etwa 75 % der Betriebsgebäude haben nur eine Ein- bzw. Zweischeibenverglasung. 63 % der Betriebe haben keine Wärmedämmung installiert. Schlecht gedämmte Gebäude sind dabei überwiegend in den beiden ältesten Altersklassen (vor 1952 und 1952 bis 1977) zu finden.

Ein nicht zu vernachlässigendes Potential liegt in der effektiven Verbrennung der Resthölzer. Da die Öfen in der Regel sehr alt sind und zu 30 % noch manuell beschickt werden (Stand 1994), kommt es in diesen Fällen häufig zu einer nicht optimalen Verbrennung. Durch die Anforderungen der 1. BImSchV muß der größte Teil der Holzfeuerungsanlagen bis Ende 1997 ausgetauscht sein. Dies würde zu einer Nutzungsgradverbesserung von 10 Prozentpunkten auf ca. 85 % führen.

Der größte Stromverbraucher, die Absauganlage für Sägespäne, bietet auch die größten Einsparpotentiale beim Strom. Der Verbrauch beträgt nach Angaben der Befragten oft mehr als die Hälfte, in seltenen Fällen bis zu 80 % des gesamten Stromverbrauchs. Dies ist dann der Fall, wenn alle Maschinen an eine zentrale Absauganlage ohne Stellklappensteuerung angeschlossen sind. Um in dieser Konstellation an allen Maschinen entsprechend den gesetzlichen Vorschriften das anfallende Spangut abzusaugen, muß eine zentrale Absauganlage sehr groß dimensioniert sein. Eine elektronisch angesteuerte, zentrale Absauganlage mit Stellklappenregelung kann in diesem Fall den Stromverbrauch deutlich senken. Nur an den laufenden Maschinen ist dann der Luftstrom über die jeweilige Stellklappe geöffnet. Dadurch ist eine ausreichende Absauggeschwindigkeit bei kleiner Absaugleistung mit den Vorteilen der Zentralabsaugung verknüpft. Damit kann bis zur Hälfte des Stromverbrauchs für die Absaugung bzw. zwischen 5 und 15 % des gesamten

Stromverbrauchs eingespart werden. Durch die Kopplung an die Maschinen ist gewährleistet, daß das An- und Abschalten nicht mehr von Hand erfolgen muß und somit Leerlaufzeiten reduziert werden. Allerdings scheint die Lösung aufgrund der hohen Investitionskosten nur für Unternehmen interessant, die ohnehin in neue Absaugeinrichtungen investieren müssen.

Furnierpressen bieten ein weiteres Potential zur Energieeinsparung, indem zur Beheizung der Platten anstatt Strom (Widerstandserwärmung) Warmwasser eingesetzt wird. Bisher werden ca. 95 % aller Furnierpressen mit Strom aufgeheizt. Durch eine Beheizung mit Warmwasser wird Primärenergie eingespart, weil die Umwandlung von Primärenergie in Strom, die mit hohen Verlusten behaftet ist, entfällt. Für den Betrieb lohnt sich diese Option, weil bei gleichen Investitionskosten die Betriebskosten einer strombeheizten Presse ca. viermal höher sind als die einer warmwasserbeheizten Maschine. Für warmwasserbeheizte Maschinen ergibt sich jedoch ein besonderes Problem der Beheizung. Die Heizanlage wird hauptsächlich für Raumwärme gebraucht und deswegen nur im Winter betrieben. Bei einer warmwasserbeheizten Furnierpresse müßte die Heizanlage auch im Sommer immer wieder kurzfristig betrieben werden. Diese Möglichkeit empfiehlt sich deshalb nur, wenn die Presse kontinuierlich im Betrieb genutzt wird.

Ansonsten gilt, daß das Durchschnittsalter des Maschinenparks sehr hoch ist, weil es von der Nutzungsdauer (in der Regel nur geringe jährliche Laufzeiten) und dem Wachstum des Betriebes abhängt. Da die meisten Maschinen robust gebaut sind, verschleißen sie kaum. Durch eine Erneuerung des Maschinenparks ließe sich insbesondere Strom einsparen, weil durch effiziente Antriebsmotoren Einsparpotentiale von bis zu 32 % zu erreichen sind (Landwehr/Jochem 1997).

Schließlich ist noch durch organisatorische Maßnahmen, wie regelmäßige Wartung der Maschinen (insbesondere Leckageüberwachung der Druckluftkompressoren), Vermeidung von Leerlaufzeiten oder Organisation der Arbeitsabläufe auch unter dem Aspekt der effizienten Energienutzung, Energie einzusparen.

4.3.5 Durchführung energiesparender Maßnahmen und Hemmnisse

Den Befragten im Holzgewerbe wurden insgesamt 25 – davon 15 branchenspezifische und 10 branchenübergreifende – energiesparende Maßnahmen genannt. Knapp die Hälfte der Betriebe hat weniger als sieben dieser Maßnahmen durchgeführt (Abbildung 4.3-1).

An erster Stelle rangieren organisatorische Maßnahmen: Fast alle Betriebe warten ihre prozeßtechnischen Anlagen regelmäßig, und überprüfen die Druckluftverteilung auf Leckagen (97 bzw. 98 %). Die meisten vermeiden hohe Prozeßgeschwindigkeiten, wenn diese nicht wegen der Produktqualität zwingend sind (92 %), und die Mehrfacherwärmung von Produkten (89 %). Am seltensten wurde Abwärmenutzung aus Kompressoren für die Erzeugung von Warmwasser oder Warmluft angegeben (11). 60 % haben nachträglich Isolierfenster eingebaut und 53 % eine Dachdämmung durchgeführt.

Abbildung 4.3-1: Häufigkeit durchgeführter Maßnahmen im Holzgewerbe

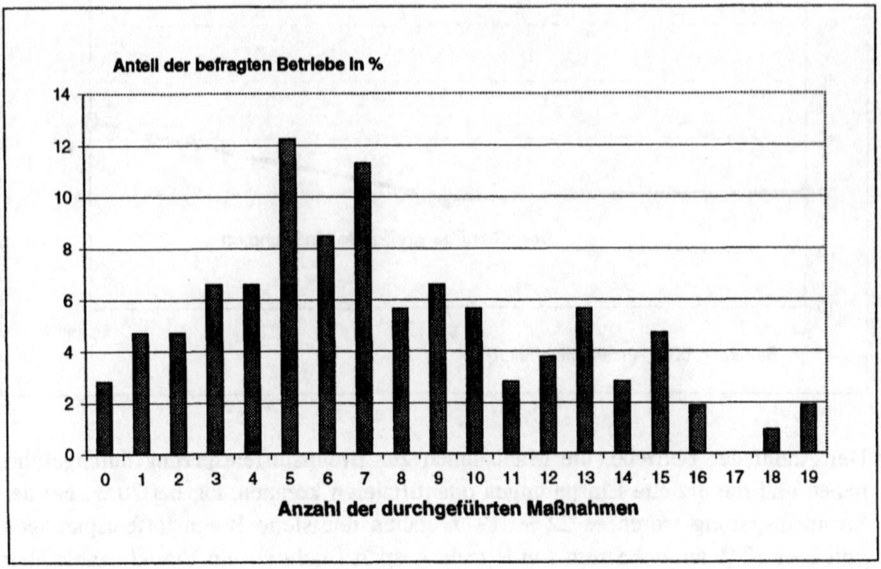

Allerdings können die wärmedämmenden, heizungstechnischen, prozeßspezifischen und organisatorischen Maßnahmen nicht in allen Betrieben durchgeführt werden. So gaben die kleinen und mittleren Betriebe durchschnittlich 15 und die großen 17 Maßnahmen als grundsätzlich realisierbar an. Hierbei zeigt sich kein systematischer Unterschied nach Betriebsgrößenklasse (Abbildung 4.3-2); es wird jedoch sehr deutlich, daß die branchenspezifischen Maßnahmen wesentlich häufiger als die branchenübergreifenden Maßnahmen realisiert wurden.

77 % der Betriebe überprüfen mindestens einmal im Jahr ihren Energieverbrauch bzw. die Rechnungen, 38 % verwenden abgelesene Werte zur Stromverbrauchskontrolle. Nur 2 % geben an, daß sie Lastmanagement durchführen, aber 49 % verfügen immerhin über einen Lastwächter. 14 % der Betriebe haben eine Blindstromkompensationsanlage.

Gut die Hälfte (51 %) der Betriebe hat keine Vorstellung über die Aufteilung des Energieverbrauchs für einzelne Verwendungszwecke. 13 % nahmen schon einmal eine Energieberatung in Anspruch, in knapp 60 % der Fälle zu Tariffragen. 15 % der Betriebe wurden schon einmal auf energietechnische Schwachstellen hin untersucht.

Abbildung 4.3-2: Energiesparaktivität im Holzgewerbe

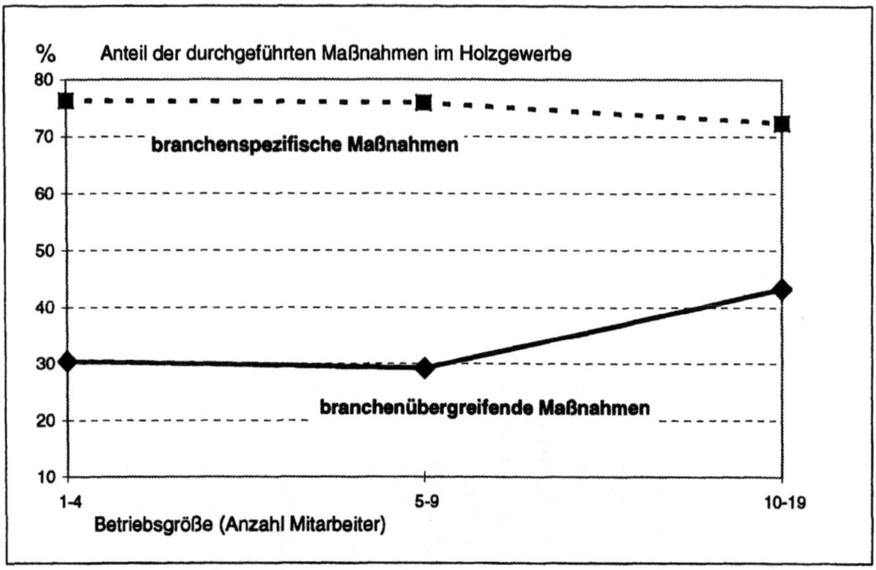

Der Anteil der Betriebe, die Maßnahmen zur Brennstoffeinsparung durchgeführt haben und die erzielte Einsparungen quantifizieren konnten, lag bei 20 %, bei der Stromeinsparung waren es 22 %. 19 % gaben realisierte Brennstoffeinsparungen von über 20 % an, bei Strom wurde mehr gespart (mehr als ein Viertel nannte über 20 %). Gut die Hälfte der Befragten hält das Einsparpotential bei Brennstoffen und bei Strom für ausgeschöpft; 19 % glauben, daß sie noch mehr als 20 % Brennstoffe einsparen können; bei Strom sind dies nur 5 %.

Im Bereich der Raumwärme liegen die entscheidenden Hemmnisse in dem Investor-Nutzer-Dilemma, der geringen Eigenkapitalbasis und der Langfristigkeit der Maßnahmen. Ein branchenspezifisches Hemmnis stellen die hohen Investitionskosten für moderne Holzfeuerungsanlagen dar. Daher ist eine Energieträgerumstellung in einigen Betrieben von Holz auf die nichtregenerativen Energieträger Öl und Gas wahrscheinlich. Möglicherweise können aber die steigenden Entsorgungskosten für Holzreststoffe die Investitionsentscheidung zugunsten einer Holzverbrennung beeinflussen.

Eine Analyse der Hemmnisse zeigt, daß insbesondere die Kleinbetriebe vor einem größeren Bündel von Hemmnissen stehen (Tabelle 4.3-6). Der Schwerpunkt der Hemmnisse liegt bei der fehlenden Zeit, sich mit Energiesparmaßnahmen auseinanderzusetzen, der Meinung, daß neue Anlagen und Gebäude grundsätzlich energetisch optimal sind, dem knappen Kapital und der unsicheren Energiepreisentwicklung. Damit zeichnet sich klar ab, daß vor allem die vermuteten wirtschaftlichen Nachteile gegen Energieeffizienzmaßnahmen sprechen. Weiterhin gilt, daß eine

Neuanschaffung in der Regel nach Bedarf und ohne besondere Vorplanung erfolgt. In den meisten Fällen ist allein der Kaufpreis der Maschine die relevante Entscheidungsgröße.

Tabelle 4.3-6: Anzahl der zutreffenden Hemmnisse nach Betriebsgrößenklassen

Anzahl der genannten Hemmnisse	1	2	3	4	≥ 5	Ø
1 bis 4 Beschäftigte	4	7	6	5	10	3,4
5 bis 9 Beschäftigte	6	6	11	5	2	2,7
10 bis 19 Beschäftigte	4	12	7	6	4	2,9

Bezogen auf die alten und neuen Bundesländer fällt auf, daß die Überprüfung des Stromverbrauchs in den Betrieben der neuen Bundesländer konsequenter durchgeführt wird (NBL 50 % der Betriebe; ABL 35 % der Betriebe). Dies ist umso bemerkenswerter, weil aufgrund der Vorgaben zur Befragung in den NBL im Verhältnis deutlich mehr Kleinstbetriebe mit 1 bis 4 Beschäftigten befragt wurden. Bei der Umsetzung der Maßnahmen zeigt sich, daß auch in den NBL größere Betriebe mehr Maßnahmen umsetzen als kleinere.

4.4 Druckereien

4.4.1 Charakteristik der Branche

Dem Kleinverbrauchssektor Druckgewerbe werden auch Buchbinder, Licht- und Photopauserei sowie sonstige Papier- und Pappeverarbeitung mit weniger als 20 Beschäftigten zugerechnet. Die Verteilung der Beschäftigten nach Betriebsgrößenklassen für 1994 zeigt Tabelle 4.4-1. Die Betriebe des Kleinverbrauchssektors erwirtschafteten im Jahr 1994 einen Umsatz von ca. 8,4 Mrd. DM (Statistisches Bundesamt 1996). Die durchschnittliche Betriebsgröße beträgt 9,7 Beschäftigte.

Tabelle 4.4-1: Beschäftigte im Druckgewerbe 1994

	Betriebsgrößenklasse			Summe
	1 bis 4 Beschäftigte	5 bis 9 Beschäftigte	10 bis 19 Beschäftigte	
Beschäftigte	26.300	34.300	45.400	105.900

Quelle: eigene Hochrechnung

4.4.2 Untersuchte Betriebe

Im Rahmen der Breitenerhebung wurden 87 Betriebe des Druckereigewerbes (davon 23 in den NBL) befragt. Für die untersuchten Betriebe ergeben sich folgende Betriebsgrößen: 31 Betriebe haben 1 bis 4 Beschäftigte, 29 Betriebe haben 5 bis 9 Beschäftigte und 27 Betriebe haben 10 bis 19 Beschäftigte. Die Tätigkeitsschwerpunkte der untersuchten Betriebe sind aus Tabelle 4.4-2 ersichtlich.

Die Größe der Betriebsfläche beträgt

- bei 43 % der Betriebe weniger als 200 m^2,
- bei 20 % reicht sie von 200 bis 399 m^2,
- bei 30 % von 400 bis 999 m^2 und
- bei 7 % ist sie größer als 1000 m^2.

Tabelle 4.4-2: Tätigkeitsschwerpunkte der untersuchten Holzbetriebe

Tätigkeit	Anzahl der Betriebe	Anteil am Jahresumsatz in der Branche [%]
Druckerei	83	73
Buchbinderei	33	17
Vervielfältigung	33	14
Sonstige Papier- und Pappeverarbeitung	23	14
Licht- und Fotopauserei	17	12
Sonstiges	16	18

Die durchschnittliche Betriebsflächengröße beträgt 444 m^2, wobei die Bandbreite von 40 bis 5.095 m^2 reicht. Der beheizte Flächenanteil beträgt durchschnittlich 87 %. Die Ergebnisse zeigen, daß 86 % der Betriebe ihre Produktionsräume auf über 18 °C heizen, 10 % auf unter 18 °C und 3 % überhaupt nicht heizen. Eine Zweifachverglasung ist bei 43 % und eine Wärmeschutz- oder Isolierverglasung bei 34 % eingebaut. Etwa 36 % der Gebäude haben einen wärmedämmenden Außenwandaufbau (Mauerwerk oder Beton). Das Betriebsgebäude wurde bei 38 % vor 1952 erstellt, für den Rest beträgt das durchschnittliche Gebäudealter 24 Jahre.

4.4.3 Energieverbrauchsschwerpunkte

Für die Betriebe des Gewerbezweiges 709 „Buchdrucker" weist die amtliche Statistik (Statistisches Bundesamt 1994) den Energiekostenanteil für 1990, gemessen am Jahresumsatz der Betriebe, mit 1,8 bis 3,6 % (bei zunehmender Betriebsgröße abnehmend) aus. Nach eigener Einschätzung beträgt der Energiekostenanteil durchschnittlich 6 %, wobei die kleinen Betriebe mit 1 bis 4 Beschäftigten und 7 % Energiekosten deutlich über den großen Betrieben mit 10 bis 19 Beschäftigten und ca. 4,4 % liegen. Der durchschnittliche Brennstoff- und Stromverbrauch pro Beschäftigtem beträgt 13.150 kWh/a (Tabelle 4.4-3). Annähernd der gesamte Brennstoffbedarf wird für die Erzeugung der Raumwärme benötigt. Beim Strom entfallen ca. zwei Drittel des Verbrauchs auf mechanische Prozesse (z. B. Druckmaschinen); rund 25 % wird für die Beleuchtung benötigt.

Tabelle 4.4-3: Brennstoff- und Stromverbrauch der untersuchten Betriebe

	Brennstoffverbrauch [kWh/a Besch.]	**Stromverbrauch** [kWh/a Besch.]
Mittelwert	9.850	3.300
Bandbreite	1.750 bis 60.850	300 bis 32.000

Tabelle 4.4-4: Durchschnittlicher Stromverbrauch verschiedener Arbeitsgeräte im Druckgewerbe

Gerät/Prozeß	**Mittelwert** [kWh/a]	**Bandbreite** [kWh/a]
Kompressor	1.590	100 – 13.700
Absauganlage	1.540	330 – 3.300
Tiegel-Druckmaschine	580	70 – 3.950
Offset-Druckmaschine	1.950	250 – 5.430
Kopiermaschine	890	60 – 2.630
Zusammentragmaschine	630	240 – 2.420
Heftmaschine	450	10 – 2.500
Falzmaschine	560	15 – 4.500
Schneidmaschine	830	80 – 2.370
Bohrmaschine	70	15 – 130
Entwicklungsmaschine	660	2 – 1.580

4.4.4 Potentiale der rationellen Energienutzung

Von Einzelbetrachtungen wie auch von der Beschreibung branchenspezifischer Technologien (vor allem Druckmaschinen) wird hier aufgrund der geringen energetischen Bedeutung im Gesamtsektor Kleinverbrauch (weniger als 0,5 % des Endenergieverbrauchs einschließlich Kraftstoffe in diesem Sektor) abgesehen.

4.4.5 Durchführung energiesparender Maßnahmen und Hemmnisse

Den Befragten in Druckereien wurden insgesamt 20 – davon 10 branchenspezifische und 10 branchenübergreifende – energiesparende Maßnahmen genannt. Im Vergleich zu anderen Branchen zeigt sich ein relativ geringer Realisierungsgrad dieser Maßnahmen. Die Hälfte der Betriebe hat weniger als fünf dieser Maßnahmen durchgeführt (Abbildung 4.4-1).

Abbildung 4.4-1: Häufigkeit durchgeführter Maßnahmen in Druckereien

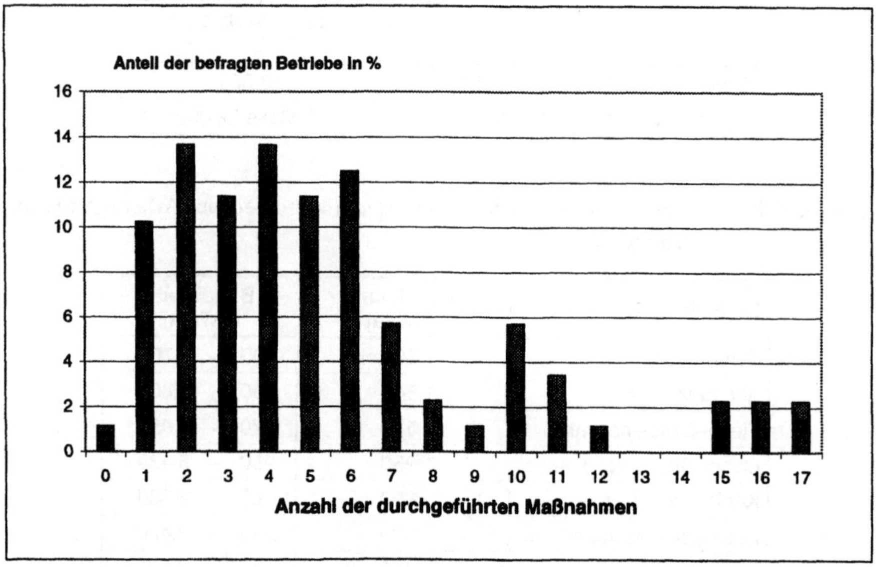

An erster Stelle rangieren organisatorische Maßnahmen: Fast alle Betriebe überprüfen regelmäßig die Druckluftverteilung auf Leckagen (96 %) und vermeiden große Entfernungen zwischen dem Kompressor und den Verbrauchern (95 %). Ansonsten wurden wärmedämmende Maßnahmen relativ häufig genannt: 73 % haben nachträglich Isolierfenster eingebaut, 65 % eine Dachdämmung und 50 % eine Außenwanddämmung durchgeführt.

Von den Maßnahmen zur Stromeinsparung wurden durchgeführt:

- Vergleich des produktionsabhängigen und -unabhängigen Stromverbrauchs von **40 %** der Betriebe,
- die Senkung der mittleren Leistungen durch Leistungssteuerung, zeitweise Abschaltung einzelner Verbraucher und Verlagerung von Fertigungszeiten von **33 %**,
- die Vermeidung von Verlusten durch lange Niederspannungskabel zwischen Endverbraucher und Transformator von **31 %** der Betriebe,

- eine Meßtechnik für den Stromverbrauch von **28 %** und
- die Ermittlung des Normalverbrauchs durch gleichzeitige Erfassung von Stromverbrauch und Produktionshöhe von **27 %** der Betriebe.

Allerdings können die wärmedämmenden, heizungstechnischen, prozeßspezifischen und organisatorischen Maßnahmen nicht in allen Betrieben durchgeführt werden. So gaben die Betriebe durchschnittlich 15 Maßnahmen als grundsätzlich realisierbar an. Hierbei zeigen sich nur geringe Unterschiede nach Betriebsgrößenklasse (Abbildung 4.4-2). Im Unterschied zu anderen produzierenden Branchen, wurden in Druckereien die branchenspezifischen Maßnahmen nicht häufiger als die branchenübergreifenden Maßnahmen realisiert.

Abbildung 4.4-2: Energiesparaktivität in Druckereien

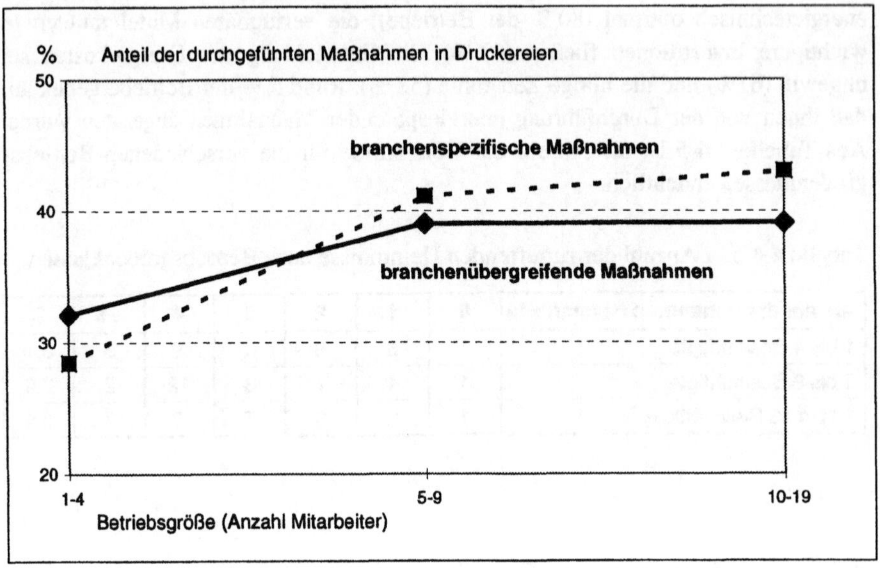

72 % der Betriebe überprüfen mindestens einmal im Jahr ihren Energieverbrauch bzw. die Rechnungen, 38 % verwenden abgelesene Werte zur Stromverbrauchskontrolle. Nur 4 % geben an, daß sie Lastmanagement durchführen, aber 21 % verfügen immerhin über einen Lastwächter. 11 % der Betriebe haben eine Blindstromkompensationsanlage.

Die Hälfte der Betriebe hat keine Vorstellung über die Aufteilung des Energieverbrauchs für einzelne Verwendungszwecke. 14 % nahmen schon einmal eine Energieberatung in Anspruch, in der Hälfte der Fälle zu Tariffragen. 11 % der Betriebe wurden schon einmal auf energietechnische Schwachstellen hin untersucht.

Der Anteil der Betriebe, die Maßnahmen zur Brennstoffeinsparung durchgeführt haben und die erzielte Einsparungen quantifizieren konnten, lag bei 22 %, bei der Stromeinsparung waren es 27 %. 11 % gaben realisierte Brennstoffeinsparungen von über 20 % an, bei Strom wurde weniger gespart. Viele Betriebe halten das Einsparpotential bei Brennstoffen und bei Strom für ausgeschöpft (56 bzw. 61 %); 11 % glauben, daß sie noch mehr als 20 % Brennstoffe einsparen können; bei Strom sind dies nur 2 %.

33 % der Befragten beurteilten ihren persönlichen Informationsstand über energietechnische Aspekte im Betrieb als sehr gut oder gut. 36 % wünschten sich mehr oder bessere Informationen zum Thema rationelle Energienutzung.

Als Gründe, die sich hemmend auf die Durchführung energiesparender Maßnahmen auswirken, werden vorwiegend genannt: Neue Gebäude und Maschinen seien heute energietechnisch optimal (80 % der Betriebe), die verfügbaren Mittel müßten in wichtigere Investitionen fließen (67 %), die Entwicklung der Energiekosten sei ungewiß (61%) und die nötige Zeit fehle (52 %). Rund 5 % der Betriebe geben an, daß ihnen von der Durchführung energiesparender Maßnahmen abgeraten wurde. Aus Tabelle 4.4-5 ist die Anzahl der Hemmnisse für die verschiedenen Betriebsgrößenklassen ersichtlich.

Tabelle 4.4-5: Anzahl der zutreffenden Hemmnisse nach Betriebsgrößenklassen

Anzahl der genannten Hemmnisse	**0**	**1**	**2**	**3**	**4**	**≥5**	**Ø**
1 bis 4 Beschäftigte	1	3	8	4	9	6	3,1
5 bis 9 Beschäftigte	1	4	7	3	12	2	2,9
10 bis 19 Beschäftigte	1	2	3	7	7	7	3,4

4.5 Bäckereien und Konditoreien

4.5.1 Charakteristik der Branche

Dieser Gewerbezweig des Kleinverbrauchs umfaßt alle Bäckereien und Konditoreien, die Hersteller von Dauerbackwaren sowie die industriellen Kleinbetriebe mit weniger als 20 Beschäftigten. Betriebe des Einzelhandels, die mit Brot und Konditoreiwaren handeln, aber nicht selbst produzieren, werden an dieser Stelle nicht behandelt (s. Kapitel 4.12 Einzelhandel).

Die Verteilung der Beschäftigten nach Betriebsgrößenklassen zeigt Tabelle 4.5-1. Die amtliche Statistik für 1994 (Statistisches Bundesamt 1996) weist die Anzahl der Bäckerei- und Konditoreibetriebe des Kleinverbrauchssektors mit ca. 43.800 aus.

Die Gesamtzahl der Bäckereien und Konditoreien, einschließlich der Betriebe mit mehr als 19 Beschäftigten, beträgt 51.000. Gemessen am Umsatz des gesamten Backgewerbes (53,65 Mrd. DM), liegt der Anteil der hier betrachteten Unternehmen bei 43 %. Dabei dominiert die Herstellung von Backwaren (87 % des Umsatzes) gegenüber Konditoreiwaren (13 %); die Herstellung von Dauerbackwaren (< 1 %) ist von untergeordneter Bedeutung. Die durchschnittliche Betriebsgröße im Backgewerbe liegt bei 10,5 Beschäftigten (Statistisches Bundesamt 1996).

Tabelle 4.5-1: Beschäftigte im Bäckereigewerbe 1994

	Betriebsgrößenklasse			Summe
	1 bis 4 Beschäftigte	5 bis 9 Beschäftigte	10 bis 19 Beschäftigte	
Beschäftigte	30.100	86.500	76.000	192.600

Quelle: eigene Hochrechnung

Die Beschäftigtenzahlen und der Umsatz stagnieren (Statistisches Bundesamt 1995), wobei es einen Trend zur zentralen Produktion gibt. Für die Zukunft ist damit zu rechnen, daß der Anteil an größeren Betrieben sowie die Anzahl der Filialen steigen werden. Außerdem geht der Anteil der handwerklichen Betriebe zugunsten der industriellen Produktion zurück (Fischer/Nickel 1998).

4.5.2 Untersuchte Betriebe

Im Rahmen der Breitenerhebung wurden 98 Betriebe des Backgewerbes (davon 20 in den NBL) befragt. Analog zur Grundgesamtheit wurden hier hauptsächlich Bäckereibetriebe ausgewählt (s. Tabelle 4.5-2).

Tabelle 4.5-2: Befragte Bäckereien und Konditoreien

	Betriebsgrößenklasse		
	1 bis 4 Beschäftigte	5 bis 9 Beschäftigte	10 bis 19 Beschäftigte
Bäckereien	27	33	34
Konditoreien	2	–	2
Summe	29	33	36

Das für die Untersuchung relevante Sortiment umfaßt: Brot (40 % vom Umsatz; 93 Betriebe), Brötchen (31 %; 94), Feingebäck (16 %; 91), Dauerbackwaren (7 %; 71) sowie Teigwaren (6 %; 56). Die Größe der Betriebsfläche beträgt

- bei 9 % der Betriebe weniger als 100 m^2,
- bei 56 % reicht sie von 100 bis 299 m^2,
- bei 27 % von 300 bis 599 m^2 und
- bei 8 % ist sie größer als 600 m^2.

Die Bandbreite reicht von 46 bis 2.200 m^2. Der beheizte Flächenanteil beträgt durchschnittlich 77 %, wobei die kleinen Betriebe einen größeren Flächenanteil beheizen (78 %) als die großen Betriebe (71 %). Die Ergebnisse zeigen, daß 64 % der Betriebe ihre Produktionsräume im Regelfall auf über 18 °C heizen, 13 % auf unter 18 °C und 23 % überhaupt nicht heizen. Geheizt wird hierbei auch häufig mit der Abwärme der Backöfen. Bei den Verkaufsräumen lautet das Verhältnis 81 zu 15 zu 4 %. Eine Zweifachverglasung ist bei 47 % und eine Wärmeschutz- oder Isolierverglasung bei 36 % eingebaut. Rund die Hälfte der Gebäude hat einen wärmedämmenden Außenwandaufbau (Mauerwerk oder Beton). Das Betriebsgebäude wurde bei 50 % der Unternehmen vor 1952 erstellt, für den Rest beträgt das durchschnittliche Gebäudealter 27 Jahre. Damit sind die Gebäude verglichen mit denen der anderen Branchen des produzierenden Gewerbes vergleichsweise alt.

4.5.3 Energieverbrauchsschwerpunkte

Für die Betriebe der Gewerbezweige „Bäcker" und „Konditoren" weist die amtliche Statistik (Statistisches Bundesamt 1994) den Energiekostenanteil für das Jahr 1990, gemessen am Jahresumsatz der Betriebe, mit 3,9 bis 5,7 % bei Bäckern und 3,7 bis 5,5 % bei Konditoren (bei zunehmender Betriebsgröße abnehmend) aus. Nach eigener Einschätzung der Betriebe beträgt der Energiekostenanteil im Durchschnitt 7,5 %, wobei die Bandbreite von 1 bis 25 % reicht.

Der Endenergieverbrauch der befragten Betriebe liegt durchschnittlich bei 23.600 kWh pro Jahr und Beschäftigten. Aus Tabelle 4.5-3 ist die Verteilung auf Strom und Brennstoffe ersichtlich.

Tabelle 4.5-3: Brennstoff- und Stromverbrauch der untersuchten Betriebe

	Brennstoffverbrauch [kWh/a Besch.]	**Stromverbrauch** [kWh/a Besch.]
Mittelwert	17.700	5.900
Bandbreite	850 bis 44.400	700 bis 15.050

Etwa 90 % des Brennstoffbedarfs entfällt auf die Ofenbefeuerung, die restlichen 10 % werden für die Erzeugung von Raumwärme und Warmwasser benötigt. Der Strombedarf teilt sich zu ca. 50 % auf elektrisch betriebene Backöfen und deren Hilfseinrichtungen (Ventilatoren, Steuerung), zu 20 % auf Kraftmaschinen und Kühlung, zu 10 % auf sonstige Wärmeanlagen, zu 10 % für die Erzeugung der Raumwärme und des Warmwassers und zu 10 % für die Beleuchtung auf. Wegen des in den letzten Jahren vermehrten Einsatzes von Gärunterbrechern und Frostern kann in einzelnen Betrieben der Stromanteil für Kühlzwecke deutlich höher sein.

Im Gegensatz zu anderen Branchen, bei denen die Erzeugung der Raumwärme herausragend ist, nimmt im Backgewerbe die Erzeugung der Prozeßwärme eine vorrangige Stellung ein.

Der größte Energieverbraucher ist der Backofen, sein Energiebedarf liegt bei Befeuerung mit Brennstoffen bei ca. 60 bis 70 % des Gesamtenergiebedarfs. Wird er mit Strom betrieben, beträgt der Anteil zur Erzeugung der Prozeßwärme ca. 55 %. Die verbleibenden 45 % des Gesamtenergiebedarfs entfallen anteilig auf

- Ofenhilfseinrichtungen (Ventilatoren, Steuerung) mit 13 %,
- Kälteanlagen mit 9 %,
- Heizung und Warmwassererzeugung mit je 7 %,
- Kraftmaschinen mit 5 %,
- sonstige Wärmeanlagen mit 3 % sowie die
- Beleuchtung mit 1 %.

Von den in der Breitenerhebung untersuchten Betrieben setzen ca. 37 % Heizöl, 36 % Gas und 27 % Strom zur Beheizung ihrer Backöfen ein. Beispielhaft zeigt Tabelle 4.5-4 die Verteilung des Endenergieverbrauchs nach Verwendungszwecken für eine Bäckerei mit heizölbefeuertem Etagenbackofen.

Tabelle 4.5-4: Endenergieverbrauch nach Verwendungszwecken für eine Bäckerei mit ölbefeuertem Backofen

	Endenergieverbrauch [MJ/kg Mehl]	**Anteil** [%]
Backen	5,08	67,5
Kühlgeräte	1,23	16,3
Warmwasser	0,57	7,6
Heizung	0,25	3,3
Kraftmaschinen (ohne Kühlgeräte)	0,24	3,2
sonstige Wärmeanlagen	0,10	1,3
Beleuchtung	0,06	0,8
Summe	7,53	100

Eine branchenübliche Bezugsgröße für den Verbrauchskennwert ist das Kilogramm Mehleinsatz. Nach Angerer u. a. (1982) entspricht dem Mehleinsatz von 1 kg eine Backwarenmenge von 1,38 kg. Da die technische Ausstattung bezogen auf die Fläche stark differieren kann, ist einem Verbrauchskennwert, der auf die Produktionsmenge bezogen ist, gegenüber einem flächenbezogenen Kennwert, Vorrang einzuräumen. Der spezifische Energieverbrauch hängt im wesentlichen von der Wahl des eingesetzten Energieträgers für die Beheizung, der Auslastung der Backfläche (Backflächenbelegung) sowie der Art der Backware ab (je nach Auslastung des

Ofens ist das Backen von Brötchen und Kleingebäck bis zu zweimal energieintensiver als das Backen von Brot). Für den durchschnittlichen spezifischen Energieverbrauch der Öfen gilt, daß die Beheizung mit Brennstoffen um ca. 60 % energieintensiver ist als mit Strom.

4.5.4 Potentiale der rationellen Energienutzung

Bei den Einsparmaßnahmen ist zwischen technischen und organisatorischen Maßnahmen zu unterscheiden. Zu den besonders wirtschaftlichen technischen Einsparmaßnahmen beim Backofen gehören die Abgasklappe, die Abgasverluste des Ofens reduziert, die Abgasprüfleitung, welche die genaue Einstellung der Luftzahl des Brenners ermöglicht, sowie die Ofenabdichtung. Weitere Maßnahmen sind die Isolierung der Herdtüren, die Herdgruppensteuerung (bei Etagenbacköfen), der Einbau einer Luftabschlußklappe am Brenner und der Einsatz von Stufenbrennern (Reduzierung der Wärmeleistung möglich). Ferner besteht die Möglichkeit der Wärmerückgewinnung aus den Abgasen zur Warmwasserbereitung oder zur Vorerhitzung der Verbrennungsluft: Durch die hohen Prozeßtemperaturen ergeben sich an gasbefeuerten Etagen- und Stikkenbacköfen Abgastemperaturen von ca. 280 bis 320 °C, die für eine Wärmerückgewinnung genutzt werden können. Pro Stunde Brennerlaufzeit fallen so bei einem Ofen mittlerer Größe (10 m^2 Backfläche) pro m^2 Backfläche etwa 11 bis 13 m^3 Abgas an. Bei einer täglichen Brennerlaufzeit von 4,5 Stunden entstehen täglich 50 bis 60 m^3 Abgas pro m^2 Backfläche. Beträgt die Abgastemperatur am Ofenaustritt 300 °C, dann können bei Abkühlung in einem Wärmetauscher auf 180 °C pro m^2 Backfläche täglich 2,4 bis 2,8 kWh an Wärme zurückgewonnen werden. Das bedeutet, daß pro Tag und m^2 Backfläche 60 bis 70 l Warmwasser mit 45 °C erzeugt werden können (InfE 1995).

Durch den Einsatz einer Schwadenautomatik, welche die energieintensive Dampferzeugung (die Dampfschwaden dienen der Bildung einer Kruste) auf ein Minimum reduziert, kann auch die Abwärme aus Kälteanlagen genutzt werden.

Elektrisch betriebene Konvektionsbacköfen (Heißluftbacköfen) eignen sich vor allem für das Backen im Laden. Erfahrungswerte belegen, daß bereits bis zu 80 % der Brötchen im Laden gebacken werden (HEA 1995). Diese Öfen haben eine kurze Aufheizzeit von 6 bis 10 Minuten, der elektrische Anschlußwert liegt im Vergleich zum Etagenbackofen um ca. 30 % niedriger. Auch die Investitionskosten im Verhältnis zur nutzbaren Backfläche sind deutlich geringer.

Als weitere Vorteile des Elektrobackofens sind zu nennen:

- Er ist wartungsarm, sehr leise und emissionsfrei vor Ort. Hierdurch werden auch die Arbeitsbedingungen verbessert.
- Er benötigt keinen Schornstein. Die dem Ofen zugeführte Energie wird nahezu verlustfrei zum Abbacken der Ware verwendet. Deshalb ist der Elektro-Backofen äußerst energiesparend.

- Es besteht eine sehr gute Regelbarkeit aller einzelnen Herde in Ober- und Unterhitze.
- Durch zeitgesteuerte Vorheizung des Backofens und Umschaltung der Gärstoppanlage von Froster auf Gärbetrieb kann der gesamte Arbeitsablauf verbessert und somit die Arbeitszeit optimiert werden.

Wichtige organisatorische Maßnahmen sind die verbesserte Ofenauslastung (mittlere Backflächenbelegung: 38 kg Backgut/d m^2 Backfläche) sowie die häufige Brenner- und Backofenwartung zur Minimierung des Ansaugens von Falschluft. Weitere Energieeinsparmöglichkeiten bei den Kälteanlagen (s. auch Kapitel 3.3) sind das Abdecken offener Verkaufskühltheken mit Kunststoffhauben oder Styropor in der verkaufsfreien Zeit sowie das regelmäßige Abtauen von Kühl- und Gefriergeräten. Indem der Kondensationsteil der Kühlanlagen kühl steht, wird die Laufzeit des Kompressors reduziert; der Standort sollte möglichst weit vom Backofen entfernt sein. Eine regelmäßige Säuberung der Kühlrippen des Kondensatorteils verhindert, daß die Wärmeabgabe durch Staubablagerungen beeinträchtigt wird (HEA 1995).

Immer sollte bei der Anschaffung neuer Maschinen auf die richtige Größe geachtet werden, da eine Überdimensionierung (von z. B. Kneter oder Anschlagmaschine) nicht nur zu höheren Stromkosten, sondern auch zu Beeinträchtigungen bei der Produktqualität führt.

4.5.5 Durchführung energiesparender Maßnahmen und Hemmnisse

Den Befragten in Bäckereien wurden insgesamt 25 – davon 15 branchenspezifische und 10 branchenübergreifende – energiesparende Maßnahmen genannt. Obwohl Raumwärme in dieser Branche keine besonders große Rolle spielt, haben die befragten Bäckereien in hohem Ausmaß – verglichen mit anderen Branchen – nachträglich wärmedämmende Maßnahmen durchgeführt: 88 % Isolierfenster, 68 % Dachdämmung und 59 % Außenwanddämmung. Rund die Hälfte der Betriebe hat weniger als acht der insgesamt abgefragten technischen und organisatorischen Maßnahmen realisiert (Abbildung 4.5-1), wobei zu berücksichtigen ist, daß sich eine der Maßnahmen nur auf Etagenbacköfen bezog. Insgesamt hielten die Betriebe durchschnittlich 18 der abgefragten Maßnahmen für realisierbar.

Von den prozeßbezogenen Maßnahmen wurden vor allem organisatorische Maßnahmen durchgeführt: regelmäßige Brenner- und Ofenwartung, regelmäßiges Abtauen von Kühl- und Gefriergeräten und gute Ofenauslastung (jeweils von allen Befragten genannt). Die Mehrheit der Betriebe hat den Ofen abgedichtet (76 %), die Spülmaschinen an die Warmwasserversorgung angeschlossen (69 %), eine Abgasklappe (62 %) oder eine Luftabschlußklappe am Brenner (58 %) eingesetzt. 54 %

der Betriebe verfügen über eine Herdgruppensteuerung bei Etagenbacköfen und 52 % über eine Schwadenautomatik. Am seltensten wurden angegeben: Abwärmenutzung aus Kälteanlagen (29 %) und Vorerhitzung der Verbrennungsluft mit Abgasen (27 %). Ebenfalls unter 50 % liegen Stufenbrenner (49 %), Wärmerückgewinnung aus dem Ofenabgas zur Warmwasserbereitung (48 %) und Abgasprüfleitung (41 %).

Abbildung 4.5-1: Häufigkeit durchgeführter Maßnahmen in Bäckereien

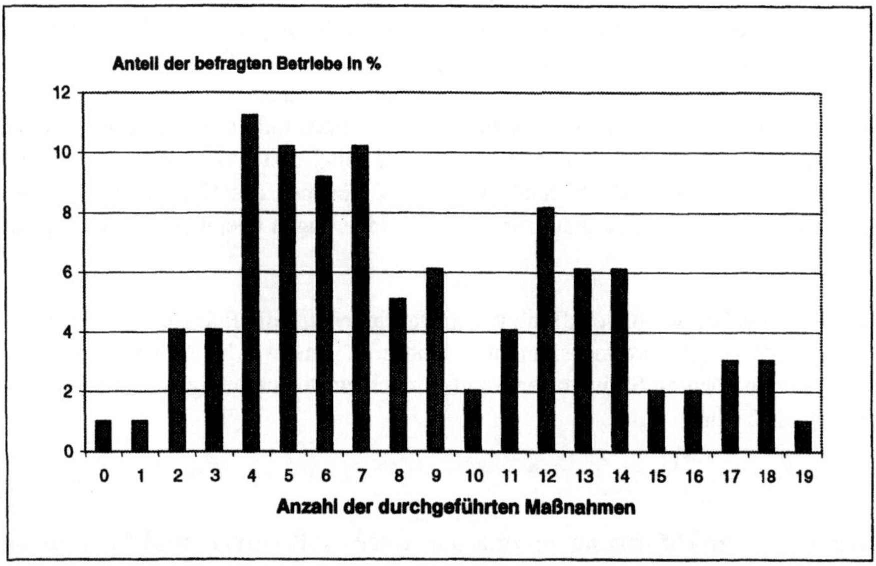

Im Unterschied zu den meisten anderen Branchen zeigt sich in Bäckereien nur ein geringer Zusammenhang zwischen der Energiesparaktivität und der Betriebsgröße (Abbildung 4.5-2).

73 % der Betriebe überprüfen mindestens einmal im Jahr ihren Energieverbrauch bzw. die Rechnungen, 46 % verwenden abgelesene Werte zur Stromverbrauchskontrolle. 7 % geben an, daß sie Lastmanagement durchführen. 14 % der Betriebe haben eine Blindstromkompensationsanlage.

42 % der Betriebe haben keine Vorstellung über die Aufteilung des Energieverbrauchs für einzelne Verwendungszwecke. 19 % nahmen schon einmal eine Energieberatung in Anspruch, in fast drei Viertel der Fälle zu Tariffragen. 18 % der Betriebe wurden schon einmal auf energietechnische Schwachstellen hin untersucht.

Ein Drittel der Betriebe hat Maßnahmen zur Brennstoffeinsparung durchgeführt und konnte die erzielten Einsparungen quantifizieren, bei der Stromeinsparung waren es 29 %. 15 % gaben realisierte Brennstoffeinsparungen von über 20 % an, bei Strom waren dies sogar 29 %. Viele Betriebe halten das Einsparpotential bei Brennstoffen und bei Strom für ausgeschöpft (57 bzw. 53 %); rund 10 % glauben jeweils, daß sie noch mehr als 20 % einsparen können.

Abbildung 4.5-2: Energiesparaktivität in Bäckereien

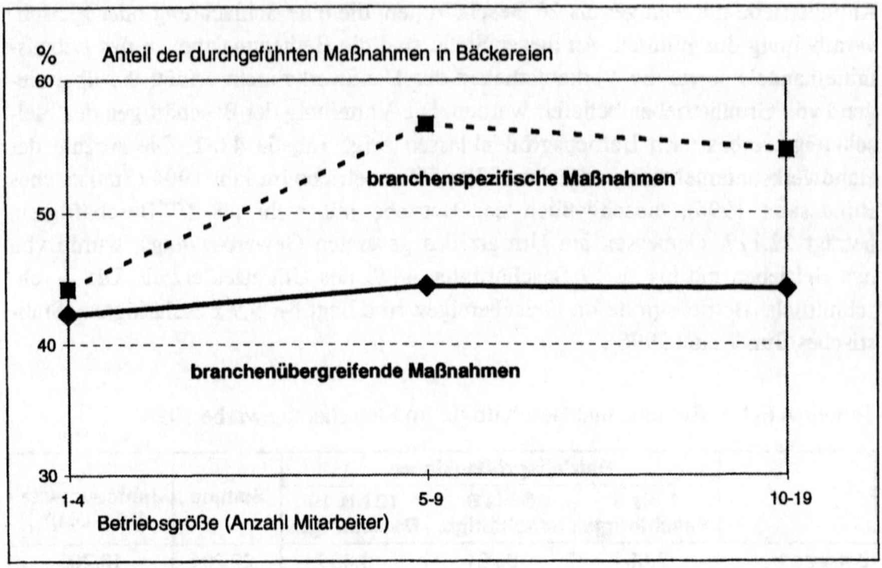

Lediglich 32 % bezeichneten ihren Informationsstand über energietechnische Aspekte im Betrieb als sehr gut oder gut, 47 % wünschen bessere Informationen zum Thema rationelle Energienutzung.

Als Gründe, die sich hemmend auf die Durchführung von energiesparenden Maßnahmen auswirken, werden vorwiegend die Ansichten angeführt, daß neue Gebäude bzw. Maschinen heute energietechnisch optimal seien (82 %), die nötige Zeit fehle (65 %), daß die verfügbaren Mittel in wichtigere Investitionen fließen müßten (65 %) und daß die Entwicklung der Energiekosten ungewiß sei (64 %).

Bei den Betrieben bestehen in allen Betriebsgrößenklassen eine große Anzahl von Hemmnissen (Tabelle 4.5-5).

Tabelle 4.5-5: Anzahl der zutreffenden Hemmnisse nach Betriebsgrößenklassen

Anzahl der genannten Hemmnisse	**0**	**1**	**2**	**3**	**4**	**≥ 5**	**Ø**
1 bis 4 Beschäftigte	2	2	4	5	8	8	3,3
5 bis 9 Beschäftigte	1	4	3	6	7	12	3,5
10 bis 19 Beschäftigte	–	5	7	5	16	3	3,1

4.6 Fleischereien

4.6.1 Charakteristik der Branche

Das Fleischereigewerbe umfaßt alle Handwerksunternehmen und industriellen Kleinbetriebe mit weniger als 20 Beschäftigten, die eine Schlachtung oder Fleischverarbeitung durchführen. An dieser Stelle sind die Bedienungstheken des Lebensmittelhandels sowie die Verkaufstheken des Handwerks nicht erfaßt, die überwiegend von Großbetrieben beliefert werden. Die Verteilung der Beschäftigen des Fleischereigewerbes nach Betriebsgrößenklassen zeigt Tabelle 4.6-1. Die Anzahl der Handwerksunternehmen und industriellen Kleinbetriebe im Jahr 1994 (Statistisches Bundesamt 1996), einschließlich der Betriebe mit mehr als 19 Beschäftigten, beträgt 22.117. Gemessen am Umsatz des gesamten Gewerbezweigs, wurde von den Betrieben mit bis zu 19 Beschäftigten 44 % des Umsatzes erzielt. Die durchschnittliche Betriebsgröße im Fleischereigewerbe liegt bei 9,9 Beschäftigten (Statistisches Bundesamt 1996).

Tabelle 4.6-1: Betriebe und Beschäftigte im Fleischereigewerbe 1994

	Betriebsgrößenklasse			Summe	Jahresumsatz [Mio. DM]*
	1 bis 4 Beschäftigte	5 bis 9 Beschäftigte	10 bis 19 Beschäftigte		
Betriebe*	7.064	8.291	4.936	20.291	16.705
Beschäftigte**	26.600	67.000	53.500	147.100	

* Statistisches Bundesamt 1996 ** eigene Hochrechnung

Tendenziell ist eine Abnahme der Zahl der Betriebe zu verzeichnen. Der Trend geht zu weniger, aber größeren und leistungsfähigeren Einheiten. Geschlossen werden in erster Linie Betriebe von Nachkriegsgründern, die die Altersgrenze erreichen und keine Nachfolger haben, oder Betriebe mit überalterten Anlagen und unzureichender Trennung von Wohnung und Produktion. Diese gehören vorwiegend zu den Kleinstbetrieben. Es wird angenommen, daß bis 2005 etwa 10 % der Betriebsgrößenklasse von heute 10 bis 19 Beschäftigten die Grenze von 20 Beschäftigten überschreiten werden.

4.6.2 Untersuchte Betriebe

Im Rahmen der Breitenerhebung wurden 80 Betriebe des Fleischereigewerbes untersucht (davon 20 in den NBL), wobei 65 % der Betriebe keine eigene Schlachtung haben (Tabelle 4.6-2).

Tabelle 4.6-2: Befragte Betriebe des Fleischereigewerbes

	Betriebsgrößenklasse		
	1 bis 4 Beschäftigte	5 bis 9 Beschäftigte	10 bis 19 Beschäftigte
Betriebe mit eigener Schlachtung	11	8	9
Betriebe ohne eigene Schlachtung	18	19	15
Insgesamt	29	27	24

Der Absatzschwerpunkt der Branche liegt mit 72 % im Thekenverkauf (72 befragte Betriebe), wobei der Anteil am Umsatz eine abnehmende Tendenz zeigt. Es folgen mit 15 % die Lieferung an Großverbraucher (29 Betriebe), der Party- und Plattenservice mit 14 % (53), die Belieferung und der Betrieb von Imbißständen mit 14 % (30) und „Sonstiges" mit 18 % (3). Führend bei der Produktion ist die Herstellung von Wurstwaren mit ca. 50 %, gefolgt von Frischfleisch mit 40 % (Tabelle 4.6-3).

Tabelle 4.6-3: Produktschwerpunkte der untersuchten Betriebe des Fleischereigewerbes

Produktart	Anzahl der befragten Betriebe	Branchendurchschnitt Anteil am Schlachtgewicht [%]	Branchendurchschnitt Anteil am Verkaufsgewicht [%]
Frischfleisch	52	39	40
Brühwurst	49	24	22
Kochwurst	50	15	12
Rohwurst	47	14	16
Sonstiges	11	8	10
Summe	–	100	100

Die Größe der Betriebsfläche beträgt

- bei 6 % der Betriebe weniger als 100 m^2,
- bei 63 % von 100 bis 299 m^2,
- bei 27 % von 300 bis 499 m^2 und
- bei 4 % ist sie größer als 500 m^2.

Die Bandbreite reicht von 60 bis 1.500 m^2. Der beheizte Flächenanteil beträgt durchschnittlich 58 %, wobei die kleinen Betriebe einen größeren Flächenanteil beheizen (61 %) als die großen Betriebe mit 10 bis 19 Beschäftigten (53 %). Die Ergebnisse der Befragung zeigen, daß 21 % der Betriebe ihre Produktionsräume im Regelfall auf über 18 °C heizen, 31 % auf unter 18 °C und 48 % der Räume überhaupt nicht beheizt werden. Bei den Verkaufsräumen liegt das Verhältnis bei 28 zu 60 zu 12 %. Eine Zweifachverglasung ist bei 38 % und eine Wärmeschutz- oder

Isolierverglasung bei 40 % eingebaut. Etwa 45 % der Gebäude haben einen wärmedämmenden Außenwandaufbau (Mauerwerk oder Beton). Das Betriebsgebäude wurde bei 53 % vor 1952 erstellt, für den Rest beträgt das durchschnittliche Gebäudealter 26 Jahre. Damit sind die Gebäude verglichen mit denen der anderen Branchen des produzierenden Gewerbes vergleichsweise alt.

4.6.3 Energieverbrauchsschwerpunkte

Für Fleischereibetriebe weist die amtliche Statistik (Statistisches Bundesamt 1994) den Energiekostenanteil für das Jahr 1990, gemessen am Umsatz der Betriebe, mit 2,8 bis 3,9 % (bei zunehmender Betriebsgröße abnehmend) aus. Nach eigener Einschätzung der Betriebe beträgt der Energiekostenanteil durchschnittlich 6,1 %, wobei die Bandbreite von 1 bis 25 % reicht.

Der durchschnittliche Endenergieverbrauch für die untersuchten Betriebe liegt bei 19.300 kWh pro Jahr und Beschäftigten. Aus Tabelle 4.6-4 ist die Verteilung auf Strom und Brennstoffe ersichtlich.

Tabelle 4.6-4: Brennstoff- und Stromverbrauch der untersuchten Betriebe

	Brennstoffverbrauch [kWh/a Besch.]	**Stromverbrauch** [kWh/a Besch.]
Mittelwert	11.200	8.100
Bandbreite	800 bis 28.000	1.600 bis 24.500

Somit ergibt sich für einen Betrieb durchschnittlicher Größe (9,9 Beschäftigte) ein Gesamtenergieverbrauch von 191.000 kWh/a, wobei 60 % auf Brennstoffe und 40 % auf Strom entfallen. Für die untersuchten Betriebe beträgt das Schlachtgewicht pro Woche im Durchschnitt ca. 1.500 kg. Bei einer Produktion von 50 Wochen/a, entspricht dies einem spezifischen Energieverbrauch von 255 kWh/100 kg Schlachtware und Jahr.

Die Verteilung des Stromverbrauchs für einen typischen Betrieb mit 10 Beschäftigten zeigt Tabelle 4.6-5. Den größten Anteil des Stromverbrauchs beansprucht die Warmwassererzeugung (30 %), gefolgt vom Kochen und Garen (25 %) und der Kühlung (19 %). Von untergeordneter Rolle für den Stromverbrauch ist das Räuchern (5 %).

Die Brennstoffe werden im wesentlichen für Prozeßwärme (ca. 60 %) und zur Erzeugung der Raumwärme (40 %) eingesetzt.

Tabelle 4.6-5: Stromverbrauch eines Fleischereibetriebes

Bereich	**Verbrauch** [kWh/a]	**Anteil** [%]
Wassererwärmung	24.000	30
Kochen/Garen	20.000	25
Maschinen	10.400	13
Kühlen/Gefrieren	15.300	19
Räuchern	3.700	5
Sonstiges	5.700	7
Summe	81.000	100

Der zentrale Energieverbrauchsschwerpunkt in den Fleischereien ist die Wurstwarenherstellung. Bei der Brühwurstherstellung beispielsweise wird das Fleisch im Fleischwolf zuerst grob zerhackt, um dann im Kutter gemischt und zu feinem Brät zerkleinert zu werden. Anschließend wird dieses Brät mit Wurstspritzen in Därme gepreßt, deren Oberfläche mit Warmluft (50 bis 60 °C) getrocknet wird. In Räucherkammern erfolgt das Heißräuchern (60 bis 80 °C) der Würste in Naturdärmen und Hautfaserhüllen, teilweise auch in Zellulosehüllen. Gebrüht wird mit Dampf in Kombinationskochschränken oder Brühkammern. Gelagert wird in Kühlräumen oder zur Präsentation in Kühltheken.

Für Kochwürste muß ein Teil der Innereien vorgekocht werden. Offene, geschlossene Kochkessel, Kochkammern (Garen mit Dampf oder Heißluft) oder seltener Kochkutter (indirekte Beheizung mit Dampf; gleichzeitiges Kochen, Zerkleinern und Mischen) sind im Einsatz.

Bei der Rohwurstherstellung liegen die energetischen Schwerpunkte auf dem Reifen und Räuchern, das je nach Verfahren eine Woche (Schnellräuchern) oder mehrere Wochen (Naturverfahren) dauern kann.

Wesentliche Produktionsanlagen zum Kochen und Garen sind Kochkessel und Kombinationskochschrank (Kombikammer). Früher wurden in den betrachteten Betriebsgrößen zwei bis drei Kochkessel eingesetzt. Sie nehmen zugunsten der Kombikammern ab, in denen alle Wärmebehandlungsverfahren durchgeführt werden können. Heute sind meist ein Kochkessel und eine Kombikammer in den Betrieben anzutreffen. Separate Kochkammern oder Kochschränke werden in Betrieben unter 20 Beschäftigten seltener eingesetzt.

Wesentliche Energieverbraucher innerhalb der mechanischen Bearbeitung sind der Fleischwolf zum Grobzerkleinern, der Kutter zur Brätherstellung und der Füller zum Füllen der Därme mit Brät. Ein Fleischwolf ist sehr robust, so daß in den Betrieben häufig sehr alte Geräte anzutreffen sind. Der Kutter weist einen durchschnittlichen Reinvestitionszyklus von 10 bis 15 Jahren bei Anschaffungskosten von mindestens 50.000 bis 60.000 DM auf. Zwanzig Jahre alte und ältere Geräte sind keine Seltenheit.

Aufgrund des Arbeitskräftemangels werden heute komfortable, für den momentanen Bedarf eher leicht überdimensionierte Füllmaschinen bevorzugt. Ihr Reinvestitionszyklus liegt bei etwa zehn Jahren, ihre Anschaffungskosten bei mindestens 70.000 DM. In den kleinen Betrieben sind eher ältere Geräte anzutreffen.

Sonstige mechanische Geräte (Sägen, Abschwartmaschine, Speckschneider, Pökelinjektor, Tumbler usw.) sind meist nur kurze Zeit im Tages- und Wochenprogramm im Einsatz. Ihre technische Lebensdauer kann daher sehr hoch sein, Durchschnittswerte sind kaum anzugeben. Die Anschaffungskosten können für einzelne Geräte bis zu 20.000 DM betragen.

Es ist daher festzustellen, daß die Anschaffung neuer Anlagen und Maschinen mit hohen Investitionskosten allein unter energierelevanten Aspekten i. d. R. nicht wirtschaftlich ist.

In verschiedenen Kühlräumen und Gefriertruhen werden Fleisch, Zutaten und fertige Produkte gelagert. Der Verkaufsbereich verfügt meist über eine Kühltheke, evtl. einen separaten Kühlraum zum Lagern der Reserven für den aktuellen Verkauf und der vorbestellten Waren sowie teilweise über Kühlregale und -schränke. Die Anschlußleistungen der Kühlaggregate überschreiten selten 3 kW, ihr Schwerpunkt liegt zwischen 1 und 2 kW. Je nach räumlicher Situation und Entwicklung des Betriebes können die einzelnen Kühlaggregate räumlich relativ weit auseinander liegen und sind somit einer wirtschaftlichen Nutzung der Kompressorabwärme zur Warmwassererzeugung kaum zugänglich. Häufig sind die wesentlichen Aggregate jedoch in einem Raum zusammengefaßt, so daß etwa 40 % der Betriebe mit weniger als 20 Beschäftigten bereits die Möglichkeit der Wärmerückgewinnung nutzen.

Hauptstromverbraucher sind die Warmwassererzeugung sowie die verschiedenen Kühl- und Gefriereinrichtungen. Etwa 45 % des eingesetzten Frischwassers wird als Warm- oder Heißwasser zwischen 20 und 90 °C benötigt, sofern Brüh- und Kochwässer auch zum Teil zu Reinigungszwecken eingesetzt werden (Mielicke 1987). Ist dies nicht der Fall, kann sich der Anteil auf bis zu 60 % erhöhen (Mielicke 1985).

Die Raumheizung erfolgt in der Regel über Gas- oder Ölkessel. Warmwasser wird im wesentlichen durch Wärmeübertragung in Heizkesseln während der Nacht und der Produktionszeit erzeugt. Teilweise dienen auch Brüh- und Kochkessel zur Warmwassererzeugung, oder das hier bereits genutzte Wasser wird zum Reinigen eingesetzt.

4.6.4 Potentiale der rationellen Energienutzung

Eine bedeutende Energiesparmaßnahme ist die Nutzung der Abwärme der Kühlaggregate zur Warmwassererzeugung. Rentabel ist dies ab Gesamtanschlußleistungen der Kühlaggregate von 3 bis 5 kW, wie sie in vielen Betrieben anzutreffen sind. Wesentlich für die Wirtschaftlichkeit ist, daß die einzelnen Aggregate nicht zu klein sind (die Anschlußleistung sollte 1 kW nicht wesentlich unterschreiten), nahe beieinander liegen und der tägliche Warmwasserverbrauch 1 m^3 nicht unterschreitet.

Die wichtigste organisatorische Maßnahme ist, den Produktionsablauf so zu planen, daß Leerlauf und Unterauslastung der Anlagen vermieden werden. Zusätzlich helfen regelmäßige Wartung und Instandhaltung der zentralen Heizungs- und Warmwassererzeuger sowie aller anderen Anlagen und Anlagenteile (z. B. Abdichten tropfender Wasserhähne). Durch verbesserte Wärmedämmung von Seiten der Hersteller wurden beispielsweise die Abstrahlungsverluste der Brüh- und Kochkessel seit Mitte der 80er Jahre um 15 bis 20 % (in den letzten 25 bis 30 Jahren um 30 bis 40 %), der Kombikammern seit Anfang der 80er Jahre um 20 bis 25 % gesenkt. Weitere organisatorische und technische Maßnahmen zur rationelleren Energienutzung sind im wesentlichen:

(1) Reinigen der Maschinen/Anlagen, Geräte und Räume
- kniebetätigte oder berührungslose Armaturen
- Einstellung des Hochdruckreinigers auf möglichst geringen Durchsatz
- Mehrfachnutzung von Wässern (z. B. gering belastete Koch-/Brühwässer als Reinigungswasser)
- Abstellen der (Warm-)Wasserhähne nach jedem Arbeitsgang
- gründliche mechanische Vorreinigung.

(2) Kochen und Brühen in Kesseln
- Einsatz von Gebläsebrennern statt atmosphärischer Brenner
- Achten auf möglichst kurze Aufheizzeiten
- Mehrfachnutzung der Koch- und Brühwässer durch geeignete Produktfolge
- Einfüllen zentral erzeugten Warmwassers
- Nutzung der Kerntemperaturregelung
- Schließen der Deckel beim Kochen und Brühen.

(3) Kochen, Brühen und Räuchern in Kombikammern
- Nutzung der Kerntemperaturregelung
- keine Trocknungsluftansaugung aus feuchten Räumen (z. B. Wurstküche)
- abgasreduzierte Räuchersysteme
- Ausnutzung der Wärmespeichereigenschaften der Anlage durch geeignete Produktfolge.

(4) Kühlen

- Wahl der Temperatur möglichst nahe der erforderlichen Lagertemperatur
- möglichst kühle und zugfreie Umgebung am Aufstellungsort der Kühlanlage
- Zugang zum Gefrierraum über den Kühlraum
- Ansaugen von möglichst kühler Kühlluft (evtl. Verschlag um luftgekühlte Kompressoren und kontrollierte Abführung der warmen Abluft)
- möglichst zentrale Aufstellung aller Kompressoren (erleichtert z. B. die Abwärmenutzung)
- Abdecken von Kühlmöbeln, z. B. mit Folien oder Rollos in verkaufsfreien Zeiten.

4.6.5 Durchführung energiesparender Maßnahmen und Hemmnisse

Den Befragten in Fleischereien wurden insgesamt 34 – davon 24 branchenspezifische und 10 branchenübergreifende – energiesparende Maßnahmen genannt. Davon haben Fleischereien im Vergleich mit anderen Branchen insgesamt relativ viele Maßnahmen durchgeführt: Bei 37 % der Betriebe war es mindestens die Hälfte der insgesamt abgefragten technischen und organisatorischen Maßnahmen (Abbildung 4.6-1). Allerdings erschienen den Befragten nicht alle diese Maßnahmen realisierbar; im Durchschnitt bezeichneten kleinere Betriebe aber immerhin 29 und größere Betriebe 31 Maßnahmen als möglich.

In erster Linie wurden organisatorische Maßnahmen realisiert, und zwar von jeweils über 90 % der Betriebe: regelmäßige Wartung und Instandhaltung der prozeßtechnischen Anlagen, Ausnutzen der Wärme durch geeignete Produktfolge, Schließen der Deckel beim Kochen und Brühen, Vermeidung von Trockenluftansaugung aus feuchten Räumen, Abdecken der Kühlmöbel in verkaufsfreien Zeiten und Vermeidung unnötigen Öffnens der Kühlräume und Kühlmöbel. Fast alle (97 %) achten auch auf eine gute Isolierung der Kühleinrichtungen. Rund die Hälfte der Betriebe verfügt über eine Wärmerückgewinnung aus Kompressorabluft oder -kühlwasser.

79 % der Betriebe haben nachträglich Isolierfenster eingebaut, 58 % haben eine Außenwanddämmung und 57 % eine Dachdämmung durchgeführt.

Prozeßspezifische Maßnahmen wurden insbesondere in kleineren Betrieben häufiger durchgeführt als branchenübergreifende Maßnahmen. Bei den letzteren zeigt sich auch ein erheblicher Unterschied der Energiesparaktivität nach Betriebsgrößenklassen (Abbildung 4.6-2).

Abbildung 4.6-1: Häufigkeit durchgeführter Maßnahmen in Fleischereien

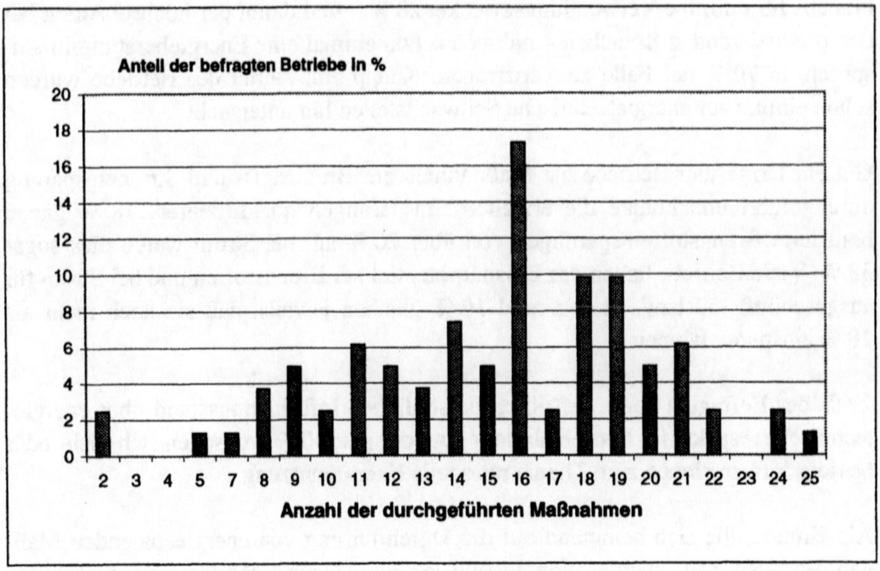

Abbildung 4.6-2: Energiesparaktivität in Fleischereien

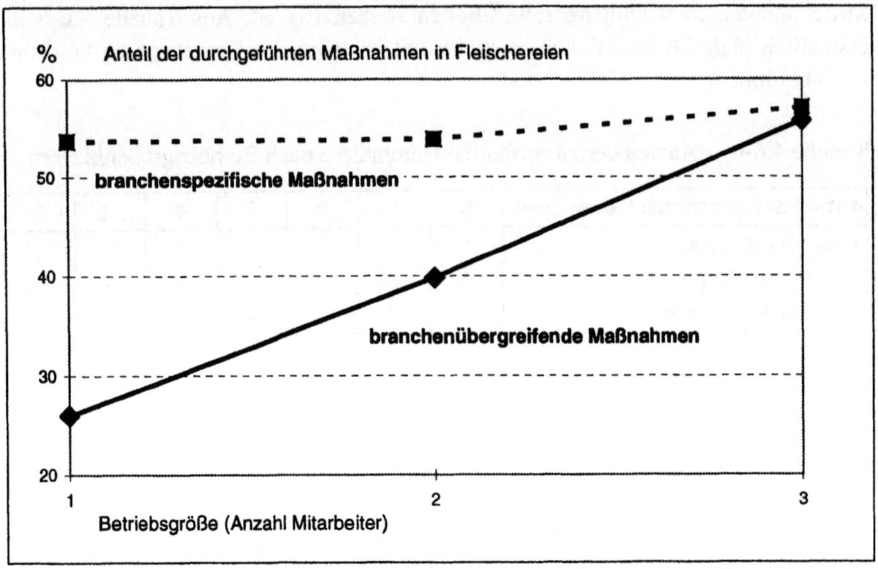

Drei Viertel der Betriebe überprüfen mindestens einmal im Jahr ihren Energieverbrauch bzw. die Rechnungen, 57 % verwenden abgelesene Werte zur Stromverbrauchskontrolle. 13 % geben an, daß sie Lastmanagement durchführen. 17 % der Betriebe haben eine Blindstromkompensationsanlage.

44 % der Betriebe haben keine Vorstellung über die Aufteilung des Energieverbrauchs für einzelne Verwendungszwecke. 28 % – und damit der höchste Anteil bei den produzierenden Branchen – nahmen schon einmal eine Energieberatung in Anspruch, in 70 % der Fälle zu Tariffragen. Knapp ein Viertel der Betriebe wurden schon einmal auf energietechnische Schwachstellen hin untersucht.

Gut ein Drittel der Betriebe hat Maßnahmen zur Brennstoff- und Stromeinsparung durchgeführt und konnte die erzielten Einsparungen quantifizieren. 18 % gaben realisierte Brennstoffeinsparungen von über 20 % an, bei Strom waren dies sogar 33 %. Viele Betriebe halten das Einsparpotential bei Brennstoffen und bei Strom für ausgeschöpft (52 bzw. 61 %); rund 10 % glauben jeweils, daß sie noch mehr als 20 % einsparen können.

29 % der Befragten beurteilen ihren persönlichen Informationsstand über energietechnische Aspekte im Betrieb als sehr gut oder gut; 50 % wünschen sich mehr oder bessere Informationen zum Thema rationelle Energienutzung.

Als Gründe, die sich hemmend auf die Durchführung von energiesparenden Maßnahmen auswirken, werden vorwiegend genannt: Neue Gebäude bzw. Maschinen seien heute energietechnisch optimal (76 % der Betriebe), die Entwicklung der Energiekosten sei ungewiß (71 %), die nötige Zeit fehle (67 %) und die verfügbaren Mittel müßten in wichtigere Investitionen fließen (61 %). Aus Tabelle 4.6-6 ist ersichtlich, daß die Zahl der Hemmnisse mit ansteigender Betriebsgröße beträchtlich abnimmt.

Tabelle 4.6-6: Anzahl der zutreffenden Hemmnisse nach Betriebsgrößenklassen

Anzahl der genannten Hemmnisse	0	1	2	3	4	≥ 5	Ø
1 bis 4 Beschäftigte	1	1	3	6	7	11	3,7
5 bis 9 Beschäftigte	1	7	3	3	5	7	3,0
10 bis 19 Beschäftigte	2	5	3	4	7	4	2,8

4.7 Sonstiges Nahrungsmittelgewerbe

In der Branche sind in den Betrieben des Kleinverbrauchs nur 26.000 Personen beschäftigt. Insgesamt liegt der Energieverbrauch dieser Branche in der Größenordnung von einem PJ. Wegen dieser geringen energetischen Bedeutung wurde diese Branche in der Breitenerhebung nicht ausführlich untersucht; sie war nur mit drei Betrieben vertreten. Von quantitativer Bedeutung sind lediglich Bäckereien und Fleischereien sowie Back- und Fleischindustrie, die in den Kapiteln 4.5 und 4.6 getrennt behandelt wurden.

Das vorliegende Kapitel soll lediglich einen Überblick über Prozesse in dem sehr heterogenen „Sonstigen Nahrungs- und Genußmittelgewerbe" geben. Die dargestellten Ergebnisse resultieren aus einzelbetrieblichen Untersuchungen, Interviews mit Verbänden, IKARUS-Daten und Literaturrecherchen.

Im Unterschied zu den bisher dargestellten Branchen umfassen einige Zweige des Sonstigen Nahrungsmittelgewerbes, dessen Aufgliederung in Tabelle 4.7-1 dargestellt ist, nur Betriebe unter zehn Beschäftigten.

Tabelle 4.7-1: Gewerbezweige des sonstigen Nahrungsmittelgewerbes

1) Mahl- und Schälmühlen	12) Margarine
2) Teigwaren	13) Talgschmelzen*
3) Nährmittel	14) Fischverarbeitung*
4) Stärke	15) Tee und Kaffee
5) Kartoffelerzeugnisse*	16) Brauereien und Mälzereien*
6) Dauerbackwaren	17) Brennereien*
7) Obst und Gemüse*	18) Winzereien
8) Süßwaren	19) Mineralbrunnen*
9) Molkereien	20) übriges Ernährungsgewerbe
10) Dauermilch	21) Futtermittel*
11) Ölmühlen	22) Tabak

* nur Betriebe unter 10 Beschäftigten

Einerseits unterscheiden sich die energierelevanten Produktionstechniken innerhalb der einzelnen Gewerbezweige und andererseits sind die Energieverbräuche in den Kleinbetrieben mit denjenigen der Großbetriebe nicht vergleichbar, da die Automation in den meisten Kleinbetrieben bei weitem nicht so hoch ist. Kleinbetriebe konzentrieren sich häufig auf personalaufwendige Arbeitsschritte, deren Automatisierung zu aufwendig und damit unrentabel ist, sowie auf spezifische Produktwünsche eines regional begrenzten Marktes. Bei ähnlichen Ausgangsprodukten und eingesetzten Techniken repräsentiert ein Betrieb teilweise mehrere Gewerbezweige, oder die Grenzen zum Handel oder zu Gastronomie sind fließend. Bei stark automatisierter Produktion (z. B. Mühlen, Mineralwasser abfüllende Betriebe, Futtermittelhersteller) sind die Produktionsschwerpunkte und -techniken in Groß- und Kleinbetrieben weitgehend gleich.

Der Brennstoffanteil macht etwa zwei Drittel des Energiebedarfs aus. Die Aufteilung auf die drei wichtigsten Verbrauchsbereiche wird wie folgt eingeschätzt:

- Raumwärme 10 %
- Warmwasser 30 %
- Prozeßwärme 60 %

Hierbei ist zu beachten, daß in einzelnen Gewerbezweigen die Zusammensetzung der Verbrauchsbereiche deutlich von diesen Mittelwerten abweichen können. Der Raumwärmeanteil liegt i. d. R. so niedrig, weil in vielen Fällen die Abwärme vorhandener Anlagen ausreicht, zumal Lebensmittel aus Haltbarkeitsgründen häufig in kühleren Räumen verarbeitet werden.

Die Prozeßwärme wird vorwiegend für Backen, Blanchieren, Brühen, Dämpfen und Kochen sowie in geringerem Maße für Rösten, Pasteurisieren und Trocknen benötigt. Hierfür erforderliche Heißwasser- und Dampfmengen werden in der Regel zentral erzeugt, d. h. Heißwasser- und Dampferzeuger sind die wesentlichen Einsatzorte der Brennstoffe. Energieeinsparmöglichkeiten im Wärmebereich des Nahrungs- und Genußmittelgewerbes werden auf 20 % des Brennstoffverbrauches geschätzt.

An Brennstoffen werden in Kleinbetrieben vorwiegend Gas und leichtes Heizöl verwendet. Nach grober Schätzung dürften auf Gas rund 60 % des Brennstoffverbrauches entfallen, auf leichtes Heizöl ca. 30 %. Höchstens 3 % entfallen auf Kohle und höchstens 7 % auf schweres Heizöl.

Die Anteile am Stromverbrauch werden folgendermaßen eingeschätzt:

- Licht, EDV etc. 10 %
- Kraft 50 %
- Kühlen, Gefrieren 40 %

Auch hier variieren die Verbrauchsanteile je nach Gewerbezweig deutlich. Den Kraftbedarf bestimmen in erster Linie

- Zerkleinerungsprozesse (insbesondere das Mahlen in Kornmühlen und bei der Futtermittelherstellung);
- Mischen, Mengen, Kneten;
- Pressen/Formen (insbesondere Obstsaft-/Weinpressen);
- Transporte (Pumpen bei flüssigem, Pneumatik bei staubförmigem und Bänder, Schnecken, Elevatoren etc. bei stückigem Gut);

Bei flüssigen Produkten (Saft, Bier etc.) ist die Flaschenreinigung und -abfüllung von herausragender Bedeutung.

Energieeinsparmöglichkeiten im Strombereich werden auf ca. 10 % des Stromverbrauches geschätzt. Gleichzeitig ist aber künftig mit einer geringen Zunahme des Stromverbrauches durch kalte Konzentrationsverfahren, steigende Verarbeitungstiefe und Energiesparmaßnahmen im Wärmesektor zu rechnen.

Die geringe Untersuchungsintensität führt auch dazu, daß es in dieser Branchenbetrachtung methodisch bedingte deutliche Abweichungen zu den hochgerechneten Verbrauchsdaten (Kapitel 3) gibt.

4.8 Wäschereien und Chemisch-Reinigungen

4.8.1 Charakteristik der Branche

Wäschereien und Chemisch-Reinigungen gehören zu den Dienstleistungsunternehmen. Daher zählen alle Betriebsgrößen zum Sektor des Kleinverbrauchs. Es gab 1995 ca. 7.300 Unternehmen (3.300 Wäschereien und 4.000 Chemisch-Reinigungen) mit 10.000 Betriebsstätten. Der Jahresumsatz lag bei 4,7 Mrd. DM, wovon die Wäschereien 2,8 Mrd. DM erwirtschafteten. Tabelle 4.8-1 zeigt die Verteilung der Beschäftigten nach Betriebsgrößenklassen für 1994. 1995 wurden etwa 675 Mio. kg Trockenwäsche (TW) gewaschen und 150 Mio. kg gereinigt (DTV 1996a).

Tabelle 4.8-1: Beschäftigte in Wäschereien und Chemisch-Reinigungen 1994

	Betriebsgrößenklasse			Summe
	1 bis 4 Beschäftigte	5 bis 19 Beschäftigte	20 und mehr Beschäftigte	
Beschäftigte	33.000	29.100	23.900	86.000

Quelle: eigene Hochrechnung

Das Dienstleistungsspektrum der Branche umfaßt neben den klassischen Angeboten der Reinigung und des Waschens von Privatwäsche den Textil-Mietservice, das Berufbekleidungs-Leasing, Gesundheits- und Hygienewäsche, den Schmutzmattendienst sowie den Handtuchservice. Umsatzschwerpunkt in den Wäschereien sind die Mietdienste mit 1,6 Mrd. DM pro Jahr (1995). Der Umsatz von privaten Haushalten liegt dagegen bei nur 270 Mio. DM (DTV 1996b).

Aus energetischer Sicht stellt diese Branche eine Besonderheit dar, weil weniger als 12 % des gesamten Energieverbrauchs für die Raumwärme benötigt werden. Der überwiegende Teil der Energie (ca. 90 %) wird in Form von Prozeßwärme und für Antriebe benötigt. Nach Einschätzung der Betriebe liegen die Kosten des Energieverbrauchs im Durchschnitt bei bereinigten 9,5 % des Umsatzes (hierbei fanden nur Angaben bis 20 % Berücksichtigung). Damit spielt dieser Kostenblock eine erhebliche Rolle, zumal er, weil prozeßbedingt, vollständig im Einflußbereich der Unternehmen liegt.

4.8.2 Untersuchte Betriebe

Im Rahmen der Breitenerhebung wurden 86 Wäschereien und Chemisch-Reinigungen befragt. Der kleinste Betrieb hatte nur einen Beschäftigten und der größte 180. Aufgrund des hohen Prozeßenergieanteils wird als Bezugsgröße nicht die Anzahl der Beschäftigten sondern die gereinigte Wäschemenge in kg TW genutzt. Dabei wird auch nach den unterschiedlichen Reinigungsverfahren in Wäschereien und Chemisch-Reinigungen unterschieden.

Tabelle 4.8-2: Befragte Textilreinigungsbetriebe, aufgeteilt nach Größenklassen und Betriebsschwerpunkten

	Betriebsgrößenklasse			Summe*
	1 bis 4 Beschäftigte	5 bis 19 Beschäftigte	20 und mehr Beschäftigte	
Wäschereien	8	10	16	34
Chemisch-Reinigungen	13	10	3	26
Mischbetriebe	4	14	6	24
Summe*	25	34	25	84

* zwei Betriebe haben keine Zuordnung angegeben

4.8.3 Energieverbrauchsschwerpunkte

Für Textilreiniger weist die amtliche Statistik (Statistisches Bundesamt 1994) den Energiekostenanteil für das Jahr 1990, gemessen am Umsatz der Betriebe, mit 7,5 bis 9,6 % (bei zunehmender Betriebsgröße abnehmend) aus. Nach eigener Einschätzung der Betriebe beträgt der Energiekostenanteil durchschnittlich 10 %, wobei die Bandbreite von 1 bis 25 % reicht.

Die Textilreinigung ist sehr prozeßwärmeintensiv. Daher liegt das Verhältnis von Brennstoff zu Strom etwa bei 10 zu 1. Die Hauptenergieträger sind Heizöl und Erdgas, die in 45 bzw. 30 % der Betriebe genutzt werden. Hier ist zu vermuten, daß Erdgas aufgrund der CO_2-Problematik und wegen der Möglichkeit, die Verbrennungsgase direkt für den Trocknungsprozeß einzusetzen, zukünftig an Bedeutung gewinnen wird. Ansonsten spielt nur noch Fernwärme mit 10 % eine nennenswerte Rolle. Die Verbrauchsschwerpunkte liegen beim Waschen, Trocknen, Mangeln, Reinigen und Bügeln. Der Energiebedarf für Raumwärme ist im Vergleich dazu vernachlässigbar gering. Das liegt daran, daß durch den hohen Prozeßwärmebedarf soviel Abwärme anfällt, daß es nicht notwendig ist, die Produktionsräume zusätzlich zu beheizen. Daher werden in der Regel nur baulich getrennte Betriebsteile (z. B. Büroräume, Kantinen) mit Raumwärme versorgt.

Der Bedarf an Strom zur Beleuchtung ist im Vergleich zum Prozeßstrombedarf (Elektromotoren für Antriebe) ebenfalls gering. Allerdings liegt er im üblichen Rahmen für Produktions- und Büroräume und sollte daher nicht vernachlässigt werden.

Einzelobjektanalyse

Im Rahmen der vorbereitenden Tiefeninterviews für die Breitenerhebung wurde eine Großwäscherei mit einem täglichen Wäschedurchsatz von etwa 45 Tonnen befragt. Dieses Beispiel zeigt, daß die rationelle Energienutzung eine bedeutende Rolle spielen kann. Der Betrieb verfügt über ein eigenes Kesselhaus mit vier Kesseln, die mit Erdgas oder leichtem Heizöl befeuert werden. Damit wird Dampf erzeugt, der den gesamten Prozeßwärmebedarf für die verschiedenen Produktionsschritte deckt. Durch eine generelle Prozeßoptimierung des Waschprozeßes und Maßnahmen zur Wärmerückgewinnung konnten die Verbrauchswerte deutlich unter den branchenüblichen Durchschnitt gesenkt werden (Tabelle 4.8-3).

Tabelle 4.8-3: Bilanz des Energieverbrauchs einer Großwäscherei

Verbraucher	**Leistung** [kW]	**Betriebsstunden** [h/a]	**Verbrauch** [kWh/kg TW]	**Menge** [Mio. kg TW]	**Heizöl** [1.000 kWh]	**Strom**	**Erdgas**
4 Waschstraßen			0,66	6,5	1.930		2.360
elektr. Motorleistung	32,0		0,053	6,5		343	
6 Trommelwaschm.			0,77	4,5	1.559		1.906
elektr. Motorleistung	21,0		0,1	4,5		450	
33 Trockner			0,295	1,0	1.460		1.785
elektr. Motorleistung	280,0		0,009	1,0		97	
8 Plättpressen			0,4	1,0	1.980		2.420
elektr. Motorleistung	56,0		0,02	1,0		220	
9 Mangelstraßen			0,4	6,5	1.170		1.430
elektr. Motorleistung	500,0		0,02	6,5		130	
3 Finisher			0,6	2,5	675		825
6 Kompressoren	18,0	1.000				18	
Beleuchtung	100,0	1.000				100	
Raumwärme	400 m² à 150 kWh/(m²a)*				60		
Summe					8.834	1.360	10.726
2 Kessel	6000,0	2.000*					
2 Kessel	4800,0	2.000*					
Verbrauch lt. Rechnung					9.413	1.800	11.113
Nachgewiesener Anteil					93,8 %	75,5 %	96,5 %

* geschätzte Werte

So benötigt eine Waschstraße in diesem Betrieb etwa 0,71 kWh pro kg TW während der Durchschnitt bei knapp 0,9 kWh liegt.[1] Allerdings sind wegen der Betriebsgröße die Voraussetzungen für investive Energiesparmaßnahmen besser als in Kleinbetrieben.

Der Vergleich mit dem Energieverbrauch laut Rechnung in Tabelle 4.8-3 zeigt, daß die wesentlichen Energieverbraucher identifiziert wurden. Naturgemäß ist dies für Strom wegen des breiten Einsatzbereiches sehr aufwendig. Daher wurden hier nur etwa 75 % des Rechnungsverbrauchs nachgewiesen. Weitere Verbrauchsbereiche für den Strom, die hier nicht berücksichtigt wurden, sind vor allem die für den Gesamtenergieverbrauch weniger bedeutenden Maschinen wie z. B. Pressen zur mechanischen Entwässerung der Wäsche, Transporteinrichtungen und natürlich die Beleuchtung.

Auswertung der Breitenerhebung

Obwohl etwa 4,5 mal soviel Wäsche gewaschen wie gereinigt wird (675 Mio. kg TW gegenüber 150 Mio. kg TW im Jahr 1995), entfällt auf die Wäschereien insgesamt nur wenig mehr als die Hälfte des gesamten Energiebedarfs der Textilreinigung. Dies liegt daran, daß eine Chemisch-Reinigung bezogen auf ein kg TW mehr als 3 mal so energieintensiv ist wie eine Wäscherei.

Der direkte Energiebedarf (Waschen, Mangeln etc.; ohne Beleuchtung u. a.) pro kg TW in der Wäscherei liegt zwischen 1,5 und 3,5 kWh. Der Verbrauchsschwerpunkt ist der Waschprozeß selbst. Hier werden etwa 37 % der gesamten Energie benötigt (s. a. Tabelle 4.8-4). Ansonsten sind noch die Trocknungsprozesse und das Mangeln mit Verbrauchsanteilen von 29 und 18 % von größerer Bedeutung. Alle anderen in der Tabelle aufgeführten Verbrauchsbereiche, die Prozeßwärme benötigen, liegen unter 5 % und machen selbst in ihrer Summe nicht mehr als 16 % des Gesamtenergiebedarfs aus.

Unterteilt man den Waschprozeß nach Kochwäsche (60 °C und mehr) und sonstiger Wäsche, die aufgrund der niedrigeren Waschtemperaturen nicht so energieintensiv ist, so fällt auf, daß die Kochwäsche etwa 70 % der gesamten Wäsche in den Wäschereien ausmacht. Dieser Anteil erhöht sich in den großen Betrieben noch deutlich, insbesondere wenn der Mietwäsche-Service ein Produktschwerpunkt ist. Kleinere Wäschereien hingegen haben häufig 60 % und mehr an Bunt- und Feinwäsche.

---

1 Hierbei handelt es sich um den Endenergiebedarf (Strom und Brennstoff). Bezogen auf den Nutzenergiebedarf (Strom und Dampf) sind diese Werte um 7 bis 10 % zu reduzieren (Umwandlungs- und Leitungsverluste).

Tabelle 4.8-4: Energieverbrauch in Wäschereien nach Produktionsschritten

Verwendungs-zweck	Energieverbrauch pro kg TW [kwh]	Quote [% v. TW]	Anteil am Gesamtenergieverbrauch [%]	Anteil [%]	
				Strom	Brenn-stoff
Waschen		100	37,4		
Waschstraße	0,89	65	29,7	8	92
Waschmasch.	1,16	35	7,7	20	80
Volltrocknen		35	14,7		
zentral beheizt	0,80	70	11,9	3	97
dezentral beheizt	0,69	30	2,8	20	80
Vortrocknen		45	14,3		
zentral beheizt	0,52	65	10,1	3	97
dezentral beheizt	0,45	35	4,2	15	85
Mangeln		50	17,8		
zentral beheizt	0,50	80	14,4	4	96
dezentral beheizt	0,57	20	3,3	30	70
Plättpressen		10	3,9		
zentral beheizt	0,59	70	2,8	5	95
dezentral beheizt	0,57	30	1,1	100	0
Finishen	1,09	10	4,4	5	95
Druckluft	0,09 pro kg TW	90	3,9	100	0
Lüftung	23 pro m^2 u. Jahr	100	1,3	100	0
Beleuchtung	20 pro m^2 u. Jahr	100	1,2	100	0
Heizung	150 pro m^2 u. Jahr	10	1,0	0	100
Summe			100,0		

Quelle: eigene Berechnungen; BGW o. J.

Die Aufteilung im Verwendungsbereich zwischen „zentral" und „dezentral" bezieht sich auf die Art der Wärmeversorgung über ein Dampfnetz oder durch direktbeheizte Maschinen. Da dies bei dem Waschprozeß in der Regel auch mit unterschiedlichen Gerätetypen verbunden ist, wurde dort zwischen Waschstraßen und Waschmaschinen unterschieden.

In den Chemisch-Reinigungen schwankt der direkte Energiebedarf pro kg TW zwischen 5 und 10 kWh. Die beiden Verbrauchsschwerpunkte sind die Reinigung und das Bügeln, die zusammen über 85 % des Energieverbrauchs darstellen (Tabelle 4.8-5).

Die Angaben von Strom- und Brennstoffanteilen in den Tabellen 4.8-4 und 4.8-5 sind grundsätzlich als Richtwerte zu betrachten, weil ihnen hauptsächlich Plausibilitätsüberlegungen zugrunde liegen. Da dezentrale Maschinen zum Teil auch mit

Strom beheizt werden, also gar keine Brennstoffe benötigen, sind gerade diese Werte nicht auf den Einzelfall übertragbar.

Tabelle 4.8-5: Energieverbrauch in Chemisch-Reinigungen nach Produktionsschritten

Verwendungszweck	Energieverbrauch pro kg TW [kwh]	Quote [% v. TW]	Anteil am Gesamtenergieverbrauch [%]	Anteil [%]	
				Strom	Brennstoff
Reinigen		100	40,4		
zentral beheizt	3,28	60	26,2	12	88
dezentral beheizt	3,49	40	14,2	25	75
Bügeln		60	46,6		
zentral beheizt	2,82	60	32,3	3	97
dezentral beheizt	2,82	40	14,4	25	75
Detachieren		25	2,2		
zentral beheizt	1,26	60	1,6	0	100
dezentral beheizt	1,26	40	0,6	25	75
Filter		90	3,4		
zentral beheizt	0,35	60	2,4	12	88
dezentral beheizt	0,35	40	1,0	25	75
Absauganlage	0,10	100	1,2	100	0
Druckluft	0,09	90	1,0	100	0
Lüftung	23 pro m^2 u. Jahr	100	1,7	100	0
Beleuchtung	20 pro m^2 u. Jahr	100	1,5	100	0
Heizung	150 pro m^2 u. Jahr	10	2,0	0	100
Summe			100,0		

Quelle: eigene Berechnungen; BGW o. J.

4.8.4 Potentiale der rationellen Energienutzung

In den Wäschereien liegt das größte technische Einsparpotential in der Erneuerung älterer Maschinen, die im schlechtesten Fall den zwei- bis dreifachen Verbrauch aufweisen. Allerdings sind vor allem bei den größeren Betrieben diese Investitionen schon vorgenommen worden. Das Durchschnittsalter von Waschstraßen liegt bei etwa 6 Jahren. Das Durchschnittsalter von Trommel- und Karussellwaschmaschinen, die eher in kleineren Betrieben vorkommen, liegt bei 9-10 Jahren. Der Betrieb der Maschinen ist energetisch im wesentlichen durch 4 Maßnahmen zu optimieren.

Dies sind

(1) die Reduzierung des Flottenverhältnisses auf minimal 4 bis 6 l Wasser pro kg TW,

(2) die Anwendung von Niedertemperaturwaschverfahren (Absenkung der Waschtemperatur von 90 auf 60 bis 70 °C),

(3) die Wiederverwendung des Spülwassers als Waschwasser (bei Waschstraßen ist diese Maßnahme schon durch das Gegenstromprinzip realisiert),

(4) und die Wärmerückgewinnung aus dem Abwasser.

Die Maßnahmen 1 bis 3 sind vor allem in größeren Betrieben Standard, so daß diese Potentiale schon i. d. R. realisiert sind. Im Bereich des Textil-Mietservice wird heute verstärkt Mischgewebe eingesetzt, welches im Gegensatz zu Bekleidung aus reiner Baumwolle grundsätzlich bei 70 °C gewaschen wird. Maßnahme 4 ist gerade bei Waschstraßen aufgrund der geringen Temperaturdifferenz zwischen Frischwasser und Abwasser ($\Delta T = 20$ K) häufig nicht wirtschaftlich.

Bei Finishern und Mangeln ist noch mit einem größeren technischen Einsparpotential in Zukunft zu rechnen, da hier die Abwärmenutzung heute noch Probleme bereitet. So geben große Tunnelfinisher pro Betriebsstunde ca. 3.500 m^3 100 °C warme Abluft mit einer relativen Feuchtigkeit von 80 % an die Umgebung ab. Umgerechnet sind das etwa 570 kWh Wärme pro Betriebsstunde. Aufgrund der Konstruktion solcher Anlagen ist es jedoch nur mit größerem Aufwand möglich, den Energieinhalt dieser Abluft über einen Wärmetauscher zu nutzen.

Bei Muldenmangeln und Mangelstraßen besteht das Problem, daß die Abluft wachshaltig ist und damit die direkte Weiterverwendung oder die Abführung über einen Wärmetauscher schwierig sind. Hier geht der Trend zu gekapselten Anlagen, die automatisch beschickt werden. Für die Trockner (Konvektionstrocknung) wird die Wärmerückgewinnung durch die Flusenbildung erschwert. Dieses Problem kann nur durch den Einsatz von Flusensieben gelöst werden, was jedoch noch technisch problematisch ist. Die Energieeinsparung beträgt bis zu 15 % bei einer Vortrocknung und bis zu 30 % bei einer Volltrocknung. Ein weiteres Einsparpotential stellt die Messung der relativen Luftfeuchte bzw. die Ablufttemperaturmessung dar. Hierdurch wird eine zu lange Trocknung verhindert. Die Energieeinsparung liegt bei sachgemäßem Einsatz in der Größenordnung von 10 %. Ein zusätzlicher Vorteil ist die Schonung der Wäsche. Jedoch werden bestehende Anlagen eher selten nachgerüstet und ein vorzeitiger Neukauf aus energetischen Gründen ist gerade für kleinere Unternehmen nicht rentabel. Grundsätzlich ist aus energetischer Sicht das Mangeln der Trocknung vorzuziehen, falls dies mit der Wäsche möglich ist (s. Tabelle 4.8-4).

Analog zu den Wäschereien liegen die technischen Einsparpotentiale für Energie in den Chemisch-Reinigungen ebenfalls hauptsächlich in der Erneuerung des Maschinenparks. Da es 1990 ein Verbot bezüglich der Verwendung von (F)CKW mit einer Übergangsfrist bis 1993 gegeben hat (2. BImSchV), waren viele Betriebe, die nicht schließen wollten, gezwungen, neue Reinigungsmaschinen zu kaufen. Daher ist dieses Energiesparpotential weitgehend ausgeschöpft. Das Durchschnittsalter der Reinigungsmaschinen lag 1994 bei 3 Jahren. In technischer Hinsicht sind derzeit keine weiteren substantiellen Fortschritte in Bezug auf die rationelle Energienutzung erkennbar.

Zusammenfassend sind für Wäschereien und Chemisch-Reinigungen neben dem Ersatz alter Maschinen an erster Stelle Maßnahmen der Wärmerückgewinnung und organisatorische Maßnahmen zu nennen, wie verbesserte Arbeitsvorbereitung, optimierte Maschinenbelegungs- und Ablaufplanung (Produktionsplanungssysteme) und regelmäßige Wartung. Weiterhin ist eine verbesserte Meß- und Regeltechnik wünschenswert, so daß Prozesse näher an ihrem theoretischen Optimum ablaufen können.

Für die Energieerzeugung und -umwandlung spielt die KWK noch eine Rolle, die vereinzelt in großen Betrieben schon zum Einsatz gekommen ist. Hier ist mit einem Potential von vielleicht 5 bis 10 % zu rechnen, wenn auch mittelgroße Betriebe solche Anlagen nutzen. Alternative Energieträger lassen sich mit Ausnahme von Photovoltaikanlagen wegen der Lage der Betriebe wohl nicht in nennenswertem Umfang einsetzen. Da diese aber derzeit nicht wirtschaftlich ist, sind die zu erwartenden Effekte gering.

Die Potentiale für Energieeinsparungen in der Textilreinigung beschränken sich im wesentlichen auf die Prozeßtechnologien. Raumwärme und andere Querschnittstechnologien spielen nur eine untergeordnete Rolle. Generell setzen größere Betriebe mehr Maßnahmen (Wärmerückgewinnung, organisatorische Maßnahmen etc.) um als kleinere.

4.8.5 Durchführung energiesparender Maßnahmen und Hemmnisse

Den Befragten in Wäschereien und Chemisch-Reinigungen wurden insgesamt 24 – davon 14 branchenspezifische und 10 branchenübergreifende – energiesparende Maßnahmen genannt. Davon hat etwa die Hälfte der Betriebe weniger als acht und die Hälfte acht und mehr Maßnahmen durchgeführt (Abbildung 4.8-1). Allerdings erschienen den Befragten nicht alle abgefragten Maßnahmen realisierbar; im Durchschnitt wurden 17 Maßnahmen als möglich bezeichnet.

Im Zusammenhang mit der Produktion wurden in erster Linie organisatorische Maßnahmen realisiert, und zwar von jeweils knapp 90 % der Betriebe Auslastung der Maschinen und Abschalten der Energiezufuhr bei längerem Stillstand. 82 % haben wärmedämmende Maßnahmen an Rohren, Ventilen und Kondensattöpfen vorgenommen. Häufig wurden auch Abluftmengenregelung an Mangeln, Isolierung der Mulden oder Einsatz von Mangelhauben (74 %) und Weiterverwendung von Wasch- und Spülwässern (73 %) genannt. Den Entspannungsdampf nutzen zwei Drittel der Betriebe. Wärmerückgewinnung erfolgt am häufigsten aus Rauchgas- oder Kondensatrückführung zur Kesselspeisewasservorwärmung (68 %), gefolgt von Wärmerückgewinnung aus warmem Waschwasser (56 %).

Abbildung 4.8-1: Häufigkeit durchgeführter Maßnahmen in Wäschereien und Chemisch-Reinigungen

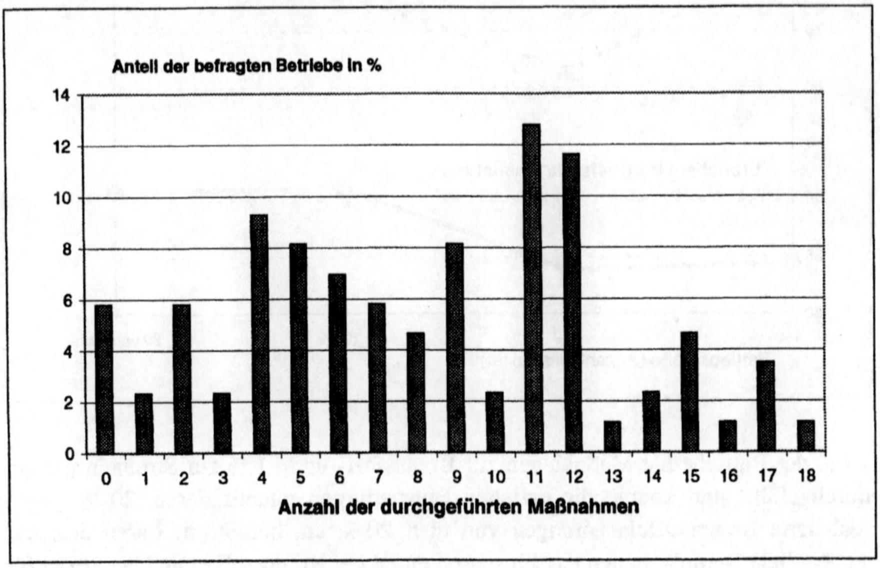

Nachträgliche wärmedämmende Maßnahmen sowie andere Möglichkeiten zur Raumwärmeeinsparung wie Außentemperatursteuerung, Nacht- und Wochenendabsenkung wurden in dieser prozeßwärmeintensiven Branche von allen untersuchten Gewerbezweigen am wenigsten durchgeführt. Insgesamt bestehen nach Betriebsgrößenklassen kaum Unterschiede in der Energiesparaktivität (Abbildung 4.8-2).

Über 80 % der Betriebe überprüfen mindestens einmal im Jahr ihren Energieverbrauch bzw. die Rechnungen, 56 % verwenden abgelesene Werte zur Stromverbrauchskontrolle. 5 % geben an, daß sie Lastmanagement durchführen. 17 % der Betriebe haben eine Blindstromkompensationsanlage.

45 % der Betriebe haben keine Vorstellung über die Aufteilung des Energieverbrauchs für einzelne Verwendungszwecke. 27 % – und damit der zweithöchste Anteil bei den produzierenden Branchen – nahmen schon einmal eine Energieberatung in Anspruch, in nur 30 % der Fälle – und damit dem niedrigsten Anteil im Ver-

gleich mit anderen Branchen – zu Tariffragen. Knapp ein Fünftel der Betriebe wurden schon einmal auf energietechnische Schwachstellen hin untersucht.

Abbildung 4.8-2: Energiesparaktivität in Wäschereien und Chemisch-Reinigungen

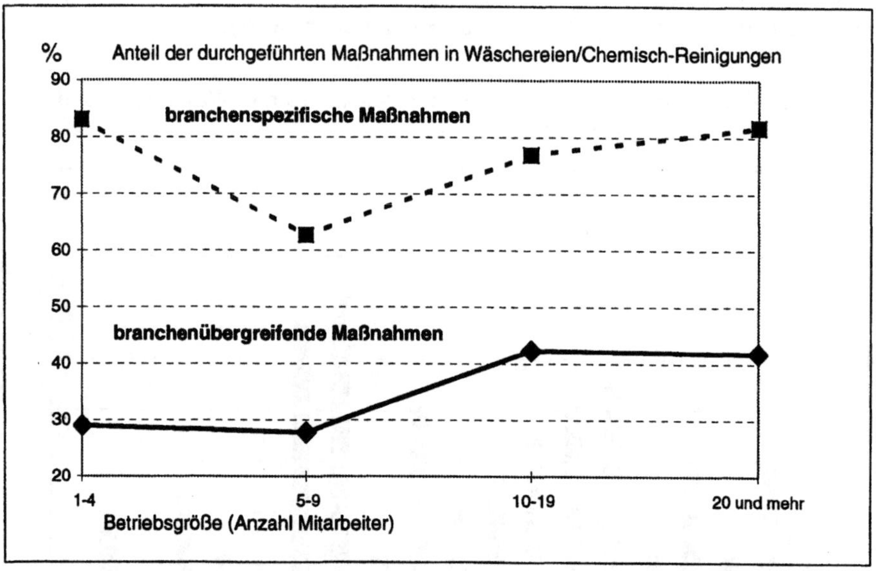

29 % der Betriebe hat Maßnahmen zur Brennstoff- und 21 % zur Stromeinsparung durchgeführt und konnte die erzielten Einsparungen quantifizieren. 20 % gaben realisierte Brennstoffeinsparungen von über 20 % an, bei Strom waren dies nur 11 %. Viele Betriebe halten das Einsparpotential bei Brennstoffen und bei Strom für ausgeschöpft (45 bzw. 52 %); rund 14 % glauben jeweils, daß sie noch mehr als 20 % bei Brennstoffen einsparen können, bei Strom sind dies nur 5 %.

Für über 90 % der Betriebe spielt der Energieverbrauch bei dem Kauf neuer Anlagen eine Rolle, dabei sehen 70 % der Betriebe neue Anlagen jedoch generell als energetisch optimal an. Dies trifft aber grundsätzlich nur auf die zu ersetzende Altanlage zu. Vergleicht man neue Maschinen untereinander, so gibt es auch hier energieeffizientere und weniger energieeffiziente. Die wichtigsten Hemmnisse (s. auch Tabelle 4.8-6), die gegen eine (weitere) Energieeffizienzverbesserung sprechen, sind:

- die Entwicklung der Energiepreise wird von 65 % der Betriebe als unsicher bezeichnet;
- insbesondere größere Betriebe (65 %) räumen anderen Investitionen bzw. Investitionskriterien als der Energieeffizienz höhere Bedeutung ein (dies gilt jedoch nur für 25 % der Kleinstbetriebe mit 1 bis 4 Mitarbeitern);

- 50 % der Betriebe behaupten, daß sie zu wenig Zeit für diese Fragestellung haben.

Über 50 % aller Betriebe sehen noch Einsparmöglichkeiten für Brennstoff und 30 % aller Betriebe meinen sogar 10 % oder mehr ihres Brennstoffbedarfs einsparen zu können. Daraus läßt sich schließen, daß das Thema rationelle Energienutzung im Betriebsalltag durchaus eine Rolle spielt, aber der Aufwand, sich die für eine Realisierung notwendigen Detailinformationen zu beschaffen, als zu groß angesehen wird. Fast 85 % der Betriebe bezeichnen ihren Informationsstand über rationelle Energienutzung als zumindest ausreichend, jedoch 45 % wünschen sich bessere oder mehr Informationen zur rationellen Energienutzung. Hierbei fällt auf, daß mit zunehmender Betriebsgröße der Bedarf an zusätzlichen Informationen etwas steigt. Dies ist mit der grundsätzlich besseren Voraussetzung in größeren Betrieben verbunden, Maßnahmen umzusetzen, aus dem das höhere Informationsbedürfnis resultiert.

Tabelle 4.8-6: Anzahl der zutreffenden Hemmnisse nach Betriebsgrößenklassen

Anzahl der genannten Hemmnisse	0	1	2	3	4	≥ 5	Ø
1 bis 4 Beschäftigte	3	3	9	5	4	2	2,4
5 bis 9 Beschäftigte	3	2	4	3	6	6	3,0
10 bis 19 Beschäftigte	2	5	8	6	12	3	2,8

4.9 Baugewerbe

4.9.1 Charakteristik der Branche

Das Baugewerbe unterteilt sich in Bauhaupt- und Ausbaugewerbe. Tabelle 4.9-1 zeigt eine Untergliederung der beiden Bereiche. Tabelle 4.9-2 gibt die Beschäftigtenstruktur wieder.

Die Schwerpunkte liegen im Bauhauptgewerbe beim Hoch- und Fertigbau sowie dem Tiefbau mit insgesamt 62 % der Beschäftigten. Im Ausbaugewerbe sind die Haustechnik (HKL) mit 57 % sowie die Maler und Tapetenkleber mit 24 % der Beschäftigten die größten Sparten. Die gesamte Branche erwirtschaftete im Jahr 1994 einen Umsatz von 330 Mrd. DM (Statistisches Bundesamt 1996).

Das Baugewerbe ist eine äußerst heterogene Branche, nicht nur wegen der verschiedenen Ausrichtungen, sondern auch aufgrund der unterschiedlichen Betriebsgrößen und Strukturen. Daher sind Aussagen über Energieeffizienz und Maßnahmen der rationellen Energienutzung, die die gesamte Branche betreffen, nur für den Bereich der Querschnittstechnologien möglich. Eine weitere Besonderheit im Vergleich zu vielen anderen Branchen des Kleinverbrauchs ist der Verkehr, der im Baugewerbe aus energetischer Sicht eine bedeutende Rolle spielt. Dieser Verbrauch wurde daher im Vergleich zu den anderen Branchen detaillierter abgefragt. Außerdem ergeben sich Abgrenzungsprobleme zur Branche „Steine und Erden". Daher beziehen sich die folgenden Aussagen grundsätzlich auf die klassischen Bereiche des Baugewerbes, die zweifelsfrei zuzuordnen sind. Hierbei ist noch zu beachten, daß die Kosten für den Energieverbrauch auf Baustellen, der hier – soweit nachvollziehbar – berücksichtigt wurde, in der Regel direkt vom Bauherrn getragen werden.

Tabelle 4.9-1: Untergliederung des Bauhaupt- und Ausbaugewerbes

Bauhauptgewerbe	**Ausbaugewerbe**
• Hoch- und Tiefbau • Fertigteilbau • Erdbewegungsarbeiten, Landeskulturbau • Wasser- und Wasserspezialbau • Brunnenbau und Tiefbohrung • Straßenbau • Gerüstbau, Fassadenreinigung • Schornstein-, Feuerungs- und Industrieofenbau • Gebäudetrocknung, Abdichtung gegen Fluide • Abdämmung gegen Schall, Wärme u. ä. • Abbruch-, Spreng- und Enttrümmerungsgewerbe • Stukkateurgewerbe, Gipserei, Verputzerei • Zimmerei, Dachdeckerei	• Bauinstallation • Ausbaugewerbe (ohne besonderen Schwerpunkt) • Glasereigewerbe • Maler- und Lackierergewerbe, Tapetenkleberei • Bautischlerei • Parkettlegerei • Fußboden-, Fliesen und Plattenlegerei • sonstiges Ausbaugewerbe

Quelle: Statistisches Bundesamt 1980

Tabelle 4.9-2: Beschäftigte im Baugewerbe

	Betriebsgrößenklasse			**Summe**
	1 bis 4 Beschäftigte	**5 bis 19 Beschäftigte**	**20 und mehr Beschäftigte**	
Bauhauptgewerbe	97.300	512.300	1.166.900	1.776.500
Ausbaugewerbe	240.200	615.700	365.600	1.221.500

Quelle: eigene Hochrechnung

4.9.2 Untersuchte Betriebe

Im Rahmen der Breitenerhebung wurden 240 Betriebe befragt (41 in den NBL). Davon entfielen 123 auf das Bauhauptgewerbe und 117 auf das Ausbaugewerbe. Im Bauhauptgewerbe gehören über 65 % der befragten Betriebe zum Hoch- und Fertigbau. Die beiden befragten Hauptgruppen im Ausbaugewerbe waren Maler und Tapetenkleber (27 %) sowie Elektroinstallateure (23 %). Für die untersuchten Betriebe ergeben sich die in Tabelle 4.9-3 ausgewiesenen Betriebsgrößen. Demnach sind die untersuchten Betriebe des Bauhauptgewerbes durchschnittlich größer als diejenigen im Ausbaugewerbe. 22 % der untersuchten Betriebe des Bauhauptgewerbes haben 1 bis 4, 25 % 5 bis 19 und 53 % mehr als 19 Beschäftigte. Im Ausbaugewerbe sind es 20 %, 54 % und 26 %.

Tabelle 4.9-3: Befragte Betriebe des Baugewerbes

	Betriebsgrößenklasse		
	1 bis 4 Beschäftigte	**5 bis 19 Beschäftigte**	**20 und mehr Beschäftigte**
Bauhauptgewerbe			
Hochbau und Fertigbau	22	28	33
Hoch- und Tiefbau	1	–	15
Straßenbau	–	–	9
Fertigteilbau im Hochbau	2	1	2
allgemeiner Tiefbau	–	–	5
Gerüstbau	–	2	1
Erdbewegungen und Landeskulturbau	2	–	–
Ausbaugewerbe			
Maler, Tapetenkleber	7	15	10
Elektroinstallation	8	13	6
Heizung und Klima	–	5	6
Klempner-, Gas- u. Wasserinstallation	3	5	2
Dachdeckerei	–	7	2
Zimmerei, Ingenieurholzbau	1	6	1
Glasergewerbe	2	2	–
Abdämmung	–	2	2
Abdichtung gegen Wasser und Feuchte	1	1	1
Bautischler, Parkettleger	–	2	1
Fußboden, Fliesen, Platten	1	2	–
Stukkerei, Gipserei, Verputzerei	–	3	–
Summe	50	94	96

Die Größe der Betriebsfläche beträgt

- bei 38 % weniger als 200 m^2
- bei 19 % reicht sie von 200 bis 399 m^2
- bei 24 % von 400 bis 999 m^2 und
- bei 19 % ist sie größer als 1.000 m^2.

Die Bandbreite reicht von 10 bis 15.000 m^2 und kann in Einzelfällen auch noch deutlich größer sein. Für die Betriebe des Bauhauptgewerbes beträgt die durchschnittliche Betriebsgröße ca. 1.200 m^2, für die Betriebe des Ausbaugewerbes ca. 520 m^2. Der beheizte Flächenanteil liegt durchschnittlich bei 68 %. Die Ergebnisse zeigen, daß annähernd alle Betriebe ihre Büroräume im Regelfall auf über 18 °C heizen. Die Produktionsräume werden von 37 % auf über 18 °C geheizt, von 45 % auf unter 18 °C; 18% heizen hier überhaupt nicht. Eine Zweifachverglasung ist bei 32 % und eine Wärmeschutz- oder Isolierverglasung ist bei 34 % der Betriebe eingebaut. Rund 44 % der Gebäude haben wärmedämmenden Außenwandaufbau (Mauerwerk oder Beton). Das Betriebsgebäude wurde bei 23 % der Betriebe vor 1952 erstellt, für den Rest beträgt das durchschnittliche Gebäudealter 22 Jahre.

4.9.3 Energieverbrauchsschwerpunkte

Für die Betriebe des Gewerbezweiges 101/102 Maurer, Beton- und Stahlbetonhersteller weist die amtliche Statistik (Statistisches Bundesamt 1990) den Energiekostenanteil, gemessen am Jahresumsatz der Betriebe, mit 1,4 bis 4,2 % (bei zunehmender Betriebsgröße abnehmend) aus. Für den Gewerbezweig 115 Maler und Lackierer sind es 1,1 bis 4,2 %. Die restlichen Gewerbezweige des Bauhaupt- und Ausbaugewerbes liegen mit Höchstwerten von ca. 3 % etwas darunter.

Einzelobjektanalyse

Als Beispiel für den Stromverbrauch, der auf einer Baustelle anfallen kann, wird die Rohbauerstellung eines 9-stöckigen Hochbaus (46.000 m^3 umbauter Raum) mit zwei Untergeschossen gewählt. Die Bauzeit betrug 12 Monate (255 Arbeitstage). Für die Dauer von fünf Monaten wurde eine Grundwasserabsenkung durchgeführt.

Die abzuführende Grundwassermenge für eine trockene Baugrube (2.700 m^2 Grundfläche) betrug ca. 0,065 m^3/s. Es wurden sechs Einzelbrunnen (Tauchpumpen mit 2,2 kW Motorleistung und 60 % Auslastung) für die Wasserhaltung eingesetzt. Der Verbrauch der Anlage für die gesamte Laufzeit betrug rund 29.000 kWh.

Für die Dauer der Rohbauarbeiten (190 Arbeitstage) wurden folgende elektrisch betriebene Maschinen und Geräte auf der Baustelle genutzt:

Tabelle 4.9-4: Maschinen- und Geräteeinsatz an einem Hochbau

Gerät	Anzahl	Anschluß-leistung	spezifischer Verbrauch	Auslastung Nutzungsdauer
Turmdrehkran	2	100 kW	12 kWh/h	50 %
Rüttler	6	2 kW	–	0,4 h/d
Baustellen-/Kranbeleuchtung	–	10 kW	–	25 %
Tischkreissäge	4	6 kW	–	5 %
Handkreissäge	6	2 kW	–	10 %
Bohrmaschine	6	2 kW	–	15 %
Biegemaschine	1	14 kW	–	5 %
Schweißgerät	1	10 kW	–	5 %
Beleuchtung/Unterkünfte	15 (200 m^2)	–	10 W/m^2	2 h/d
Heizung und sonstiger Verbrauch	15 (200 m^2)	–	50 W/m^2	2 h/d
Trennschleifer		2 kW	–	2 %
Fertigmörtelturm		2 kW	–	5 %

Anhand dieser Angaben werden für den Strombedarf während der Rohbauphase folgende Verbräuche ermittelt (jeweils 190 Tage zu je 8 Stunden):

Transport/Beton	23.700 kWh
Zimmermannsplatz	8.200 kWh
Büros, Unterkünfte, Magazine	4.600 kWh
Sonstige	500 kWh
	37.000 kWh

Auswertung der Breitenerhebung

Der durchschnittliche Brennstoff- und Stromverbrauch pro Beschäftigtem beträgt 6.600 kWh/a im Bauhauptgewerbe und 6.800 kWh/a im Ausbaugewerbe (Tabelle 4.9-5). Von den Brennstoffen entfallen rund 80 % auf die Erzeugung von Raumwärme. Etwa die Hälfte des Stroms wird für Kraftprozesse (z. B. elektrische Maschinen und Geräte) benötigt; ein Viertel entfällt auf die Beleuchtung. Die ermittelten Kennwerte beinhalten nicht den außerhalb der Betriebe verursachten Verbrauch von Strom und Brennstoffen. Verbräuche, die beispielsweise auf der Baustelle anfallen (z. B. Baustrom), konnten im Rahmen der Breitenerhebung nur einzeltechnologisch abgefragt werden, da die Kosten hierfür größtenteils der Bauherr trägt und somit der Verbrauch den befragten Betrieben i. d. R. nicht bekannt ist. Dagegen wurde der Baustellenverkehr detailliert erfaßt (Tabelle 4.9-6).

Tabelle 4.9-5: Energieverbrauch der untersuchten Betriebe

	Brennstoffe [kwh/a Besch.]	**Strom** [kwh/a Besch.]	**Treibstoffe** [l/a Besch.]
Bauhauptgewerbe			
Verbrauch	5.300	1.300	1.820
Bandbreite	125 – 25.500	150 – 13.750	–
Ausbaugewerbe			
Verbrauch	5.730	1.075	1.910
Bandbreite	40 – 31.200	20 – 7.000	–

Tabelle 4.9-6: Jahreslaufleistung der betrieblichen Kfz

	Betriebsgrößenklasse [km/Beschäftigten]		
	1 bis 4 Beschäftigte	**5 bis 19 Beschäftigte**	**20 und mehr Beschäftigte**
Bauhauptgewerbe			
Pkw	7.780	5.100	3.500
Lieferwagen (< 2,8 t)	9.800	4.430	2.930
Lkw (> 2,8 t)	8.060	5.870	2.330
Ausbaugewerbe			
Pkw	12.410	6.120	3.260
Lieferwagen (< 2,8 t)	12.570	3.950	2.760
Lkw (> 2,8 t)	2.500	2.480	1.190

Generell ist es schwierig, allgemeingültige Aussagen zum Energieverbrauch auf der Baustelle zu machen. Im Gegensatz zur Industrie, die hauptsächlich in Serienfertigung produziert und standardisierte Arbeitsverfahren und -prozesse anwendet, handelt es sich bei Bauwerken um Unikate, die sich in Bauweise, Bauzeit, Personaleinsatz, klimatischen Bedingungen und vor allem dem Baugrund (z. B. Maßnahmen zur Grundwasserabsenkung) stark unterscheiden.

Als problematisch hat sich auch die Ermittlung des Prozeß- und Raumwärmebedarfs erwiesen. Der Prozeßwärmebedarf ergibt sich zu einem großen Teil durch das Trockenheizen von Hallen und gewerblich genutzten Gebäuden. Da diese Wärmenutzung von klimatischen Gegebenheiten und von der Zeit abhängt, nach der das Gebäude oder die Halle in Betrieb genommen werden kann, ist es nicht möglich gewesen, den Energiebedarf gesichert zu ermitteln, da die so behandelten Gebäude- und Hallenflächen unbekannt sind.

Ähnliche Probleme gab es bei der Berechnung des Raumwärmebedarfs für die Baustellencontainer. Die hier genannten Zahlen sind grobe Schätzungen eines Herstellers solcher Unterkünfte. Es ist außerdem schwierig, zu dem Energieverbrauch von elektrischen Kleingeräten auf Baustellen eine qualifizierte und detaillierte Aussage zu machen, da die Geräte oft nur kurze Zeit genutzt werden. Die hier genannten

Zahlen beruhen auf einer Schätzung. Tabelle 4.9-7 zeigt die einzelnen Schwerpunkte. Dies sind aber nur 25 % des Gesamtverbrauchs, da etwa 75 % auf den Treibstoffverbrauch für den Bauverkehr entfallen.

Tabelle 4.9-7: Energieverbrauch im Baugewerbe

Bereich	Spezifischer Energieverbrauch	Nutzungsdauer	Absoluter Verbrauch
Krane	12,5 kWh/h	800 h/a	10.000 kWh/a
Baucontainer	2 kWh/h	900 h	1.800 kWh/a
Trockenheizen	15 kWh/m^2	–	15 kWh/m^2
Elektr. Kleingeräte	0,5 kWh/h	500 h/a	250 kWh/a
Beleuchtung	10 W/m^2	500 h/a	5 kWh/m^2

Die Ermittlung der Verbrauchswerte der explizit angesprochenen Verbraucher erfolgte immer nach demselben Prinzip. Es wurde ein spezifischer Verbrauchswert ermittelt (beim „Trockenheizen" und bei „elektrischen Kleingeräten" geschätzt), der mit der Verbrauchsdauer und der Gesamtmenge multipliziert wurde.

Wegen der großen Vielzahl an Spezialmaschinen und –werkzeugen ist der sonstige, hier nicht explizit erfaßte Energieverbrauch jedoch nicht zu vernachlässigen. Als Beispiele seien Rammen, Straßenbaumaschinen (für Schwarz- und Betondecken), Förderbänder, Verdichtungsmaschinen und Betonpumpen genannt. Für detailliertere Aussagen wären Messungen vor Ort notwendig.

4.9.4 Potentiale der rationellen Energienutzung

Nennenswerte Einsparpotentiale gibt es nur für die beiden Bereiche Baucontainer und Verkehr. Im Bereich der Baucontainer ist Energieeinsparung vor allem durch eine verbesserte Isolierung zu erreichen. Ein Standardcontainer hat z. B. einen k-Wert von 0,58 W/m^2 K, ein gut isolierter Container dagegen einen Wert von 0,31. Es werden zur Zeit aber auch noch Container mit k-Werten von 0,8 genutzt, weil diese Unterkünfte Nutzungszeiten von bis zu 25 Jahren haben. Insgesamt ist langfristig ein technisches Einsparpotential von etwa 50 % gegeben.

Durch sinnvolle Routenplanung und Auslastung der Baustellentransporte lassen sich erhebliche Verbrauchsmengen einsparen. Häufig ist aufgrund des kurzfristigen Bedarfs auf den Baustellen jedoch nicht möglich, energiesparend zu arbeiten.

In den anderen Bereichen sind trotz Nachforschungen keine nennenswerten Einsparpotentiale sichtbar geworden, was nicht zuletzt daraus resultiert, daß auf den Gebieten Energieverbrauch und rationelle Energieanwendung bisher gar nicht geforscht wurde bzw. jetzt erst damit begonnen wird. Einzelpotentiale großer Betriebe sind hier jedoch nicht berücksichtigt. Durch den Trend hin zu höherer Automation sind Energieverbrauchssteigerungen zu erwarten. So wird z. B. an der Universität Karlsruhe an der Entwicklung eines Mauerroboters gearbeitet. Zum jetzigen Zeitpunkt ist es jedoch nicht möglich, solche Effekte zu quantifizieren.

4.9.5 Durchführung energiesparender Maßnahmen und Hemmnisse

Den Befragten im Baugewerbe wurden insgesamt 18 – davon acht branchenspezifische und 10 branchenübergreifende – energiesparende Maßnahmen genannt. Davon hat etwa die Hälfte der Betriebe weniger als sechs Maßnahmen durchgeführt (Abbildung 4.9-1). Allerdings erschienen den Befragten nicht alle abgefragten Maßnahmen realisierbar; im Durchschnitt wurden 12 Maßnahmen als möglich bezeichnet.

Abbildung 4.9-1: Häufigkeit durchgeführter Maßnahmen im Baugewerbe

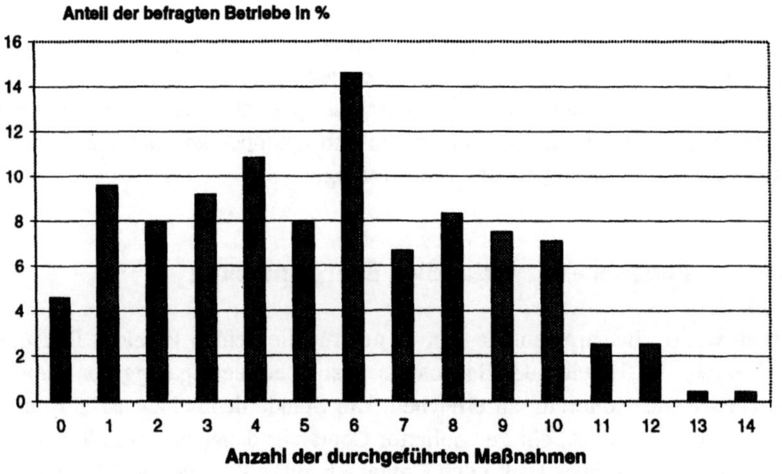

Von den Maßnahmen zur Einsparung von Heizkosten (Wärmedämmung) wurden vorwiegend der Einbau besserer Fenster (z. B. Isolierglas) bei 63 %, die nachträgliche Wärmedämmung des Daches bei 59 % sowie eine nachträgliche Wärmedämmung der Außenwande bei 58 % der Betriebe durchgeführt.

Die abgefragten Maßnahmen zur Wärmerückgewinnung finden nur bei wenigen Betrieben Anwendung. Wärmerückgewinnung haben rund 10 % der untersuchten Betriebe aus dem Rauchgas oder Kondensatrückführung zur Kesselspeisewasservorwärmung, aus der Abluft oder aus der Kompressorabwärme zur Vorwärmung der Brennerzuluft und zur Warmwassererzeugung durchgeführt oder geplant.

Von den weiteren Maßnahmen zur rationellen Energienutzung haben 68 % die bessere Auslastung der Fahrzeuge, 54 % das Abschalten der Energiezufuhr bei längerem Maschinenstillstand, 49 % die regelmäßige Kontrolle der Anlagen auf Energieverbrauch und Wärmeverluste und 35 % eine regelmäßige Wartung, z. B. von Dampf- und Druckluftererzeugern, durchgeführt oder geplant.

Weitere Möglichkeiten zur Raumwärmeeinsparung wie Außentemperatursteuerung, Nacht- und Wochenendabsenkung wurden im Baugewerbe vergleichsweise häufig genutzt (36 bzw. 45 %); eine Helligkeitssteuerung haben 9 % der Betriebe. Insgesamt wurden jedoch die branchenspezifischen Maßnahmen wesentlich häufiger durchgeführt als die branchenübergreifenden, wobei sich keine systematischen Unterschiede in der Energiesparaktivität nach Betriebsgrößenklassen zeigen (Abbildung 4.9-2).

Abbildung 4.9-2: Energiesparaktivität im Baugewerbe

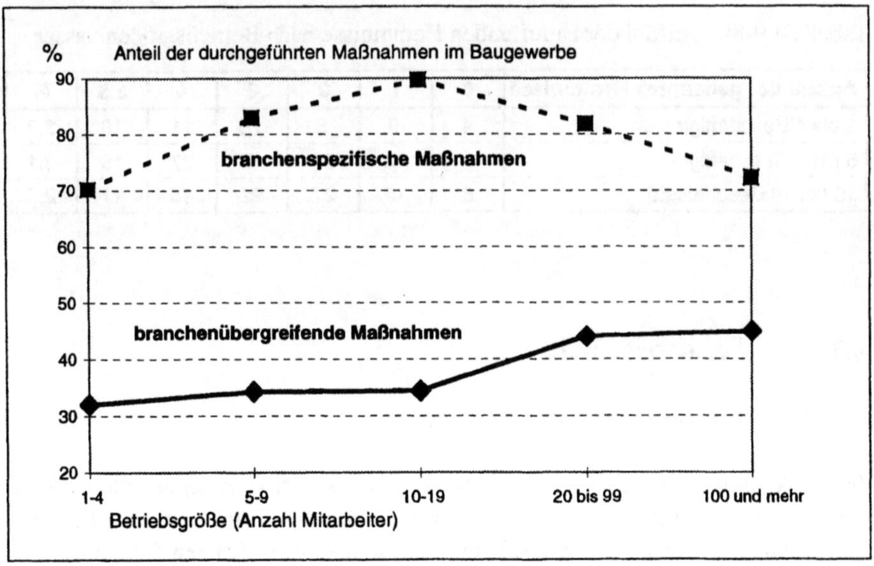

Nur zwei Drittel der Betriebe überprüfen mindestens einmal im Jahr ihren Energieverbrauch bzw. die Rechnungen, 41 % verwenden abgelesene Werte zur Stromverbrauchskontrolle. 3 % geben an, daß sie Lastmanagement durchführen. 6 % der Betriebe haben eine Blindstromkompensationsanlage.

54 % der Betriebe haben keine Vorstellung über die Aufteilung des Energieverbrauchs für einzelne Verwendungszwecke. Nur 9 % nahmen schon einmal eine

Energieberatung in Anspruch, in mehr als zwei Dritteln der Fälle zu Tariffragen. 11 % der Betriebe wurden schon einmal auf energietechnische Schwachstellen hin untersucht.

30 % der Betriebe hat Maßnahmen zur Brennstoff- und 20 % zur Stromeinsparung durchgeführt und konnte die erzielten Einsparungen quantifizieren. 21 % gaben realisierte Brennstoffeinsparungen von über 20 % an, bei Strom waren dies sogar 30 %. Die meisten Betriebe halten das Einsparpotential bei Brennstoffen und bei Strom für ausgeschöpft (62 bzw. 67 %); rund 14 % glauben jeweils, daß sie noch mehr als 20 % bei Brennstoffen einsparen können, bei Strom sind dies nur 6 %.

Als Gründe, die sich hemmend auf die Durchführung von energiesparenden Maßnahmen auswirken, werden vorwiegend die Ansichten angeführt, daß neue Gebäude und Maschinen heute energietechnisch optimal seien (76 %), daß die Entwicklung der Energiekosten ungewiß sei (61 %), daß die verfügbaren Mittel in wichtigere Investitionen fließen müßten und Zeitmangel herrsche (je 58 %). Aus Tabelle 4.9-8 ist die Zahl der Hemmnisse nach Betriebsgrößenklassen ersichtlich. Große Betriebe weisen etwas weniger Hemmnisse auf als kleinere.

Tabelle 4.9-8: Anzahl der zutreffenden Hemmnisse nach Betriebsgrößenklassen

Anzahl der genannten Hemmnisse	0	1	2	3	4	≥ 5	∅
1 bis 4 Beschäftigte	4	8	5	12	11	10	3,0
5 bis 9 Beschäftigte	–	12	23	17	27	15	3,1
10 bis 19 Beschäftigte	5	16	27	22	15	11	2,6

4.10 Landwirtschaft

4.10.1 Charakteristik der Branche

In der deutschen Energiebilanz zählt die Landwirtschaft zum Kleinverbrauchssektor. Die Literatur bietet eine Vielzahl von Abschätzungen zum gesamten Endenergieverbrauch in der Landwirtschaft; die unterschiedlichen Studien (Prognos 1989; DIW u. a. 1986) weichen jedoch stark voneinander ab. Der Grund hierfür liegt in der unterschiedlichen Abgrenzung der Verbräuche in den Betrieben und in der Branchenabgrenzung. So wurden teilweise Forstwirtschaft, Fischerei, Gartenbau, Weinhaltung, privater Verkehr und landwirtschaftliche Wohngebäude in die Untersuchungen einbezogen.

Unterschiedliche Zuordnungen der einzelnen Betriebe kommen beispielsweise auch dadurch zustande, daß Betriebe zusätzlich forstwirtschaftliche Nutzflächen haben können. Im statistischen Jahrbuch des BML (BML 1992) werden landwirtschaftliche Betriebe als solche bezeichnet, wenn ihre landwirtschaftliche Nutzfläche gleich oder größer als 10 % ihrer Waldfläche ist. Zusätzlich kommt es zu Abgrenzungsproblemen mit dem Gartenbau (s. Kapitel 4.11). Im Rahmen der Breitenerhebung wurden ausschließlich landwirtschaftliche Betriebe mit den Schwerpunkten Ackerbau und Viehhaltung berücksichtigt.

Die Betriebsgrößenstrukturen in der Viehhaltung und im landwirtschaftlichen Ackerbau (BML 1998) sind in den Tabellen 4.10-1 und 4.10-2 dargestellt.

Tabelle 4.10-1: Betriebe mit Viehhaltung nach Betriebsgrößen (1996)

	Betriebsgrößenklasse				
Betriebe ...	**1 bis 10 Tiere**	**10 bis 29 Tiere**	**30 bis 59 Tiere**	**60 und mehr Tiere**	**Insgesamt**
mit Rinderhaltung	57.968	79.168	69.184	82.722	289.042
mit Milchviehhaltung	62.370	89.197	41.440	10.689	203.696
Betriebe ...	**1 bis 9 Tiere**	**10 bis 99 Tiere**	**100 bis 599 Tiere**	**600 und mehr Tiere**	**Insgesamt**
mit Schweinehaltung	92.146	67.476	40.373	9.712	209.707
mit Mastschweinehaltung	109.814	57.654	27.076	5.638	200.182
mit Zuchtsauenhaltung	29.895	39.556	5.087	–	74.538
Betriebe ...	**1 bis 19 Tiere**	**20 bis 99 Tiere**	**100 bis 999 Tiere**	**1.000 und mehr Tiere**	**Insgesamt**
mit Legehennenhaltung	111.988	55.557	5.124	2.776	175.445
mit Masthühnerhaltung	–	–	–	–	42.627

Tabelle 4.10-2: Ackerbaubetriebe nach Betriebsgrößen (1996)

	Landwirtschaftliche Fläche [ha]				
	0 bis 5	**5 bis 10**	**10 bis 50**	**50 und mehr**	**Insgesamt**
Anzahl der Betriebe	188.628	83.619	224.711	73.466	570.424

Der Energieverbrauch in der Landwirtschaft (Viehhaltung und Ackerbau) wird zum erheblichen Teil durch die Viehhaltung (ca. 60 %) verursacht, wenn man den Kraftstoffverbrauch nicht berücksichtigt, der über 50 % des Gesamtverbrauchs ausmacht. Aus energetischer Sicht sind die Bereiche Milchviehhaltung, Rinder- und Kälberzucht sowie Schweinemast und Ferkelzucht zu unterscheiden. Die Bereiche Schaf-, Ziegen- und Pferdezucht spielen beim Endenergieverbrauch keine Rolle. Die Geflügelzucht verursacht zwar nur einen geringen Teil des Gesamtenergiebedarfs in der Landwirtschaft, allerdings ist dieser Bereich aufgrund der Potentiale in den einzelnen Betrieben nicht zu vernachlässigen.

Eine Aufteilung der Arbeitskräfte entsprechend der Größenklassen ist aufgrund mangelnder Informationen nicht möglich. Die Gesamtzahl der vollbeschäftigten Arbeitskräfte belief sich 1996 auf etwa 420.000. Hinzu kamen rund 850.000 Teilzeitarbeitskräfte.

Es ist wahrscheinlich, daß ein weiterer Konzentrationsprozeß in der Viehhaltung stattfindet. Dieser wird zwar nicht so stark wie in den letzten 25 Jahren sein (Anzahl der Betriebe ist um 75 % gesunken), doch da er wegen der Subventionen extrem stark von der bundesdeutschen und der EU-Agrarpolitik abhängt, ist es schwer möglich, gesicherte Vorhersagen über Betriebsgröße und -zahl zu machen. Diese Unsicherheit ist auch ein Hemmnis für die rationelle Energienutzung.

4.10.2 Untersuchte Betriebe

Im Rahmen der Breitenerhebung wurden 192 landwirtschaftliche Betriebe untersucht, davon 41 in den neuen Bundesländern. Es ergab sich folgende Verteilung: 128 Mischbetriebe (26 in den NBL), 39 reine Viehhaltungsbetriebe (6 in den NBL) und 25 reine Ackerbaubetriebe (9 in den NBL). Die Unterteilung der Betriebe nach Schwerpunkten ist aus Tabelle 4.10-3 ersichtlich.

Tabelle 4.10-3: Untersuchte Betriebe der Landwirtschaft

Betriebe*	Betriebsgrößenklasse			Summe
	1 bis 4 Beschäftigte	5 bis 19 Beschäftigte	mehr als 19 Beschäftigte	
Ackerbau				
0 bis 5 ha	11	2	–	13
5 bis 20 ha	7	4	–	11
mehr als 20 ha	26	8	5	39
Summe	44	14	5	63
Viehhaltung				
Rindvieh	45	7	8	60
Schweine/Zuchtsauen	44	2	1	47
Geflügel	13	9	–	22
Summe	102	18	9	129

* Mischbetriebe entsprechend ihrem Produktionschwerpunkt zugeordnet

4.10.3 Energieverbrauchsschwerpunkte

Nach eigener Einschätzung der untersuchten Betriebe beträgt der Energiekostenanteil durchschnittlich 7,3 % vom Jahresumsatz. Tabelle 4.10-4 zeigt den durchschnittlichen Brennstoff- und Stromverbrauch für die untersuchten Betriebe. Die für die Berechnung berücksichtigten Betriebe der Viehhaltung und des Ackerbaus beinhalten zumeist auch Anteile aus der anderen Sparte. Es ist zu beachten, daß diese Mittelwerte eine hohe Varianz aufweisen und stark durch einige Großbetriebe aus den neuen Bundesländern beeinflußt werden. Für die Ackerbau- und Mischbetriebe ist außerdem noch der Verbrauch an Treibstoffen zu berücksichtigen.

Tabelle 4.10-4: Brennstoff- und Stromverbrauch der untersuchten Betriebe

	Brennstoffverbrauch [kWh/a]		Stromverbrauch [kWh/a]	
	pro Betrieb	pro Beschäftigten	pro Betrieb	pro Beschäftigten
Mischbetriebe	125.353	20.170	63.268	10.180
Viehhaltung	180.064	37.372	92.183	19.132
Ackerbau	74.750	15.465	33.018	6.831

Für die drei Sparten entfallen ca. 30 % des Energieverbrauchs auf Strom. Die jährlichen Mengen und Ausgaben der Landwirtschaft für Treib-, Schmier- und Brennstoffe sowie für elektrischen Strom im Jahr 1995/96 sind in Tabelle 4.10-5 zusammengefaßt.

Tabelle 4.10-5: Brennstoff- und Stromverbrauch in der Landwirtschaft

	Mengen	Ausgaben
Treibstoffe	2.561 Mio. Liter	2.641 Mio. DM
Schmierstoffe	122 Mio. Liter	812 Mio. DM
Brennstoffe	20.000 Mio. kWh *	975 Mio. DM
Strom	5.456 Mio. kWh	1.244 Mio. DM

Quelle: BML 1998 * geschätzt

Bei den Treibstoffen entfallen rund 87 % des Verbrauchs auf Dieselkraftstoff. Der Brennstoffbedarf wird zu 98 % durch Heizöl gedeckt. Insgesamt belaufen sich die Ausgaben für Energieträger auf 5,7 Mrd. DM.

Ackerbau

Im Ackerbau entfällt der wesentliche Energieverbrauch auf Dieselkraftstoff für die eingesetzten Traktoren. Für die untersuchten Betriebe wurde ein durchschnittlicher Jahresverbrauch von 7.900 Liter Dieselkraftstoff ermittelt. Die Bandbreite beträgt 200 bis 87.000 Liter pro Betrieb. Hinzu kommt ein geringer Anteil für feststehende Dieselantriebe von Förderbändern.

In Abbildung 4.10-1 ist der Kraftstoffverbrauch pro Betriebsstunde (Bh) und Motorleistung dargestellt. Die Datengrundlage bilden Angaben zu ca. 80 Mähdreschern und zu 410 Traktoren. Der spezifische Kraftstoffverbrauch von Dieselmotoren liegt im Nennpunkt bei ca. 0,18 l/(Bh*PS) und im Leerlauf bei ca. 0,007 l/ (Bh * PS). Aufgrund von Leerlaufzeiten liegt der spezifische Verbrauch bei Traktoren und Mähdreschern hauptsächlich im Bereich von 0,03 bis 0,1 l/(Bh*PS). In Abbildung 4.10-2 ist die Häufigkeitsverteilung der Motorleistung von Traktoren und Mähdreschern dargestellt. Traktoren haben übliche Motorleistungen von 50 bis 100 PS, bei Mähdreschern liegt die Leistung bei 75 bis 150 PS.

Abbildung 4.10-1: Spezifischer Kraftstoffverbrauch von Traktoren und Mähdreschern

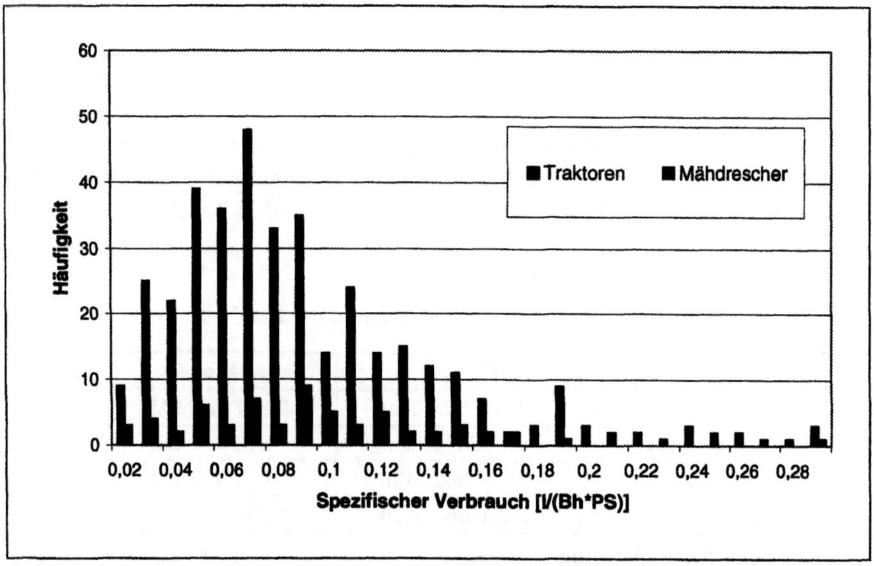

Nach Abbildung 4.10-3 werden Traktoren ca. 20 Jahre lang, zumindest als Reserve, genutzt. Erst dann werden sie langsam ausgemustert. Bei den Mähdreschern sind die Stückzahlen zu gering, um diesbezüglich Aussagen zu treffen.

Bei den Treibstoffverbräuchen für die einzelnen Arbeitsgänge (Tabelle 4.10-6) kann man feststellen, daß insbesondere das Pflügen und die Arbeitsschritte des Erntens sehr verbrauchsintensiv sind. Lade- und Transportvorgänge liegen in einem sehr weiten Verbrauchsspektrum und sind stark von der angebauten Fruchtart abhängig.

Im Bereich des Ackerbaus ist, wenn man vom Treibstoffverbrauch absieht, als einzige nennenswerte Verbrauchsquelle die Trocknung von Getreide zu nennen. Aufgrund der mangelnden Angaben kann der Energieverbrauch hierfür nicht quantifiziert werden. Zusätzlich ergibt sich die Schwierigkeit, daß die Zahl der gewerblich hergestellten Heutrocknungsanlagen nicht genau bekannt ist. Es ist davon auszugehen, daß ein großer Anteil solcher Anlagen als Eigenbau unter Verwendung handelsüblicher Warmluftgebläse errichtet wurde. Der Einsatz ist im wesentlichen auf den norddeutschen Raum beschränkt. Die Laufzeiten der Anlagen variieren sehr stark mit den Witterungsbedingungen während der Erntezeit.

Abbildung 4.10-2: Motorleistung von Traktoren und Mähdreschern

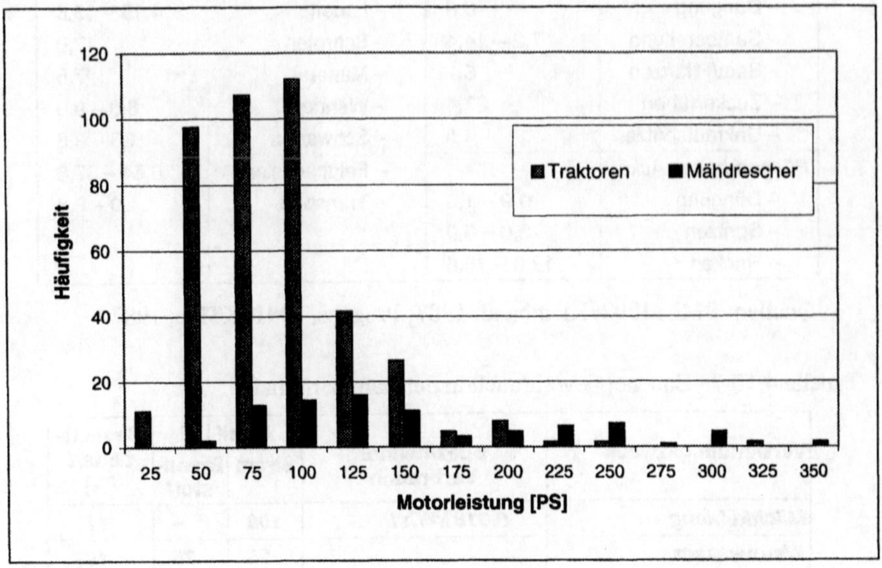

Abbildung 4.10-3: Bauraltersverteilung von Traktoren und Mähdreschern

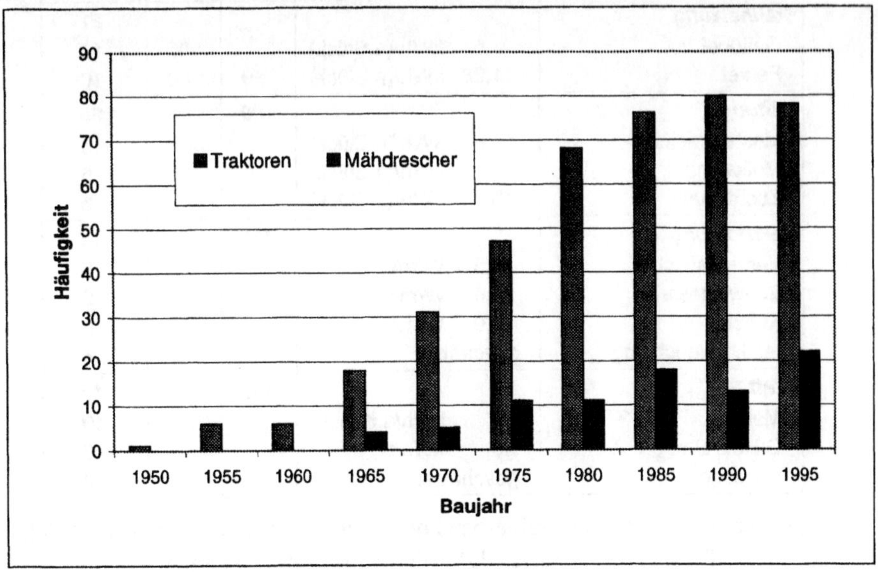

Tabelle 4.10-6: Treibstoffverbrauch einzelner Arbeitsgänge

	Liter je Hektar		Liter je Hektar
Stoppelbearbeitung	13,6	*Ernte*	
Pflügen	34,9 – 36,3	– Drusch	12,0
Bestellung		– Roden	51,0 – 73,8
– Düngung	6,6	– Laden	4,15 – 13,6
– Saatbereitung	7,2 – 14,4	– Schroten	17,0
– Saat/Pflanzen	5,7	– Mähen	7,6
– Zuckerrüben	27,4	– Wenden	6,0 – 9,0
– Unkrautspritzen	1,5	– Schwaden	1,8 – 3,6
Pflegearbeiten Acker		– Feldhächsler	6,64 – 37,8
– Düngung	0,9 – 1,8	– Transport	1,0 – 8,8
– Spritzen	3,0 – 6,0		
– Hacken	12,0 – 16,6		

Quellen: BML, 1992; Kleinhanß, 1987; Prognos, 1991; KTBL, 1987

Tabelle 4.10-7: Endenergieverbrauch in der Landwirtschaft

Verwendungszweck	**Spezifischer Verbrauch**		**Anteil [%]**		**Gesamtbedarf [%]**
			Strom	**Brennstoff**	
Milchkühlung	***0,018 kWh/l***		***100***	**–**	***11***
Warmwasser			***25***	***75***	***19***
– Euterbrause	72	kWh/(d Kuh)			9
– Kälbertränke	54	kWh/(a Stück)			6
– Reinigung Milchleitungen	0,76	kWh/(d 100m)			4
Stallheizung					***21***
– Geflügel	1,51	kWh/(a Stück)		100	11
– Ferkel	11,28	kWh/(a Stück)	20	80	10
Lüftung			***100***	**–**	***20***
– Mastschweine	11,6	kWh/(a Stück)			10
– Melkstand	50	kWh/(a Stück)			5
– Zuchtsauen	75	kWh/(a Stück)			5
Beleuchtung			***100***	**–**	***13***
– Verkehrsfläche	2,5	W/m^2			5
– Schweinestall	4,0	W/m^2			2
– Kuhstall	4,0	W/m^2			2
– restl. Beleuchtung	geschätzt				4
Kraft			***100***	**–**	***17***
– Melken	80	kWh/a Kuh			10
– Gülle: Kühe	20	kWh/t			3
– Sonstige	geschätzt				4

Quellen: BML 1992; Zentralverband der Deutschen Geflügelwirtschaft 1992; Prognos 1991; HEA 1991; AEL verschiedene Jahrgänge

Viehhaltung

In der Viehhaltung existieren, im Unterschied zum Ackerbau mit seinem hohen Treibstoffverbrauch, mehrere Schwerpunkte im Endenergieverbrauch. Das aus den Daten der Breitenerhebung errechnete Verhältnis von Strom- und Brennstoffverbrauch unterscheidet sich jedoch von anderen Untersuchungen. Während der Gesamtbedarf hier zu rund drei Vierteln von den Brennstoffen gedeckt wird, bewerten andere Studien (Prognos 1991) den Brennstoffanteil mit lediglich 20 %. Ein Grund hierfür ist sicherlich auch die Tatsache, daß es sich bei den Betrieben der Breitenerhebung nicht um reine Viehhaltungsbetriebe handelt und eine Zuordnung der Energieanteile aufgrund der Angaben in den Fragebögen schwierig ist. Wesentliche Energieverbraucher in der Viehhaltung sind die Bereiche Lüftung, Warmwasser (z. B. Reinigung der Milchleitungen und Milchkühlbehälter, Kälbertränke, Reinigung der Ferkelställe), Stallheizung sowie Beleuchtung.

4.10.4 Potentiale der rationellen Energienutzung

Ackerbau

Einsparpotentiale in technischer und organisatorischer Hinsicht sind im Ackerbau beim Einsatz von Traktoren und Bodenbearbeitungsgeräten vorhanden. Dort besteht ein Einsparpotential in der Größenordnung von 30 %. Dieses Potential resultiert aus Möglichkeiten der Energieeinsparung am Traktor, aus der Verbesserung der Zuordnung von Traktor zu Bodenbearbeitungsgerät hinsichtlich des Energiebedarfs und aus energiesparenden Maßnahmen am Bodenbearbeitungsgerät und -verfahren.

Möglichkeiten der Energieeinsparung am Traktor:

- Das bedeutendste Potential zur Energieeinsparung liegt in dem *effizienten Einsatz der Traktoren*, d. h. ein älterer Traktor kann effizient eingesetzt eine größere Ersparnis bringen als ein mit neuerer Technik ausgestatteter Traktor, der nicht optimal betrieben wird.
- Bei der *Neuanschaffung von Traktoren* sollte nicht nur die Leistung, sondern auch der Kraftstoffverbrauch berücksichtigt werden. Um Laufwerkverluste durch Schlupf und Rollwiderstand zu vermeiden, sollte beim Kauf vor allem auf Allradantrieb, die Reifen und deren Konstruktion sowie das Leistungsgewicht, d. h. Gewicht je Leistungseinheit, geachtet werden.
- Immer anzuwenden sind Maßnahmen wie *ständige Wartung und Pflege* (z. B. Reinigen und Wechseln der Filter, Reinigen der Ventile usw.), rechtzeitiges Schalten in höhere Gänge und ein den Bodenverhältnissen angepaßter Reifendruck.

- Für den *Kraftstoffverbrauch* kann allgemein die Aussage gemacht werden, daß der optimale Verbrauch bei einer Nenndrehzahl von 60-80 % bzw. einer Nennleistung von 70–90 % liegt. Einschränkend dazu gilt allerdings, daß es oft für eine optimale Zuordnung von Traktor zu Bodenbearbeitungsgerät notwendig ist, daß der Traktor mit der vollen Nenndrehzahl gefahren wird. Für einen geringstmöglichen Kraftstoffverbrauch ist auch die Verringerung des Rollwiderstandes (ein den Bodenverhältnissen angepaßter Reifendruck, nach Möglichkeit auf trokkenem und festem Boden arbeiten, Einsatz von Radialreifen auf trockenen Böden und Hochstollenreifen bei nassen Böden, sofern der Boden dies zuläßt) und des Schlupfes (Ballastierung des Traktors durch Zusatzgewichte und durch Wasserfüllung in den Reifen, Kontrolle des tatsächlich auftretenden Schlupfes durch Zeitmessung oder Schlupfmeßeinrichtungen) eine wesentliche Einflußgröße.

Der Energieverbrauch der Kombination Traktor und Bodenbearbeitungsgerät wird im wesentlichen davon bestimmt, wie die beiden Aggregate leistungsmäßig aufeinander abgestimmt sind. Darin liegt das größte Einsparpotential. Folgende Maßnahmen zur Verbesserung der Zuordnung zwischen Traktor und Bodenbearbeitungsgerät sind möglich:

- Die *Motorleistung des Traktors* kann unter Ausschaltung des Laufwerks mittels einer Zapfwelle direkt auf das Gerät übertragen werden. Diese Maßnahme ist inzwischen in den alten Bundesländern Stand der Technik, wird aber in den neuen Bundesländern kaum angewendet, da zapfwellengetriebene Geräte ab einer gewissen Größenordnung nicht mehr eingesetzt werden können.
- Die *Traktorenleistung* sollte bei gezogenen Geräten über die Variation der Arbeitsgeschwindigkeit und der Arbeitsbreite optimal ausgenutzt werden.
- Das *Gewicht des Traktors* sollte auf das Gerät abgestimmt werden.

Grundsätzlich gilt für eine energiesparende Arbeitsweise, daß die Zahl der Arbeitsgänge möglichst gering gehalten (Kombination von Arbeitsgängen der Bodenbearbeitung und -bestellung, d. h. die gleichzeitige Durchführung mehrerer Arbeitsgänge, wie z. B. die Kombination von Kreiselegge und Drillmaschine) und der Pflug so wenig wie möglich eingesetzt werden sollte. Die pfluglose Bodenbearbeitung führt zu einer nachgewiesenen Treibstoffeinsparung von 25 l/ha. Im Idealfall wird eine Direktsaat durchgeführt, durch die ein Maximum an Energieeinsparung von bis zu 60 % erreichbar ist. Diese Methode ist jedoch in Deutschland noch wenig verbreitet, da einerseits Spezialmaschinen dazu notwendig sind und andererseits die Anwendbarkeit von der Bodenstruktur abhängt, also eine Standortfrage darstellt. Ein weiterer Vorteil der Zusammenlegung dieser verschiedenen Arbeitsgänge liegt in der Arbeitszeitersparnis.

Viehhaltung

Die Einsparpotentiale in der Viehhaltung liegen bei den Lüftungs- und Heizungssystemen.

Im Bereich der Lüftungstechnik läßt sich in der Schweinemast und der Rinderhaltung durch Firstbelüftungsverfahren die Energie für die Ventilatoren einsparen. Dies ist jedoch in vielen Fällen nur durch einen Stallneubau oder aufwendige Umbaumaßnahmen zu realisieren, so daß sich das Einsparpotential erst langfristig ergibt. Dann aber sind Einsparungen von 80 bis 90 % zu erwarten. So wurde beispielsweise durch den Einbau einer Schwerkraftentlüftung (Monoschacht) im Vergleich zu Unterdruckentlüftung der Energieverbrauch in einem Schweinestall mit 600 Mastplätzen von etwa 5.100 kWh auf ca. 300 kWh gesenkt (Heidenreich 1996). Hierbei ist jedoch anzumerken, daß eine reine Schwerkraftentlüftung emissionsrechtlich problematisch ist, da unter ungünstigen Rahmenbedingungen vorgegebene Luftwechselraten nicht immer sicher eingehalten werden können.

Bei der Zwangsbelüftung mit Ventilatoren kann durch eine entsprechende Motorensteuerung ebenfalls Strom eingespart werden. Dieses Potential ist von großer Bedeutung, weil die im Sommer benötigten Luftwechselraten bis zum Zehnfachen über denen im Winter liegen. Da die Leistung der Ventilatoren auf diese Spitzenwerte ausgelegt sein muß, führt dies über weite Bereiche des Jahres zu einem Teillastbetrieb. Elektronisch kommutierte Motoren mit Frequenzumrichtern haben im Vergleich zu den heute noch üblichen Asynchronantrieben mit Phasenanschnittsteuerung eine deutlich geringere Leistungsaufnahme. Die höheren Investitionskosten amortisieren sich aufgrund des hohen Anteils des Teillastbetriebs i. d. R. innerhalb von drei Jahren. Häufig ist auch die Transformation (Spannungsregelung durch einen Transformator) besser als eine Phasenanschnittsteuerung. Aber auch dieses Verfahren ist der Frequenzumrichtung im Teillastbereich deutlich unterlegen (Niethammer 1996; Landwehr, 1997).

Im Bereich der Milchkühlung und Stallbelüftung kann man über Wärmepumpen/Wärmerückgewinnung die Abwärme z. B. für die Warmwasserbereitung nutzen. In Großbetrieben ist dies Stand der Technik, so daß das noch bestehende Potentiale hauptsächlich in kleineren Betrieben zu finden ist. In Betrieben, in denen noch keine Wärmepumpe oder Wärmerückgewinnung installiert ist, wird dieses Einsparpotential auf bis zu 20 % geschätzt.

Durch energieeffiziente Heizungssysteme (Ferkelzucht, Schweinemast und Geflügelzucht) können ebenfalls Energiesparpotentiale realisiert werden. In der Schweinemast und in der Ferkelzucht sind in großen Ställen Heißwasser-Bodenheizungen eine sinnvolle Alternative, da sie einerseits eine sehr gleichmäßige Wärmeverteilung garantieren und andererseits keine hohen Strömungsgeschwindigkeiten verursachen, wie z. B. eine Gaskanone. Diese neuen Techniken ermöglichen gegenüber den bisher häufig eingesetzten Elektroinfrarotstrahlern eine Energieeinsparung von ca. 50 % und gegenüber den gasbetriebenen Heizstrahlern eine Einsparung um 25 bis 35 %. Elektrische Bodenheizungen sind im Endenergieverbrauch zwar noch etwas besser und i. d. R. auch einfacher zu installieren, primärenergetisch ist jedoch die brennstoffbetriebene Heizung deutlich günstiger, da bei der Elektroheizung der Umwandlungswirkungsgrad des stromliefernden Kraftwerks zu berücksichtigen ist. Weiterhin gilt, daß die Kilowattstunde Strom i. d. R. das 5 bis 7-fache einer Kilowattstunde Brennstoff zur Warmwasserbereitung kostet (Schulte-Sutrum 1996; de Baey-Ernsten 1995).

Außerdem lassen sich durch eine verbesserte Dämmung noch Energieeinsparungen erzielen. Hier ist nur mit einer langfristigen Umsetzung zu rechnen, da diese Maßnahme mit einem Neubau oder einem aufwendigen Umbau verbunden ist. Das zu realisierende Potential ist stark vom Ausgangszustand abhängig, so das im Einzelfall durchaus bis zu 30 % der Heizenergie eingespart werden können.

In der Landwirtschaft besteht ein relativ großes Potential der Einsparung fossiler Brennstoffe durch Energieträgersubstitution, insbesondere durch erneuerbare Energiequellen. Als wichtigste alternative Energiequellen kommen Sonnenkollektoren, Windenergie und Photovoltaik (derzeit jedoch noch nicht wirtschaftlich) in Betracht. Wegen der in der Landwirtschaft typischen Gebäudestruktur treten räumliche Probleme bei der Installation von Anlagen zur Energiegewinnung nicht auf. Daher erklären sich die recht hohen Anteile alternativer Energieträger für zukünftige Potentiale, um herkömmliche Energieträger zu ersetzen. Da die Energie zur Milchkühlung wohl weiterhin über elektrische Aggregate zur Verfügung gestellt wird, ist hier Wind und KWK an erster Stelle zu nennen. Insgesamt hängt die Realisierung solcher Maßnahmen von der Wirtschaftlichkeit ab; auch scheint die Akzeptanz bislang gering (jeweils weniger als 2 % der untersuchten Betriebe der Breitenerhebung nutzen diese Maßnahmen).

4.10.5 Durchführung energiesparender Maßnahmen und Hemmnisse

Den Befragten in der Landwirtschaft wurden insgesamt 26 – davon 16 branchenspezifische und 10 branchenübergreifende – energiesparende Maßnahmen genannt. Davon haben 48 % der Betriebe bis zu 10 und die übrigen mehr als 10 Maßnahmen realisiert, womit sie im Vergleich mit anderen Branchen relativ gut abschneiden (Abbildung 4.10-4). Allerdings betrafen einige abgefragte Maßnahmen nur die Viehhaltung und andere nur den Ackerbau; in den meisten Betriebe sind jedoch beide Sparten vertreten. Im Durchschnitt wurden 18 Maßnahmen als möglich bezeichnet.

Von den Maßnahmen zur Einsparung von Heizkosten (Wärmedämmung) wurden von jeweils knapp 40 % der Einbau besserer Fenster, die Wärmedämmung des

Daches bzw. der Außenwände durchgeführt. Von weiteren Möglichkeiten zur Raumwärmeeinsparung wie Außentemperatursteuerung, Nacht- und Wochenendabsenkung wurden in der Landwirtschaft von 31 bis 37 % genutzt; eine Helligkeitssteuerung haben 10 % der Betriebe. Insgesamt wurden die branchenspezifischen Maßnahmen wesentlich häufiger durchgeführt als die branchenübergreifenden, wobei die Energiesparaktivität mit der Betriebsgröße etwas zunimmt (Abbildung 4.10-5). Nach Sparten – Ackerbau und Viehhaltung – zeigt sich kein Unterschied.

Abbildung 4.10-4: Häufigkeit durchgeführter Maßnahmen in der Landwirtschaft

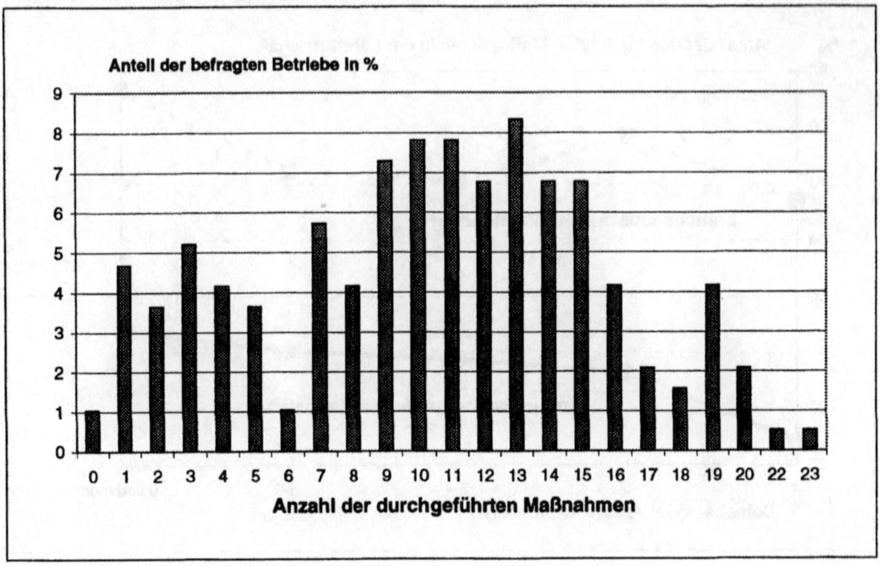

Von den Maßnahmen im Bereich des Ackerbaus (Maschineneinsatz und Bodenbearbeitung) wurde hinsichtlich des Maschineneinsatzes vornehmlich die optimale Abstimmung von Traktor und Anbaugeräten von 93 % aller Betriebe, die Anpassung des Reifendrucks an die Bodenverhältnisse von 90 %, die Verwendung zapfwellengetriebener Bodenbearbeitungsgeräte von 83 % sowie die Erhöhung des Kraftschlusses durch Zusatzgewichte von 74 % durchgeführt.

Hinsichtlich der Bodenbearbeitung wurde die Kombination mehrerer Arbeitsgänge (z. B. Oberflächenbehandlung und Aussaat in einem Arbeitsgang) von 79 % der Betriebe, die Verringerung der Bearbeitungsintensität durch Grubbern statt Pflügen von 75 % sowie die Verminderung der Bearbeitungstiefe (z. B. flacheres Pflügen) von 70 % durchgeführt.

Von den Maßnahmen im Bereich der Viehhaltung wurden eine zusätzliche Wärmedämmung der beheizten Ställe von 43 % sowie die Firstbelüftung der Ställe (anstelle von bzw. zusätzlich zu Ventilatoren) von 34 % der befragten Betriebe durchgeführt.

82 % der Betriebe überprüfen mindestens einmal im Jahr ihren Energieverbrauch bzw. die Rechnungen, 53 % verwenden abgelesene Werte zur Stromverbrauchskontrolle. 7 % geben an, daß sie Lastmanagement durchführen, und ebenso viele haben eine Blindstromkompensationsanlage.

Abbildung 4.10-5: Energiesparaktivität in der Landwirtschaft

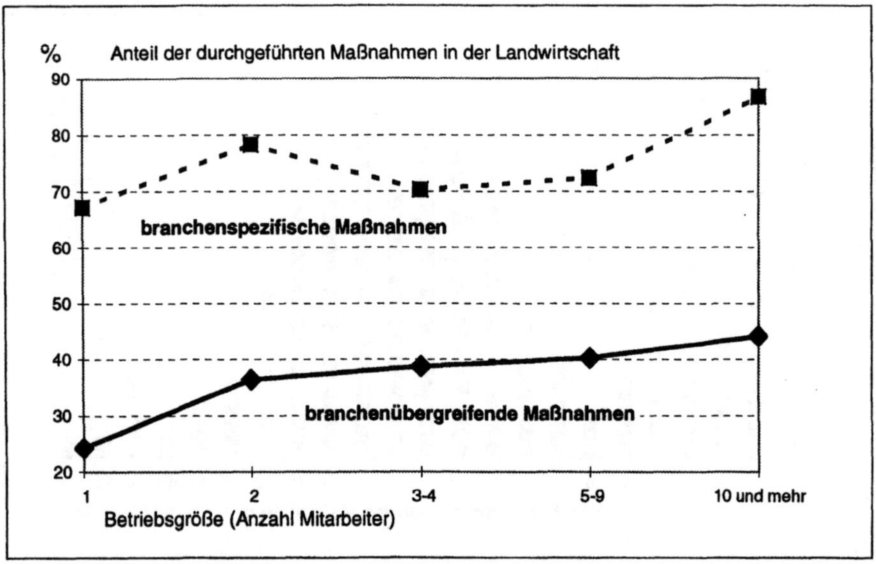

44 % der Betriebe haben keine Vorstellung über die Aufteilung des Energieverbrauchs für einzelne Verwendungszwecke. Knapp ein Viertel der Betriebe – und damit der zweithöchste Anteil bei den befragten produzierenden Branchen –nahm schon einmal eine Energieberatung in Anspruch, in mehr als drei Viertel der Fälle zu Tariffragen. 21 % der Betriebe wurden schon einmal auf energietechnische Schwachstellen hin untersucht.

30 % der Betriebe hat Maßnahmen zur Brennstoff- und 27 % zur Stromeinsparung durchgeführt und konnte die erzielten Einsparungen quantifizieren. Rund 7–8 % gaben realisierte Einsparungen von über 20 % an. Viele Betriebe halten das Einsparpotential bei Brennstoffen und bei Strom für ausgeschöpft (46 bzw. 45 %); rund 12 % glauben jeweils, daß sie noch mehr als 20 % bei Brennstoffen einsparen können, bei Strom sind dies nur 8 %.

Als Gründe, die sich hemmend auf die Durchführung von energiesparenden Maßnahmen auswirken, gelten vorwiegend die Ansichten, daß neue Gebäude bzw. Maschinen heute energietechnisch optimal seien (79 %), daß die Entwicklung der Energiekosten ungewiß sei (72 %), daß die verfügbaren Mittel in wichtigere Investitionen fließen müßten und man zu wenig Zeit habe (54 %). Ein besonderer Aspekt ist die hohe Abhängigkeit der Landwirtschaft von der deutschen und europäischen Agrarpolitik. Hierdurch entstehen große Unsicherheiten, die langfristige Investitionen riskant machen. Gerade im Zusammenhang mit der EU-Osterweiterung (Stichwort: Agenda 2000 zur Neuordnung der EU-Agrarpolitik) werden langfristige Planungsansätze, wie sie die rationelle Energienutzung benötigt, quasi unmöglich gemacht.

Insgesamt sind die bestehenden Hemmnisse beim Ackerbau etwas niedriger als bei der Tierhaltung (Tabelle 4.10-8).

Tabelle 4.10-8: Anzahl der zutreffenden Hemmnisse

Anzahl der genannten Hemmnisse		**0**	**1**	**2**	**3**	**4**	**≥ 5**	**Ø**
Ackerbau		2	11	14	12	15	9	2,9
Tierhaltung:	Rindvieh	3	9	8	18	15	7	2,9
	Schweine	–	5	8	15	12	7	3,2
	Geflügel	–	2	4	4	9	3	3,3
Summe		5	27	34	49	51	26	3,0

4.11 Gartenbau

4.11.1 Charakteristik der Branche

Es ist schwierig, eine eindeutige Abgrenzung zwischen Gartenbaubetrieben und Landwirtschaft zu finden. Eine Reihe von Betrieben verfügen, zusätzlich zu den Gartenbauflächen, über landwirtschaftlich genutzte Flächen. Außerdem existieren einige Betriebe, die keinen eigenen Anbau, sondern lediglich Handel betreiben. Der Gartenbauerhebung 1994 (Statistisches Bundesamt 1996b) zufolge werden Betriebe mit Anbau von Gartenbauerzeugnissen zum Verkauf wie folgt eingeteilt:

- Gartenbaubetriebe mit Landwirtschaft: 50 bis 75 % der Betriebseinnahmen stammen aus Gartenbau, Handel oder Dienstleistungen; dies sind 31.662 Betriebe mit 112.376 ha gärtnerischer Nutzfläche (GN).
- Reine Gartenbaubetriebe: 75 % oder mehr der Betriebseinnahmen stammen aus Gartenbau, Handel oder Dienstleistungen (5.101 Betriebe; 24.082 ha GN).
- Landwirtschaftliche Betriebe mit Gartenbau: Unter 50 % der Betriebseinnahmen stammen aus Gartenbau, Handel oder Dienstleistungen (16.258 Betriebe; 40.813 ha GN).

Die gärtnerische Nutzfläche umfaßt die Flächen, auf denen Obst, Gemüse, Blumen und Zierpflanzen, Baumschulerzeugnisse sowie Gartenbausämereien auf dem Freiland, in Gewächshäusern oder auf Frühbeeten angebaut wird. Die GN ist Teil der landwirtschaftlich genutzten Fläche.

Aus Tabelle 4.11-1 ist die Verteilung der Gewächshaus- und Frühbeetfläche für 1994 ersichtlich. Die Anzahl der Beschäftigten betrug 1994 rund 273.000.

Tabelle 4.11-1: Gewächshaus- und Frühbeetfläche in Deutschland 1994

	Fläche [ha]
Unterglasbauten / Gewächshäuser	2.535
Obst, Freilandgemüse und Mehrspartenbetriebe	1.138
Baumschulen / Baumschulenerzeugnisse	196
Dienstleistungen (Friedhofsgärtnereien/Grabpflege)	164
Summe	4.033

Quelle: eigene Hochrechnung

4.11.2 Untersuchte Betriebe

Im Rahmen der Breitenerhebung wurden 60 Betriebe des Gartenbaus (davon 23 in den NBL) befragt. Die untersuchten Betriebe werden ausschließlich den reinen Gartenbaubetrieben mit Schwerpunkt Erzeugung zugerechnet. Es wurden 21 Betriebe mit 1 bis 4 Beschäftigten, 29 mit 5 bis 9 Beschäftigten, 7 mit 10 bis 19 Beschäftigten und 3 Betriebe mit mehr als 19 Beschäftigten befragt. Die Betriebe hatten folgende Tätigkeitsschwerpunkte:

- Unterglasbauten/Gewächshäuser (42 Betriebe)
- Mehrspartenbetriebe (8 Betriebe)
- Dienstleistungen wie z. B. Friedhofsgärtnereien/Grabpflege (5 Betriebe)
- Baumschulen/Baumschulerzeugnisse (2 Betriebe)
- Obst (2 Betriebe)
- Freilandgemüse (1 Betrieb).

Die Auswertung bezieht sich im wesentlichen auf die energieintensiven Betriebe mit Unterglasbauten und Gewächshäusern. Als Bezugsgröße für den Verbrauchskennwert wird die Unterglasfläche (UGF) verwendet. Die UGF setzt sich aus den Anteilen der beheizten Unterglasfläche und Rollglashäusern sowie dem Niedrigglas (Frühbeete) zusammen. Die Frühbeete werden nicht beheizt. Die untersuchten Betriebe gaben den beheizten Anteil mit annähernd 100 % an. Sonstige landwirtschaftliche oder gärtnerische Nutzflächen sind teilweise in geringfügiger Größe vorhanden, finden jedoch für die energetische Auswertung keine Berücksichtigung.

Die durchschnittliche Größe der Unterglasfläche beträgt 1.650 m^2. Die Bandbreite reicht von 50 bis 34.000 m^2, wobei sich die Größenklassen wie folgt aufteilen:

- 45 % der Betriebe unter 1.000 m^2
- 29 % zwischen 1.000 und 1.999 m^2
- 26 % über 2.000 m^2.

Der Anbau der Pflanzen erfolgt bei 82 % der Betriebe auf feststehenden Tischen, bei 45 % am Boden und bei 28 % auf Rolltischen. Zur Schattierung nutzen 52 % der Betriebe Innenschattierung, 40 % Mattenabdeckungen, 22 % Rollschattierung und 30 % weißeln oder kalken ihre Glasflächen.

4.11.3 Energieverbrauchsschwerpunkte

Im Gartenbau existiert mit der Beheizung der Gewächshäuser ein ausgeprägter Energieverbrauchsschwerpunkt: Die Energiekosten können einen Umsatzanteil von bis zu 25 % erreichen (in Einzelfällen bis 40 %). Nach eigener Einschätzung der Betriebe beträgt der Energiekostenanteil durchschnittlich 8,7 % vom Jahresumsatz. Der Hauptenergieträger für die Beheizung von Gewächshäusern ist Heizöl. Für die in der Breitenerhebung befragten Betriebe ergeben sich die in Tabelle 4.11-2 ausgewiesenen durchschnittlichen absoluten sowie auf die Unterglasfläche bezogenen Jahresverbrauchswerte.

Tabelle 4.11-2: Brennstoff- und Stromverbrauch der untersuchten Betriebe

	Brennstoffverbrauch*		**Stromverbrauch***	
	[kWh/a]	[kWh/a m^2 UGF]	[kWh/a]	[kWh/a m^2 UGF]
Mittelwert	267.250	260	16.350	35
Bandbreite	8.600 – 816.150	10 – 520	1.600 – 62.350	10 – 150

* Mehrfachnennungen waren möglich

In der Literatur (Weber 1991) wird unter schweizerischen Klimabedingungen und Betriebstemperaturen von 18 °C (Tag) bzw. 16 °C (Nacht) von einem durchschnittlichen Energieverbrauch von 280 kWh pro m^2 und Jahr für ein gut isoliertes Gewächshaus ausgegangen. Dieser Wert deckt sich unter Berücksichtigung der klimatischen Rahmenbedingungen gut mit den Angaben der Breitenerhebung. Somit kann angenommen werden, daß die Brennstoffe im wesentlichen zur Beheizung der Gewächshäuser eingesetzt werden.

Der Stromverbrauch macht ca. 6 % des Energieeinsatzes (ohne Treibstoffe) aus. Einen großen Anteil am Stromverbrauch hat die Gewächshausbeleuchtung. Typische Beleuchtungsstärken und Leistungen werden in Tabelle 4.11-4 (AEL 1992a) genannt.

Tabelle 4.11-3: Gewächshausmaterial (Eindeckung) und Art der Heizungsanlage der untersuchten Betriebe (Mehrfachnennungen möglich)

Gewächshausmaterial		**Heizung**	
Einfachverglasung	82 %	Warmluftheizung	52 %
Doppelverglasung	22 %	Hohe Rohrheizung/Übertischrohrheizung	72 %
Kunststoffolie	35 %	Untertischanlage	45 %
Kunststoffplatten	22 %	Bodenwarmwasserheizung	15 %
Sonstige	8 %	Vegetationsheizung	17 %
		Sonstige	5 %

Tabelle 4.11-4: Beleuchtungsstärken und Leistungen im Gartenbau

Raumart	**Mittlere Beleuchtungsstärke [Lux]**	**Zu installierende Leistung [W/m²]**		**Empfohlene Lampenart***
		Leuchtstofflampe	**Glühlampe**	
Gewächshäuser				
• Allgemeinbeleuchtung	15 – 30	1 – 2	3 – 6	L
• Verbinder und Hauptwege	30 – 60	2 – 3	8 – 10	
Heizräume, Heizzentralen	50 – 100	3 – 6	10 – 22	L
Arbeitsräume				
• Allgemeinbeleuchtung	50 – 100	3 – 6	10 – 22	L
• Arbeitsplatzbeleuchtung	300 – 500	12 – 20		L
Kühlräume, Garagen, Maschinenschuppen, Lagerräume	20 – 50	2 – 3	6 – 10	G/L
Werkstatt				
• Allgemeinbeleuchtung	200	4 – 5		L
• Arbeitsplatzbeleuchtung	500	20		G/L
Spezialräume, Duschen, Waschräume	100	6	22	L
Hofräume	10 – 20	0,5 – 1	2 – 4	L Hochdrucklampe
Verkaufsräume	300 – 500	10 – 20		L
Schaufenster				
• bei Beleuchtung am Tage	> 1.000	50	75 – 150	HMD, HG
• zusätzliche Beleuchtung an trüben Tagen und abends	500 – 100	17 – 45	50 – 100	L, HMD, HG
• Hervorheben von Blumenpartien				
– in belebter Lage	1.200 – 1.500	–	10 – 40	HMD, HG
– in ruhiger Lage	600 – 800			
Blumenbinderaum	300 – 500	10 – 17		L
Verkaufsgewächshäuser	300 – 500	10 – 20		L

* L = Leuchstofflampen; G = Glühlampen; HMD = Halogen-Metalldampflampen; HG = Halogenglühlampen

Insgesamt verteilt sich der Stromverbrauch folgendermaßen:

Beleuchtung Gewächshäuser und Verkaufsräume	40 %,
Kraft (mechanischer Energiebedarf)	20 %,
Prozeßwärme	20 %,
Prozeßkälte	10 %,
Kommunikation	10 %.

Weiterhin geben die Betriebe die jährliche Fahrleistung aller Fahrzeuge (Pkw, Lkw) mit durchschnittlich 52.500 km an. Für die eingesetzten Traktoren wird der jährliche Kraftstoffverbrauch mit ca. 3.000 l/Betrieb angegeben.

4.11.4 Potentiale der rationellen Energienutzung

Zur Reduzierung des Energiebedarfs in Gewächshäusern kommen im wesentlichen vier Möglichkeiten in Betracht (Weber 1991):

- *Nachtabdeckungen*: Es handelt sich um Vorhänge, z. B. aus blanken oder aluminisierten Plastikbahnen, die waagerecht unter dem Dach und manchmal auch auf der Innenseite der Seitenwände ausgespannt werden (Energieschirme). Je nachdem, ob man diese Abdeckungen exakt bei Einbruch der Dunkelheit schließt und bei Tagesanbruch wieder öffnet oder ob man als Schließ- und Öffnungskriterium eine gewisse Tageslichtstärke festlegt, spart man pro Jahr zwischen 25 und 40 % der Heizenergie.

- *Beschichtetes Glas für die Dächer zur Verringerung der Wärmeverluste*: Hierdurch können 25 bis 30 % der Heizenergie eingespart werden. Durch die Beschichtung wird die Lichtdurchlässigkeit etwas vermindert; dies kann durch eine leicht erhöhte Temperatur ausgeglichen werden, die durch die eingesparte Heizenergie bei weitem kompensiert wird.

- *Boden- oder Vegetationsheizung mit warmem Kühlwasser aus Kraftwerken und Industrieanlagen*: Mit einer solchen Niedertemperaturheizung läßt sich der Heizenergiebedarf um 17 % senken. Zwar sind dann die Wärmekosten gering, aber es fallen hohe Investitionen an, da eine Reserveheizung für den Ausfall der Abwärmequelle bereitgehalten werden muß. Insgesamt bringt die Investition keine geldliche Ersparnis, könnte jedoch bei Reinvestitionen ins Auge gefaßt werden.

- *Doppelverglasungen der Gewächshaus-Seitenwände*: Hierdurch spart man je nach deren Flächenanteil bis zu 10 % Heizenergie, da die Seiten wegen der senkrechten Stellung weniger abstrahlen als das mehr oder weniger horizontale Dach. Doppelverglasung für das Dach bringt wegen der verminderten Lichtdurchlässigkeit für manche Pflanzensorten Schwierigkeiten bei der Ausbeute.

Mit diesen vier Maßnahmen kann eine Senkung des Energieverbrauches um maximal zwei Drittel erreicht werden. Eine durchschnittliche Einsparung von 40 % durch Anwendung derartiger Maßnahmen erscheint möglich. Die Amortisationszeiten betragen je nach Brennstoffpreis und Temperaturniveau zwei Jahre und länger. Dabei sind auch mögliche Ertragseinbußen berücksichtigt.

Eine gute Übersicht über Energiesparmaßnahmen bei Gewächshäusern sowie eine Bewertung nach kurz- und langfristig anwendbaren Maßnahmen geben Angerer u. a. (1982). Teile dieser älteren Darstellung dürften auch heute noch Gültigkeit haben. Die organisatorischen Maßnahmen jedoch, die die Gewächshausbetreiber in Zeiten hoher Energiepreise durchgeführt haben, sind bei niedrigeren Energiepreisen häufig wieder aufgegeben worden. Dies betrifft insbesondere das Verhalten bei der Belüftung. Dagegen wurden bei der Gebäudedämmung viele der kurz- und mittelfristigen Maßnahmen von einem Großteil der Betriebe in verschiedenen Varianten realisiert und beibehalten. Wärmedämmaßnahmen erfolgten nach der Erhebung von Meißler/Krüger (1984) im wesentlichen durch zusätzliche Abdeckung. 278 (56 %) der 498 dabei befragten Betriebe beantworteten die Frage positiv, ob bis zum Zeitpunkt der Umfrage der Wärmeschutz verbessert wurde.

Zusätzlich planten 46 Betriebe Abdeckmaßnahmen für die Zukunft, so daß davon ausgegangen werden kann, daß hochgerechnet etwa 65 % aller Gewächshäuser heute mit zusätzlichen Abdeckmaterialien versehen sind. Weiterhin hatten 48 % der Betriebe vor dem Zeitpunkt der Umfrage die Heizungsanlagen verbessert oder erneuert oder planten eine derartige Änderung.

Für eine umfassendere Energieeinsparung ist es erforderlich, daß auch die langfristigen Maßnahmen umgesetzt werden. Diese erfordern in der Regel einen so hohen Kapitaleinsatz, daß sie nur im Zusammenhang mit anderen Investitionen (Neu- und Ersatzinvestitionen) durchgeführt werden. Zu diesen Maßnahmen gehören (Corsten 1991):

- Bauliche Veränderungen, wie die Verbindung einzelner Gewächshäuser zu sogenannten Blockbauten, bei denen das Verhältnis zwischen Grund- und Hüllfläche günstiger ist,
- Einbau von Doppelverglasungen oder von Stegdoppel- und -dreifachplatten aus Kunststoff,
- Verkürzung der Kulturzeit (durch CO_2-Düngung, Pflanzenbelichtung, Sortenwahl, Jungpflanzenzukauf) und die Einführung alternativer Kulturfolgen, bei denen in den Wintermonaten der geringste Wärmebedarf für die Pflanzen besteht,
- Automatisierung der Klimaregelung durch den Einsatz von Mikrocomputern,
- Einbau von pflanzennahen Vegetationsheizungen,

- Einsatz neuer energiesparender Technologien zur Wärmeerzeugung (Brennwertgeräte, Blockheizkraftwerke, Nutzung industrieller Abwärme, Solar- und Windenergie).

Durch den Einsatz von Brennwertkesseln kann die Bereitstellung von Nutzenergie mit einem wesentlich höheren Umwandlungswirkungsgrad erreicht werden. Die Jahresnutzungsgrade können für Erdgas von ca. 88 % auf über 100 % (bezogen auf den Heizwert) gesteigert werden. Da die Abgase relativ unproblematisch sind, können sie zur CO_2-Düngung der Pflanzen genutzt werden. Bei Brennwertkesseln auf Heizöl-Basis ist der zusätzliche Wirkungsgradgewinn geringer als beim Einsatz von Erdgas.

Blockheizkraftwerke sind besonders für den gärtnerischen Bereich interessant, da der Stromverbrauch hier zunimmt, insbesondere durch die Beleuchtung bei den Zierpflanzen (Roosen 1988). Zunehmende thermische Isolierung der Gewächshäuser führt ebenfalls dazu, daß die Pflanzen zu wenig Licht erhalten und künstlich beleuchtet werden müssen, wodurch das Verhältnis von Strom zu Brennstoffen ebenfalls ansteigt. Die thermische Leistung der BHKW ist in den Gewächshäusern absetzbar. Die elektrischen Anlagenleistungen liegen zwischen 50 und 250 kW und fallen daher nicht unter die TA-Luft (ab 1 MW Feuerungsleistung). Zumindest für diejenigen Betriebe, welche für Beleuchtungszwecke zusätzlich Strom benötigen (ca. 25 % der Betriebe mit Zierpflanzen), sind BHKW interessant. Bei den übrigen hängt die Wirtschaftlichkeit von der Einspeisevergütung ab.

Die regenerativen Energieträger wie Sonnen-, Wind- und geothermische Energie haben ebenfalls Anwendungsmöglichkeiten, die aber auf bestimmte Regionen beschränkt sind. Die thermische Energie für die Gewächshausheizung kann nur schwer aus Kollektoren gewonnen werden; hierzu müßten zusätzliche Flächen zur Verfügung stehen, da die Montage auf den Gewächshäusern nicht möglich ist (Tageslichtnutzung).

Weitere Maßnahmen betreffen den organisatorischen Bereich. Um die CO_2-Zufuhr zu den Pflanzen zu gewährleisten und um die Luftfeuchtigkeit zu regeln, bleiben die Lüftungsklappen der Gewächshäuser häufig oder dauernd offen. Diese Praxis kostet im Sommer 20 % und im Winter sogar 60 % mehr an Heizenergie. Durch angepaßte Belüftungspraxis und durch den Einsatz von Wärmepumpen, welche der Luft Wärme entnehmen und deren Feuchtigkeitsgehalt dadurch verringern, können diese Verluste reduziert werden. Das letztgenannte Verfahren ist allerdings noch nicht wirtschaftlich.

4.11.5 Durchführung energiesparender Maßnahmen und Hemmnisse

Den Befragten in Gartenbaubetrieben wurden insgesamt 24 – davon 18 branchenspezifische und sechs branchenübergreifende – energiesparende Maßnahmen genannt. Davon haben 45 % mindestens die Hälfte realisiert, womit sie im Vergleich mit anderen Branchen relativ gut abschneiden (Abbildung 4.11-1). Allerdings sind nicht in allen Betrieben alle diese Maßnahmen realisierbar; im Durchschnitt wurden 18 Maßnahmen als möglich bezeichnet.

Abbildung 4.11-1: Häufigkeit durchgeführter Maßnahmen im Gartenbau

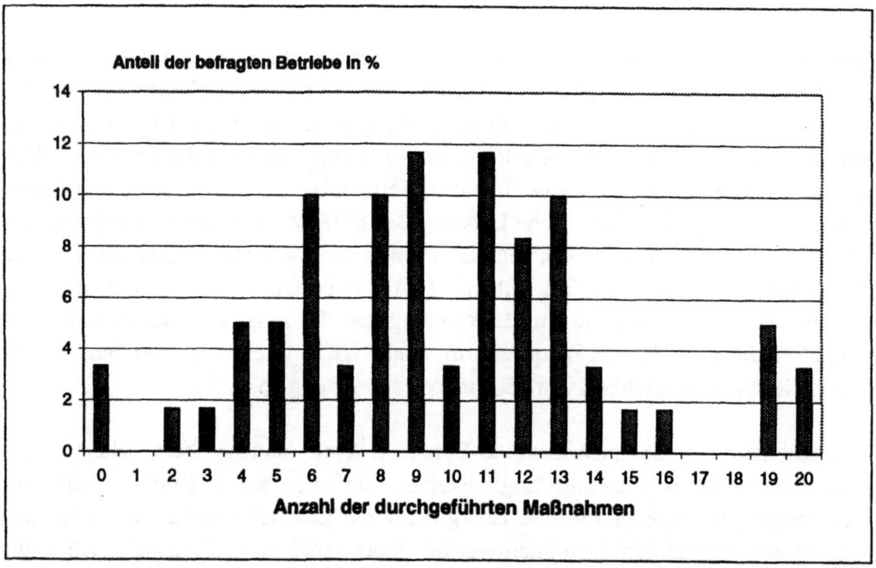

Die Betriebe haben die abgefragten branchenspezifischen Maßnahmen etwas häufiger durchgeführt als die branchenübergreifenden Maßnahmen, letztere aber häufiger als andere produzierende Branchen. So verfügen z. B. 13 % über eine Helligkeitssteuerung, 50 % über eine Außentemperatursteuerung und 43 % praktizieren eine Nachtabsenkung.

Von den Maßnahmen zur Energieeinsparung im Bereich des Gewächshauses wurden vornehmlich die Abdichtung bzw. Verkittung der Fugen von 84 %, die kontrollierte Belüftung von 67 % und die Verwendung von Isolierfolien von 73 % durchgeführt. 49 % der Betriebe kontrollieren und steuern die Luftfeuchtigkeit (z. B. durch Entfeuchtungsgeräte oder kontrollierte Wurzelbewässerung). Einen Überblick gibt Tabelle 4.11-5.

Abbildung 4.11-2: Energiesparaktivität im Gartenbau

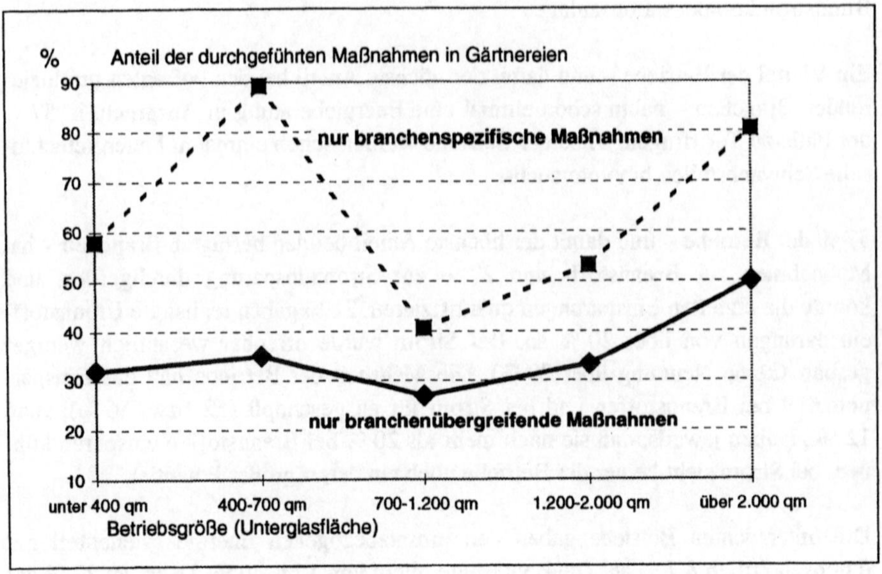

Tabelle 4.11-5: Durchgeführte Maßnahmen zur Wärmedämmung

Maßnahme	Durchführung [% der untersuchten Betriebe]
Energie-/Wärmeschirm	55
Isolierfolien	73
Doppelverglasung, Wärmeverglasung, Isolierglas	51
Steh- und Giebelwanddämmung	56
Gute Abdichtung/Verkittung	84

Als Maßnahmen zur Energieeinsparung, die im Bereich der Heizanlage realisierbar erscheinen, wurden vor allem die exakte Abstimmung von Kessel und Brenner (73 %) und die Isolierung der Heizungsverteilungsrohre (71 %) durchgeführt. Weniger häufig (ca. 25 % der Betriebe) wurden dagegen der Einsatz einer zentralen Leittechnik/Automatisierung der Klimaregelung durch Computereinsatz, der Einbau von pflanzennahen Vegetationsheizungen und speziell lichtgesteuerte Temperaturregelung durchgeführt.

Von den kulturtechnischen Maßnahmen zur Energieeinsparung im Bereich der Heizanlage wurden am häufigsten die Einführung alternativer Kulturfolgen (73 %) und eine vorübergehende Stillegung von nicht benötigten Gewächshausflächen in der kalten Jahreszeit (53 %) genannt.

79 % der Betriebe überprüfen mindestens einmal im Jahr ihren Energieverbrauch bzw. die Rechnungen, 49 % verwenden abgelesene Werte zur Stromverbrauchs-

kontrolle. 2 % geben an, daß sie Lastmanagement durchführen, und 4 % haben eine Blindstromkompensationsanlage.

Ein Viertel der Betriebe – und damit der höchste Anteil bei den befragten produzierenden Branchen – nahm schon einmal eine Energieberatung in Anspruch, in 57 % der Fälle zu Tariffragen. 17 % der Betriebe wurden schon einmal auf energietechnische Schwachstellen hin untersucht.

57 % der Betriebe – und damit der höchste Anteil bei den befragten Branchen – hat Maßnahmen zur Brennstoff- und 27 % zur Stromeinsparung durchgeführt und konnte die erzielten Einsparungen quantifizieren. 21 % gaben realisierte Brennstoffeinsparungen von über 20 % an. Bei Strom wurde offenbar wesentlich weniger gespart (keine Nennung über 20 %). Die Mehrheit der Betriebe hält das Einsparpotential bei Brennstoffen und bei Strom für ausgeschöpft (52 bzw. 56 %); rund 12 % glauben jeweils, daß sie noch mehr als 20 % bei Brennstoffen einsparen können, bei Strom sieht keiner der Betriebe noch ein derart großes Potential.

Die untersuchten Betriebe gaben den umsatzbezogenen Energiekostenanteil mit durchschnittlich 8,7 % an. Die Bandbreite reicht von 1 bis 40 %. Dabei ist 22 % der Befragten die Aufteilung der Energiekosten auf die einzelnen Verwendungszwecke genau und 53 % ungefähr bekannt. 25 % der Betriebe – und damit der geringste Anteil im Vergleich mit anderen Branchen – haben keine Vorstellung über die Aufteilung des Energieverbrauchs für einzelne Verwendungszwecke.

35 % beurteilen ihren persönlichen Informationsstand über energietechnische Aspekte im Betrieb als sehr gut oder gut. Ein Interesse an mehr oder besseren Informationen zum Thema rationelle Energienutzung besteht bei 34 % der Betriebe.

Als Gründe, die sich hemmend auf die Durchführung von energiesparenden Maßnahmen auswirken, gelten vorwiegend die Ansichten, daß neue Gebäude bzw. Maschinen heute energietechnisch optimal seien (83 %), daß die Entwicklung der Energiekosten ungewiß sei (80 %), daß verfügbare Mittel in wichtigere Investitionen fließen müßten (76 %) und man zu wenig Zeit habe (48 %). Aus Tabelle 4.11-6 ist die Zahl der Hemmnisse in Abhängigkeit von der Größe der Unterglasfläche ersichtlich.

Tabelle. 4.11-6: Anzahl der Hemmnisse in Abhängigkeit von der Unterglasfläche

Anzahl der genannten Hemmnisse	**0**	**1**	**2**	**3**	**4**	**≥ 5**	**Ø**
< 1.000 m^2 UGF	1	3	3	8	9	3	3,1
1.000 bis 2.000 m^2 UGF	2	–	3	6	3	3	3,0
> 2.000 m^2 UGF	–	3	3	6	3	1	2,8

4.12 Einzelhandel

4.12.1 Charakteristik des Splits

Der Einzelhandel läßt sich entsprechend dem unterschiedlichen Warenangebot in eine Vielzahl von Untergruppen aufteilen. Gemäß der Arbeitsstättenzählung von 1987 (Statistisches Bundesamt 1987) verteilten sich in den alten Bundesländern die ca. 2,5 Mio. Beschäftigten dieses Bereichs auf rund 500.000 Arbeitsstätten. 42 % arbeiteten in Unternehmen mit maximal neun Beschäftigten. In den beiden größten Untergruppen, dem Einzelhandel mit Nahrungsmitteln sowie dem Einzelhandel mit Textilien und Bekleidung, sind fast 50 % der Beschäftigten tätig.

Im Jahr 1994 waren in Gesamtdeutschland 3,065 Mio. Beschäftigte tätig. Die Verteilung der Beschäftigten und Unternehmen auf die Beschäftigtenzahl pro Unternehmen ist in Tabelle 4.12-1 ausgewiesen.

Tabelle 4.12-1: Beschäftigtenaufteilung des Einzelhandels (Deutschland 1994)

	Betriebsgrößenklasse			Summe
	1 bis 4 Beschäftigte	5 bis 19 Beschäftigte	mehr als 19 Beschäftigte	
	[1.000]			
Supermärkte	114,1	228,7	290,7	633,5
Brot- und Konditoreiwaren	28,0	19,1	3,4	50,4
Fleisch (nur Verkauf)	20,5	30,7	3,8	55,1
Gemüse und Obst	16,9	7,1	0,4	24,4
Molkereiprodukte, Fisch	8,6	6,7	0,8	16,2
Süßwaren, Kaffee, Tee	13,6	8,5	1,8	23,9
Getränke	46,6	11,0	2,5	60,1
Tabakwaren	25,6	9,6	1,3	36,8
Warenhäuser/Kaufhäuser	34,7	41,8	175,7	252,1
Baumärkte	–	–	87,9	87,9
Textilien, Schuhe (Verkauf)	181,2	200,2	190,3	571,7
Metall, Hausrat, Wohnbedarf	84,6	78,6	67,9	231,1
Elektro, Musikinstrumente	45,1	49,5	24,2	118,9
Schreibwaren, Papier, Bücher	50,1	50,1	33,4	133,7
Kosmetik, Farben, Pharm.	52,4	154,5	13,4	220,4
Fahrzeuge, Maschinen, Reifen	50,6	87,3	157,9	295,9
Blumen	43,7	33,6	5,5	82,8
Zoologie, Samen	10,9	4,7	1,2	16,8
Foto, Feinmechanik	11,6	13,8	3,6	29,0
Uhren, Schmuck	21,8	23,6	3,8	49,3
Spielwaren, Sportartikel	21,2	21,6	8,9	51,7
Kohle, Öl	11,0	10,0	2,5	23,5

Quelle: eigene Hochrechnung

4.12.2 Untersuchte Betriebe

Im Rahmen der Breitenerhebung wurden 334 Betriebe des Einzelhandels befragt. Ein Schwergewicht wurde nach dem Quotenplan auf die Bereiche Supermärkte und Textilien gelegt. Von den ausgefüllten Fragebögen konnten 323 für die folgende Detailanalyse verwendet werden. In Tabelle 4.12–2 sind die einzelnen Untergruppierungen des Einzelhandels, die Anzahl der verwendeten Datensätze und die durchschnittliche beheizte Betriebsfläche aufgelistet.

Tabelle 4.12-2: Aufstellung der berücksichtigten Betriebe und ihre mittlere beheizte Betriebsfläche (Daten aus Breitenerhebung)

	Betriebe	Mittlere Betriebsfläche		Anteil beheizter Fläche
		pro Beschäftigten [m²/Person]	pro Betrieb, beheizt [m²]	[%]
Supermärkte	88	35	704	82
Brot- Konditoreiwaren (Verkauf)	5	27	589	93
Fleisch (Verkauf)	2	8	68	49
Gemüse und Obst	4	15	169	84
Molkereiprodukte, Fisch	3	76	158	56
Süßwaren, Kaffee, Tee	3	12	77	87
Getränke	2	31	63	54
Tabakwaren	4	12	32	93
Warenhäuser/Kaufhäuser	31	48	8.005	83
Baumärkte	10	83	2.477	77
Textilien, Schuhe (Verkauf)	81	25	687	93
Metall, Hausrat, Wohnbedarf	15	247	888	79
Elektro, Musikinstrumente	6	12	315	86
Schreibwaren, Papier, Bücher	15	14	213	90
Kosmetik, Farben, Pharm.	15	27	253	72
Fahrzeuge, Maschinen, Reifen	12	46	460	65
Blumen	7	103	766	74
Zoologie, Samen	3	16	105	97
Foto, Feinmechanik	3	22	118	89
Uhren, Schmuck	6	10	66	90
Spielwaren, Sportartikel	6	23	155	88
Kohle, Öl	2	17	141	56
Insgesamt	323	44	1.333	84

Die beheizte Betriebsfläche macht in diesem Split ca. 84 % der Betriebsfläche aus. Die Gesamtfläche eines einzelnen Betriebes reicht von etwas mehr als 30 m² bei den Tabakwaren bis zu über 8.000 m² bei den Kaufhäusern. Im Mittel belegt ein

Betrieb 1.333 m^2 beheizte Nettogrundfläche. Bei den berücksichtigten Fragebögen kommen im Durchschnitt 44 m^2 beheizte Nettogrundfläche auf jeden Beschäftigten. Das Minimum liegt bei 8 m^2/Beschäftigten und das Maximum bei 247 m^2/ Beschäftigten.

4.12.3 Energieverbrauchsschwerpunkte

Neben dem Energieaufwand für die Raumkonditionierung ist in der Regel im Einzelhandel der Aufwand für die Beleuchtung der zweitgrößte Energieverbrauchsschwerpunkt. Der Bereich Lebensmitteleinzelhandel hat energetisch eine besondere Bedeutung, da neben den üblichen Anforderungen an Raumkonditionierung und Beleuchtung auch ein hoher Kältebedarf für Kühlmöbel und -räume besteht.

Auswertung der Breitenerhebung

Der Gebäudebestand befindet sich im Vergleich zum übrigen Sektor Kleinverbrauch in einem überdurchschnittlich neuen Zustand. Nur 18 % der untersuchten Gebäude wurden vor 1952 erbaut.

Baualter:	vor 1952	1952 – 1977	1978 – 1989	nach 1989	nicht bekannt
Anteil:	18 %	42 %	21 %	18 %	2 %

Bei einem Teil der Betriebe wurden bereits wärmedämmende Maßnahmen, wie der Austausch von Fenstern, Außenwand-, Dach- oder Kellerdeckendämmung, durchgeführt. Wie aus Abbildung 4.12-1 ersichtlich, wurden bei knapp 50 % der Gebäude die vor 1952 errichtet wurden nachträgliche Wärmedämmaßnahmen durchgeführt, bei denen aus der Baualtersklasse 1952-1978 beläuft sich dieser Anteil auf knapp 60 %. Gebäude, die nach 1989 errichtet wurden, weisen in fast 80 % aller Fälle nachträglich durchgeführte wärmetechnische Verbesserungen auf, wobei in mehr als der Hälfte der Fälle die Fenster erneuert wurden. Als zweithäufigste Maßnahme sind die Außenwände zusätzlich gedämmt worden.

Trotz der Dämmaßnahmen besitzen 27 % der Gebäude einfach verglaste Fenster, 35 % eine Zweifachverglasung und 35 % eine Isolier- bzw. Wärmeschutzverglasung. 45 % der Gebäude haben eine Außenmauer aus ungedämmtem Mauerwerk gegenüber 35 % die ein Mauerwerk mit Wärmedämmung besitzen.

In 11 % der befragten Betriebe werden Klima- oder Lüftungsanlagen betrieben. In diesen 35 Betrieben werden 26 Absorptions- und 69 Kompressionskältemaschinen eingesetzt. Das Kältemittel ist in 14 % der Fälle R 12, bei 20 % R 22 und bei 2 % R 134a. Die Kälteverteilung erfolgt zu je einem Drittel über Luft, Wasser oder es war nicht bekannt.

Abbildung 4.12-1: Nachträgliche Wärmedämmung nach Baualtersklassen

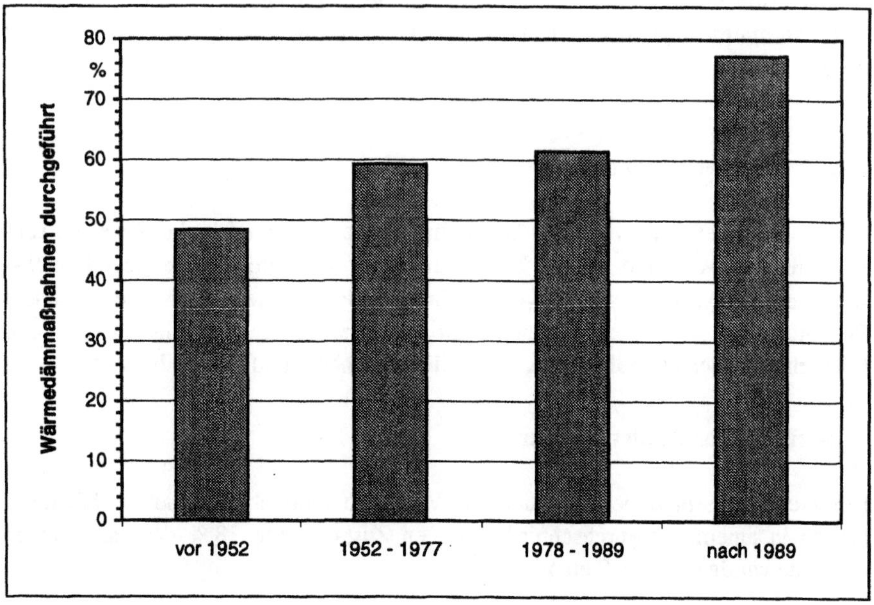

Der Strombedarf liegt im Mittel über alle Untergruppen bei 170 kWh/m^{2}a. Der Heizwärmebedarf liegt im Mittel bei 146 kWh/m^{2}a und der Warmwasserbedarf bei 0,4 kWh/d/Beschäftigten. Die Aufteilung auf Energieträgerarten ist für alle erfaßten Betriebe in Abbildung 4.12-2 zu sehen. Heizöl und Erdgas werden in jeweils 28 % aller Fälle eingesetzt. Bei ca. 23 % der Betriebe wird entweder kein Brennstoff verwendet oder die Befragten konnten keine Angaben zum Brennstoff machen. In knapp 5 % der Betriebe werden mindestens zwei Brennstoffe eingesetzt.

Abbildung 4.12-2: Einsatz von Brennstoffen und Fernwärme

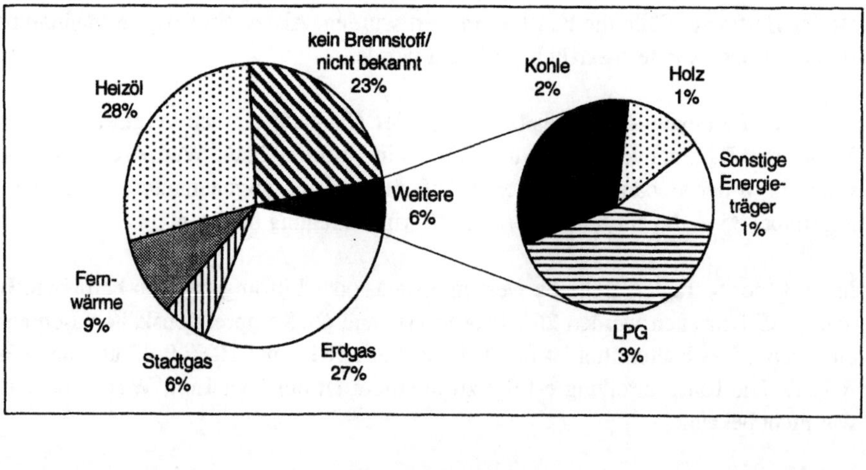

In Abbildung 4.12-3 ist die Energiebilanz des Einzelhandels dargestellt. 72 % des Endenergieverbrauchs von 48,5 TWh/a entfallen auf die Raumheizung. Die Beleuchtung ist mit einem Anteil von 11 % der zweitgrößte Posten.

Abbildung 4.12-3: Aufteilung des Energieverbrauchs im Einzelhandel (Hochrechnung)

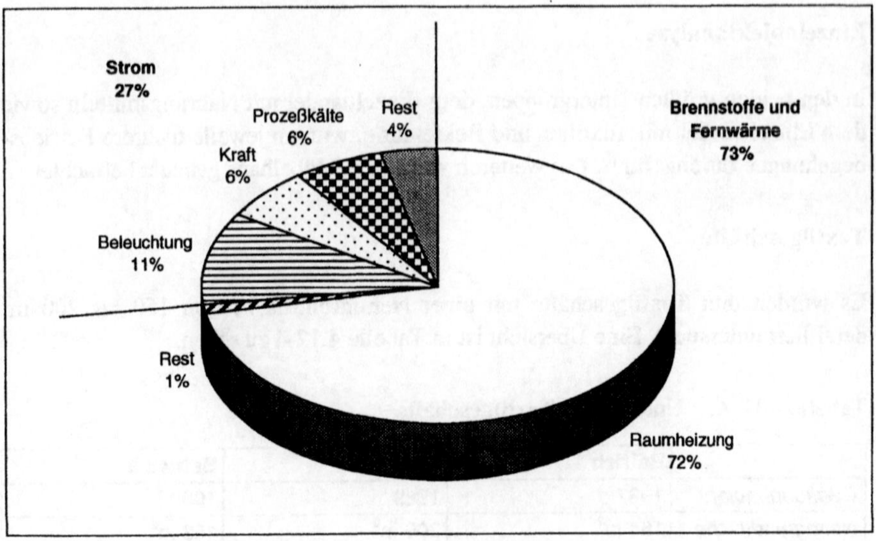

Tabelle 4.12-3: Durchschnittliche Lampendichte von typischen Räumen

	Leuchtstofflampen	Kompaktleuchtstofflampen	Glühlampen	Installierte Leistung
	[Anzahl Lampen/100 m²]			[W/m²]
Produktionsraum	18,5	–	14,1	11,4
Verkaufsraum	22,3	12,7	16,6	15,0
Büroraum	20,5	9,9	13,3	11,8
Lagerraum	13,7	0,3	8,8	7,4
Küche	10,0	–	25,0	15,0
Restaurant, Kantine	–	6,5	–	–
Sonstiger Raum	24,0	8,0	32,5	18,6

Die installierte Leistung von Beleuchtungsanlagen liegt im Mittel bei 15 bis 30 W pro m² Verkaufsfläche, wobei für verkaufsfördernde Beleuchtung in einigen Bereichen Leistungen bis zu 55 W/m² zur Anwendung kommen. Die Grundhelligkeit wird hierbei durch Leuchtstofflampen erzielt, während für Effektbeleuchtungen vorwiegend lichtbündelnde Lampen und Leuchten, wie z. B. Glüh-, Halogen- und Entladungslampen, zum Einsatz kommen. Die Anwendung einer rationelleren

Beleuchtungstechnik kann hier Senkungen des entsprechenden Stromverbrauchs im Bereich von 25 % nach sich ziehen. Außerhalb der Heizperiode führt dies zusätzlich zu einer deutlichen Entlastung der raumlufttechnischen Anlagen. In Tabelle 4.12-3 ist die Beleuchtungsdichte der Räume angegeben, die von den Befragten für eine detaillierte Betrachtung der Beleuchtung ausgewählt wurden. Die höchste Dichte an Leuchtstofflampen findet sich mit 22,3 Lampen pro 100 m^2 in den Verkaufsräumen.

Einzelobjektanalyse

In den beiden größten Untergruppen, dem Einzelhandel mit Nahrungsmitteln sowie dem Einzelhandel mit Textilien und Bekleidung, wurden jeweils mehrere Betriebsbegehungen durchgeführt. Des weiteren wurde ein Möbelhaus genauer betrachtet.

Textilgeschäfte

Es wurden drei Textilgeschäfte mit einer Nettogrundfläche von 150 bis 200 m^2 detailliert untersucht. Eine Übersicht ist in Tabelle 4.12-4 zu sehen.

Tabelle 4.12-4: Untersuchte Textilgeschäfte

	Betrieb 1	**Betrieb 2**	**Betrieb 3**
Gebäudebaujahr	1987	1989	1900
Nettogrundfläche	154 m^2	206 m^2	153 m^2
Beschäftigte	6	3	4
Gebäude	Schrägdach, zweifach verglaste Fenster, Geschäftshaus mit Gewerbebetrieben im UG und Wohnungen im OG	Flachdach, zweifach verglaste Fenster, freistehende Gewerbehalle, RLT-Anlage	Freistehendes Gebäude, einfach verglaste Fenster, ungedämmtes Mauerwerk
Gebäudetechnik	Kesselbaujahr 1987, 50 kW Leistung, Heizöl	Kesselbaujahr 1989, 200 kW Leistung für mehrere Gebäudeeinheiten mit insgesamt 1.085 m^2 NGF, Erdgas	Kesselbaujahr 1989, 26 kW Leistung, Erdgas
Beleuchtung	6,3 kW installiert	5,3 kW installiert	3,6 kW installiert

Textilgeschäft 1

Der Textilbetrieb ist im Erdgeschoß eines dreigeschossigen Gebäudes untergebracht. Er benutzt Teile des unbeheizten Kellers als Lagerraum. Ein Großteil der beheizten Fläche wird als Ladenfläche, die anschließenden kleineren Flächen im Erdgeschoß als Aufenthalts- und Lagerraum benutzt. Das gesamte Gebäude umfaßt verschiedene andere Ladengeschäfte und Wohnungen. Obwohl der Betrieb rund

10 % der gesamten Fläche des Gebäudes belegt, entfallen auf ihn nur knapp 5 % des Heizverbrauchs. Dies entspricht umgerechnet 87 kWh/m^2a.

Die Raumwärme- und Warmwasserversorgung des Gebäudes erfolgt mit einem zentralen Kombikessel. Die Beheizung der Räume erfolgt vorwiegend mit Radiatoren und z. T. mittels Fußbodenheizung. Die Beleuchtungsanlage teilt sich auf in einen großen Teil Grundbeleuchtung mit Leuchtstofflampen und diversen Strahlern zur Präsentation von Waren und zur Beleuchtung der Schaufenster. Letztere haben durch Schalter gesteuerte Einschaltzeiten von bis zu 15 Stunden am Tag. Außer der Beleuchtung fallen im Haus noch der Stromverbrauch für die Heizungspumpen (anteilig) und von diversen Kleingeräten im Verkaufsraum an.

Einsparungsmöglichkeiten ergeben sich für den Betrieb durch Reduzierung des Stromverbrauchs für Beleuchtung. Selbst die installierte Grundbeleuchtung mit Leuchtstofflampen weist eine sehr hohe installierte spezifische Leistung auf. Zusammen mit der Beleuchtung für die Präsentation sind 41 W/m^2 installiert. Die hohe Grundbeleuchtung, die spezielle Präsentation von Waren und die Ausleuchtung von Schaufenstern soll jedoch verkaufsfördernd wirken, eine Reduzierung ist daher nur unter Einbezug dieser Aspekte realisierbar.

Da der Betrieb in einem verhältnismäßig neuen Gebäude untergebracht ist, sind sämtliche energietechnischen Anlagen auf einem neuen Stand. Die Ausstattung und Betriebsweise sind durchaus typisch für Läden dieser Größe.

Textilgeschäft 2

Die freistehende Halle des untersuchten Textilbetriebes wurde 1989 erstellt. Der Aufbau der Gebäudewände konnte nicht näher in Erfahrung gebracht werden. An der Frontseite des Gebäudes (Nordseite) findet sich rund um die Glaseingangstüre eine 11 m^2 große Schaufensterfläche. Die zweite 17 m^2 große Schaufensterfläche befindet sich an der Westseite des Gebäudes. Das Giebeldach der Halle ist nicht gedämmt, die Decke zum Verkaufsraum auf knapp 4 m abgehängt. Die Fenster sind in Isolierverglasung ausgeführt. Würde das Gebäude nach der Wärmeschutzverordnung von 1995 erstellt werden, betrüge der maximale Heizwärmebedarf rund 77 kWh/m^2a. Selbst unter Berücksichtigung des Nutzungsgrades für den Heizkessel beträgt der Energieverbrauch des Gebäudes zur Raumheizung mit 320 kWh/m^2 mehr als dreimal so viel wie nach dem neuesten Standard zulässig wäre.

Der Beleuchtungsstromverbrauch von 44 kWh/m^2a ist relativ hoch. Rund 80 % des Stromverbrauchs hierfür wird durch die Grundbeleuchtung, die mit Leuchtstoffröhren realisiert wird, verursacht. Hierfür liegt der Stromverbrauch bei rund 35 kWh/m^2a. Eine Reduzierung wäre durch den Einsatz von elektronischen Vorschaltgeräten und durch eine Verringerung der installierten Leistung möglich. Die Amortisationszeit der Investition für die Vorschaltgeräte beträgt mehrere Jahre, und eine Verringerung der installierten Leistung würde mit einer Verringerung der Beleuchtungsstärke einhergehen. Letzteres ist jedoch in diesem Fall nicht erwünscht, da hohe Lichtanforderungen bestehen. Ebenso ist die Reduzierung der Schaufenster- und Außenbeleuchtung nicht möglich, da dem Werbezweck Vorrang eingeräumt werden muß.

Der hohe Verbrauch für Raumwärme ist in jedem Fall auf eine schlechte Dämmung der Halle zurückzuführen. Eine nachträgliche Dämmung des Dachs und der Außenwände ist zu empfehlen. Die Halle wird, wie weitere Hallen in dem Gewerbegebiet, von einem zentralen Niedertemperaturkessel mit ca. 200 kW Leistung beheizt. Eine Messung des zuständigen Schornsteinfegers ergab einen Nennwirkungsgrad von 93 %. Auf den untersuchten Betrieb entfallen knapp 25 % des Jahresenergieverbrauchs der von diesem Kessel versorgten Hallen. Das Warmwasser wird mit einem kleinen Untertisch-Elektrowarmwasserboiler erwärmt. Aufgrund der geringen Zapfmengen überwiegen im Jahresmittel die Bereitschaftsverluste für die Erzeugung der Wärme. Insgesamt gesehen ist die dezentrale Warmwasserbereitung jedoch in diesem Falle wesentlich günstiger als eine zentrale.

Das Gebäude typisiert Verkaufsbetriebe in einem Gewerbegebiet. In den letzten Jahren sind viele dieser Neubauten entstanden. Der Stromverbrauch für die Präsentation von Waren ist für Einzelhandelsgeschäfte im Non-Food-Bereich in dieser Größenordnung erforderlich. Der hohe Heizwärmeverbrauch ist auf eine wesentlich schlechtere Dämmung zurückzuführen als es für Gebäude dieser Art zu erwarten wäre. In dieser Beziehung kann der Betrieb daher nicht als typisch bezeichnet werden. Die energieverbrauchenden Anlagen sind aufgrund des Baujahres erst am Anfang ihrer Nutzungsphase und daher fast neuwertig.

Textilgeschäft 3

Das freistehende dreistöckige Betriebsgebäude wurde im Jahr 1900 erbaut. Im Erdgeschoß befindet sich der Laden mit einem Lager. Die Fenster sind einfach verglast, befinden sich aber in einem guten Zustand. Das Gebäude wurde mehrmals umgebaut, wobei das Mauerwerk nicht gedämmt wurde. Die Raumwärmeversorgung erfolgt mit einem zentralen Gas-Niedertemperaturkessel. Die Warmwasserversorgung erfolgt dezentral über einen elektrischen Kleinspeicher mit 2 kW Leistung. Trotz der schlechten Wärmedämmung liegt der Brennstoffverbrauch mit 137 kWh/m^2 relativ niedrig, was aber durch hohe interne Lasten zu erklären ist. Der Stromverbrauch für die Beleuchtung ist mit 128 kWh/m^2 aufgrund der hohen Betriebszeit der Beleuchtungsanlage im Laden sehr hoch. Auch außerhalb der Ladenzeiten wird fast der gesamte Laden beleuchtet. Die installierte Leistung für die Beleuchtung liegt mit 24 W/m^2 installierter Leistung deutlich unter den anderen untersuchten Betrieben. Dies liegt an der Art der installierten Beleuchtung (Energiesparlampen und Leuchtstoffröhren für die Grundbeleuchtung), aber auch am sparsamen und gezielten Einsatz der Effektbeleuchtung durch Niedervolthalogenscheinwerfer. Durch gezieltes Einschalten der Beleuchtung könnte die Beleuchtungsintensität nachts und während Aufräumarbeiten reduziert und damit ca. 25 % Strom eingespart werden.

Zusammenfassung Textilien und Bekleidung

Eine Zusammenfassung der Ergebnisse aus den Betriebsuntersuchungen ist in Tabelle 4.12-5 aufgelistet. Erwartungsgemäß wird der Strombedarf fast ausschließlich durch die Beleuchtung bestimmt, falls keine raumlufttechnischen Anlagen installiert sind. Der Brennstoffverbrauch liegt aufgrund des hohen Wärmeeintrags durch die Beleuchtung im allgemeinen deutlich unter dem Mittelwert des Sektors Kleinverbraucher. Die Einzeluntersuchungen zeigen, daß eine Reduzierung der Beleuchtung und der Einbau einer raumlufttechnischen Anlage wie in Betrieb 2 zu einer Erhöhung des Brennstoffverbrauchs führen können. Energieeinsparmaßnahmen sollten sich auf eine Verbesserung der Wärmedämmung, eine Reduzierung der installierten Lichtleistung und Beleuchtungszeit sowie den Einsatz moderner Beleuchtungssysteme konzentrieren.

Tabelle 4.12-5: Energieverbrauch der untersuchten Textilgeschäfte

	Betrieb 1	Betrieb 2	Betrieb 3
	[kWh/m²a]		
Endenergieverbrauch			
Brennstoff	87	321	137
Strom	93	59	128
Brennstoffverwendung			
Raumwärme	96,1	100,0	100,0
Warmwasser	3,9		
Stromverwendung			
Heizung, Verteilung, Hilfsenergie	5,0	1,1	0,5
Licht	88,9	75,5	87,1
EDV	2,5		0,2
Kraft, Ventilatoren, Klimakälte		15,5	
Warmwasser		4,0	1,8
Sonstige Stromanwendungen	3,6	3,9	10,4

Lebensmittel-Einzelhandel

Der zweite große Bereich mit 630.000 Beschäftigten ist der Lebensmittel-Einzelhandel. Das DHI veröffentlichte für 1989 (Deutsches Handelsinstitut 1992) die in der Tabelle 4.12-6 ausschnittsweise wiedergegebenen spezifischen Heizenergieverbrauchswerte für Lebensmitteleinzelhandelsgeschäfte. Diese Werte wurden von der Verkaufsfläche auf die beheizte Nettogrundfläche umgerechnet. Dabei lag der durchschnittliche spezifische Heizölverbrauch bei 170 kWh/m² und der durchschnittliche spezifische Gasverbrauch bei 140 kWh/m².

Tabelle 4.12-6: Spezifischer Heizenergieverbrauch im Lebensmittel-Einzelhandel

Größenklassen [m^2_{NGF}]	Spezifischer Heizenergieverbrauch [kWh/m^2_{NGF}]	
	Heizöl	Gas
ca. 300 – 500	220	179
ca. 500 – 1.300	135	158
ca. 1.300 – 2.000	157	112

Quelle: Deutsches Landesinstitut 1992 NGF = Nettogrundfläche

Supermärkte

Im Jahr 1993 wurde der Stromverbrauch von Supermärkten ermittelt. Die Ergebnisse in Abhängigkeit von der Nettogrundfläche sind in Abbildung 4.12-4 dargestellt. In dieser Abbildung werden zum Vergleich auch die Werte von 30 Lebensmittelgeschäften dargestellt, deren Verbrauchsdaten 1976 ermittelt wurden. Dabei fällt auf, daß die Abhängigkeit von der Marktgröße (Steigung der Trendlinien) nahezu gleichgeblieben und lediglich der Grundanteil am elektrischen Energiebedarf gestiegen ist. Dies entspricht auch den Beobachtungen, die in der Literatur beschrieben sind (z. B. Lamberts/Neumann 1990; Kraus 1992).

Mit diesen Daten kann nun auch der spezifische Jahresstromverbrauch pro m^2 Nettogrundfläche in Abhängigkeit von der Nettogrundfläche dargestellt werden. Dies ist in Abbildung 4.12-5 zu sehen.

Die Streuung der spezifischen Stromverbräuche in Abbildung 4.12-5 bei Märkten gleicher Nettogrundfläche erklärt sich durch folgende Faktoren:

- unterschiedliche Ausstattung an Kühlgeräten; es existieren z. B. Märkte ohne Tiefkühl-Anlagen
- Kühlmöbelalter: ältere Kühlmöbel verbrauchen durch veraltete Technik und Verschleiß mehr Strom
- verschiedene Kühlarten der Kältemittelverflüssiger (Wasser oder Ventilatoren)
- Vorhandensein eines Backshops im Markt
- unterschiedliche Lichtleistung pro m^2 Fläche
- evtl. vorhandene Wärmerückgewinnung.

Der Trend zu größeren Märkten führt nicht zum Anstieg des Stromverbrauchs, da die Ausstattung an Kühlmöbeln nicht im gleichen Maß anwächst wie die Verkaufsfläche, sondern statt dessen der „Non-Food“-Anteil steigt. Dieser benötigt weniger elektrischen Strom als die doch sehr energieaufwendigen Kühlabteilungen. Bei größeren Märkten wird dadurch der Verbrauchsanteil der Beleuchtung immer dominanter.

Abbildung 4.12-4: Jahresstromverbrauch von Supermärkten

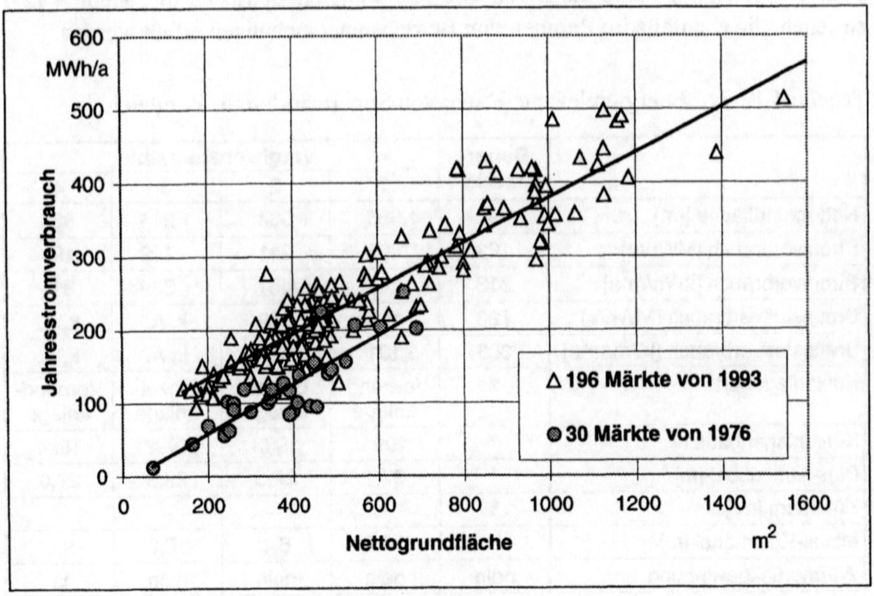

Abbildung 4.12-5: Spezifischer Jahresstromverbrauch von 196 Märkten in Abhängigkeit von der Nettogrundfläche im Jahr 1993

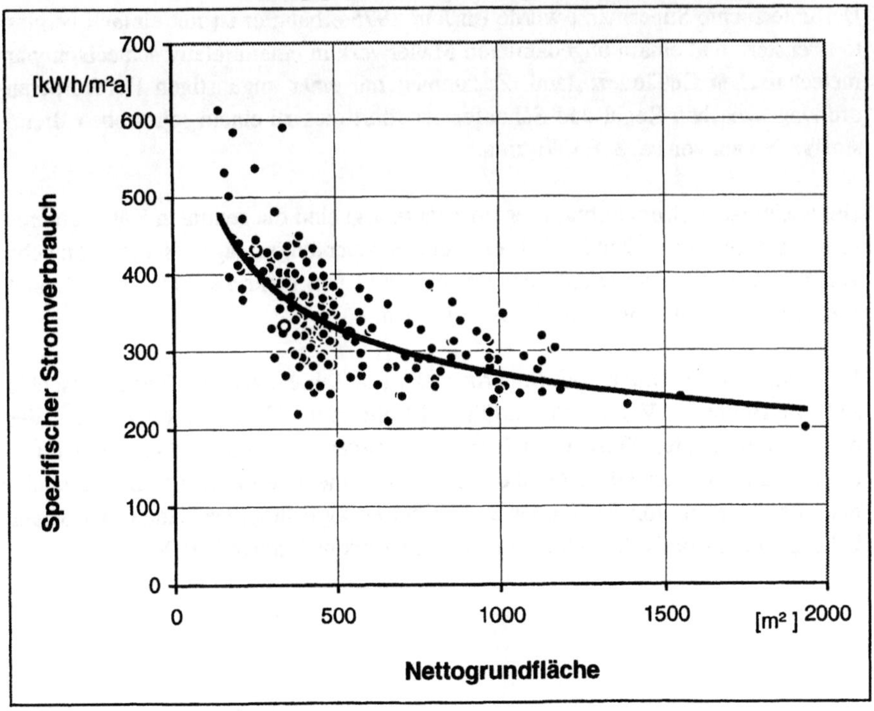

Im Rahmen der vorliegenden Studie wurde ein Supermarkt detailliert betrachtet. Zum Vergleich dazu sind die Daten von vier weiteren Betrieben in Tabelle 4.12-7 zu sehen, die ebenfalls im Rahmen von Betriebsuntersuchungen erfaßt wurden.

Tabelle 4.12-7: Energierelevante Daten von Supermärkten im Vergleich

	Supermarkt	Vergleichsbetriebe			
		1	2	3	4
Nettogrundfläche [m²]	393	1.633	534	1.214	628
Stromverbrauch [MWh/a]	123	405	241	412	197
Stromverbrauch [kWh/m²a]	313	248	451	339	314
Brennstoffverbrauch [MWh/a]	120	165	59	k. A.	k. A.
Brennstoffverbrauch [kWh/m²a]	305	101	111	k. A.	k. A.
Kühlanlagenart	*	Verbund-anlage	Einzel-anlage	Einzel-anlage	Verbund-anlage
Kühlanlagenbaujahr	*	1991	1983	1990	1994
Plus-Kühlmöbel [m]	*	37,1	22,3	29,3	27,0
Kühlraum [m³]	*	–	–	–	-
Minus-Kühlmöbel [m]	*	15,2	6,4	15,3	9,0
Wärmerückgewinnung	nein	nein	nein	nein	ja
Backshop	nein	ja	ja	ja	ja

* siehe Tabelle 4.12-8

Der untersuchte Supermarkt wurde im Jahr 1975 erbaut; er ist mit einfach verglasten Fenstern und einem ungedämmten Mauerwerk in einem relativ schlechten wärmetechnischen Gebäudezustand. Zusammen mit einer ungünstigen Heizkörperanordnung zwischen Regal und Schaufenster führt dies zu einem sehr hohen Brennstoffverbrauch von ca. 300 kWh/m²a.

Die wichtigsten Stromverbraucher im Supermarkt sind die zentralen Kältekompressoren, steckerfertige Kühlmöbel und die Beleuchtungsanlage. Hauptverbraucher von Strom ist die Prozeßkälte mit einem Anteil von mehr als 70 %. Die Gesamtenergiebilanz ist in Abbildung 4.12-6 zu sehen.

Die Prozeßkälteaufteilung des Supermarkts ist in Tabelle 4.12-8 näher aufgeschlüsselt. Die Hälfte des Verbrauchs entfällt auf Minuskälte. Ursache für den hohen Verbrauch sind veraltete Geräte. Im Jahr 1994 wurden die zentral versorgten Gefriertruhen durch steckerfertige Geräte ersetzt, die eine Energieeinsparung gegenüber den alten Geräten von 83 % oder 27 MWh/a ermöglichten. Der Anteil der Minuskälte an dem Stromverbrauch für Prozeßkälte sank dadurch auf 30 %.

Abbildung 4.12-6: Energiebilanz eines Supermarktes

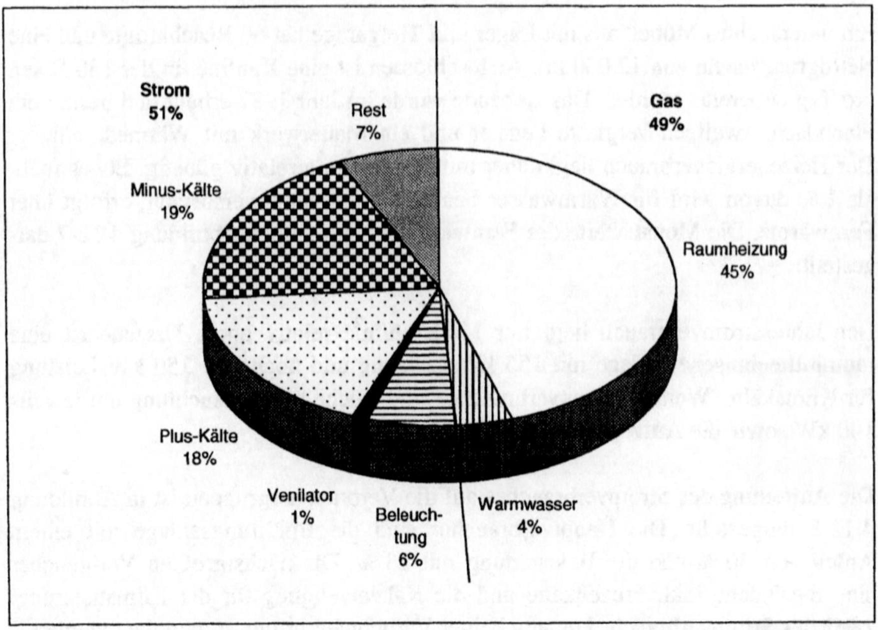

Tabelle 4.12-8: Aufteilung der Prozeßkälte eines Supermarktes

Art	Eis-truhe	Gefrier-truhe	Gefrier-truhe	Kühl-regal Molke-reiprod.	Bed-theke	Kühl-raum	Kühl-regal Käse	Kühl-schrank	Summe
Baujahr	1975	1993	1975	1975	1975	1975	1975	1975	
Kälteerzeugung	dez.	dez.	zentral	zentral	zentral	zentral	dez.	dez.	
Temperatur [°C]	-22	-24	-22	9	4	2	5	10	
Bezugsfläche [m^2]	–	–	–	14,9	4,7	–	3,9	–	
Bezugsvolumen [m^3]	0,3	0,4	0,3	–	–	22,7	–	1,7	
1991									
Inst. Leistung [kW]	1,48		3,00	3,00	1,50	1,50	2,03	0,30	12,8
lfm Kühlmöbel	2,6		7,8	6,3	6,3		3,6	1,3	25,3
Stückzahl 1991	2		6	1	1	1	2	1	
Stromverbrauch [kWh/a]	**11.490**		**34.460**	**12.520**	**4.950**	**4.860**	**20.700**	**930**	**89.910**
1994									
Inst. Leistung [kW]	1,5	2,6		3,0	1,5	1,5	2,0	0,3	12,4
lfm Kühlmöbel	2,6	9,6		6,3	6,3		3,6	1,3	27,1
Stückzahl 1994	2	6		1	1	1	2	1	
Stromverbrauch [kWh/a]	**11.490**	**7.680**		**12.520**	**4.950**	**4.860**	**20.700**	**930**	**63.130**

Möbelhaus

Ein untersuchtes Möbelhaus mit Lager und Tiefgarage hat 50 Beschäftigte und eine Nettogrundfläche von 12.000 m^2. Angeschlossen ist eine Kantine, in der 150 Essen pro Tag zubereitet werden. Das Gebäude wurde im Jahr 1987 erbaut und besitzt ein Flachdach, zweifach verglaste Fenster und ein Mauerwerk mit Wärmedämmung. Der Heizenergieverbrauch liegt daher mit 90 kWh/m^2a relativ günstig. Etwas mehr als 1 % davon wird für Warmwasser benötigt. Die Wärmeversorgung erfolgt über Fernwärme. Die Monatswerte des Fernwärmebedarfs sind in Abbildung 4.12-7 dargestellt.

Der Jahresstromverbrauch liegt mit 116 kWh/m^2a relativ hoch. Ursache ist eine raumlufttechnische Anlage mit 155 kW Leistung und nochmals 150 kW Leistung für Klimakälte. Weitere Hauptverbraucher sind Küche und Beleuchtung mit jeweils 100 kW sowie die Aufzüge mit 90 kW installierter Leistung.

Die Aufteilung des Stromverbrauches auf die Verbrauchergruppen ist in Abbildung 4.12-8 dargestellt. Die Hauptverbraucher sind die Belüftungsanlage mit einem Anteil von 30 % und die Beleuchtung mit 23 %. Die nächstgrößten Verbraucher sind die Küche inkl. Prozeßkälte und die Kälteerzeugung für die Klimatisierung. 18 % des Stromverbrauchs konnten keiner Verbrauchergruppe zugeordnet werden.

Abbildung 4.12-7: Fernwärmebedarf pro Monat

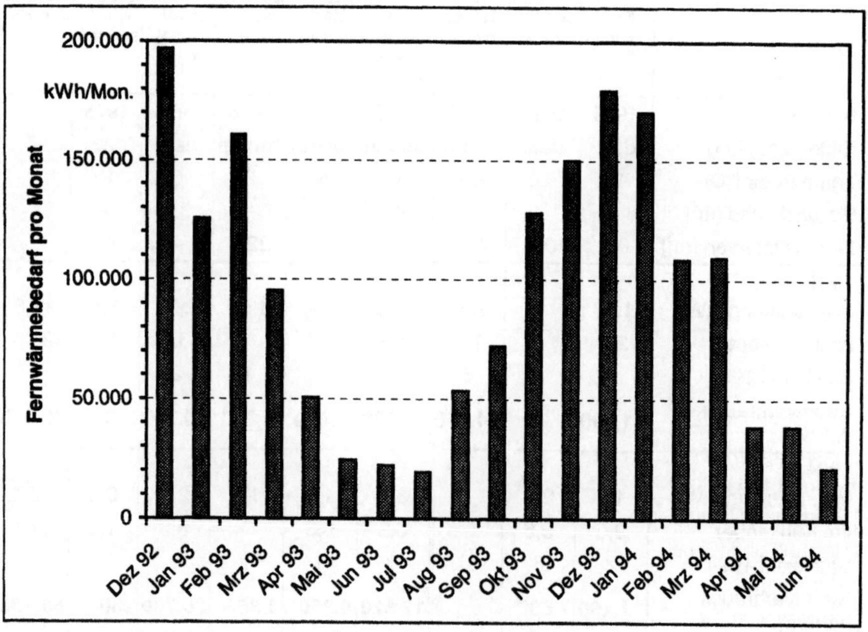

Abbildung 4.12-8: Aufteilung des Stromverbrauchs in einem Möbelhaus

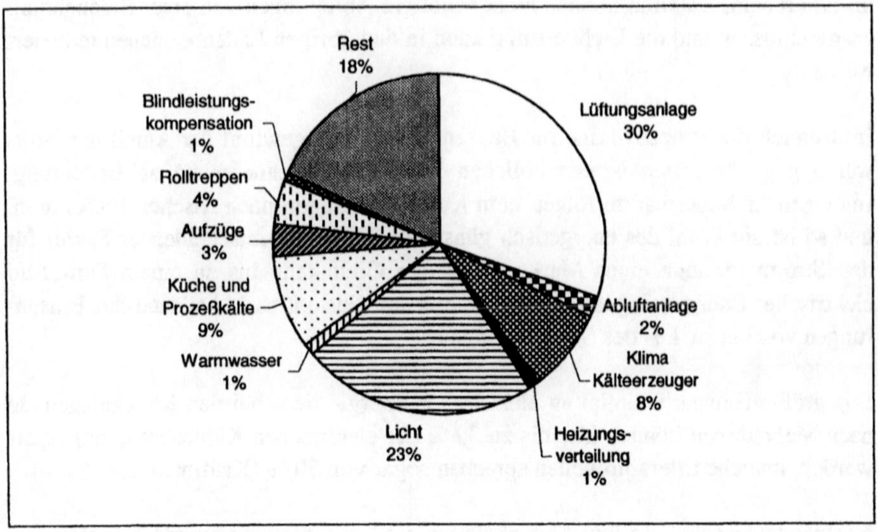

4.12.4 Potentiale der rationellen Energienutzung

Im Einzelhandel besteht ein nicht unerhebliches Energieeinsparpotential. Wichtig ist neben der Umsetzung von technischen Maßnahmen hier auch die Information des Bedienungspersonals über den Nutzen solcher Sparmaßnahmen, um eine größere Akzeptanz zu erreichen. Nachfolgend werden einige Maßnahmen speziell für die Branche genannt. Einsparmöglichkeiten im Bereich Raumwärme werden ausführlich in Kapitel 3.3 behandelt.

Es sollte auf ausreichende hohe Beleuchtungsstärken geachtet und Leuchten mit einer hohen Lichtausbeute gewählt werden. Eine spezifische installierte elektrische Leistung von ca. 25 W/m^2 Verkaufsfläche (VKF) bzw. etwas mehr als 30 W/m^2 Nettogrundfläche (NGF) für Beleuchtungszwecke erscheint auch unter Berücksichtigung der werbewirksamen Beleuchtung als realistischer Wert. Dieser Wert würde eine Einsparung von bis zu einem Drittel der elektrischen Beleuchtungsenergie bedeuten.

Bei der Wahl der Vorschaltgeräte sind die zwar teuren, aber energetisch besseren elektronischen Vorschaltgeräte (EVG) zu bevorzugen. Diese vermindern die Nennleistung der Leuchtstoffröhren, erhöhen deren Lebensdauer und verbessern die Lichtqualität. Darüber hinaus sind EVG blindstromkompensiert und verbessern somit den Leistungsfaktor des Betriebes. Die Verkaufsregale sollten nach oben möglichst offen sein, um eine zusätzliche Regalbeleuchtung zu vermeiden. Da die Läden auch außerhalb der Öffnungszeiten teilweise beleuchtet sein müssen (Vor-

und Nacharbeiten im Betrieb) sollte eine mehrstufige Schaltung der Beleuchtung installiert sein. Dadurch können nicht benötigte Abteilungen von einer Beleuchtung ausgeschlossen und die Lichtleistung kann in den übrigen Ladenbereichen reduziert werden.

Im Bereich der Prozeßwärme für Backen und Braten gewinnt der Anteil der Brotwaren gegenüber den bereits üblichen Fleischwaren zunehmend an Bedeutung. Immer mehr Supermärkte folgen dem Kundenverlangen nach frischen Backwaren, und so ist die Wahl des energetisch günstigen Ofens ein entscheidender Faktor für den Stromverbrauch eines Marktes. Bei den Öfen kann bis zu einem Drittel an elektrischer Energie eingespart werden. Für den Gesamtmarkt bedeutet das Einsparungen von bis zu 4 % des Stromverbrauchs.

Das größte Einsparpotential an elektrischer Energie liegt bei den Kälteanlagen. Je nach Maßnahmen können hier bis zu 30 % der elektrischen Kühlenergie eingespart werden, manche Literaturquellen sprechen sogar von 50 % (Kaufmann u. a. 1994).

Nachtabdeckungen (Rollos, Abdeckplatten etc.), die nicht automatisch funktionieren (z. B. Schließen bei Abschalten der Beleuchtung), sondern manuell bedient werden müssen, sollten auch benutzt werden, was vielfach aus Bequemlichkeitsgründen nicht erfolgt. Eine solche Maßnahme kann 15 bis 40 % Energieeinsparung bringen.

Auch tagsüber sollten die Öffnungen der Kühlmöbel möglichst abgedeckt sein. Dies ist zum Beispiel mit sogenannten Streifenvorhängen möglich, die aus Marketinggründen jedoch sehr unbeliebt sind. Durch den Einsatz dieser Vorhänge konnten in einer holländischen Untersuchung (Sluis 1992) für ein Molkereiprodukteregal Energieeinsparungen von ca. 750 kWh pro m^2 Möbelöffnung und Jahr erzielt werden. Beachtenswerterweise hatte die Abdeckung nach einer kurzen produktabhängigen Umstellungsphase (bis 4 Wochen) keinen Einfluß auf den Umsatz. Eine weitere Möglichkeit, den Wärmeeintrag in Regale während der Öffnungszeiten zu vermeiden, ist ein verbesserter mehrfacher Luftschleier.

Die Beleuchtung des Möbels sollte durch Leuchtstofflampen hohen Beleuchtungswirkungsgrades erfolgen, die außerhalb des Kühlbereichs installiert sind. Ist dies nicht möglich, so sollten zumindest die Vorschaltgeräte (EVG) außerhalb dieses Bereichs angebracht sein. Durch richtige Beleuchtung kann nicht nur der Kältebedarf der Möbel gesenkt werden, sondern auch der Stromverbrauch. Reflektierende Schirme oder gar beschichtete Glasdeckel (bedürfen keiner Scheibenheizung) über den Kühlmöbeln verhindern zum Beispiel die Infraroteinstrahlung und verringern den Luftzug über den Möbeln. Letzteres kann auch durch eine geschickte Gruppierung der Kühlmöbel erreicht werden. Sie sollten in einem möglichst abgetrennten, luftzugunempfindlichen Bereich des Marktes aufgestellt werden, wodurch eine kühlere Ladenzone geschaffen wird, die einen geringeren Kältebedarf der

Möbel zur Folge hat. In den Kühlabteilungen ist bei der Lüftungsanlage darauf zu achten, daß die Kühlmöbel nicht direkt „angeblasen" werden (vor allem bei Warmluftheizungen).

Bei Neubau oder Umrüstungen von mittleren und größeren Märkten sind Verbundanlagen gegenüber Anlagen mit Einzelverdichtern vorzuziehen. Verbundanlagen können durch ihren Verdichtersatz flexibler auf einen unterschiedlichen Kältebedarf (Nachtabdeckung) der Kühlmöbel reagieren und haben so energetische Vorteile. Die anfallende Abwärme kann zudem mittels Wärmerückgewinnung für die Erhitzung von Brauchwasser genutzt werden. Bei Neuanschaffungen von Kompressoren ist auf eine hohe Effizienz dieser Verdichter zu achten, denn dadurch können bis zu 10 % an elektrischer Energie für die Kälteanlage eingespart werden.

4.12.5 Durchführung energiesparender Maßnahmen und Hemmnisse

Den Befragten im Einzelhandel wurden zehn energiesparende Maßnahmen genannt. 70 % der Betriebe haben weniger als die Hälfte dieser Maßnahmen durchgeführt (Abbildung 4.12-9).

Abbildung 4.12-9: Häufigkeit durchgeführter Maßnahmen im Einzelhandel

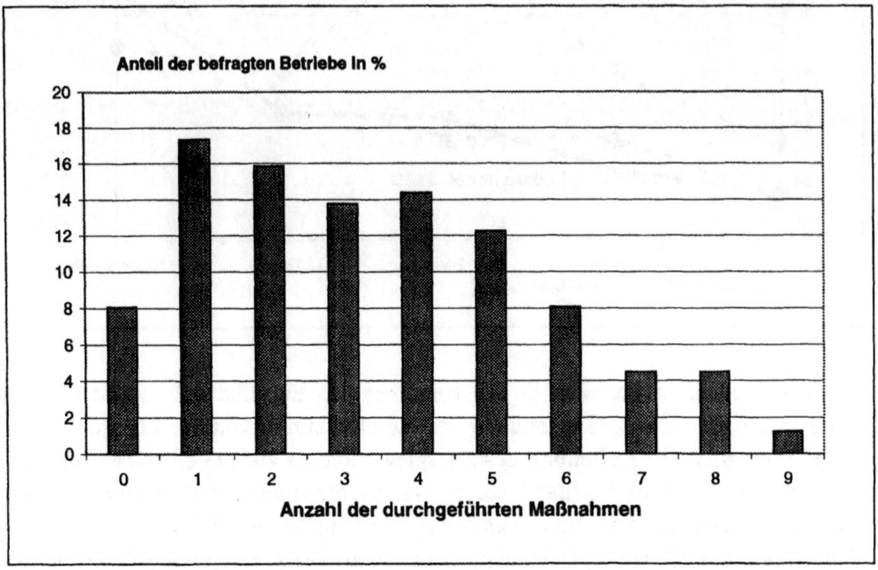

Bei den durchgeführten Maßnahmen zur Reduzierung des Heizenergieverbrauchs steht der Einbau von Isolierglasfenstern an erster Stelle. 67 % der Befragten haben diese Maßnahme durchgeführt. Die Wärmedämmung des Daches wurde bei 52 %, die Wärmedämmung der Außenwände bei 47 % der Betriebe durchgeführt oder geplant. Die ausgewiesenen Zahlen beziehen sich ausschließlich auf Betriebe, bei denen die nachträgliche Durchführung solcher Maßnahmen sinnvoll ist, z. B. an älteren Gebäuden.

Weitere Möglichkeiten zur Raumwärmeeinsparung wie Außentemperatursteuerung, Nacht- und Wochenendabsenkung werden im Einzelhandel vergleichsweise häufig genutzt (36 bzw. 45 %); eine Helligkeitssteuerung haben 9 % der Betriebe. Abwärmenutzung, z. B. aus der Abluft oder bei Kühlanlagen, wurde von 11 % der Befragten genannt. Einen Überblick über die Energiesparaktivität gemessen am Anteil der durchgeführten an dem im jeweiligen Betrieb möglichen Maßnahmen gibt Abbildung 4.12-10. Dabei zeigt sich kaum ein Unterschied zwischen verschiedenen Sparten des Einzelhandels.

Abbildung 4.12-10: Energiesparaktivität im Einzelhandel

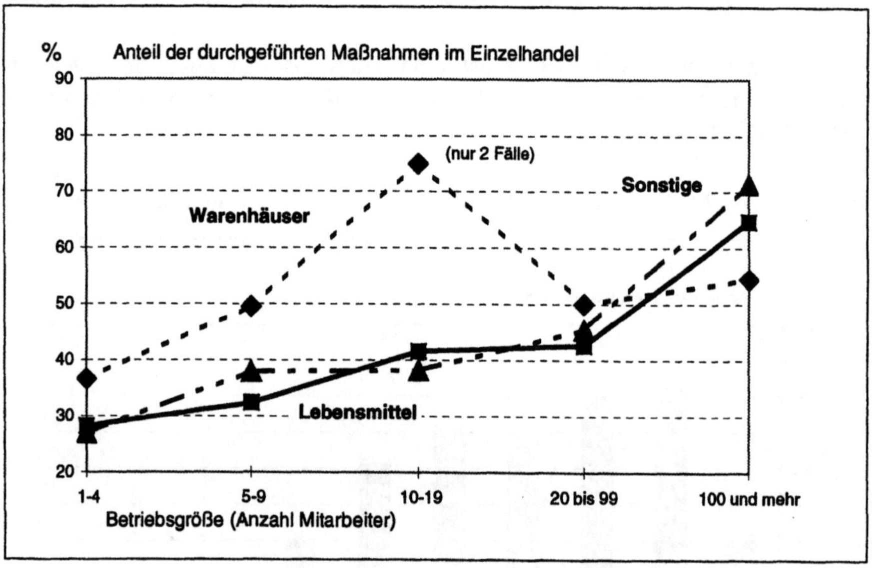

Aus den Umfrageergebnissen in den Betrieben des Einzelhandels ergibt sich ein umsatzbezogener Energiekostenanteil von durchschnittlich 6,6 %. Lediglich 19 % der Befragten ist die Aufteilung des Energieverbrauchs auf die einzelnen Verwendungszwecke energetisch genau bekannt. Nahezu die Hälfte der Befragten hat keine Vorstellung von der Aufteilung des Energieverbrauchs auf die einzelnen Anwendungen wie Raumheizung, Beleuchtung oder Warmwassererzeugung. Eine Einordnung des Energieverbrauchs und eine Beurteilung von Möglichkeiten zur Verbrauchsreduzierung setzt jedoch einen guten bis sehr guten Kenntnisstand voraus. Nur 37 % der Befragten fühlen sich gut bis sehr gut informiert. Obwohl sich 42 % mehr oder bessere Informationen zum rationellen Energieeinsatz wünschen, haben lediglich 18 % der befragten Betriebe eine Energieberatung in Anspruch genommen.

Der Anteil der Betriebe, der Maßnahmen zur Wärmeeinsparung durchgeführt hat, liegt bei 55 %. Die erzielten Einsparungen werden auf 15 % beim Stromverbrauch bzw. 17 % beim Brennstoffverbrauch eingeschätzt. Zusätzlich sind über 40 % der Betriebe der Meinung, das Einsparpotential beim Strom- und Brennstoffverbrauch noch nicht voll ausgeschöpft zu haben. Die Einsparpotentiale werden seitens der Betriebe auf 13 % beim Stromverbrauch und 14 % beim Brennstoffverbrauch geschätzt. Die Aussagen zum Einsparpotential sind vor dem Hintergrund zu sehen, daß wie oben ausgeführt, jeder zweite Betrieb keine Vorstellung von der Aufteilung seines Energieverbrauchs hat und sich nicht ausreichend informiert fühlt.

Als hauptsächlicher Hinderungsgrund für die Umsetzung von energiesparenden Maßnahmen wurde von ca. 65 % der Befragten angegeben, daß neue Gebäude bzw. Maschinen heute energietechnisch optimal sind. Rund 61 % der Befragten sahen in der ungewissen Entwicklung der Energiekosten ein Hemmnis bei der Erschließung von Energieeinsparpotentialen, etwa 54 % in der mangelnden Zeit. 51 % der Befragten gaben an, daß die verfügbaren Mittel für wichtigere Investitionen benötigt werden.

Aus Tabelle 4.12–9 ist ersichtlich, daß lediglich bei 6 % der befragten Betriebe keine Hemmnisse für die Umsetzung von Energiesparmaßnahmen vorliegen. Über die Hälfte der Betriebe nennen drei und mehr Hemmnisse. Tendenziell nimmt die Zahl der Hemmnisse mit steigender Betriebsgröße ab.

Tabelle 4.12-9: Anzahl der genannten Hemmnisse im Einzelhandel

Anzahl der genannten Hemmnisse	**0**	**1**	**2**	**3**	**4**	**≥ 5**
Anteil der Betriebe	6 %	11 %	20 %	22 %	19 %	22 %

4.13 Großhandel

4.13.1 Charakteristik der Branche

Unter dem Begriff „Großhandel" sind Unternehmen zusammengefaßt, die fertige Handelsware ohne wesentliche Weiterverarbeitung an andere Abnehmer als private Haushalte absetzen. Zum Großhandel zählen auch Import- und Exportgeschäfte. Im Großhandel waren 1994 ca. 1,57 Mio. Personen beschäftigt. 23 % der Beschäftigten arbeiteten in Unternehmen mit maximal neun Beschäftigten, die 80 % aller Unternehmen des Großhandels stellen. Über die Hälfte arbeitet in Unternehmen mit 20 bis 499 Beschäftigten. Eine detaillierte Auflistung der Subsplits mit den Beschäftigtenklassen, die in dieser Studie verwendet wurden, ist für das Jahr 1994 in Tabelle 4.13-1 zu sehen. Um die Vergleichbarkeit mit vorangegangenen Untersuchungen zu gewährleisten, werden Tankstellen hier ebenfalls unter Großhandel geführt.

Tabelle 4.13-1: Beschäftigtenaufteilung im Großhandel (1994)

	Betriebsgrößenklasse			Summe
	1 bis 4 Beschäftigte	5 bis 19 Beschäftigte	mehr als 19 Beschäftigte	
	[1.000]			
Getreide, Futtermittel	25,7	37,4	32,4	95,5
Technische Chemikalien	2,3	5,0	13,2	20,5
Kohle, Öl	3,4	12,0	18,2	33,5
Erz, Metall, Halbzeuge	3,4	11,7	44,9	60,0
Holz- und Baustoffe	15,6	51,2	88,2	155
Nahrungs- und Genußmittel	33,3	75,1	156,6	265
Textilien, Schuhe	15,8	23,7	41,3	80,8
Edelmetall, Kunststoff, Feinkeramik	28,0	64,5	139,2	231,7
Elektro, Optik, Uhren	7,2	10,9	18,7	36,8
Fahrzeuge, Maschinen, technischer Bedarf	35,1	90,7	168,1	293,9
Pharmazeutische und kosmetische Erzeugnisse	8,6	15,1	67,6	91,3
Papier- und Druckerzeugnisse	10,7	17,6	70,5	98,8
Tankstellen	25,1	37,0	3,2	65,3
Sonstiger Großhandel	9,6	14,6	14,6	38,8

Quelle: eigene Hochrechnung

4.13.2 Untersuchte Betriebe

Aus der Breitenerhebung konnten 179 Fragebögen für Detailauswertungen verwendet werden. Die durchschnittliche beheizte Betriebsfläche beträgt bei den befragten Unternehmen 2.261 m^2, dies entspricht 65 m^2 pro Beschäftigten. In Tabelle 4.13-2 sind die Flächen der einzelnen Subsplits aufgelistet. Die Spannweite der beheizten Flächen pro Unternehmen reicht von 187 m^2 (Tankstellen) bis zu 9.500 m^2 (Erz, Metall, Halbzeuge). Die Unterschiede in der gesamten Betriebsfläche sind noch größer, da der Anteil der beheizten Fläche zwischen 25 % (Getreide, Futtermittel) und 95 % (Papier- und Druckerzeugnissen) liegen kann. Die Fläche pro Beschäftigtem liegt zwischen 25 und 190 m^2.

Tabelle 4.13-2: Betriebsflächen der Breitenerhebung im Großhandel (Ergebnisse der Befragung)

	Betriebe	Mittlere Betriebsfläche pro Beschäftigten [m²/Person]	Mittlere Betriebsfläche pro Betrieb, beheizt [m²]	Anteil beheizter Fläche [%]
Getreide, Futtermittel	9	79	623	25
Technische Chemikalien	4	111	923	78
Kohle, Öl	4	190	959	31
Erz, Metall, Halbzeuge	2	75	9.500	35
Holz- und Baustoffe	12	106	1.099	50
Nahrungs- und Genußmittel	82	51	1.492	68
Textilien, Schuhe	4	32	1.516	68
Edelmetall, Kunststoff, Feinkeramik	16	71	1.891	76
Elektro, Optik, Uhren	3	17	2.843	91
Fahrzeuge, Maschinen, technischer Bedarf	17	118	6.629	69
Pharmazeutische und kosmetische Erzeugnisse	5	33	5.952	87
Papier- und Druckerzeugnisse	6	26	2.493	95
Tankstellen	9	25	187	74
Sonstiger Großhandel	6	37	5.522	90
Insgesamt	179	65	2.261	67

4.13.3 Energieverbrauchsschwerpunkte

Auswertung der Breitenerhebung

Die Gebäude der untersuchten Betriebe stammen zu 41 % aus der Zeit zwischen 1952 und 1977. Die übrigen drei Zeitstufen (vor 1952, 1978-1989, nach 1989) sind mit jeweils 20 % in etwa gleich verteilt. An 60 % der Gebäude wurde eine wärmetechnische Maßnahme durchgeführt. Die am meisten genannte Maßnahme war mit 40 % die Renovierung der Fenster, an zweiter Stelle lag mit 28 % das Dach. In 25 % der Gebäude sind einfach verglaste Fenster, in 35 % doppelt verglaste und in 35 % isolier- oder wärmeschutzverglaste Fenster eingebaut. Etwas weniger als die Hälfte (45 %) der Betriebsstätten hat eine Fassade mit Wärmedämmung.

In 17 % der befragten Betriebe werden Lüftungs- oder Klimaanlagen eingesetzt. 20 % der Kältemaschinen sind Absorptionskältemaschinen und die verbleibenden 80 % Kompressionskältemaschinen. Das Kälteträgermedium ist in 50 % der Fälle

Luft, bei 25 % Wasser. 22 % der Befragten, die eine Klimaanlage betreiben, konnten hierzu keine Angaben machen.

Der spezifische Heizwärmeverbrauch des Großhandels liegt aufgrund der höheren mittleren Betriebsfläche und niedrigerer Innentemperaturen gegenüber dem Einzelhandel deutlich niedriger. Nach gewichteter Hochrechnung liegt der Brennstoff- oder Fernwärmebedarf für die Raumheizung im Mittel bei nur 88 kWh/m^{2}a.

In Abbildung 4.13-1 ist die Häufigkeit des Einsatzes der Brennstoffe und Fernwärme dargestellt: 35 % aller Nennungen entfielen auf Heizöl, gefolgt von Erdgas mit 27 %. 10 % der Betriebe setzen mindestens zwei unterschiedliche Brennstoffe ein. Diese Energieträger werden zu mehr als 90 % für die Beheizung und 5 % für die Erzeugung von Prozeßwärme eingesetzt.

Abbildung 4.13-1: Einsatz von Brennstoffen und Fernwärme in den befragten Betrieben

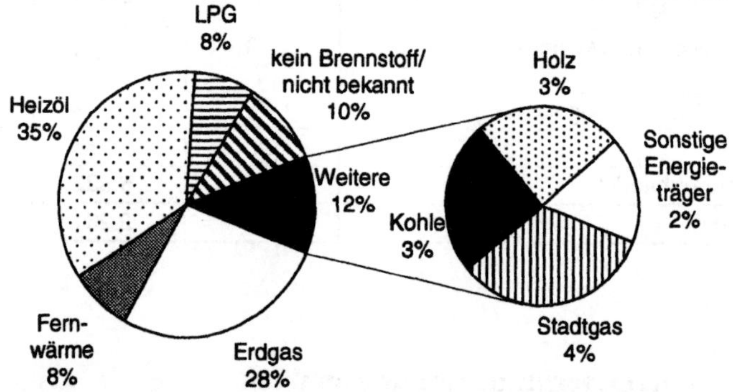

Wie in Abbildung 4.13-2 zu sehen ist, dominiert die Raumheizung mit einem für den Sektor Kleinverbrauch typischen Anteil von 65 % den Endenergieverbrauch. Der Prozeßwärmeanteil liegt mit 3 % deutlich unter dem Schnitt von 11 % im gesamten Sektor. Der spezifische Strombedarf liegt bei 35 kWh/m^{2}a. Davon werden rund 50 % für die Beleuchtung eingesetzt, jeweils 18 % für Kraft und Prozeßkälte sowie 14 % für Kommunikation. Der Kraftstoffbedarf beträgt ca. 12 MWh/Person. Ungefähr die Hälfte davon entfällt auf Lkw, jeweils 25 % auf Pkw und Kombis. Auffällig ist hier die hohe Laufleistung der Lkw von gut 48.000 km je Fahrzeug und Jahr.

Jeder Befragte wählte zwei typische Räume aus, deren Beleuchtung näher betrachtet wurde. In Tabelle 4.13-3 sind die Ergebnisse zur Beleuchtung der ausgewählten Räume zu sehen. Es fällt auf, daß die Lagerräume mit 14 W/m^2 installierter Leistung besser als der Durchschnitt des Sektors Kleinverbraucher mit 8 W/m^2

beleuchtet sind. Dies erklärt sich aus der im Großhandel durchschnittlich höheren Hallenhöhe, die bei gleicher Grundfläche eine höhere installierte Leistung bedingt. Weitere Auffälligkeiten sind bei den Küchen zu erkennen (38 W/m^2 statt 13 W/m^2 im Sektor Kleinverbraucher) und in den Restaurants mit 4 W/m^2, wobei der letztgenannte Wert nur auf zwei Angaben beruht. Die Beleuchtungsanlage ist im Großhandel im Mittel 12 Jahre alt. An 19 % der Anlagen kann die Helligkeit geregelt werden.

Abbildung 4.13-2: Energiebilanz des Großhandels (Hochrechnung der Betriebserhebung)

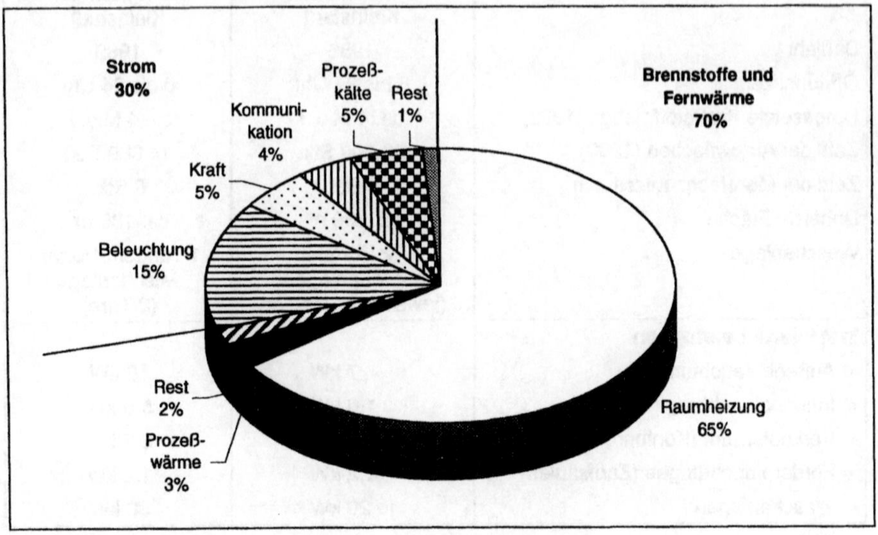

Tabelle 4.13-3: Daten zur Beleuchtung im Großhandel (Umfrageergebnis)

	Leuchtstofflampen	Kompaktleuchtstofflampen	Glühlampen	Installierte Leistung
	[Anzahl Lampen/100 m^2]			[W/m^2]
Produktionsraum	16,4	2,3	19,8	11
Verkaufsraum	22,9	5,3	15,9	13
Büroraum	22,4	36,6	46,9	16
Lagerraum	10,1	2,0	73,1	14
Küche	62,5	–	–	38
Restaurant, Kantine	3,3	–	3,3	4
Sonstiger Raum	13,6	8,9	23,3	12

Einzelobjektanalyse

Im Rahmen der Einzeluntersuchungen wurden zwei freistehende Tankstellen an Bundesstraßen im kleinstädtischen Raum analysiert. Beide Tankstellen sind neueren Baudatums, verfügen über eine bzw. zwei Autowaschanlagen, einen Verkaufsraum, eine Reparaturhalle und jeweils sechs Mehrfachzapfsäulen (siehe Tabelle 4.13-4).

Tabelle 4.13-4: Beschreibung der untersuchten Tankstellen

	Tankstelle I	**Tankstelle II**
Standort	Bundesstraße Kleinstadt	Bundesstraße Kleinstadt
Baujahr	1986	1989
Öffnungszeit	6 bis 24 Uhr	0 bis 24 Uhr
Umgesetzte Kraftstoffmenge (1992)	ca. 4 Mio. l	ca. 4 Mio. l.
Zahl der Autowäschen (1992)	22.000 Stk.	14.000 Stk.
Zahl der Mehrfachzapfzsäulen	6 Stk.	6 Stk.
Beheizte Fläche	ca. 130 m^2	ca. 180 m^2
Waschanlage	2 Portal-waschanlagen (jeweils nur ein Tor)	1 Tandem-Portal-waschanlage (2 Tore)
Installierte Leistungen		
• Außenbeleuchtung	7 kW	16 kW
• Innenbeleuchtung	1,6 kW	5,6 kW
• Verkaufsraum (Kühlung, Kasse etc.)	5 kW	8,5 kW
• Fördereinrichtungen (Zapfsäulen)	1,2 kW	1,2 kW
• Waschanlagen	je 20 kW	30 kW

Die im Jahr umgesetzte Menge an Kraftstoffen ist mit ca. 4 Mio. Litern für beide Tankstellen nahezu identisch und kann als typischer Wert für größere, moderne Straßentankstellen dieser Bauart angesehen werden. Diese Merkmale stimmen gut mit den Ergebnissen der Breitenerhebung überein.

Für den Energieverbrauch bedeutsame Unterschiede liegen vor allem in der täglichen Öffnungsdauer von 18 bzw. 24 Stunden sowie in der deutlich differierenden Höhe der installierten Beleuchtungsleistung. Die mehr als zweifach höhere Leistung der Außenbeleuchtung bei Tankstelle II hat verkaufsstrategische Gründe (Leuchtwerbung). Bei Tankstelle I ist dagegen der Aufwand primär funktional orientiert. Die Werbung ist auf das Notwendigste reduziert. Die höhere installierte Leistung der Innenbeleuchtung (Tankstelle II) ist auf den größeren Verkaufsraum und die schwarz gestrichene Raumdecke zurückzuführen.

In Abbildung 4.13-3 ist der gemessene Tageslastgang der elektrischen Wirkleistungsaufnahme der Tankstelle II für einen Samstag im November dargestellt. Im Bild ist deutlich die Betriebszeit der Autowaschanlage (6 bis 22 Uhr) zu erkennen. In den Morgen- und Nachtstunden ist der Energiebedarf des Druckluftkompressors zu erkennen, der nachts ausschließlich zur Deckung der Druckluftverluste im Netz läuft. Die Leckage konnte in einer Walze der Waschanlage lokalisiert werden. Der Energiebedarf zur Deckung dieser Verluste beträgt im Mittel ca. 10 kWh/d.

Abbildung 4.13-3: Tageslastgang der elektrischen Wirkleistungsaufnahme der Tankstelle II (Samstag, November)

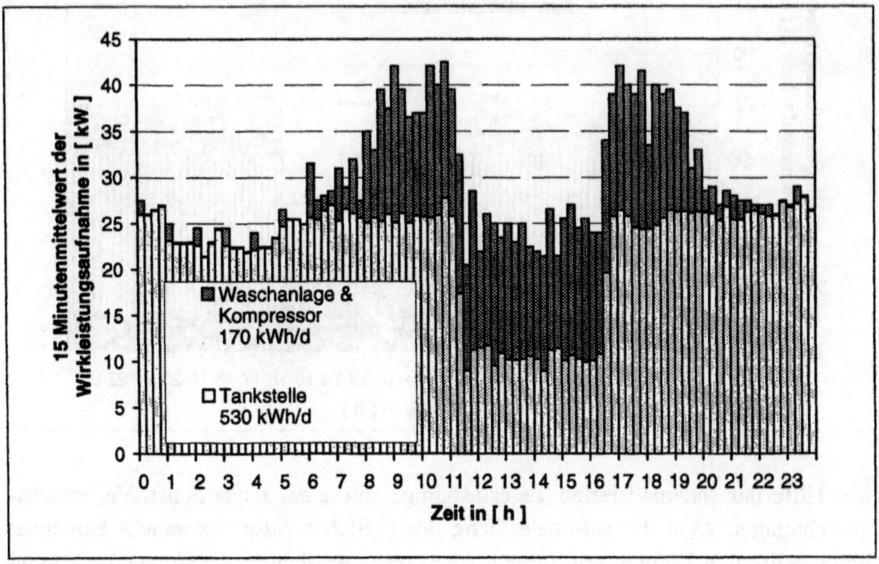

Die Leistungsaufnahme der Tankstelle zeigt den dominierenden Anteil der Reklame- und Außenbeleuchtung. Während der Nachtstunden sowie bei schlechten Witterungsverhältnissen ist die gesamte Außenbeleuchtung mit einer Anschlußleistung von 16 kW in Betrieb. Die geringe Verbrauchsabsenkung zwischen 1 Uhr und 5 Uhr morgens ist auf das Abschalten eines Teiles der Innenbeleuchtung im Verkaufsraum zurückzuführen.

Während der Mittagsstunden, in denen die Außenbeleuchtung abgeschaltet wurde, ist der Grundbedarf der Tankstelle mit ca. 9-10 kW erkennbar. Dieser Grundsockel wird durch die Innenbeleuchtung des Verkaufsraumes mit 3,7 kW und den Verbrauch der Kühltheken bestimmt. Die Innenbeleuchtung ist tageslichtunabhängig konstant 24 Stunden täglich in Betrieb. Der Leistungsbedarf der Kraftstofförderungsanlagen ist im Verhältnis so geringfügig, daß er sich im Tagesgang nicht auswirkt.

Auf der Basis der installierten Leistungen zeigt Abbildung 4.13-4 einen schematisierten Tageslastgang, bereinigt um den Verbrauch der Waschanlage und des Druckluftkompressors.

Abbildung 4.13-4: Schematisierter Tagesgang des elektrischen Wirkleistungsbezugs von Tankstelle II

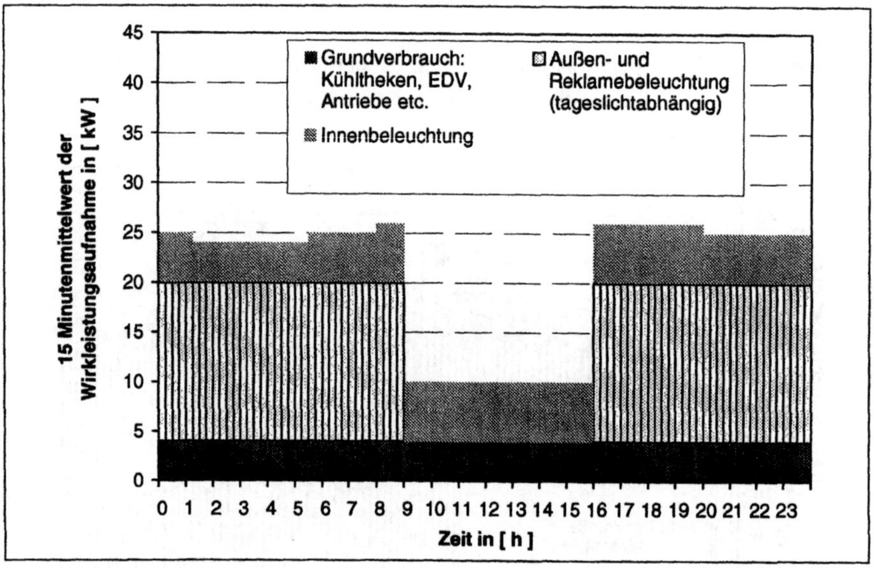

Mit Hilfe der schematisierten Tageslastgänge sowie der monatlichen Verbrauchsabrechnungen kann der saisonale Gang des täglichen Stromverbrauchs berechnet und anteilig den Verbrauchergruppen zugewiesen werden. In Abbildung 4.13-5 und Abbildung 4.13-6 sind die auf diese Weise ermittelten Saisonalgänge der beiden Tankstellen dargestellt. Der Stromverbrauch der Waschanlagen konnte mit Hilfe der saisonalen Umsatzzahlen berücksichtigt werden, nachdem die Detailuntersuchung einen mittleren Stromverbrauch von 1 kWh pro Wäsche ergeben hatte.

Der durchschnittliche tägliche Energieverbrauch der Tankstelle I inkl. der Waschanlage schwankt über das Jahr zwischen 135 kWh/d in den Sommermonaten und 190 kWh/d in den Wintermonaten. Der Saisonalgang ist auf die verkürzte Betriebszeit der Außen- und Innenbeleuchtung und die geringere Anzahl der Autowäschen in den Sommermonaten zurückzuführen.

Im Jahresmittel entfallen 26 % des Gesamtverbrauchs von 60 MWh_{el} auf den Grundverbrauch, also Kühltheken, EDV, Antriebe usw. Die Autowäschen sind mit 38 % und Innen- und Außenbeleuchtung mit 36 % beteiligt.

Abbildung 4.13-5: Saisonalgang des elektrischen Energieverbrauchs der Tankstelle I

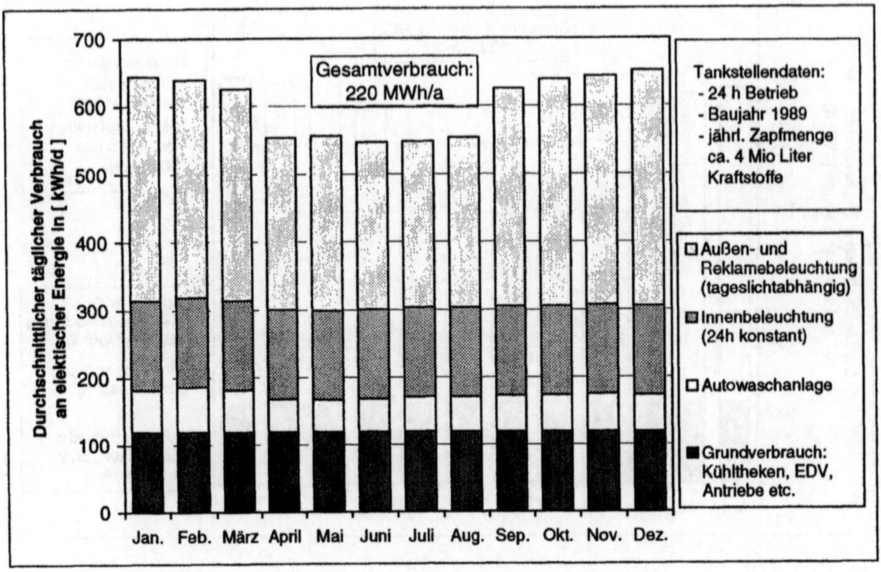

In Abbildung 4.13-6 ist der Saisonalgang des Stromverbrauchs der Tankstelle II aufgetragen. Datengrundlage sind die gemessenen Tagesgänge und monatliche Verbrauchsabrechnungen.

Der Saisonalgang ist hier nicht so ausgeprägt wie bei Tankstelle I. Der durchschnittliche tägliche Energieverbrauch liegt zwischen 550 kWh/d in den Sommermonaten und 650 kWh/d in den Wintermonaten. Die geringen Schwankungen sind auf die auch in Sommermonaten zum Teil lange Einschaltdauer der Außen- und Reklamebeleuchtung zurückzuführen. Mit insgesamt 71 % am Jahresenergieverbrauch von 220 MWh_{el} dominiert der Energieverbrauch für Beleuchtungszwecke. Hiervon entfallen etwa zwei Drittel auf Außen- und Reklamebeleuchtung und ein Drittel auf die Innenbeleuchtung. Der Grundverbrauch für Kühltheken, EDV, Antriebe u. ä. besitzt einen Anteil von 20 %. Die Autowaschanlage ist am Gesamtverbrauch an elektrischer Energie nur mit 9 % beteiligt.

Zur Bilanzierung des Energieverbrauchs der Tankstellen ist neben dem Verbrauch an elektrischer Energie der Brennstoffverbrauch für Beheizungszwecke zu berücksichtigen. Als Brennstoff wird in beiden Objekten leichtes Heizöl verwendet. Der jährliche Verbrauch beträgt bei Tankstelle I 40 MWh_{BS} und verteilt sich zu 25 % auf Raumheizungszwecke und zu 75 % auf die Beheizung (Frostschutz) der Autowaschanlagen.

Abbildung 4.13-6: Saisonalgang des Stromverbrauchs der Tankstelle II

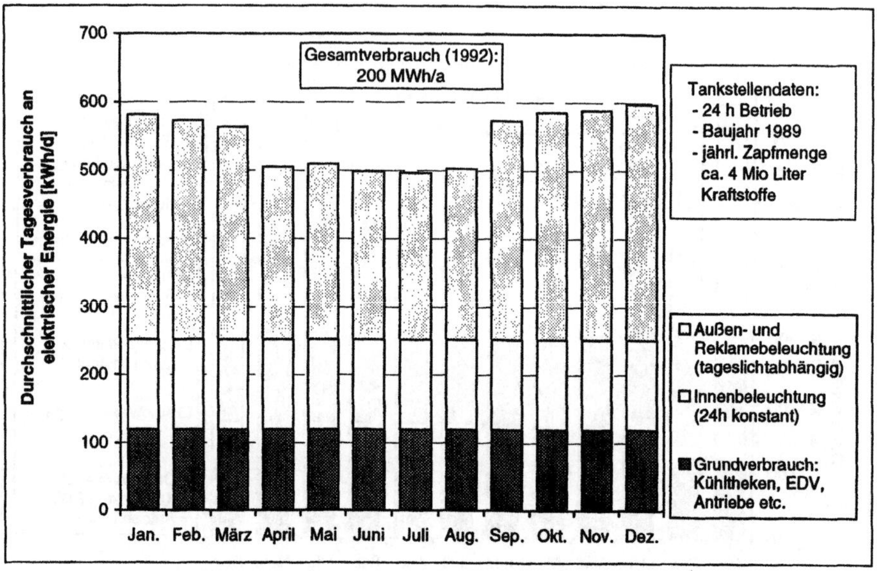

Für Tankstelle II werden pro Jahr ca. 70 MWh_{BS} eingesetzt, die sich nach Betreiberangaben zu gleichen Teilen der Raumheizung und der Beheizung der Waschanlage zuweisen lassen. In Tabelle 4.13-5 sind die Verbrauchswerte von Strom und Brennstoff für die untersuchten Objekte (gegliedert in Tankstelle und Waschanlage) gegenübergestellt. Sie sind als Endenergie und als Primärenergieäquivalent angegeben.

Der Energieverbrauch der Waschanlagen liegt in vergleichbarer Höhe. Bezogen auf die Zahl der jährlich verkauften Wagenwäschen weist Waschanlage II mit ca. 1,4 kWh_{el}/Wagenwäsche und 2,5 kWh_{BS}/Wagenwäsche höhere Werte auf als Waschanlage I mit ca. 1 kWh_{el}/Wagenwäsche und 1,4 kWh_{BS}/Wagenwäsche.

Tabelle 4.13-5: Jährlicher Energieverbrauch der untersuchten Tankstellen

	Jährlicher Endenergieverbrauch [MWh/a]		**Jährlicher Primärenergieverbrauch*** [MWh/a]
	Strom	**Brennstoff (HEL)**	
Tankstelle I gesamt	60	40	218
davon Waschanlage I	23	30	101
Tankstelle II gesamt	220	70	710
davon Waschanlage II	20	35	98

* Primärenergieäquivalent, berechnet mit Bereitstellungsnutzungsgraden von 35 % für elektrische Energie und 85 % für Brennstoffe

Bemerkenswert ist der etwa um den Faktor 3 höhere Primärenergieverbrauch von Tankstelle II gegenüber Tankstelle I. Da beide Objekte hinsichtlich Standort, Baujahr, Größe und Umsatz fast identische Rahmenbedingungen aufweisen, lohnt hier eine Detailanalyse von Tankstelle II.

Die Beheizung des Verkaufsshops erfolgt dort über eine Fußbodenheizung und einen Niedertemperatur-Ölkessel mit einer Leistung von 43 kW und einem Nennwirkungsgrad von 94 %. Ein Lufterhitzer heizt die Werkstatt teilweise auf 17°C. Die Temperatur in der Waschanlage wird ebenfalls mit einem Lufterhitzer an besonders kalten Tagen über dem Gefrierpunkt gehalten. Die Prozeßwärme für die Waschanlage wird durch den Niedertemperaturkessel bereitgestellt. Ein dezentraler elektrischer Warmwasserspeicher von 4 kW Leistung erzeugt vornehmlich für den Verkaufsshop Warmwasser.

250 Leuchtstoffröhren im Außenbereich mit einer Gesamtleistung von 16 kW sind durchschnittlich 20 h/d in Betrieb. Zusammen mit der Beleuchtung im Hallen- und Bürobereich ergibt das eine installierte Leistung für die Beleuchtung von 22 kW. Die Waschanlage verbraucht neben Prozeßwärme pro Vorwäsche ca. 50 Wh Strom, pro Heißwäsche ca. 160 Wh. 8 Ventilatoren mit je 2 kW trocknen die Fahrzeuge. Dies führt zu einem gesamten Stromverbrauch von 800 Wh/Wäsche oder ca. 20 MWh/a bei 25.000 Wäschen/a. Im Sommer ist 5 Stunden pro Tag ein Kompressor mit 1 kW Leistung für die Kälteerzeugung zur Klimatisierung des Verkaufsshops in Betrieb.

Im Verkaufsshop sind zwei Gefrierschränke, eine Kühlvitrine mit 7°C und zwei Kühlschränke aufgestellt. Weitere Verbraucher sind ein Kolbenkompressor zur Drucklufterzeugung, eine Mikrowelle, ein PC und eine Kaffeemaschine.

Wie in Abbildung 4.13-7 in klimabereinigter Darstellung zu sehen ist, bestimmt der Stromverbrauch zu 73 % die Energiebilanz der Tankstelle. Im Vergleich zum Sektorendurchschnitt sind hier die Strom- und Brennstoffanteile geradezu vertauscht. Mit 51 % des gesamten Endenergieeinsatzes dominiert eindeutig die Beleuchtung. Der flächenspezifische Verbrauch der Beleuchtung liegt bei 570 kWh/m^{2}a. Jeweils 147 kWh/m^{2}a werden an Brennstoffen für die Raumheizung und Prozeßwärme verbraucht.

Der verhältnismäßig hohe Verbrauch der Tankstelle II läßt sich also zusammenfassend zurückführen auf:

- hohe installierte Beleuchtungsleistung für Reklamezwecke,
- hohe installierte Beleuchtungsleistung für den Verkaufsraum,
- um sechs Stunden längere Öffnungszeit,
- Vorgaben des Verpächters zum Werbekonzept und Betreiberverhalten,
- größere beheizte Fläche.

Man kann davon ausgehen, daß die untersuchten Objekte zwei Extremwerte der Bandbreite des Energieverbrauchs von modernen Straßentankstellen darstellen. Bedeutende Einsparpotentiale liegen vor allem in einer Reduktion der installierten Leistungen und der Betriebszeiten der Beleuchtungsanlagen für Werbezwecke. Eine Reduzierung der Betriebszeit der Außenbeleuchtung ist jedoch aus Werbegründen vom Betreiber der Tankstelle II nicht gewünscht.

Abbildung 4.13-7: Klimabereinigte Endenergiebilanz der Tankstelle II

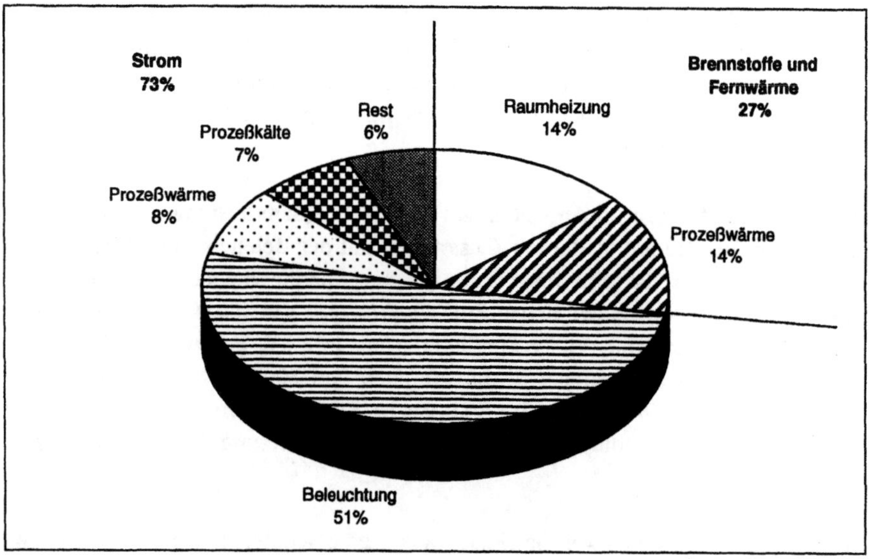

4.13.4 Durchführung energiesparender Maßnahmen und Hemmnisse

Von den insgesamt zehn Maßnahmen zur Energieeinsparung, die den Befragten genannt wurden, gaben die Betriebe durchschnittlich neun Maßnahmen und mehr als technisch bzw. organisatorisch möglich an. Durchgeführt wurden jedoch im Schnitt nur knapp 40 % der möglichen Maßnahmen. 10 % der Betriebe haben überhaupt keine dieser Maßnahmen durchgeführt (Abbildung 4.13-8). In den kleineren Betrieben liegt der Prozentsatz deutlich niedriger als in den größeren Betrieben (vgl. Abbildung 4.13-9).

Bei den durchgeführten Maßnahmen zur Reduzierung des Heizenergieverbrauchs steht der Einbau von Isolierglasfenstern an erster Stelle. 65 % der Befragten haben diese Maßnahme durchgeführt. Die Wärmedämmung des Daches wurde bei 46 %, die Wärmedämmung der Außenwände bei 41 % der Betriebe durchgeführt oder geplant. Die ausgewiesenen Zahlen beziehen sich ausschließlich auf Betriebe bei welchen die entsprechenden Maßnahmen technisch realisierbar sind.

Abbildung 4.13-8: Anzahl der möglichen Maßnahmen zur Energieeinsparung nach Betriebsgrößenklassen

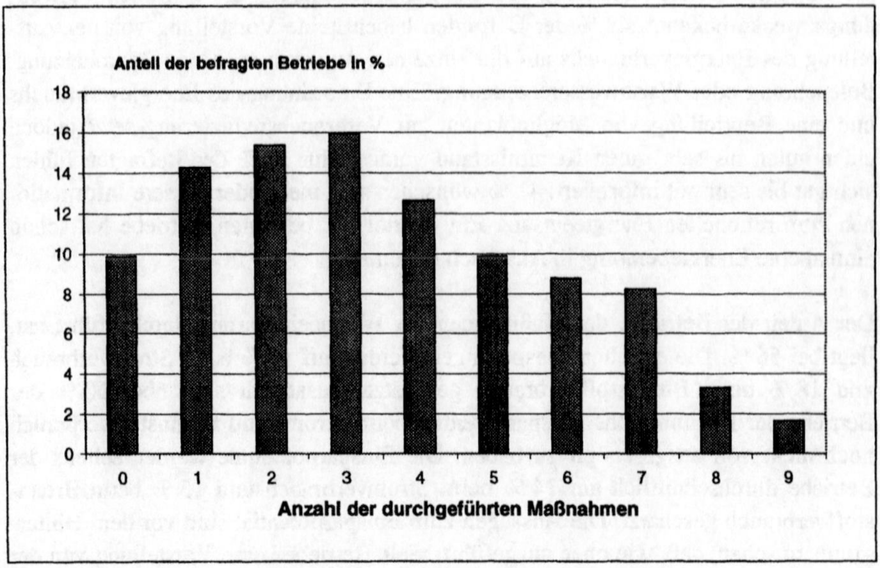

Abbildung 4.13-9: Anzahl der durchgeführten oder geplanten Maßnahmen zur Energieeinsparung

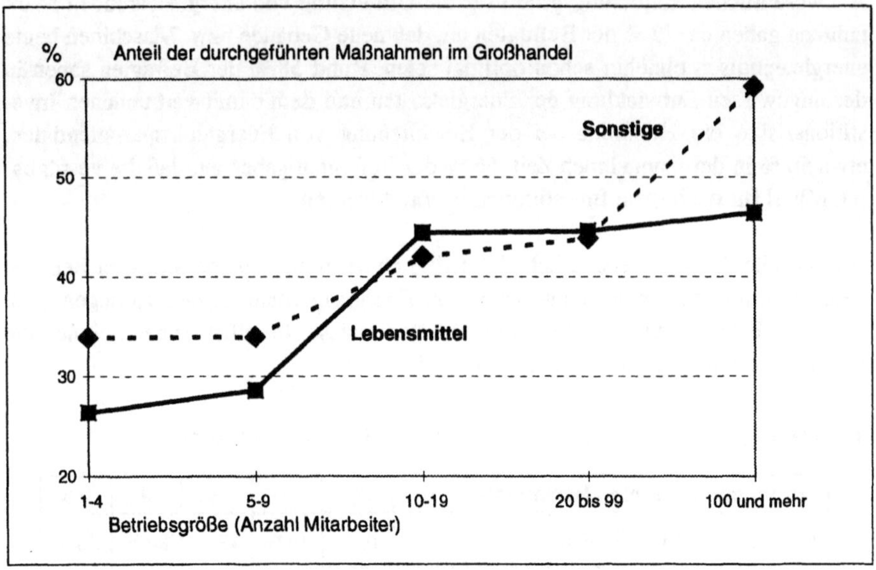

Aus den Umfrageergebnissen in den Betrieben des Großhandels ergibt sich ein umsatzbezogener Energiekostenanteil von durchschnittlich 6,7 %. Lediglich 13 % der Befragten ist die Aufteilung des Energieverbrauchs auf die einzelnen Verwendungszwecke bekannt. 43 % der Befragten haben keine Vorstellung von der Aufteilung des Energieverbrauchs auf die einzelnen Anwendungen wie Raumheizung, Beleuchtung oder Warmwassererzeugung. Eine Einordnung des Energieverbrauchs und eine Beurteilung von Möglichkeiten zur Verbrauchsreduzierung setzt jedoch einen guten bis sehr guten Kenntnisstand voraus. Nur 35 % der Befragten fühlen sich gut bis sehr gut informiert. 41 % wünschen sich mehr oder bessere Informationen zum rationellen Energieeinsatz. Ein Viertel der befragten Betriebe hat schon einmal eine Energieberatung in Anspruch genommen.

Der Anteil der Betriebe, der Maßnahmen zur Wärmeeinsparung durchgeführt hat, liegt bei 56 %. Die erzielten Einsparungen werden auf 13 % beim Stromverbrauch und 18 % beim Brennstoffverbrauch geschätzt. Zusätzlich sind über 50 % der Betriebe der Meinung, das Einsparpotential beim Strom- und Brennstoffverbrauch noch nicht voll ausgeschöpft zu haben. Die Einsparpotentiale werden seitens der Betriebe durchschnittlich auf 14 % beim Stromverbrauch und 15 % beim Brennstoffverbrauch geschätzt. Die Aussagen zum Einsparpotential sind vor dem Hintergrund zu sehen, daß, wie oben ausgeführt, viele Betriebe keine Vorstellung von der Aufteilung ihres Energieverbrauchs haben und sich nicht ausreichend informiert fühlen.

Als wesentlichen Hinderungsgrund für die Umsetzung von energiesparenden Maßnahmen gaben ca. 72 % der Befragten an, daß neue Gebäude bzw. Maschinen heute energietechnisch ohnehin schon optimal seien. Rund 58 % der Befragten sahen in der ungewissen Entwicklung der Energiekosten und dem damit verbundenen Investitionsrisiko ein Hemmnis bei der Erschließung von Energieeinsparpotentialen, etwa 56 % in der mangelnden Zeit. 56 % der Befragten gaben an, daß die verfügbaren Mittel für wichtigere Investitionen benötigt werden.

Aus Tabelle 4.13-6 ist ersichtlich, daß lediglich bei rund 4 % der befragten Betriebe keine Hemmnisse für die Umsetzung von Energiesparmaßnahmen vorliegen. Fast 60 % der Betriebe nennen drei und mehr Hemmnisse. Im allgemeinen nehmen die Hemmnisse mit steigender Betriebsgröße ab.

Tabelle 4.13-6: Anzahl der genannten Hemmnisse im Großhandel

Anzahl der genannten Hemmnisse	**0**	**1**	**2**	**3**	**4**	**≥ 5**
Anteil der befragten Betriebe	4 %	18 %	18 %	12 %	22 %	26 %

4.14 Kreditinstitute und Versicherungen

4.14.1 Charakteristik der Branche

Die Verteilung der Beschäftigten und der Unternehmen auf Unternehmensgrößenklassen in Deutschland ist in Tabelle 4.14-1 für das Jahr 1994 dargestellt. Es sind sowohl kleine Betriebe (Versicherungsmakler- und Vertreter, Sparkassen) als auch große Unternehmen (z. B. Versicherungen) mit einer hohen Zahl an Beschäftigten vertreten. Die Gesamtzahl der Beschäftigten betrug im Jahr 1994 1,039 Mio.

Tabelle 4.14-1: Beschäftigte in Kreditinstituten und Versicherungen

	Betriebsgrößenklasse			Summe
	1 bis 4 Beschäftigte	5 bis 19 Beschäftigte	mehr als 19 Beschäftigte	
	[1.000]			
Kredit- und Teilzahlungsbanken	4,8	41,4	179,2	225,5
Sparkassen und genossenschaftliche Kreditinstitute	45,8	99,6	265,0	410,4
Bausparkassen	1,2	1,5	19,5	22,2
Versicherungen	2,9	21,9	184,2	209,0
Leasing, Leihhäuser, Effekten	20,2	5,2	3,5	28,9
Versicherungsmakler und -vertreter	106,3	23,9	12,8	143,0

Quelle: eigene Hochrechnung

4.14.2 Untersuchte Betriebe

Im Rahmen der Breitenerhebung wurden 164 Betriebe befragt. 90 % der ausgefüllten Fragebögen konnten für eine detaillierte Analyse der Energieverbrauchswerte verwertet werden. Die durchschnittliche beheizte Betriebsfläche beträgt bei den befragten Betrieben 5.358 m^2. Dies entspricht einer Fläche von 22 m^2 pro Beschäftigten. Die mittlere Fläche pro Betrieb reicht von 62 m^2 für Versicherungsmakler und -vertreter bis zu über 32.000 m^2 bei Bausparkassen. Die Zusammenfassung der Betriebsfläche, aufgeteilt nach Subsplits, ist in Tabelle 4.14-2 zu sehen.

Tabelle 4.14-2: Betriebe und Betriebsflächen im Kredit- und Versicherungsgewerbe (Daten der Breitenerhebung)

	Betriebe	Mittlere Betriebsfläche pro Beschäftigten [m^2/Person]	Mittlere Betriebsfläche pro Betrieb, beheizt [m^2]	Anteil beheizter Fläche [%]
Kredit- und Teilzahlungsbanken	27	19	21.979	97
Sparkassen u. genossenschaftl. Kreditinstitute	83	29	775	92
Bausparkassen	3	10	32.330	96
Versicherungen	25	11	3.192	93
Leasing, Leihhäuser, Effekten	2	41	121	95
Versicherungsmakler und –vertreter	16	11	62	95
Insgesamt	156	22	5.358	93

4.14.3 Energieverbrauchsschwerpunkte

Auswertung der Breitenerhebung

Die Gebäude dieses Splits stammen zu 28 % aus der Zeit vor 1952, 35 % wurden im Zeitraum von 1952 bis 1977 und 22 % zwischen 1978 und 1989 errichtet (siehe Abbildung 4.14-1). Der Anteil der Gebäude, die nach 1989 gebaut wurden, ist mit 12 % relativ hoch. Die Gebäude befinden sich im Vergleich zum restlichen Sektor Kleinverbrauch in einem wärmetechnisch überdurchschnittlich guten Zustand. Nur 40 % der Gebäude haben ein Mauerwerk ohne Wärmedämmung; weitere 40 % besitzen ein Mauerwerk mit Wärmedämmung, 10 % Beton mit Wärmedämmung. Die restlichen 10 % der Befragten konnten zum großen Teil den Wandaufbau nicht angeben. Auch die Verglasung ist überdurchschnittlich gut: Nur 12 % der Gebäude sind mit einfacher Verglasung ausgestattet, 27 % mit Zweifachverglasung, 17 % haben Wärmeschutz- und 40 % Isolierverglasung. An ca. 65 % der Gebäude wurden nachträglich wärmetechnische Verbesserungsmaßnahmen durchgeführt. Davon entfielen 40 % aller Maßnahmen auf die Fenster, 25 % auf die Dämmung des Daches.

Trotz einer vergleichsweise guten Wärmedämmung liegt der mittlere Brennstoffeinsatz zur Deckung des Heizwärmebedarfs mit 190 kWh/m^2a nur in einem mittleren Bereich. In 28 % der Betriebe wird Erdgas eingesetzt, Heizöl wird in 26 % und Fernwärme in 17 % der Betriebe verwendet (vgl. Abbildung 4.14-2). Allerdings machten 19 % der Befragten keine Angaben zur Art des Brennstoffes oder er war ihnen nicht bekannt. 7 % der Betriebe verwenden zwei Brennstoffe. Der durchschnittliche Brennstoffbedarf für Raumheizung, Warmwasser und Prozeßwärme liegt bei 200 kWh/m^2a.

Abbildung 4.14-1: Baualtersverteilung der Gebäude (Daten der Breitenerhebung)

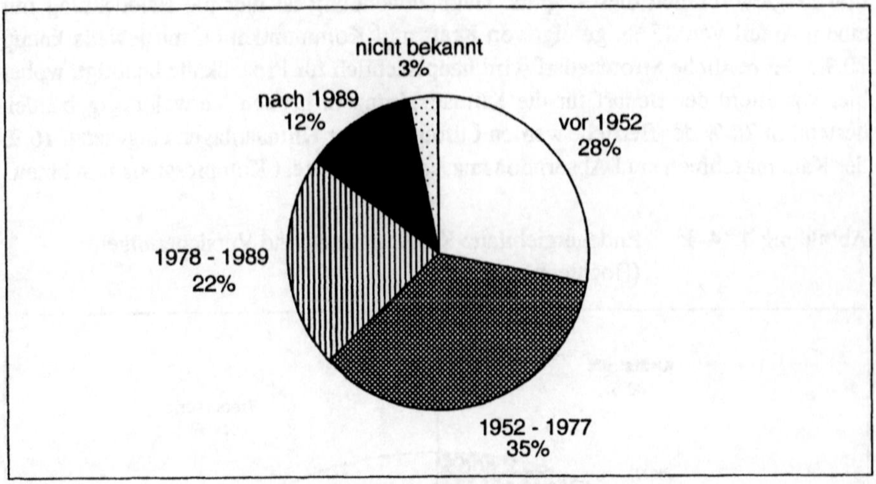

Abbildung 4.14-2: Einsatz von Brennstoffen und Fernwärme (Daten der Breitenerhebung)

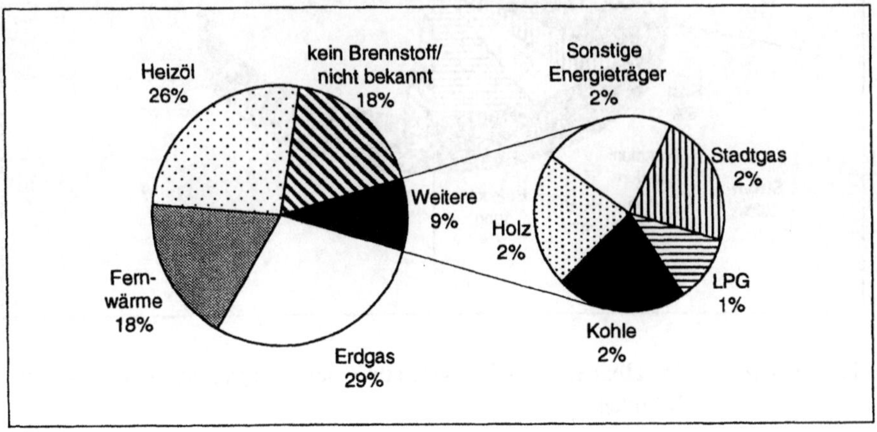

Die Endenergiebilanz in Abbildung 4.14-3 wird zur Hälfte durch die Raumheizung bestimmt. Bei einem spezifischen Verbrauch von 190 kWh/m^2 sind hier noch Einsparpotentiale vorhanden. Der Verbrauch an Kraftstoffen hat einen Anteil von 30 % und wird fast ausschließlich durch den Pkw-Bestand verursacht. Die Kilometerlaufleistung eines Pkw liegt im Mittel bei 28.000 km/a bei einem Verbrauch von 9,6 l/100 km. Durch den verstärkten Einsatz von modernen Dieselfahrzeugen mit Direkteinspritzermotoren könnte der Verbrauch um 30 bis 40 % gesenkt werden. Diese Maßnahme würde sich aufgrund der hohen Kilometerlaufleistung wirtschaftlich schnell amortisieren.

Der spezifische Strombedarf beträgt 77 kWh/m^2 und hat einen Anteil von 20 % am Endenergieverbrauch dieses Splits. Hauptanwendung ist hier die Beleuchtung mit einem Anteil von 35 %, gefolgt von Kraft und Kommunikation mit jeweils knapp 20 %. Der restliche Strombedarf wird hauptsächlich für Prozeßkälte benötigt, wobei hier vor allem der Bedarf für die Klimatisierung in großen Verwaltungsgebäuden besteht. In 24 % der Betriebe werden Lüftungs- oder Klimaanlagen eingesetzt. 16 % der Kältemaschinen sind Absorptionsmaschinen, der Rest Kompressionsmaschinen.

Abbildung 4.14-3: Endenergiebilanz Kreditinstitute und Versicherungen (Hochrechnung)

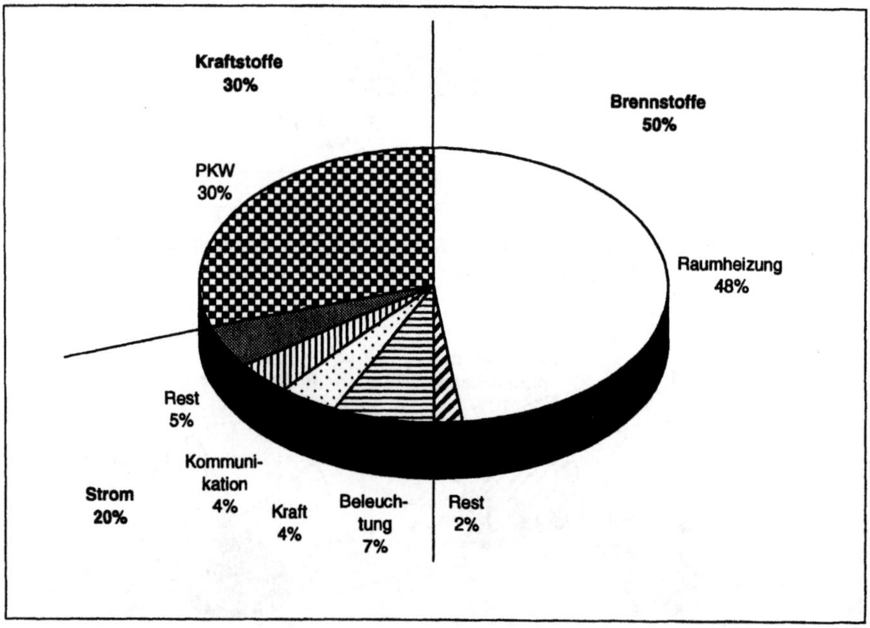

Tabelle 4.14-3: Installierte Beleuchtungsleistung und Lampendichte in typischen Räumen

	Räume	**Leuchtstofflampen**	**Kompaktleuchtstofflampen**	**Glühlampen**	**Installierte Leistung**
	[Anzahl]	[Anzahl Lampen/100 m^2]			[W/m^2]
Produktionsraum	38	30	22	16	15
Verkaufsraum	52	29	18	12	14
Büroraum	175	32	27	13	14
Lagerraum	15	18	–	12	8
Küche	10	29	–	20	15
Restaurant, Kantine	2	4	–	11	9
Sonstiger Raum	16	24	32	31	16

Zu typischen Räumen wurden die Befragten um nähere Angaben über die Beleuchtung gebeten. Die Ergebnisse sind in Tabelle 4.14-3 zusammengefaßt. Bei Räumen mit Publikumsverkehr sind 30 Leuchtstofflampen auf 100 m^2 installiert. Die installierte elektrische Leistung liegt in diesen Räumen aufgrund einer geringen Lampenleistung bei 15 W/m^2. Für die gesamte Branche liegt der durchschnittliche Strombedarf für die Beleuchtung bei 25 kWh/m^2a.

Einzelobjektanalyse: Bankfiliale

Die untersuchte Bankfiliale ist in einem freistehenden Gebäude untergebracht, das 1983 erbaut worden ist. Der untersuchte Betrieb kann für freistehende Bankfilialen dieser Bauperiode durchaus als typisch angesehen werden. Es handelt sich um ein verhältnismäßig kompakt gebautes Gebäude, das einen spezifisch geringen Energieverbrauch aufweisen sollte. Sämtliche Fenster sind in einem guten Zustand und mit Isolierverglasung versehen. Im Erdgeschoß ist der Schalterraum eingerichtet. Die erste und zweite Etage dienen als Büroräume, im Dachgeschoß befindet sich ein Konferenzzimmer und im Kellergeschoß sind Lager und Aufenthaltsräume untergebracht. Die Nettogrundfläche des Gebäudes beträgt 760 m^2.

Die Filiale hat 20 Beschäftigte, die hauptsächlich im Bürobereich und z. T. in der Schalterhalle arbeiten. Von der Gebäudenutzung her gesehen unterscheidet sich diese Bankfiliale nur unwesentlich von einem reinen Bürogebäude, da die Arbeitszeit der Angestellten sehr ähnlich ist. Der zu eingeschränkten Zeiten während der Woche auftretende Publikumsverkehr hat praktisch keine Auswirkung auf den Energieverbrauch des Gebäudes.

Die energetisch relevanten Anlagen entstammen aus der Erstausstattung des Gebäudes und sind damit gut 10 Jahre alt. Das Gebäude hat eine zentrale Versorgung zur Raumwärme und Warmwasserbereitstellung. Der Niedertemperaturkessel mit Gasgebläsebrenner hat eine Nennleistung von 105 kW. Der Nennwirkungsgrad des 1983 installierten Kessels beträgt 90,4 %. Über eine Schaltuhr kann eine Nachtabsenkung sowie eine Wochenendabsenkung eingestellt werden. Die Beheizung des Gebäudes erfolgt vorwiegend über Fußbodenheizung, nur die Schalterhalle wird belüftet. Aufgrund der hohen Wärmespeicherfähigkeit des Fußbodens ist die Fußbodenheizung nur mit einer großen Zeitverzögerung regelbar. Deswegen wurde die Nachtabsenkung deaktiviert und die Heizkennlinie verstellt.

Die Schalterhalle und Teile des ersten Obergeschosses werden zusätzlich zur Fußbodenheizung mit einer Luftheizung beheizt. Die maximale Wärmeleistung der Luftheizung beträgt 42 kW. An den kältesten Tagen des Jahres kann über eine eingebaute Wärmerückgewinnung die Außenluft vorgewärmt werden.

Die untersuchte Bankfiliale hat einen Endenergieverbrauch von 187 MWh/a. Davon entfallen 137 MWh/a auf die Heizung und 1,5 MWh auf die Warmwasserbereitung durch den Gaskessel. Dies entspricht einem spezifischen Heizenergieverbrauch von 180 kWh/m^{2}a und paßt damit recht gut zu den Werten aus der IKARUS-Datenbank. Der Stromverbrauch liegt bei 48 MWh/a bzw. 63 kWh/m^{2}a. Der Stromverbrauch ist in Abbildung 4.14-4 weiter aufgeschlüsselt.

Abbildung 4.14-4: Stromverbrauch nach Verbrauchsschwerpunkten

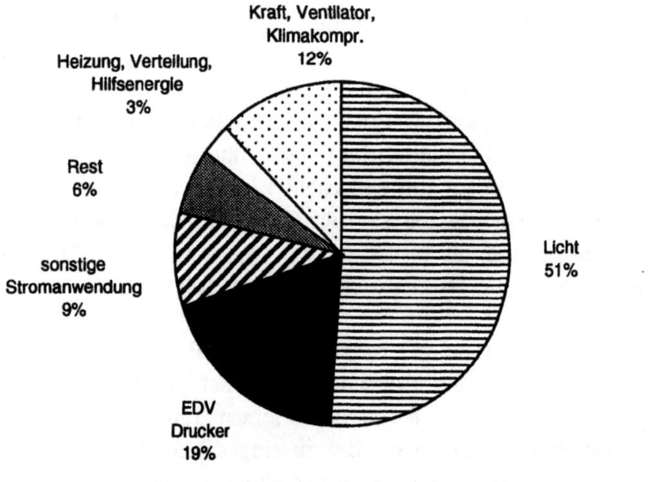

Der Anteil der Beleuchtung am Stromverbrauch beträgt über 50 %. Der Beleuchtungsverbrauch läßt sich weiter aufteilen in:

- 64 % oder rund 16 MWh/a für die Glühlampen und
- 36 % oder knapp 9 MWh/a für Leuchtstofflampen.

Mit Glühlampen wird vorwiegend die Schalterhalle beleuchtet. Die 60-W-Glühlampen sind an der Decke in Aussparungen der Deckenverkleidung eingeschraubt. Nach Auskunft der Beschäftigten sind diese Lampen jedoch öfters defekt. Durch eine ungünstige Anordnung entsteht an den Lampen ein Hitzestau, der zum vorzeitigen Ausfall führt. Die Leuchtstofflampen dienen vorwiegend zur Beleuchtung der Büroarbeitsplätze und sind in Spiegelrasterleuchten eingebaut.

Der Stromverbrauch von EDV und Druckern ergibt sich aus 10 PC, einem kleinen Hauptrechner und 6 Terminals, 8 Druckern und 2 Kopiergeräten. Die PC werden täglich rund 10 Stunden betrieben, während der Hauptrechner nie ausgeschaltet wird.

Folgende Energieeinsparmöglichkeiten konnten festgestellt worden:

- Austausch der ca. 100 Glühlampen in der Schalterhalle durch baugleiche Kompaktleuchtstofflampen; der Verbrauch der Beleuchtung in der Schalterhalle sinkt damit von fast 16 MWh auf knapp 3 MWh. Dadurch reduziert sich aber auch der Deckungsbeitrag aus freier Wärme für die Raumheizung, der durch vermehrten Brennstoffeinsatz in Höhe von ca. 5 MWh zu kompensieren ist. Der spezifische Stromverbrauch für die Beleuchtung sinkt von 32 auf 16 kWh/m^{2}a. Da die Kompaktleuchtstofflampen eine höhere Lebensdauer haben, addieren sich zur Energiekosteneinsparung von 3.700 DM/a noch rund 1.200 DM durch verringerten Ausfall. Die Amortisationszeit für diese Maßnahme liegt unter einem Jahr.
- Die Nachtabsenkung wurde außer Betrieb genommen und die Heizkennlinie manuell so verstellt, daß eine gute Beheizung des Gebäudes gewährleistet ist. Bei korrekter Einstellung ist eine Einsparung denkbar, die jedoch nicht quantifiziert werden konnte.

Einzelobjektanalyse: Versicherung

Eine weitere Betriebsuntersuchung wurde in einer Versicherung mit 700 Beschäftigten durchgeführt, die in zwei Gebäudeteilen mit einer gesamten Nettogrundfläche von 15.200 m^2 untergebracht ist. Die 3- bzw. 5-geschoßigen Gebäudeteile wurden 1982 in Skelettbauweise mit einer Glasfassade errichtet. Die Alufenster mit Isolierverglasung weisen einen k-Wert von 3,0 auf. Im Gebäude sind 10 Personen- und 2 Lastenaufzüge mit 157 kW elektrischer Leistung installiert. Alle energetisch relevanten Anlagen stammen aus der Erstausstattung.

Es wird werktags zwischen 18 und 5 Uhr eine Nachtabsenkung auf 17°C durchgeführt, am Wochenende wird ganztägig abgesenkt. Die Heizwärme- und Warmwasserversorgung wird durch Fernwärme über eine Dieselmotor-Wärmepumpe mit Grundwasser als Wärmequelle sichergestellt. Die Wärmepumpe versorgt außerdem ein Hotel, ein weiteres Bürohaus und 540 Appartements. Sie liefert zugleich Fernkälte für die Klimatisierung der EDV-Zentrale, der Kantine und einiger Aufenthaltsräume über Kaltwasserleitungen. In der Betriebskantine ist eine elektrische Leistung von 410 kW installiert. In der Küche wird ausschließlich Strom als Energieträger eingesetzt. Die RLT-Anlage des Unternehmens hat eine Ventilatorleistung von 120 kW.

Die ca. 300 Büros werden durch Leuchtstoffröhren mit konventionellen Vorschaltgeräten beleuchtet. Ihre mittlere Einschaltdauer liegt zwischen 6 und 9 Stunden pro Tag. In den Büros sind für die Beleuchtungsanlage ca. 250 kW elektrische Leistung installiert. In Fluren, Konferenzräumen und in der Tiefgarage werden ebenfalls Leuchtstoffröhren eingesetzt, den Außenbereich und die Eingangshalle beleuchten Glühlampen. Die gesamte installierte Leistung beträgt 400 kW oder 26 W/m^2 Nettogrundfläche. Weitere Verbraucher sind die EDV-Zentrale mit 140 kW Leistung sowie ca. 100 PC und 300 Terminals.

Der Endenergieverbrauch von 6.380 MWh/a verteilt sich auf die einzelnen Verbrauchsschwerpunkte wie in Tabelle 4.14-4 dargestellt. Mit einem Anteil von 40 % am Endenergieverbrauch ergibt sich ein spezifischer Heizenergieverbrauch von 160 kWh/m^{2}a. Dieser Wert liegt unter dem Durchschnitt der Breitenerhebung, da die elektrischen Geräte einen zusätzlichen Wärmeeintrag liefern. Der Warmwasserverbrauch liegt bei ca. 10 kWh/m^{2}a. Der relativ hohe Prozeßkältebedarf von 72 kWh/m^2 wird durch den Wärmeeintrag der EDV-Zentrale mit 140 kW Leistung sowie die Beleuchtung in den zu kühlenden Räumen verursacht. Der Strombedarf für EDV und Kommunikationsgeräte macht die Hälfte des gesamten Stromverbrauchs von 168 kWh/m^2 aus.

Der Bedarf für die Beleuchtung liegt mit 32 kWh/m^{2}a über dem Durchschnitt, was an der hohen installierten Lichtleistung (26 W/m^2 NGF) und an den langen Einschaltzeiten liegt. Die Anlage ist relativ hochwertig und beleuchtet die Büros blendfrei, so daß die Beleuchtung auch bei ausreichendem Tageslicht nicht abgeschaltet wird. Durch eine tageslichtgesteuerte Schaltung oder elektronische Vorschaltgeräte könnte der Stromverbrauch für die Beleuchtung um 10 bis 35 % reduziert werden. Da die Anlage noch relativ neu ist, sind technische Maßnahmen weitgehend allerdings nicht wirtschaftlich. Durch Information der Mitarbeiter sollte die Einschaltdauer gesenkt werden können.

Durch ein automatisches Zurückschalten der PC in einen Stand-by-Modus bei längerem Nichtgebrauch könnte der Strombedarf um ca. 20 MWh/a reduziert werden. Diese Maßnahme würde zugleich die Lebensdauer der Monitore verlängern (siehe Kapitel 3.3). In dem untersuchten Betrieb sind alle weiteren eingesetzten Anlagen in einem guten Zustand und werden energetisch sinnvoll betrieben.

Tabelle 4.14-4: Aufteilung der Endenergie auf Anwendungsarten

	Fernwärme	**Strom**	**Fernkälte**
		[%]	
Heizung, Verteilung, Hilfsenergie	94	4	
Kraft, Ventilatoren		13	
Licht		19	
EDV, Drucker		48	
Warmwasser	6		
Prozeßwärme		16	
Prozeßkälte			100
Summe	**100**	**100**	**100**
Endenergie [MWh/a]	**2.591**	**2.557**	**1.090**

4.14.4 Durchführung energiesparender Maßnahmen und Hemmnisse

Von den insgesamt zehn Maßnahmen zur Energieeinsparung, die den Befragten genannt wurden, gaben die Betriebe durchschnittlich neun Maßnahmen als technisch bzw. organisatorisch möglich an. Dieses hohe Potential ist nahezu gleich über alle Größenklassen von Betrieben verteilt. Durchgeführt wurden jedoch im Schnitt nur knapp 40 % der möglichen Maßnahmen (Abbildung 4.14-5). Mit zunehmender Betriebsgröße steigt dieser Prozentsatz an, wobei die Energiesparaktivität im Kreditgewerbe überdurchschnittlich hoch ist (Abbildung 4.14-6).

Abbildung 4.14-5: Energiesparaktivität in Banken und Versicherungen

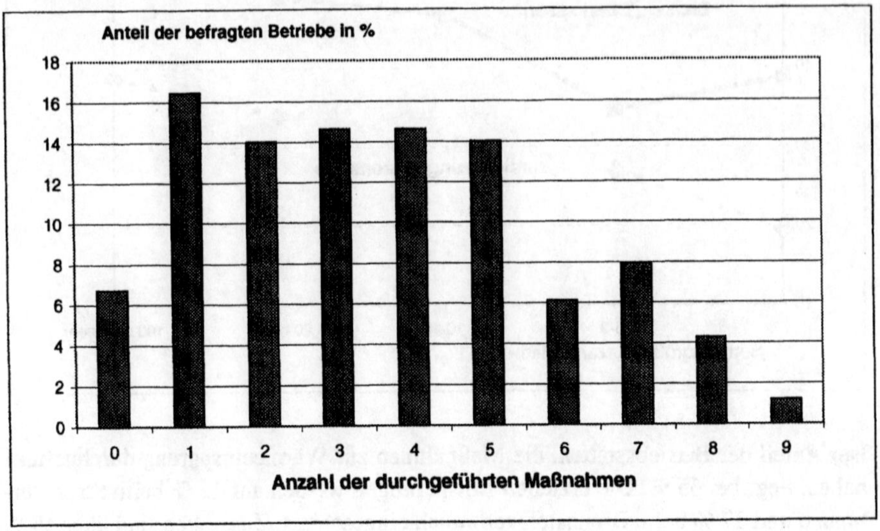

Bei den durchgeführten Maßnahmen zur Reduzierung des Heizenergieverbrauchs steht der Einbau von Isolierglasfenstern an erster Stelle. 80 % der Befragten haben diese Maßnahme durchgeführt. Die Wärmedämmung des Daches wurde bei 56 %, die Wärmedämmung der Außenwände bei 47 % der Betriebsstätten durchgeführt oder geplant. Die ausgewiesenen Zahlen beziehen sich ausschließlich auf Betriebsstätten, bei welchen die entsprechenden Maßnahmen technisch realisierbar sind.

Aus den Umfrageergebnissen bei Kreditinstituten und Versicherungen ergibt sich ein umsatzbezogener Energiekostenanteil von durchschnittlich 4,9 %. Lediglich 12 % der Befragten ist die Aufteilung des Energieverbrauchs auf die einzelnen Verwendungszwecke genau bekannt. Deutlich mehr als die Hälfte der Befragten hat keine Vorstellung von der Aufteilung des Energieverbrauchs auf die einzelnen Anwendungen wie Raumheizung, Beleuchtung oder Warmwassererzeugung. Eine Einordnung des Energieverbrauchs und eine Beurteilung von Möglichkeiten zur Verbrauchsreduzierung setzt jedoch einen guten bis sehr guten Kenntnisstand voraus. Nur 36 % der Befragten fühlen sich gut bis sehr gut informiert. 44 % wünschen sich mehr oder bessere Informationen zum rationellen Energieeinsatz, 20 % der Befragten haben schon einmal eine Energieberatung in Anspruch genommen.

Abbildung 4.14-6: Häufigkeit durchgeführter Maßnahmen in Banken und Versicherungen

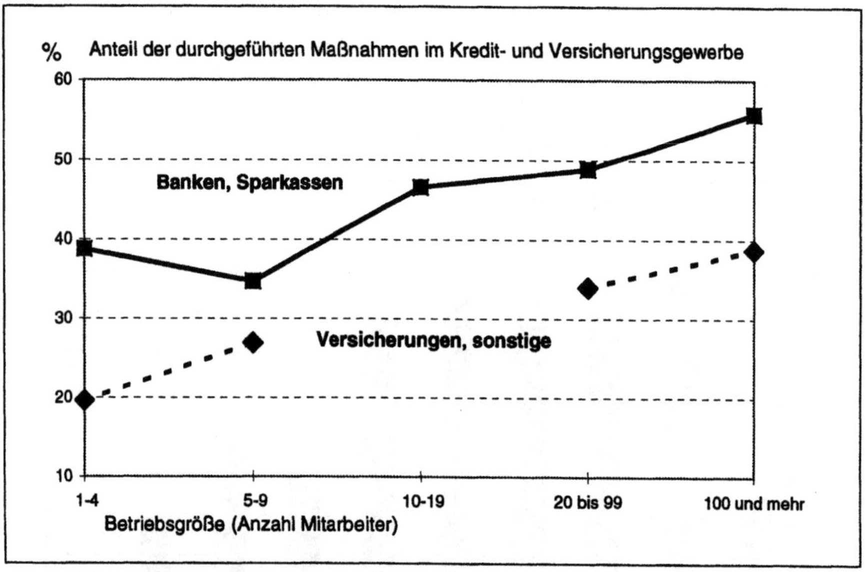

Der Anteil der Betriebsstätten, die Maßnahmen zur Wärmeeinsparung durchgeführt haben, liegt bei 65 %. Die erzielten Einsparungen werden auf 13 % beim Stromverbrauch und 17 % beim Brennstoffverbrauch eingeschätzt. Zusätzlich sind über 45 % der Befragten der Meinung, das Einsparpotential beim Strom- und Brennstoffverbrauch noch nicht voll ausgeschöpft zu haben. Die Einsparpotentiale wurden von den Befragten sowohl beim Strom- als auch beim Brennstoffverbrauch auf durchschnittlich 14 % geschätzt. Die Aussagen zum Einsparpotential sind vor dem Hintergrund zu sehen, daß, wie oben ausgeführt, jeder zweite Betrieb keine Vorstellung von der Aufteilung seines Energieverbrauchs hat und sich nicht ausreichend informiert fühlt.

Als hauptsächlicher Hinderungsgrund für die Umsetzung von energiesparenden Maßnahmen wurde von ca. 71 % der Befragten angegeben, daß neue Gebäude bzw. Maschinen heute energietechnisch optimal seien. Rund 55 % der Befragten sahen in der ungewissen Entwicklung der Energiekosten ein Hemmnis bei der Erschließung von Energieeinsparpotentialen, etwa 49 % in der mangelnden Zeit. 28 % der Befragten gaben an, daß die verfügbaren Mittel für wichtigere Investitionen benötigt werden.

Aus Tabelle 4.14-5 ist ersichtlich, daß lediglich bei 1,4 % der Befragten keine Hemmnisse für die Umsetzung von Energiesparmaßnahmen vorliegen. Über 50 % der Betriebe nennen drei und mehr unterschiedliche Hemmnisse. Im allgemeinen nehmen die Hemmnisse mit steigender Betriebsgröße ab.

Tabelle 4.14-5: Anzahl der genannten Hemmnisse in Kreditinstituten und Versicherungen

Anzahl der genannten Hemmnisse	0	1	2	3	4	≥ 5
Anteil der Betriebe	1 %	20 %	25 %	26 %	14 %	14 %

4.15 Beherbergungsgewerbe

4.15.1 Charakteristik der Branche

Das Beherbergungsgewerbe setzt sich aus Unternehmen zusammen, die Übernachtungen für eine begrenzte Zeit (auch mit Abgabe von Speisen und Getränken) anbieten. In dieser Branche arbeiteten 1994 ca. 354.000 Beschäftigte, davon waren 37 % in Unternehmen mit mindestens 20 Beschäftigten tätig. Diese Betriebe machen weniger als 5 % aller Unternehmen aus. Die Verteilung der Beschäftigten und der Unternehmen auf Unternehmensgrößenklassen ist in Tabelle 4.15–1 dargestellt.

Tabelle 4.15-1: Beschäftigte im Beherbergungsgewerbe

	Betriebsgrößenklasse			Summe
	1 bis 4 Beschäftigte	5 bis 19 Beschäftigte	mehr als 19 Beschäftigte	
	[1.000]			
Hotels	–	62,6	128,4	191
Gasthöfe mit Zimmern	41,3	62,6	-	103,9
Hotels garni; Pensionen	30,4	11,6	0,7	42,7
Sonstiges	9,1	4,2	3,0	16,4

Quelle: eigene Hochrechnung

4.15.2 Untersuchte Betriebe

130 Fragebögen konnten für eine detaillierte Auswertung herangezogen werden. In Tabelle 4.15–2 sind die Betriebsflächen nach Subsplits aufgeschlüsselt. Die 50 betrachteten Hotels weisen eine durchschnittliche beheizte Betriebsfläche von ca. 4.084 m^2 auf und beschäftigen im Mittel 83 Personen. Die Betriebsfläche pro Beschäftigten liegt zwischen 56 und 86 m^2.

Tabelle 4.15-2: Betriebsflächen der befragten Arbeitsstätten im Beherbergungsgewerbe

	Betriebe	Mittlere Betriebsfläche pro Beschäftigten [m^2/Person]	Mittlere Betriebsfläche pro Betrieb, beheizt [m^2]	Anteil beheizter Fläche [%]
Hotels	50	83	4.084	91
Gasthöfe mit Zimmer	42	56	489	89
Hotels garni; Pensionen	35	86	630	94
Sonstiges	3	97	981	95
Insgesamt	130	76	1.921	91

4.15.3 Energieverbrauchsschwerpunkte

Hochrechnungen auf der Basis von statistischen Daten ergaben einen Stromverbrauch der Branche von 3,25 TWh/a, der zu 31 % auf Beleuchtung, zu 23 % auf Kraftbedarfsdeckung, zu 28 % auf Prozeßwärme, zu 16 % für Prozeßkälte und zu 2 % auf Kommunikation entfällt. Der Brennstoff und Fernwärmeverbrauch liegt bei 214 kWh pro Quadratmeter beheizter Fläche und Jahr bzw. bei 10,9 TWh/a für die gesamte Branche, wovon 2,6 TWh/a für Prozeßwärme und der Rest für Raumwärme eingesetzt werden.

Bei den berücksichtigten Fragebögen der Breitenerhebung kommen im Durchschnitt 76 m^2 auf einen Beschäftigten. Der Strombedarf liegt bei 9.180 kWh pro Jahr und Person.

Die Verteilung der Gebäude auf die Baualtersklassen ist in Abbildung 4.15-1 dargestellt. Knapp 2/3 der Gebäude wurden vor 1977 errichtet. Bei über 80 % dieser Altbauten wurden bereits wärmedämmende Maßnahmen durchgeführt (vgl. Abbildung 4.15-2). In 38 % der Fälle wurden Fenster ausgetauscht, bei 28 % eine Wärmedämmung des Daches und bei 21 % eine Wärmedämmung der Außenwand durchgeführt. Danach waren 8 % der Fenster einfach-, 32 % zweifachverglast, 15 % mit Wärmeschutz- und 39 % mit Isolierverglasung ausgerüstet. 40 % der Betriebe haben ein Mauerwerk mit und 39 % ein Mauerwerk ohne Wärmedämmung.

In Abbildung 4.15-4 ist der Einsatz an Brennstoffen dargestellt. Zu je einem guten Drittel verwenden die Betriebe Heizöl und Erdgas. LPG und Fernwärme liegen bei 10 und 7 %. In ca. 5 % der Betriebe werden mindestens zwei Energieträger eingesetzt.

Abbildung 4.15-1: Baualtersverteilung im Beherbergungsgewerbe (Breitenerhebung)

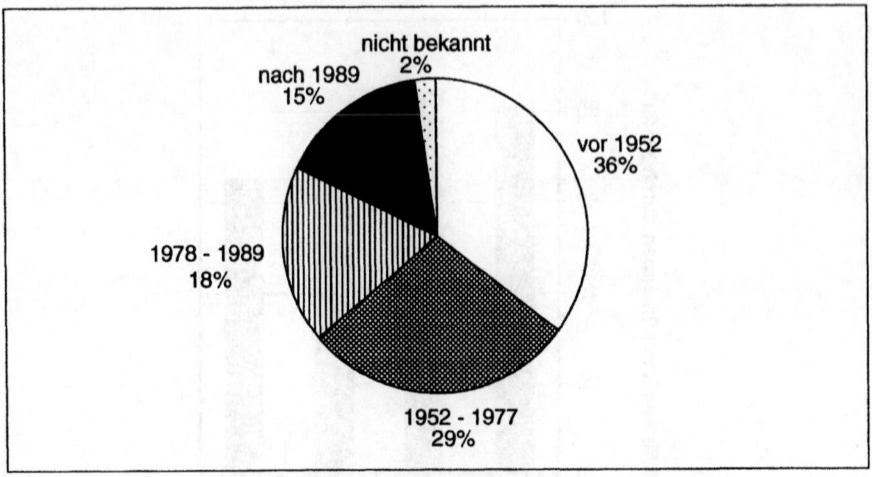

Abbildung 4.15-2: Nachträgliche wärmetechnische Maßnahmen (Breitenerhebung)

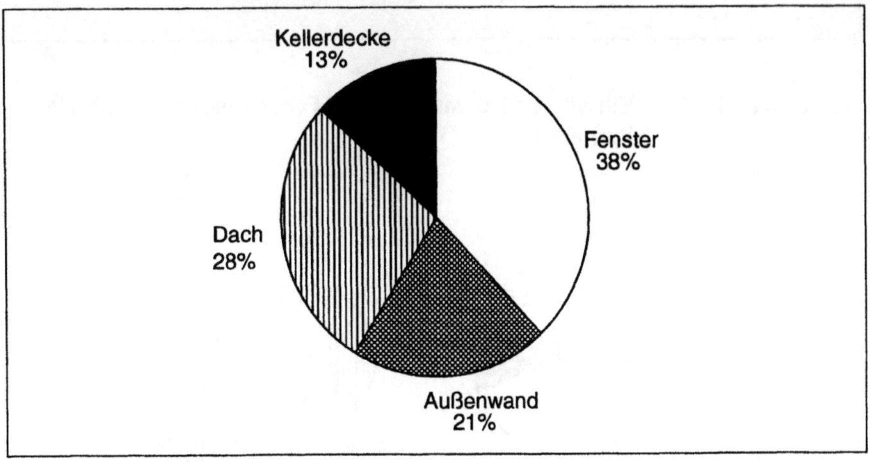

In 14 % der Betriebe wird eine Klimatisierung durchgeführt. 58 % der Kältemaschinen sind Kompressionskältemaschinen der Rest sind Absorptionskältemaschinen. Als Kältemittel dient überwiegend R22. Die Kälteverteilung erfolgt in etwa zu gleichen Teilen mit Luft und Wasser.

In Tabelle 4.15–3 sind für einzelne ausgewählte Räume die gemittelten Flächen und die spezifische beleuchtete Fläche je Lampe angegeben. Die hohe installierte Leistung in den Lagerräumen wird durch häufigen Einsatz von Glühlampen verursacht.

Abbildung 4.15-3: Wärmedämmende Maßnahmen nach Baualtersklassen (Breitenerhebung)

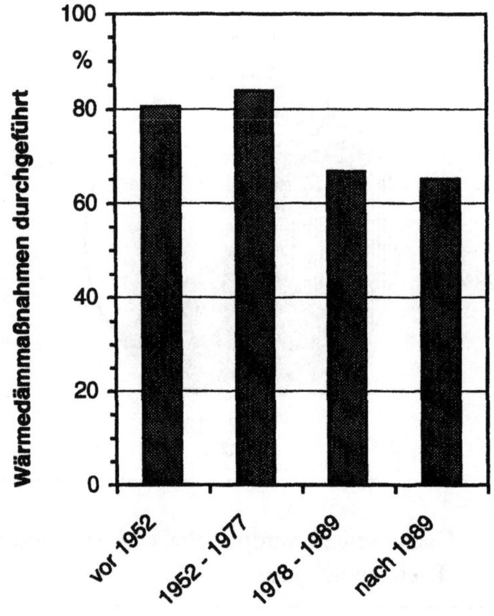

Abbildung 4.15-4: Einsatz von Brennstoffen und Fernwärme in den befragten Betrieben

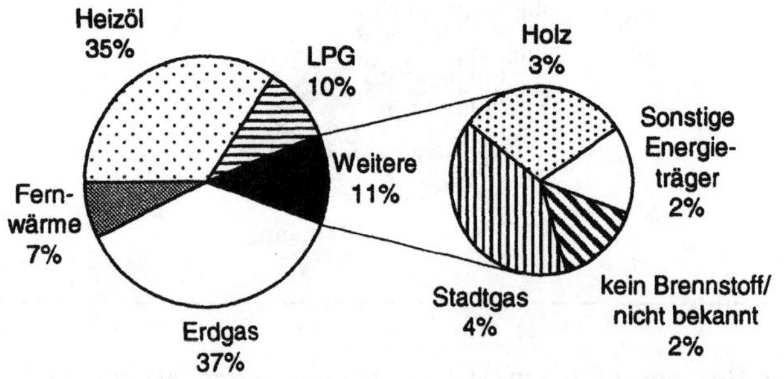

Die Verkehrsleistung für die Versorgung des Beherbergungsgewerbes stellt sich wie folgt dar: Im Durchschnitt kommen 22 Beschäftigte auf einen Pkw und 55 Beschäftigte auf einen Lkw bis 2,8 t. Die durchschnittliche Fahrleistung beträgt 19.000 bzw. 14.000 km pro Jahr und Kfz bei einem Kraftstoffverbrauch von 9,8 bzw. 10,8 l/100 km.

Tabelle 4.15-3: Installierte elektrische Beleuchtungsleistung und Lampendichte in typischen Räumen (Breitenerhebung)

	Leuchtstofflampen	Kompaktleuchtstofflampen	Glühlampen	Installierte Leistung
	[Anzahl Lampen/100 m²]			[W/m²]
Produktionsraum	6	10	21	10,6
Verkaufsraum	13	20	23	13,6
Büroraum	16	9	18	10,5
Lagerraum	29	–	19	15,4
Küche	24	8	13	14,0
Restaurant, Kantine	18	21	44	21,2
Sonstiger Raum	11	13	29	16,9

Einzelobjektanalyse: Hotel

Das im Bereich Beherbergungsgewerbe untersuchte Hotel ist ganzjährig geöffnet. Die Öffnungszeit ist von 7 bis 24 Uhr. Im Restaurant wird „Warme Küche" von 11.30 bis 14.30 Uhr und von 18 bis 22 Uhr angeboten. Dort sind 21 Vollbeschäftigte, davon 9 Auszubildende, tätig. Es stehen 260 Sitzplätze zur Verfügung. Der Beherbergungsbereich hat 54 Zimmer mit 80 Betten. Die Bettenauslastung liegt bei 44 %.

In diesem Hotel wurden im Oktober 1994 die Hauptenergieverbraucher und der Gesamtenergieverbrauch gemessen. 62 % des Endenergieverbrauchs von insgesamt 612 MWh/a entfallen auf den Energieträger Heizöl, 13 % auf Erdgas und 25 % auf Strom. 32 % des Endenergieverbrauchs wurden für Raumwärme und 22 % für die Warmwasserbereitung aufgewendet. Weitere Verbraucher sind die Wäscherei mit 5 % und die Küche mit 13 %. In Abbildung 4.15-5 sind die Energiebedarfswerte weiter aufgeschlüsselt.

Die beheizte Fläche im Hauptgebäude beträgt ca. 1.600 m^2. Der Heizölverbrauch liegt bei 240 kWh/m^2a, wobei 122 kWh/m^2a auf die Raumheizung, 84 kWh/m^2a auf Warmwasser und 34 kWh/m^2a auf Kesselverluste entfallen.

In Abbildung 4.15-6 ist der durchschnittliche Tagesgang in ¼-Stundenwerten zusammen mit den Minimal- und Maximalwerten, in Abbildung 4.15-7 und 4.15-8 wird der Stromlastgang der Hauptverbraucher dargestellt. Während der Frühstückszeit liegt der Strombezug der Küche bei 1 bis 2 kW. Ab 10.30 Uhr bzw. ab

17.30 Uhr werden die Küchengeräte auf Betriebstemperatur gebracht. Während der Zeit, in der warme Küche angeboten wird, liegt der Strombezug deutlich unter den Lastspitzen. Die Wäscherei weist zwischen 7 und 16 Uhr drei ausgeprägte Lastbereiche auf. Unter Sonstiges fällt u. a. die Beleuchtung, Kühlung und Lüftung. Der Lastgang weist früh morgens, mittags und nachts erhöhte Stromverbrauchswerte auf, die größtenteils auf die Beleuchtung zurückzuführen sind.

Abbildung 4.15-5: Aufteilung des Endenergieverbrauchs

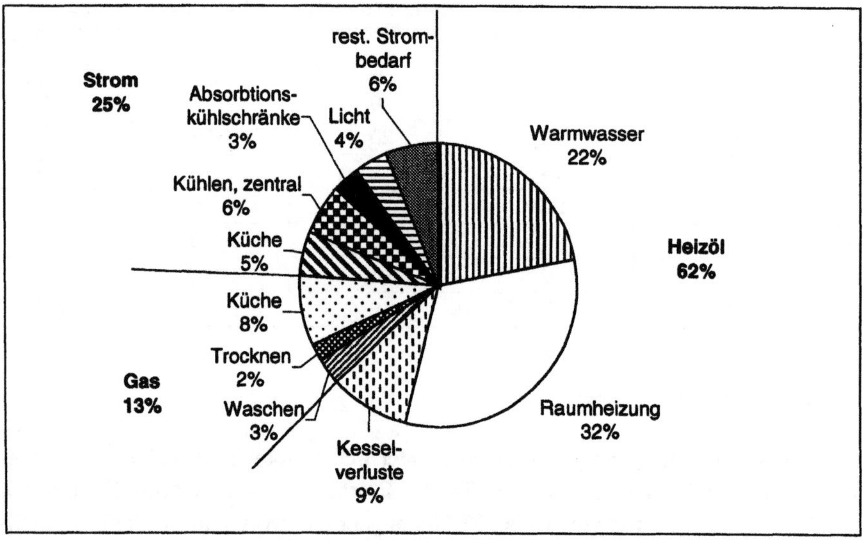

Die Kaffeemaschine wird um 6.15 Uhr eingeschaltet und liefert bis ca. 10.30 Uhr den Großteil des benötigten Kaffees. In der verbleibenden Betriebszeit ist die Nachfrage nach Kaffee gering, so daß der Strombezug von ca. 0,5 kW fast ausschließlich den Bereitschaftsverlusten zuzuordnen ist. Durch Abschalten der Kaffeemaschine um 11 Uhr könnten Bereitschaftsverluste von ca. 2.100 kWh/a (ca. 611 DM/a) eingespart werden. Die geringen Kaffeemengen, die nach 11 Uhr benötigt werden könnten durch eine Haushaltskaffeemaschine mit Thermoskanne gedeckt werden. Die erforderliche Investition würde sich in ca. zwei Monaten amortisieren.

In Abbildung 4.15-9 ist der Endenergieverbrauch pro Tag für das Kochen dargestellt. Der Stromverbrauch steigt geringfügig mit der Anzahl der Essen an. Die lineare Trendlinie schneidet die Ordinate bei ca. 70 kWh/d. Dieser hohe Grundbedarf entsteht dadurch, daß ein Teil der elektrischen Kochgeräte während der gesamten Kochzeit eingeschaltet ist, unabhängig davon, ob diese gerade benützt werden oder nicht. Bei den gasbetriebenen Geräten streuen die Werte sehr stark, ein eindeutiger Trend läßt sich nicht angeben. Im Mittel werden 1,2 kWh Strom und 2 kWh Gas pro Essen benötigt.

Abbildung 4.15-6: Durchschnittlicher Tagesgang und Extremwerte

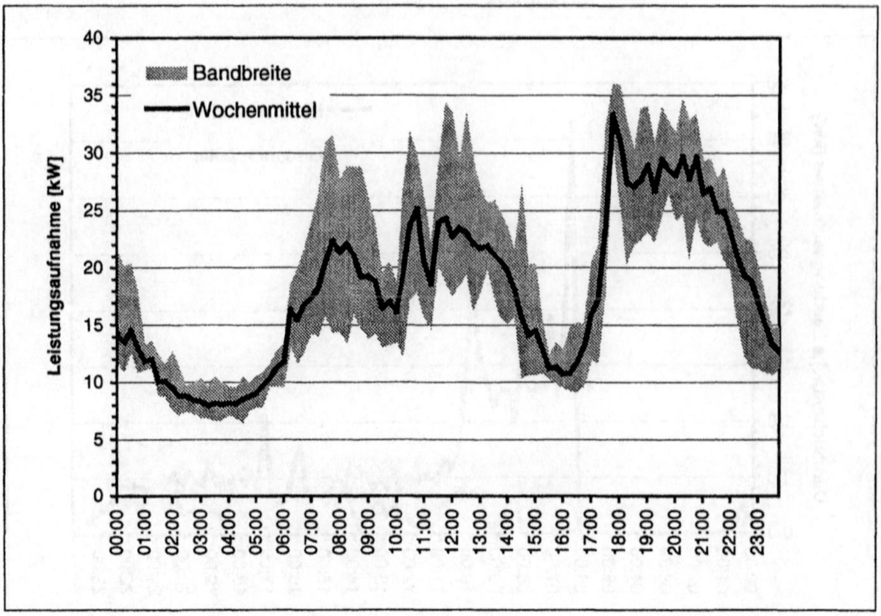

Abbildung 4.15-7: Durchschnittlicher Tagesgang von Küche, Wäscherei und sonstigen Verbrauchern

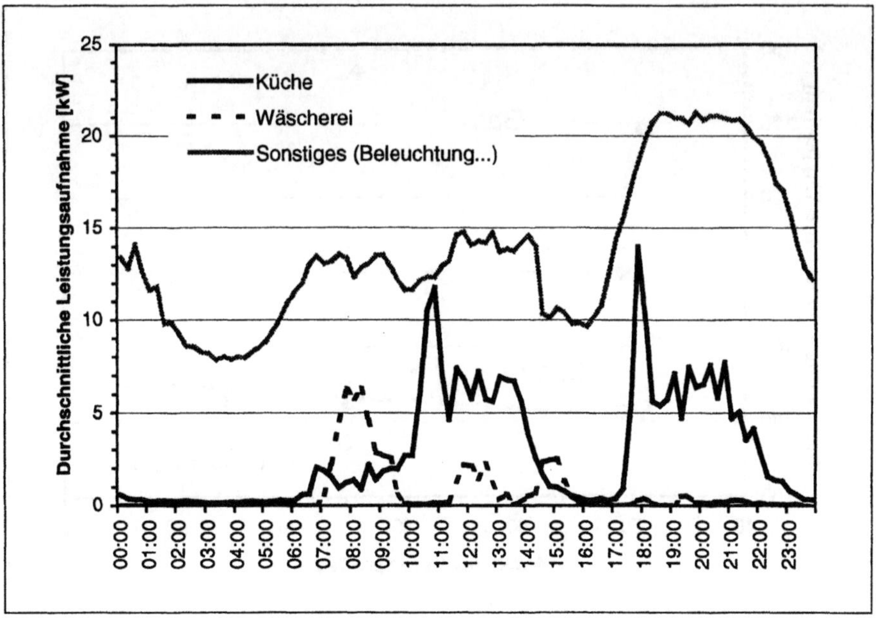

Abbildung 4.15-8: Durchschnittlicher Tagesgang der Kaffeemaschine und des Geschirrspülers

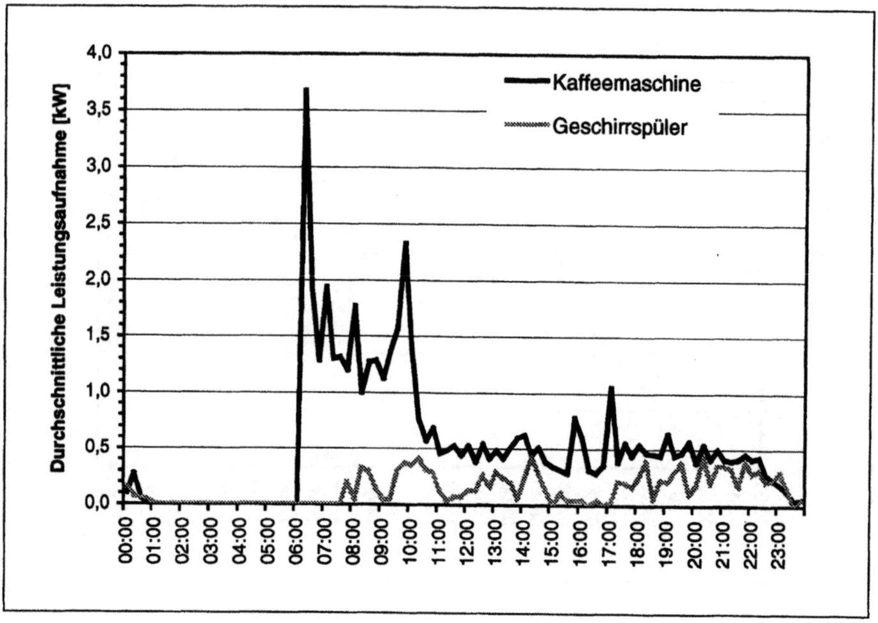

Abbildung 4.15-9: Endenergieverbrauch pro Tag beim Kochen

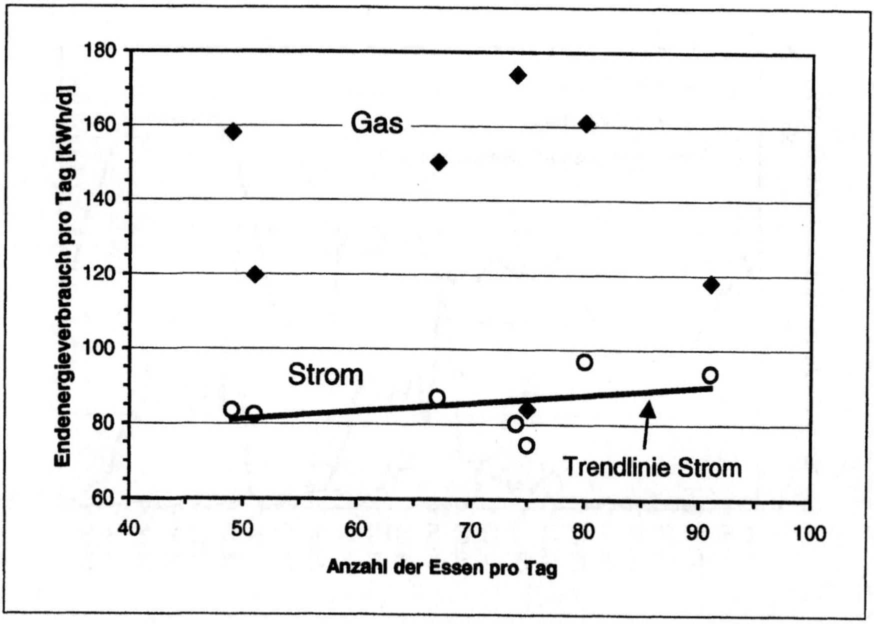

Beim Heizkessel lassen sich die Verluste durch Einbau einer Abgasklappe um ca. 14.000 kWh/a (ca. 500 DM/a) verringern. Die Amortisationszeit liegt bei rund einem Jahr. Im Haupthaus befinden sich an den Heizkörpern keine Thermostatventile. Durch deren Einbau würde sich der Heizenergieverbrauch erheblich reduzieren lassen. Im Hauptgebäude ist die Zirkulationsleitung der Warmwasserversorgung nicht zeitgesteuert. Durch Abschalten der Zirkulation im Zeitraum von 0.00 bis 6.00 Uhr ließen sich die Zirkulationsverluste um schätzungsweise 25 % bzw. 16 MWh/a (570 DM/a) reduzieren. Ohne nennenswerten Aufwand lassen sich hier über 5 % des Endenergieverbrauchs einsparen.

Die Grundmauern des Gebäudes stammen aus dem Jahr 1630. Das Objekt wurde nach einem Brand im Jahr 1847 wieder erbaut und 1970 vollständig renoviert. Durch Austausch der Fenster und wärmetechnische Sanierung der Gebäudehülle, wobei der Stil des Gebäudes allerdings nicht beeinflußt werden sollte, ließe sich der Heizenergieverbrauch um ca. 18 % (35 MWh/a, 1.250 DM/a) reduzieren.

4.15.4 Durchführung energiesparender Maßnahmen und Hemmnisse

Von den insgesamt zehn Maßnahmen zur Energieeinsparung, die den Befragten genannt wurden, gaben die Betriebe durchschnittlich neun Maßnahmen als technisch bzw. organisatorisch möglich an. Dieses hohe Potential gilt nahezu über alle Größenklassen von Betrieben. Durchgeführt wurde im Schnitt aber nur gut die Hälfte dieser Maßnahmen. Je größer die Betriebe sind, desto höher ist der Anteil (vgl. Abbildungen 4.15-10 und 4.15-11).

Abbildung 4.15-10: Energiesparaktivität im Beherbergungsgewerbe

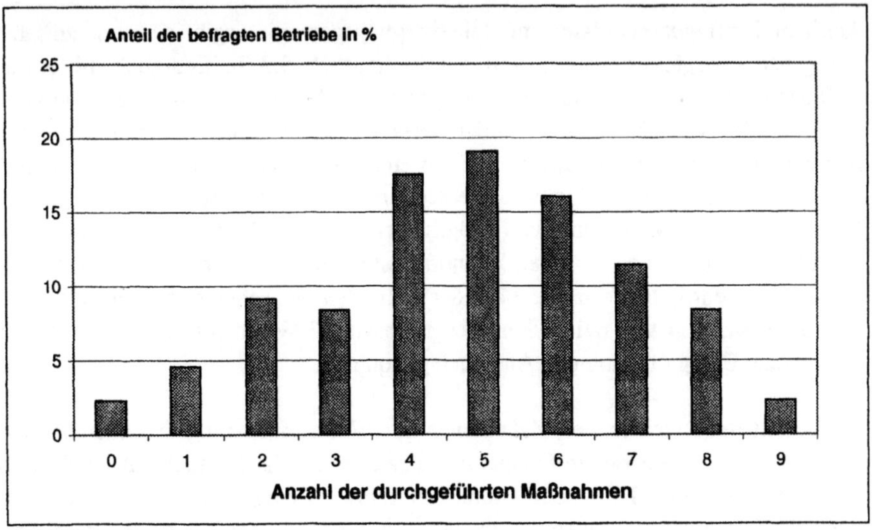

Bei den durchgeführten Maßnahmen zur Reduzierung des Heizenergieverbrauchs steht der Einbau von Isolierglasfenstern an erster Stelle. 90 % der Befragten haben diese Maßnahme durchgeführt. Die Wärmedämmung des Daches wurde bei 68 %, die Wärmedämmung der Außenwände bei 58 % der Betriebe durchgeführt oder geplant. Die ausgewiesenen Zahlen beziehen sich ausschließlich auf Betriebe, bei welchen die entsprechenden Maßnahmen technisch realisierbar sind.

Abbildung 4.15-11: Häufigkeit durchgeführter Maßnahmen im Beherbergungsgewerbe

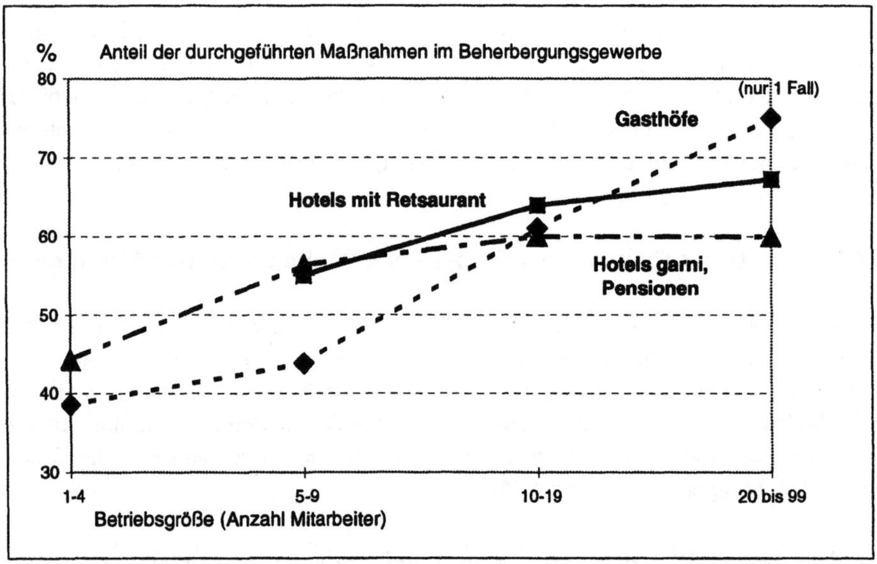

Aus den Umfrageergebnissen im Beherbergungsgewerbe ergibt sich ein umsatzbezogener Energiekostenanteil von durchschnittlich 9,3 %. Lediglich 14 % der Befragten ist die Aufteilung des Energieverbrauchs auf die einzelnen Verwendungszwecke genau bekannt. 41 % der Befragten haben keine Vorstellung von der Aufteilung des Energieverbrauchs auf die einzelnen Anwendungen wie Raumheizung, Beleuchtung oder Warmwassererzeugung. Eine Einordnung des Energieverbrauchs und eine Beurteilung von Möglichkeiten zur Verbrauchsreduzierung setzt jedoch einen guten bis sehr guten Kenntnisstand voraus. 48 % der Befragten fühlen sich gut bis sehr gut informiert. 34 % der Befragten wünschen sich mehr oder bessere Informationen zum rationellen Energieeinsatz, 23 % der Befragten haben schon einmal eine Energieberatung in Anspruch genommen.

Der Anteil der Betriebe, der Maßnahmen zur Wärmeeinsparung durchgeführt hat, liegt bei 75 %. Die erzielten Einsparungen werden durchschnittlich auf 12 % beim Stromverbrauch und 17 % beim Brennstoffverbrauch eingeschätzt. Zusätzlich sind über die Hälfte der Befragten der Meinung, das Einsparpotential beim Strom- und

Brennstoffverbrauch noch nicht voll ausgeschöpft zu haben. Die Einsparpotentiale werden seitens der Betriebe im Schnitt auf 11 % des Stromverbrauchs und 13 % des Brennstoffverbrauchs geschätzt. Die Aussagen zum Einsparpotential sind vor dem Hintergrund zu sehen, daß, wie oben ausgeführt, viele Betriebe keine Vorstellung von der Aufteilung ihres Energieverbrauchs haben und sich nicht ausreichend informiert fühlen.

Als hauptsächlicher Hinderungsgrund für die Umsetzung von energiesparenden Maßnahmen wurde von 69 % der Befragten die ungewisse Entwicklung der Energiekosten angegeben. 64 % der Befragten sind der Meinung, daß neue Gebäude und Maschinen heute ohnehin energietechnisch optimal sind. Etwa 47 % sahen in der mangelnden Zeit ein Hemmnis bei der Erschließung von Energieeinsparpotentialen. 58 % der Befragten gaben an, daß die verfügbaren Mittel für wichtigere Investitionen benötigt werden.

Aus Tabelle 4.15-4 ist ersichtlich, daß lediglich bei 4 % der Befragten keine Hemmnisse für die Umsetzung von Energiesparmaßnahmen vorliegen. Über 60 % der Befragten nennen drei und mehr Hemmnisse. Im allgemeinen nehmen die Hemmnisse mit steigender Betriebsgröße ab.

Tabelle 4.15-4: Anzahl der genannten Hemmnisse im Beherbergungsgewerbe

Anzahl der genannten Hemmnisse	**0**	**1**	**2**	**3**	**4**	**≥ 5**
Anteil der Betriebe	4 %	12 %	23 %	30 %	21 %	10 %

4.16 Gaststätten

4.16.1 Charakteristik der Branche

Im Gaststättengewerbe sind alle Unternehmen zusammengefaßt, die Speisen oder Getränke anbieten, die von den Gästen üblicherweise an Ort und Stelle verzehrt werden. Mit dem Gastgewerbe sind oft Nebentätigkeiten wie Dienstleistungen (z. B. Reinigung von Kleidung) oder das Anbieten von Sportstätten (z. B. Tennisplatz) eng verbunden. Im Jahr 1994 waren 856.000 Personen in dieser Branche beschäftigt. Der Umsatz der 160.000 Unternehmen belief sich im Jahr 1994 auf ca. 60 Mrd. DM. Die Verteilung der Beschäftigten auf die Unternehmensgrößen ist in Tabelle 4.16-1 dargestellt.

Tabelle 4.16-1: Beschäftigtenaufteilung im Gaststättengewerbe (Deutschland 1994)

	Betriebsgrößenklasse			Summe
	1 bis 4 Beschäftigte	5 bis 19 Beschäftigte	mehr als 19 Beschäftigte	
	[1.000]			
Speisewirtschaften, Restaurants	156,8	209,9	83,5	450,2
Imbißhallen	36,5	21,0	5,6	63,1
Schankwirtschaften, Kneipen	144,8	42,3	5,6	192,7
Bars, Tanzlokale	8,8	22,1	10,8	41,7
Cafés, Eisdielen, Trinkhalle	26,0	33,7	6,9	66,6
Kantinen	6,9	15,2	19,7	41,8

Quelle: eigene Hochrechnung

4.16.2 Untersuchte Betriebe

In der Breitenerhebung konnten 113 Datensätze verwendet werden. Die durchschnittliche beheizte Betriebsfläche beträgt bei den befragten Unternehmen 397 m^2. Dies entspricht einer Fläche von 30 m^2 pro Beschäftigten. Die Betriebsfläche ist in Tabelle 4.16-2 nach Subsplits aufgegliedert. Die mittlere Fläche pro Betrieb reicht von 81 m^2 bei Eisdielen und Cafés bis zu über 500 m^2 bei Restaurants und Speisewirtschaften.

Tabelle 4.16-2: Betriebsflächen der befragten Arbeitsstätten im Gaststättengewerbe

	Betriebe	Mittlere Betriebsfläche		Anteil beheizter Fläche
		pro Beschäftigten [m^2/Person]	pro Betrieb, beheizt [m^2]	[%]
Speisewirtschaften, Restaurants	81	34	505	88
Imbißhallen	5	10	110	85
Schankwirtschaften, Kneipen	17	25	111	88
Bars, Tanzlokale	2	50	395	84
Cafés, Eisdielen, Trinkhalle	7	15	81	81
Kantinen	1	15	185	100
Insgesamt	113	30	397	87

4.16.3 Energieverbrauchsschwerpunkte

Auswertung der Breitenerhebung

In Abbildung 4.16-1 ist die Baualtersverteilung der Betriebsgebäude dargestellt. Auffallend ist der hohe Anteil der Altbauten im Gaststättengewerbe. Dies dürfte daran liegen, daß hauptsächlich Restaurants und Speisewirtschaften betrachtet wurden, die sich oft in traditionsreichen Gebäuden befinden.

Im Vergleich zum restlichen Sektor Kleinverbrauch ist die wärmetechnische Qualität des Gebäudebestands etwas schlechter einzustufen. Die Hälfte der Gebäude hat Außenmauern mit einem Mauerwerk ohne und 30 % mit zusätzlicher Wärmedämmung. Der Rest verteilt sich auf verschiedene Wandaufbauten, wobei 7 % der Befragten den Wandaufbau nicht angeben konnten.

Auch die Verglasung ist in einem relativ schlechten Zustand: Nach Angaben der Befragten sind 30 % der Gebäude mit einfacher Verglasung ausgestattet, 40 % mit zweifacher Verglasung, 25 % haben Isolier- oder Wärmeschutzverglasung. An ca. 60 % der Gebäude wurden nachträglich wärmetechnische Verbesserungsmaßnahmen durchgeführt. Davon entfielen 40 % aller Maßnahmen auf die Fenster, 30 % auf die Dämmung des Daches und 25 % auf die Außenwand.

Der Einsatz der verschiedenen Brennstoffe ist in Abbildung 4.16-2 dargestellt. In 20 % der Betriebe werden zwei, in 2 % der Betriebe drei unterschiedliche Brennstoffe eingesetzt.

Abbildung 4.16-1: Baualtersverteilung der erhobenen Gebäude im Gaststättengewerbe

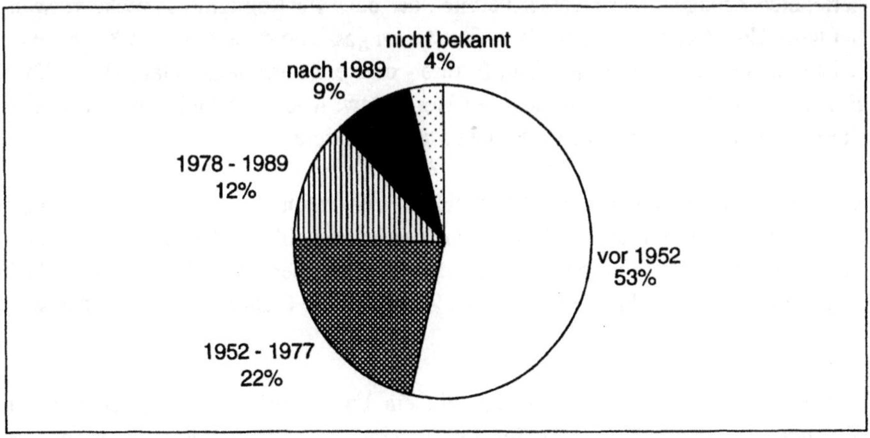

Abbildung 4.16-2: Einsatz von Brennstoffen und Fernwärme in den erhobenen Gebäuden

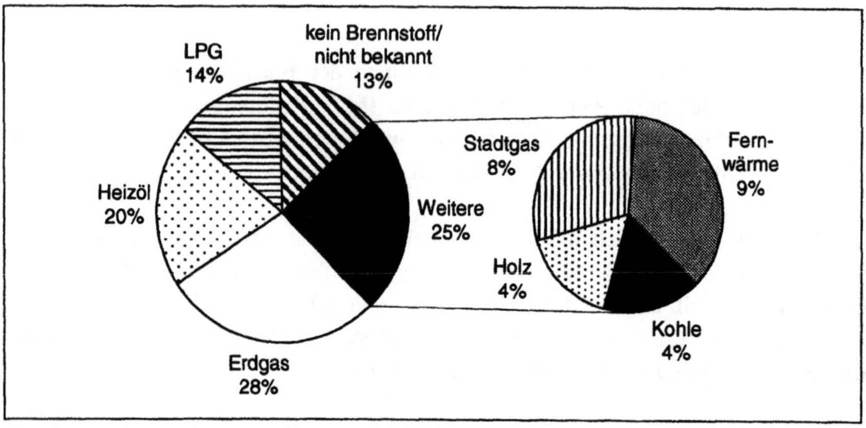

Analysiert man den Bereich der Gaststätten und Kantinen, so liegt der Schwerpunkt des Energieverbrauchs neben der Raumheizung (57 % am Endenergieverbrauch) vor allem im Bereich der Prozeßwärme mit einem Anteil von 27 % (siehe Abbildung 4.16-3). Diese wird je zur Hälfte von Brennstoffen und Strom erzeugt.

Prozeßwärme wird in den Küchen hauptsächlich für

- das Garen von Speisen (einschl. Wasserkochen für Getränke),
- das Erwärmen und Warmhalten von Speisen,
- die Geschirrvorwärmung und
- die Geschirreinigung

benötigt. Zur Geschirreinigung wird in der Regel in von der Heizanlage räumlich getrennten Anlagen Warmwasser bereitet, das auch für Reinigungszwecke verwendet wird. Zur Bereitung der Speisen findet man gas- und strombeheizte Kochstellen neben Geräten wie Heißluftherden, Infrarot- oder Mikrowellengeräten. Die größten Einzelanschlußleistungen entfallen auf Herde bzw. Kochkesselanlagen. An zweiter Stelle steht der Leistungsbedarf der Geschirrspülmaschinen.

Eine weitgehend ungenutzte Möglichkeit zur rationellen Energieverwendung besteht in der Wärmerückgewinnung aus der Küchenabluft. Mit ihr könnte entweder über eine Wärmepumpe ein Teil des Warmwasser- oder Heizwärmebedarfs gedeckt oder mittels Wärmetauscher die Zuluft für die Gasträume vorgewärmt werden.

Neben der Zubereitung der Speisen fällt ein Energiebedarf für den Betrieb von Kältemaschinen zur Lagerung der Lebensmittel an. Diese Verbraucher machen zwar nur etwa 1 bis 5 % der installierten Leistung aus; wegen des Dauerbetriebes liegt ihr Energieverbrauch aber bei 5 % des gesamten Endenergieeinsatzes (Hochrechnung in Abbildung 4.16-3). Mit geringfügigen konstruktiven Änderungen könnte die Abwärme der Kältemaschinen zur Warmwasserbereitung genutzt werden.

Abbildung 4.16-3: Energiebilanz des Gaststättengewerbes (Hochrechnung)

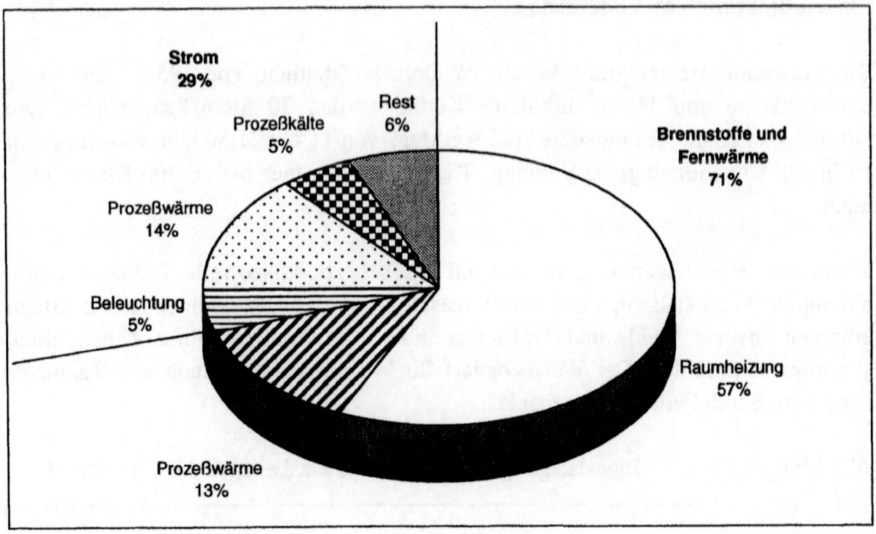

Tabelle 4.16-3: Durchschnittliche Lampendichte und installierte Leistung in den befragten Betrieben

	Leuchtstofflampen	Kompaktleuchtstofflampen	Glühlampen	Installierte Leistung
	[Anzahl Lampen/100 m²]			[W/m²]
Produktionsraum	24	5	30	12
Verkaufsraum	37	9	52	12
Büroraum	7	1	6	11
Lagerraum	7	1	5	7
Küche	57	1	19	11
Restaurant, Kantine	8	0	19	20
Sonstiger Raum	4	0	5	12

Für einzelne ausgewählte Räume ist in Tabelle 4.16-3 die Lampendichte sowie die installierte flächenspezifische Leistung angegeben. Im Vergleich zum übrigen Sektor Kleinverbraucher sind überdurchschnittlich viele Glühlampen installiert. Der Durchsetzungsgrad von Kompaktleuchtstofflampen ist dagegen noch sehr gering, da ältere Lampentypen sehr groß waren und ein ungünstiges Lichtspektrum besaßen. Mittlerweile sind Kompaktleuchtstofflampen in Größen und Lichtfarben erhältlich, die der Glühlampe stark ähneln. Die bestehenden Glühlampen könnten daher durch Kompaktleuchtstofflampen ersetzt werden, die im Mittel eine achtfache Lebensdauer besitzen und 80 % weniger Energie benötigen. Durch diese wirtschaftliche Maßnahme könnte ca. 40 % der Beleuchtungsenergie der befragten Betriebe eingespart werden.

Einzelobjektanalyse: Gaststätte I

Die Gaststätte ist integriert in ein Wohnhaus (Baujahr vor 1952). Auf einer Betriebsfläche von 163 m^2 inklusive Küche werden 70 Sitzplätze bedient. Die Öffnungszeiten dieser Gaststätte sind werktags von 11 bis 21.30 Uhr, samstags von 18 bis 22 Uhr. Sonntags ist Ruhetag. Täglich werden hier bis zu 300 Essen zubereitet.

Koch- und Warmhalteplatten werden mit Gas beheizt. Mikrowelle, Fritteuse, Kombidämpfer, Warmhalteofen und Kaffeemaschine werden elektrisch betrieben. Hinzu kommen diverse Kühl- und Gefrierschränke. Die Spülmaschinen haben einen Warmwasseranschluß. Der Wärmebedarf für Warmwasserbereitung und Raumheizung wird durch Fernwärme gedeckt.

Abbildung 4.16-4: Tageslastgang des Strom- und Gasbezuges der Gaststätte I

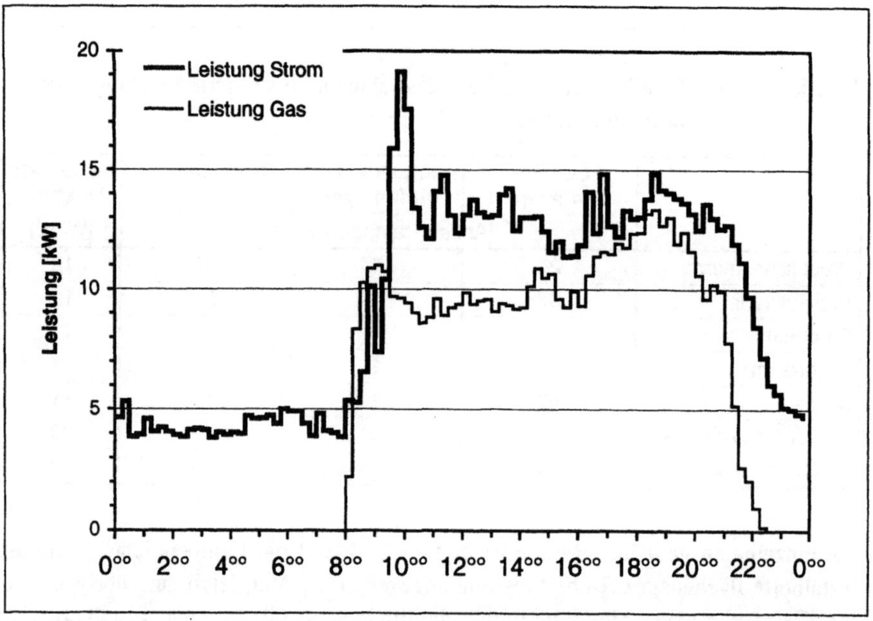

In Abbildung 4.16-4 ist der über 14 Bewirtschaftungstage gemittelte Lastgang des Strom- und Gasbezuges dargestellt. Stromseitig fällt neben dem Grundbedarf von ca. 4 kW für Kühlgeräte vor allem die Lastspitze bei Betriebsbeginn ins Auge. Sie

rührt vom Anheizen wärmespeichernder Geräte wie Kombidämpfer, Fritteuse und Warmhalteofen her. Der Gasverbrauch fällt nur während der Öffnungszeit an. Er steigt bis 19:00 Uhr etwas an, weil zu dieser Zeit die meisten Essen bereitet werden.

Die Verteilung des Strombezuges auf Verbrauchergruppen ist in Abbildung 4.16-5 dargestellt. Für Kochen, Kühlen und Gefrieren wird die Hälfte der elektrischen Energie verbraucht. Im Vergleich zu 82,4 MWh/a Strom nimmt sich der Gasverbrauch mit 38,7 MWh/a verhältnismäßig bescheiden aus. Der Brennstoff wird jedoch nur in der Küche eingesetzt. Für Warmwasserbereitung und Raumheizung werden jährlich 70,4 MWh bezogen, was einem flächenspezifischen Wärmeverbrauch (incl. Warmwasser) von gut 430 kWh/m^{2}a entspricht. An diesem verhältnismäßig hohen Wert hat sicher der hier nicht weiter disaggregierbare Warmwasserverbrauch für Spülmaschinen und sonstige Reinigungszwecke erheblichen Anteil.

Abbildung 4.16-5: Verteilung des Strombezuges auf einzelne Verbrauchsgruppen

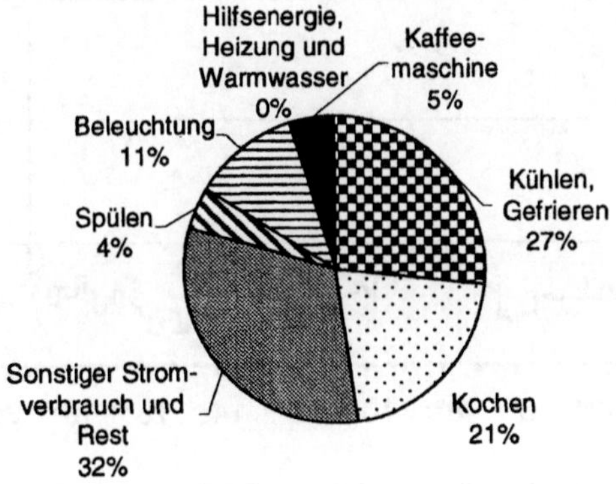

Einzelobjektanalyse: Gaststätte II

Diese Gaststätte befindet sich in einem zweigeschossigen Wohnhaus (Baujahr vor 1952) mit einfachverglasten Kastenfenstern. Das Mauerwerk hat keine zusätzliche Wärmedämmung. Im Gastraum befinden sich auf 160 m^2 ca. 130 Sitzplätze. Die Küche hat eine Grundfläche von 40 m^2. Die Gaststätte ist an vier Tagen pro Woche abends 6 bis 8 Stunden geöffnet. Es werden dort hauptsächlich Getränke konsumiert; nur in geringem Umfang werden auch Snacks im Mikrowellenherd zubereitet.

Der Tageslastgang des Strombezuges an einem Montag ist in Abbildung 4.16-6 dargestellt. Zu erkennen ist tagsüber der Grundverbrauch für Kühlschränke und die Gefriertruhe in Höhe von 1 bis 1,5 kW.

Bei Öffnung des Lokals fällt eine Leistungsspitze von 9 kW an. Zu diesem Zeitpunkt werden Beleuchtung, Kaffeemaschine, Boiler, Spielautomaten, Musikautomaten und die Raumlüftung eingeschaltet. Im Laufe des Abends geht der Verbrauch der wärmespeichernden Aggregate (Boiler, Kaffeemaschine) zurück und es stellt sich ein Leistungsbedarf von ca. 6 kW ein.

Abbildung 4.16-6: Exemplarischer Tageslastgang der Gaststätte II

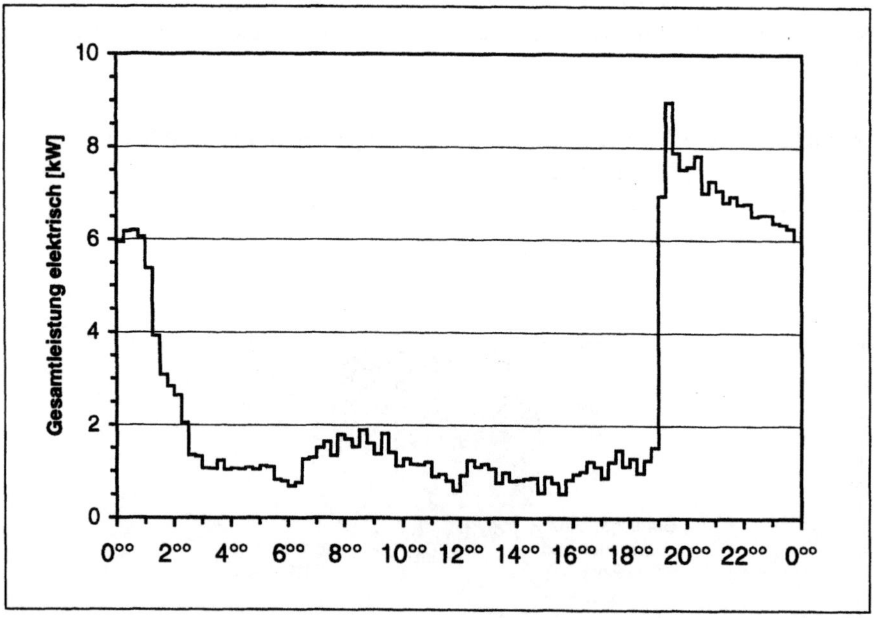

Vom Gesamtstromverbrauch von 22,7 MWh sind 23 % dem Kühlen und Gefrieren zuzuordnen. 21 % werden für Beleuchtung verbraucht und 15 % für Raumluft. Die Spielautomaten verbrauchen 8 %, Warmwasserbereitung und Kaffeemaschine jeweils 5 % des Stroms. Für Kochen wird nur 1 % des Stromverbrauchs aufgewendet. Für Sonstiges verbleibt ein Rest von 23 %.

Im Gastraum sind Glühlampen mit einer Leistung von insgesamt 1,32 kW installiert. Der technisch problemlose Einsatz von Kompaktleuchtstofflampen würde hier eine Einsparung von 3,3 MWh/a bringen, was ca. 15 % des Jahresstromverbrauchs entspricht.

Das gesamte Gebäude wird von einem Erdgaskessel beheizt. Der der Gaststätte über Verdunstungsröhrchen zugewiesene Heizenergieverbrauch liegt bei 62,5 MWh/a. Dies entspricht einem flächenspezifischen Heizenergieverbrauch von gut 300 kWh/ m^2a. Hier ließen sich primär durch Austausch der Fenster drastische Einsparungen realisieren.

4.16.4 Durchführung energiesparender Maßnahmen und Hemmnisse

Von den insgesamt zehn Maßnahmen zur Energieeinsparung, die den Befragten zur Auswahl genannt wurden, gaben die Betriebe durchschnittlich neun Maßnahmen als technisch bzw. organisatorisch möglich an. Dieses hohe Potential gilt über alle Größenklassen von Betrieben. Durchgeführt wurden im Schnitt jedoch nur knapp 40 % dieser Maßnahmen, wobei kein Zusammenhang mit der Betriebsgröße festzustellen ist (vgl. Abbildung 4.16-7 und 4.16-8).

Abbildung 4.16-7: Energiesparaktivität im Gaststättengewerbe

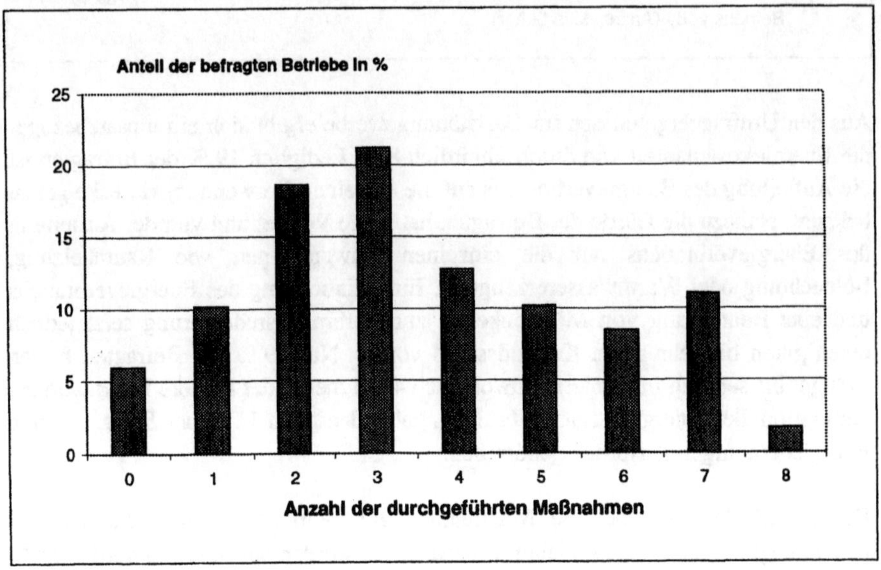

Bei den durchgeführten Maßnahmen zur Reduzierung des Heizenergieverbrauchs steht der Einbau von Isolierglasfenstern an erster Stelle. 73 % der Befragten haben diese Maßnahme durchgeführt. Die Wärmedämmung des Daches wurde bei 52 %, die Wärmedämmung der Außenwände bei 47 % der Betriebe durchgeführt oder geplant. Die ausgewiesenen Zahlen beziehen sich ausschließlich auf Betriebe, bei welchen die entsprechenden Maßnahmen technisch realisierbar sind.

Abbildung 4.16-8: Häufigkeit durchgeführter Maßnahmen im Gaststättengewerbe

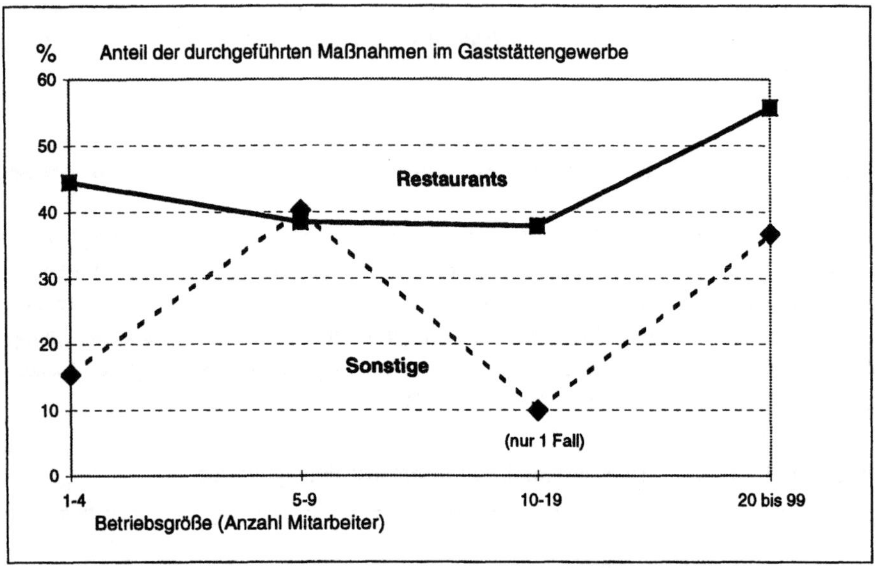

Aus den Umfrageergebnissen im Gaststättengewerbe ergibt sich ein umsatzbezogener Energiekostenanteil von durchschnittlich 8 %. Lediglich 19 % der Befragten ist die Aufteilung des Energieverbrauchs auf die einzelnen Verwendungszwecke genau bekannt. Nahezu die Hälfte der Befragten hat keine Vorstellung von der Aufteilung des Energieverbrauchs auf die einzelnen Anwendungen wie Raumheizung, Beleuchtung oder Warmwassererzeugung. Eine Einordnung des Energieverbrauchs und eine Beurteilung von Möglichkeiten zur Verbrauchsreduzierung setzt jedoch einen guten bis sehr guten Kenntnisstand voraus. Nur 39 % der Befragten fühlen sich gut bis sehr gut informiert. Obwohl sich 46 % mehr oder bessere Informationen zum rationellen Energieeinsatz wünschen, haben lediglich 14 % der Befragten eine Energieberatung in Anspruch genommen.

Der Anteil der Betriebe, die Maßnahmen zur Wärmeeinsparung durchgeführt haben, liegt bei 58 %. Die erzielten Einsparungen werden auf durchschnittlich 14 % beim Strom- und beim Brennstoffverbrauch eingeschätzt. Zusätzlich sind 55 % der Betriebe der Meinung das Einsparpotential beim Strom- und Brennstoffverbrauch noch nicht voll ausgeschöpft zu haben. Die Einsparpotentiale werden seitens der Betriebe auf durchschnittlich 13 % beim Stromverbrauch und 14 % beim Brennstoffverbrauch geschätzt. Die Aussagen zum Einsparpotential sind vor dem Hintergrund zu sehen, daß, wie oben ausgeführt, nahezu jeder zweite Betrieb keine Vorstellung von der Aufteilung seines Energieverbrauchs hat und sich nicht ausreichend informiert fühlt.

Als Hinderungsgrund für die Umsetzung von energiesparenden Maßnahmen wurde von ca. 67 % der Befragten angegeben, daß neue Gebäude bzw. Maschinen heute energietechnisch optimal seien. Rund 67 % der Befragten sahen in der ungewissen Entwicklung der Energiekosten ein Hemmnis bei der Erschließung von Energieeinsparpotentialen, etwa 53 % in der mangelnden Zeit. 54 % der Befragten gaben an, daß die verfügbaren Mittel für wichtigere Investitionen benötigt werden.

Aus Tabelle 4.16-4 ist ersichtlich, daß lediglich bei 1 % der befragten Betriebe keine Hemmnisse für die Umsetzung von Energiesparmaßnahmen vorliegen. Rund 70 % der Betriebe nennen drei und mehr Hemmnisse. Im allgemeinen nehmen die Hemmnisse mit steigender Betriebsgröße ab.

Tabelle 4.16-4: Anzahl der genannten Hemmnisse im Gaststättengewerbe

Anzahl der genannten Hemmnisse	**0**	**1**	**2**	**3**	**4**	**≥ 5**
Anteil der Betriebe	1 %	10 %	20 %	26 %	23 %	20 %

4.17 Verlagsgewerbe

4.17.1 Charakteristik der Branche

Im Jahr 1994 waren rund 182.000 Beschäftigte im Verlagsgewerbe tätig. Mit einem Endenergieverbrauch von 1,2 TWh/a hat das Verlagsgewerbe einen Anteil von nur 0,33 % am Sektor Kleinverbrauch und spielt damit eine eher untergeordnete Rolle. Die Verteilung der Beschäftigten und Unternehmen auf die verschiedenen Unternehmensgrößen ist in Tabelle 4.17-1 dargestellt.

Tabelle 4.17-1: Beschäftigtenaufteilung des Verlagsgewerbes (Deutschland 1994)

	Betriebsgrößenklasse			**Summe**
	1 bis 4 Beschäftigte	**5 bis 19 Beschäftigte**	**mehr als 19 Beschäftigte**	
	[1.000]			
Buchverlage	5,0	5,8	24,2	34,9
Zeitschriftenverlage	3,2	7,2	27,6	38,0
Zeitungsverlage und übriges Verlagsgewerbe	5,8	10,4	92,6	108,9
Summe	14,0	23,4	144,4	181,8

Quelle: eigene Hochrechnung

Im Verlagsgewerbe arbeiten ca. 80 % der Beschäftigten in Unternehmen mit mehr als 20 Beschäftigten. Diese Unternehmensgröße hat allerdings nur einen Anteil von ca. 11 % an der Gesamtzahl aller Unternehmen dieser Branche.

4.17.2 Untersuchte Betriebe

Im Verlagsgewerbe wurden wegen der geringen energetischen Bedeutung und der Homogenität nur 17 Betriebe befragt. Davon konnten 15 Fragebögen für eine genauere Betrachtung des Energieverbrauchs herangezogen werden. Die Ergebnisse müssen daher vorsichtig interpretiert werden. In Tabelle 4.17-2 sind die durchschnittlichen Betriebsflächen und Energieverbrauchswerte zusammengefaßt. Die betrachteten Buch- und Zeitschriftenverlage haben eine beheizte Betriebsfläche von knapp 2.900 m^2. Die neun Betriebe des Zeitungsverlags und des übrigen Verlagsgewerbes haben eine beheizte Betriebsfläche von ca. 1.000 m^2. Mit durchschnittlich 17 m^2 Betriebsfläche je Beschäftigten liegen die untersuchten Betriebe des Splits Verlagsgewerbe hinsichtlich des spezifischen Flächenbedarfs im Mittelfeld.

Tabelle 4.17-2: Betriebsflächen der befragten Arbeitsstätten im Verlagsgewerbe

	Betriebe	Mittlere Betriebsfläche		Anteil beheizter Fläche
		pro Beschäftigten [m^2/Person]	pro Betrieb, beheizt [m^2]	[%]
Buchverlage	4	17	2.268	95
Zeitschriftenverlage	2	14	2.858	90
Zeitungsverlage und übriges Verlagsgewerbe	9	18	1.075	91
Insgesamt	15	17	1.631	92

4.17.3 Energieverbrauchsschwerpunkte

Auswertung der Breitenerhebung

Die Gebäude der untersuchten Betriebe stammen zu 47 % aus der Zeit zwischen 1952 und 1977 (siehe Abbildung 4.17-1). Ein Anteil von immerhin 27 % wurde vor 1952 gebaut. Die neueren Baualtersklassen von 1978 bis 1989 und nach 1989 sind jeweils mit 13 % der Gebäude vertreten.

Im Vergleich zum restlichen Sektor Kleinverbraucher liegt die Wärmedämmung im Durchschnitt: 40 % der Gebäude haben Außenmauern mit einem Mauerwerk ohne zusätzliche Wärmedämmung, 43 % der Fassaden sind wärmegedämmt. Der Rest verteilt sich auf verschiedene Wandaufbauten, wobei 8 % der Befragten den Wandaufbau nicht angeben konnten.

Abbildung 4.17-1: Baualtersverteilung der erhobenen Gebäude im Verlagsgewerbe

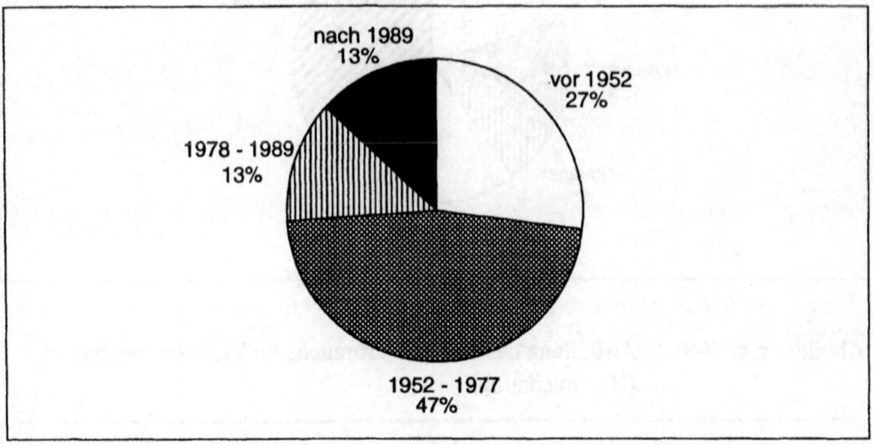

Die Verglasung ist in den erfaßten Gebäuden etwas besser als der Mittelwert des Sektors Kleinverbrauch: 17 % der Gebäude sind mit einfacher Verglasung und 35 % mit zweifacher Verglasung ausgestattet, 45 % haben Isolier- oder Wärmeschutzverglasung. An ca. 60 % der Gebäude wurden nachträglich wärmetechnische Verbesserungsmaßnahmen durchgeführt. Davon entfielen 30 % aller Maßnahmen auf die Fenster, 30 % auf die Dämmung des Daches und 30 % auf die Dämmung der Außenwand.

In Abbildung 4.17-2 ist die Häufigkeit des Einsatzes der Brennstoffe und Fernwärme in den erhobenen Betrieben dargestellt: Je 20 % der Nennungen entfielen auf Heizöl und Erdgas. Fernwärme wird in 13 % der Betriebe eingesetzt und 7 % beziehen Stadtgas. Mit 40 % liegt der Anteil der Betriebe, die keine Aussage zur Art des Brennstoffes machen konnten oder keinen einsetzen, relativ hoch. Die Brennstoffe werden zu 98 % für die Beheizung genutzt, nur 2 % dienen der Erzeugung von Prozeßwärme.

Wie in der Hochrechnung in Abbildung 4.17-3 zu sehen ist, dominiert die Raumheizung mit einem für den Sektor Kleinverbrauch typischen Anteil von 59 % den Endenergieverbrauch. Der Prozeßwärmeanteil liegt mit 1 % deutlich unter dem Schnitt von 11 % im gesamten Sektor. 41 % der Endenergie wird in Form von Strom bezogen. Mit 18 % hat dabei die Beleuchtung den größten Anteil, gefolgt von 15 % für die Kraftbedarfsdeckung. Für Kommunikation und Sonstiges werden zusammen 7 % der Endenergie eingesetzt.

Abbildung 4.17-2: Einsatz von Brennstoffen und Fernwärme im Verlagsgewerbe (Breitenerhebung)

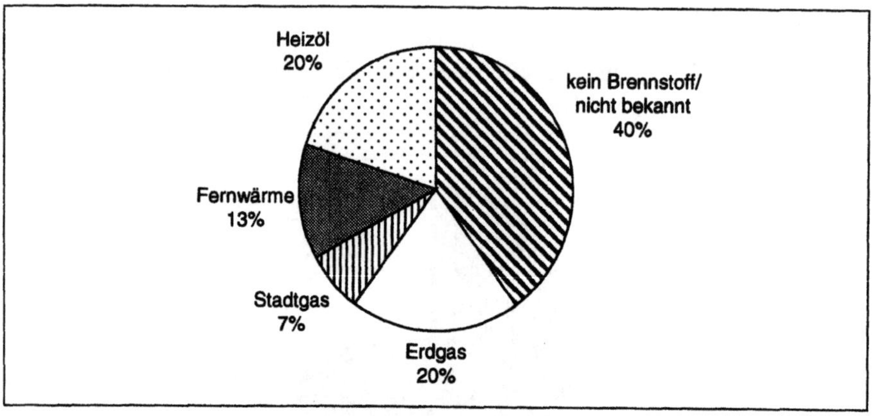

Abbildung 4.17-3: Aufteilung des Energieverbrauchs im Verlagsgewerbe (Hochrechnung)

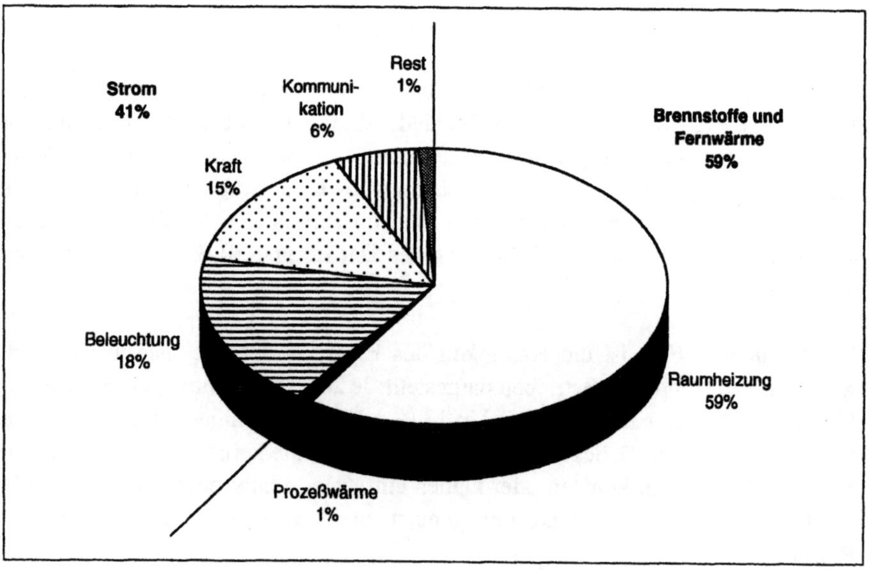

Der Kraftstoffbedarf beträgt ca. 5,8 MWh je Beschäftigten und Jahr. Lkw haben am Verbrauch einen Anteil von nur 4,4 %. Um so größer ist mit 28 % der Anteil des Kraftstoffverbrauchs für Kombis, was wohl durch den vermehrten Bedarf an kurzfristigen Auslieferungen für kleine Fertigungslose zu erklären ist.

In Tabelle 4.17-3 sind für einzelne ausgewählte Räume die flächenspezifische Lampenanzahl sowie die installierte Leistung angegeben. Glühlampen werden in den untersuchten Betrieben nur äußerst selten eingesetzt.

Tabelle 4.17-3: Daten zur Beleuchtung im Verlagsgewerbe (Umfrageergebnis)

	Leuchtstofflampen	Kompaktleuchtstofflampen	Glühlampen	Installierte Leistung
	[Anzahl Lampen/100 m²]			[W/m²]
Produktionsraum	17	–	–	9,5
Verkaufsraum	38	–	10	22,5
Büroraum	27	–	9	13,6
Lagerraum	6	–	–	1,4
Küche	–	–	10	6
Restaurant, Kantine	–	–	27	k. A.
Sonstiger Raum	3	15	–	2,5

Von einer Einzelobjektanalyse wurde aufgrund der geringen energetischen Bedeutung im Gesamtsektor Kleinverbrauch und der als wenig repräsentativ zu erwartenden Ergebnisse abgesehen.

4.17.4 Durchführung energiesparender Maßnahmen und Hemmnisse

Von insgesamt zehn Maßnahmen zur Energieeinsparung, die den Befragten zur Auswahl genannt wurden, gaben die Betriebe an, daß sie durchschnittlich acht Maßnahmen für technisch bzw. organisatorisch möglich halten. Durchgeführt wurden aber im Schnitt nur 40 % dieser Maßnahmen (vgl. Abbildung 4.17-4).

Die durchgeführten Maßnahmen zur Reduzierung des Heizenergieverbrauchs teilen sich mit gleichen Häufigkeiten auf die Bereiche Fenster, Dach und Fassade auf. Jeweils 29 % der Befragten haben an diesen Bauteilen Maßnahmen durchgeführt. Die ausgewiesenen Zahlen beziehen sich ausschließlich auf Betriebe, bei denen die entsprechenden Maßnahmen technisch realisierbar sind.

Aus den Umfrageergebnissen im Verlagsgewerbe ergibt sich ein umsatzbezogener Energiekostenanteil von durchschnittlich 2,3 %. Lediglich 7 % der Befragten ist die Aufteilung des Energieverbrauchs auf die einzelnen Verwendungszwecke genau bekannt. Nahezu die Hälfte der Befragten hat keine Vorstellung von der Aufteilung des Energieverbrauchs auf die einzelnen Anwendungen wie Raumheizung, Beleuchtung oder Warmwassererzeugung. Eine Einordnung des Energieverbrauchs und eine Beurteilung von Möglichkeiten zur Verbrauchsreduzierung setzt jedoch einen guten bis sehr guten Kenntnisstand voraus. Nur 20 % der Befragten fühlen sich gut bis sehr gut informiert. 36 % der Befragten wünschen sich mehr oder bessere Informationen zum rationellen Energieeinsatz, 33 % haben schon einmal eine Energieberatung in Anspruch genommen.

Abbildung 4.17-4: Energiesparaktivität in Verlagen

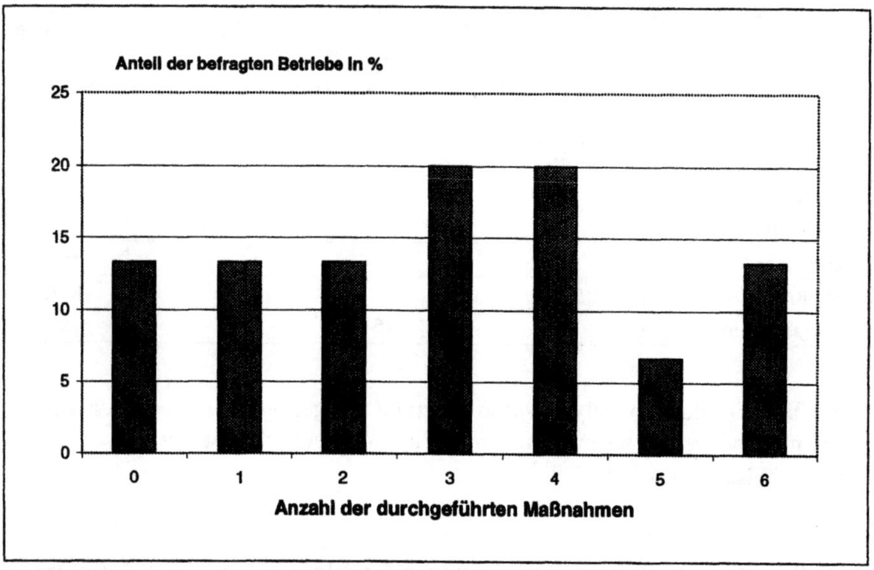

Der Anteil der Betriebe, der Maßnahmen zur Wärmeeinsparung durchgeführt hat, liegt bei 47 %. Die erzielten Einsparungen werden durchschnittlich auf 9 % beim Strom- und 12 % beim Brennstoffverbrauch eingeschätzt. Zusätzlich sind 53 % der Betriebe der Meinung, das Einsparpotential beim Strom- und Brennstoffverbrauch noch nicht voll ausgeschöpft zu haben. Die Einsparpotentiale werden seitens der Betriebe im Schnitt auf 17 % des Stromverbrauchs und 13 % des Brennstoffverbrauchs geschätzt. Die Aussagen zum Einsparpotential sind vor dem Hintergrund zu sehen, daß, wie oben ausgeführt, nahezu jeder zweite Betrieb keine Vorstellung von der Aufteilung seines Energieverbrauchs hat und sich nicht ausreichend informiert fühlt.

Als Hinderungsgrund für die Umsetzung von energiesparenden Maßnahmen wurde von ca. 64 % der Befragten angegeben, daß neue Gebäude bzw. Maschinen heute energietechnisch optimal seien. Rund 46 % der Befragten sahen in der ungewissen Entwicklung der Energiekosten ein Hemmnis bei der Erschließung von Energieeinsparpotentialen, etwa 40 % in der mangelnden Zeit. 50 % der Befragten gaben an, daß die verfügbaren Mittel für wichtigere Investitionen benötigt werden.

Aus Tabelle 4.17-4 ist ersichtlich, daß lediglich bei 7 % der befragten Betriebe keine Hemmnisse für die Umsetzung von Energiesparmaßnahmen vorliegen. Rund

47 % der Betriebe nennen drei und mehr Hemmnisse. Im allgemeinen nehmen die Hemmnisse mit steigender Betriebsgröße ab.

Tabelle 4.17-4: Anzahl der genannten Hemmnisse im Verlagsgewerbe

Anzahl der genannten Hemmnisse	0	1	2	3	4	≥ 5
Anteil der Betriebe	7 %	20 %	27 %	20 %	7 %	20 %

4.18 Dienstleistungen und freie Berufe

4.18.1 Charakteristik der Branche

Rund 18 % der Beschäftigten im Sektor Kleinverbrauch werden dem Bereich „Private Dienstleistungen und freie Berufe" zugeordnet. Daß in diesem Bereich rund 20 % des Endenergieverbrauchs des Sektors Kleinverbrauch umgesetzt werden, macht den energetischen Stellenwert noch deutlicher. Wie Tabelle 4.18-1 zeigt, setzt sich der Split Dienstleistungen und freie Berufe aus einer extrem breit gefächerten Vielfalt an Subsplits zusammen. Reine Bürotätigkeiten, wie z. B. Makler oder Steuerberater, werden hierunter ebenso zusammengefaßt wie Betriebe mit vorwiegend handwerklicher Außendiensttätigkeit, wie z. B. Gebäudereinigung oder Schornsteinfeger.

Die Beschäftigtenzahlen zeigen Schwerpunkte in den Bereichen Gebäudereinigung, Ärzte, Zahnärzte, Heilpraktiker, Masseure sowie Rechtsanwälte und Steuerberater. Auch diese Schwerpunkte spiegeln die Inhomogenität des Splits wider.

Tabelle 4.18-1: Beschäftigtenaufteilung im Bereich private Dienstleistungen und freie Berufe (Deutschland 1994)

	Betriebsgrößenklasse			**Summe**
	1 bis 4 Beschäftigte	**5 bis 19 Beschäftigte**	**mehr als 19 Beschäftigte**	
	[1.000]			
Friseure	103,3	181,0	10,7	295,0
Kosmetik	34,9	3,9	–	38,8
Fotografen	9,4	4,5	0,8	14,6
Bestattungsinstitute	8,5	8,0	0,9	17,3
Sonstige pers. Dienstleistungen	7,5	3,9	21,7	33,0
Schornsteinfegergewerbe	19,5	1,8	0,4	21,7
Gebäudereinigung	13,4	22,1	662,0	697,5
Abfallbeseitigung	3,2	9,0	30,6	42,8
Wett- und Lotteriewesen, Lotto-annahme	6,9	3,5	4,9	15,3
Schaustellerbetriebe	6,4	4,1	2,8	13,4
Spielhallen, Clubs	15,5	17,5	7,6	40,6
Ärzte, Zahnärzte, Heilpraktiker, Masseure, usw.	183,7	491,0	15,4	690,1
Sonst. Einrichtungen im Gesundheitswesen	14,6	23,4	18,1	56,1
Veterinärwesen, Tierärzte	13,0	7,2	1,0	21,2
Rechtsanwälte, Steuerberater, u. ä.	269,0	415,9	231,2	916,1
Werbung, Public Relations	52,4	33,9	49,2	135,5
Datenverarbeitung, EDV, Software	40,3	33,9	74,6	148,8
Sonstige Dienstleistungs-unternehmen	54,1	42,7	437,7	534,5
Vermietung beweglicher Sachen	21,6	16,3	17,2	55,1
Grundstücks- und Wohnungs-wesen, Makler	95,6	55,0	62,3	212,9
Andere sonstige Dienstlei-stungsunternehmen	5,0	2,7	6,0	13,7

Quelle: eigene Hochrechnung

4.18.2 Untersuchte Betriebe

In Tabelle 4.18-2 sind die wichtigsten Kennzahlen der sonstigen betrieblichen Dienstleistungen und freien Berufe aufgelistet. Die Betriebsfläche je Beschäftigten reicht von 3 m^2 in außendienstorientierten Subsplits wie Gebäudereinigung bis hin zu über 75 m^2 bei z. B. hohem Lagerbedarf wie etwa bei Bestattungsinstituten. Der Anteil des Lagerbedarfs ist hier insbesondere an dem geringen Anteil der beheizten Fläche zu erkennen. Dies läßt sich jedoch nicht auf alle Splits mit großem spezifischem Flächenbedarf übertragen. Bei Einrichtungen im Gesundheitswesen z. B. ist auch bei großem beschäftigungsbezogenem Flächenbedarf der Anteil der beheizten Fläche sehr hoch.

Tabelle 4.18-2: Betriebsflächen der befragten Arbeitsstätten im Bereich private Dienstleistungen und freie Berufe

	Betriebe	**Mittlere Betriebsfläche**		**Anteil beheizter Fläche**
		pro Beschäftigten [m^2/Person]	**pro Betrieb, beheizt** [m^2]	[%]
Friseure	28	11	81	90
Kosmetik	5	20	55	99
Fotografen	3	9	83	93
Bestattungsinstitute	4	75	179	79
Sonstige pers. Dienstleistungen	5	46	202	92
Schornsteinfegergewerbe	4	20	58	95
Gebäudereinigung	17	3	204	72
Abfallbeseitigung	2	30	494	57
Wett- und Lotteriewesen, Lottoannahme	6	13	71	85
Schaustellerbetriebe	1	14	110	100
Spielhallen, Clubs	3	32	247	99
Ärzte, Zahnärzte, Heilpraktiker, Masseure, usw.	35	17	133	97
Sonstige Einrichtungen im Gesundheitswesen	4	37	1.525	93
Veterinärwesen, Tierärzte	5	20	77	78
Rechtsanw., Steuerberater, u. ä.	79	13	177	96
Werbung, Public Relations	10	18	559	95
Datenverarbeitung, EDV, Software	11	10	361	94
Sonst. Dienstleistungsuntern.	23	22	407	80
Vermietung beweglicher Sachen	6	36	170	62
Grundstücks- und Wohnungswesen, Makler	14	15	113	89
Andere sonstige Dienstleistungsunternehmen	15	17	101	94
Insgesamt	280	17	210	90

4.18.3 Energieverbrauchsschwerpunkte

In Abbildung 4.18-1 ist die Baualtersverteilung der erhobenen Gebäude dargestellt. Gegenüber dem Splitdurchschnitt im Sektor Kleinverbrauch fällt hier ein mit 38 % im Vergleich zu 29 % deutlich höherer Anteil neuerer Gebäude mit Baualter nach 1978 ins Auge.

Abbildung 4.18-1: Baualtersverteilung der erhobenen Gebäude im Split Dienstleistungen und freie Berufe

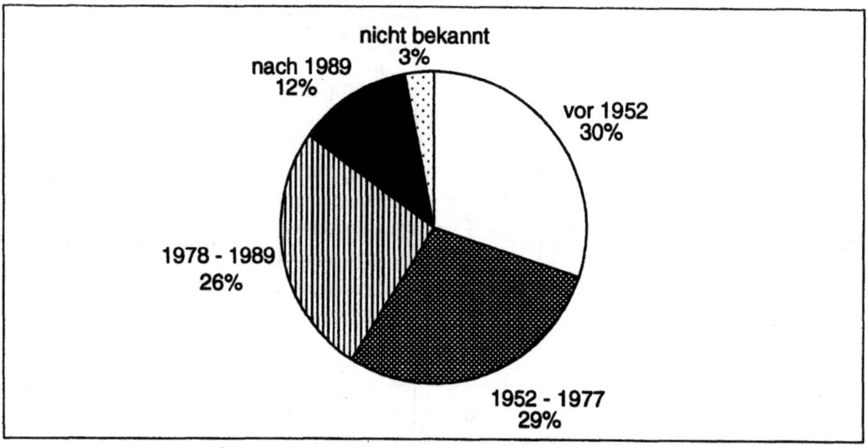

Dementsprechend ist im Vergleich zum restlichen Sektor Kleinverbraucher die Wärmedämmung etwas besser: 35 % der Gebäude haben ein Mauerwerk mit Wärmedämmung und 40 % ein Mauerwerk ohne Wärmedämmung. Der Rest verteilt sich auf verschiedene Wandaufbauten, wobei Beton mit Wärmedämmung der am häufigsten genannte Wandaufbau war. 8 % der Befragten konnten den Wandaufbau nicht näher bestimmen. Auch die Verglasung ist energetisch in einem vergleichsweise guten Zustand. Nur 17 % der Gebäude sind mit einfacher Verglasung ausgestattet, 36 % mit zweifacher Verglasung, 52 % haben Isolier- oder Wärmeschutzverglasung. Allerdings sind auch hier die Einsparpotentiale noch erheblich.

An ca. 60 % der Gebäude wurden nachträglich wärmetechnische Verbesserungsmaßnahmen durchgeführt. Davon entfielen 40 % aller Maßnahmen auf die Fenster, 27 % auf die Dämmung des Daches und 21 % auf die Außenwand.

Die Struktur des Brennstoffverbrauchs der erhobenen Gebäude ist in Abbildung 4.18-2 zu sehen. Am Brennstoffmix fällt im Vergleich zum Durchschnitt des Sektors Kleinverbrauch ein höherer Anteil Erdgas und ein deutlich geringerer Anteil Heizöl auf. Dies kann mit der etwas neueren Gebäudestruktur der erfaßten Gebäude zusammenhängen. Der verhältnismäßig große Anteil an Betrieben, bei denen der Brennstoff nicht bekannt war, relativiert diese Aussagen jedoch.

Abbildung 4.18-2: Brennstoff- und Fernwärmeverbrauch in den erhobenen Betrieben des Splits Dienstleistungen und freie Berufe

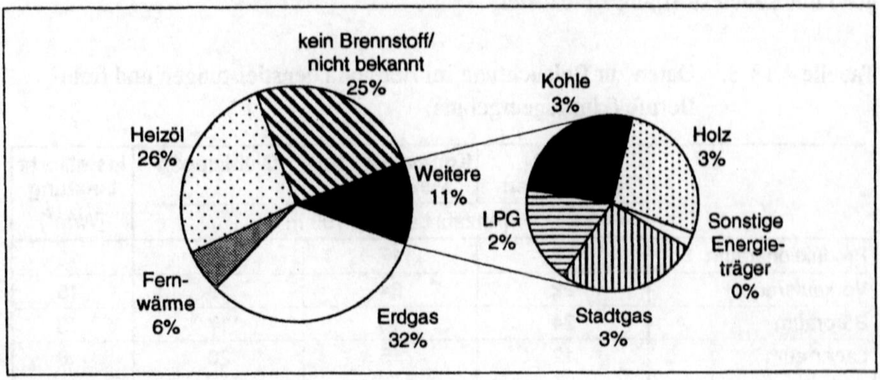

Weil der Split von verwaltungsnahen Tätigkeiten dominiert wird, stellt sich die aus Hochrechnungen ermittelte Endenergiebilanz wenig stromintensiv dar (siehe Abbildung 4.18-3). Im Vergleich zu durchschnittlich 22 % werden in diesem Split nur 19 % der Endenergie in Form von Strom verbraucht. Auch bezogen auf die Beschäftigtenzahlen liegt der Split mit 1,35 MWh je Beschäftigtem und Jahr nur bei knapp der Hälfte des Durchschnitts. Der spezifische Brennstoffverbrauch von ca. 220 kWh/m^2 ist für überwiegenden Heizenergieeinsatz typisch. Ein verhältnismäßig hoher Kraftstoffverbrauch von 7,97 MWh je Beschäftigtem und Jahr deutet auf einen hohen Anteil an Außendiensttätigkeiten hin.

Abbildung 4.18-3: Endenergiebilanz des Splits Dienstleistungen und freie Berufe (Hochrechnung)

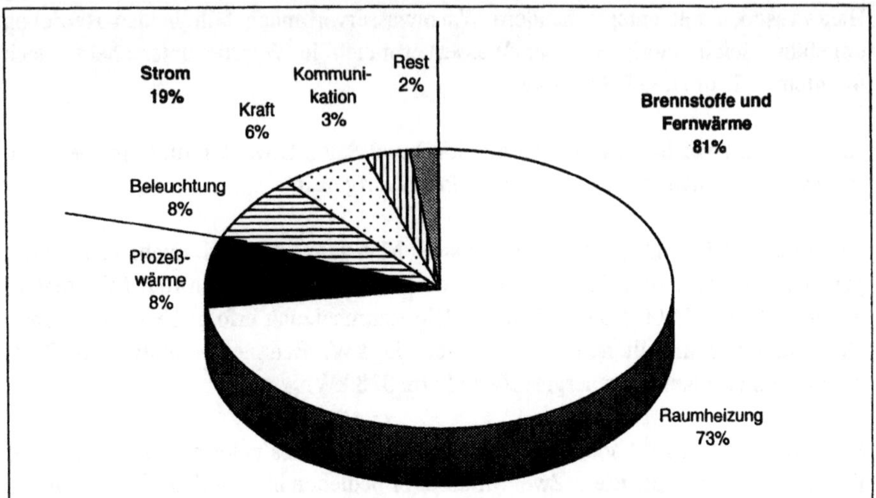

Tabelle 4.18-3 zeigt einen Überblick über installierte Lampendichten und Leistungen in Räumen unterschiedlicher Nutzung. Die Beleuchtung wird bereits überwiegend mit Leuchtstofflampen realisiert.

Tabelle 4.18-3: Daten zur Beleuchtung im Bereich Dienstleistungen und freie Berufe (Umfrageergebnis)

	Leucht-stofflampen	Kompaktleucht-stofflampen	Glühlampen	Installierte Leistung
	[Anzahl Lampen/100 m²]			[W/m²]
Produktionsraum	18	17	17	13
Verkaufsraum	22	24	19	15
Büroraum	24	16	17	13
Lagerraum	12	15	20	8
Küche	22	–	27	13
Sonstiger Raum	17	42	22	12

Einzelobjektanalyse: Friseure

In einer Einzelobjektanalyse von 18 Friseurbetrieben zeigen sich trotz weitgehender Gemeinsamkeiten hinsichtlich Betriebsgröße und Geräteausstattung deutliche Unterschiede im Energieverbrauch, die auf entsprechende Einsparpotentiale hindeuten.

Die untersuchten Betriebe haben zwischen 2 und 9 Beschäftigte an 6 bis 18 Bedienplätzen. Ein Beschäftigter bedient jährlich zwischen 500 und 1.500 Kunden. Der Damenanteil an der Kundschaft liegt in der Regel bei über 70 %. Die Dienstleistung Haarewaschen mit entsprechendem Warmwasserverbrauch fällt in den Betrieben ungefähr gleich häufig an. Der Wasserverbrauch je Wäsche unterscheidet sich trotzdem z. T. um den Faktor zwei.

Anhand von zwei Beispielbetrieben Salon I und Salon II werden im folgenden charakteristische Unterschiede im Energieeinsatz aufgezeigt.

Salon I ist auf 100 m^2 Ladenfläche in einem Mehrfamilienhaus Baujahr 1933 untergebracht. Wärmedämmaßnahmen wurden nicht durchgeführt. Mit fünf Mitarbeitern werden jährlich 4.000 Kunden bedient. Die Raumheizung erfolgt über Elektrospeicher mit einer installierten Leistung von 32 kW. Raumtemperaturen um 24°C bedingen hier einen Heizenergieaufwand von 328 kWh_{el}/m^2a.

Salon II ist mit 54 m^2 Ladenfläche in ein Einfamilienhaus mit einer gesamten Nutzfläche von 180 m^2 integriert. Zwei Mitarbeiter bedienen hier jährlich 4.800 Kunden. Sowohl der Wohnbereich als auch der Laden werden über eine elektrische Grundwasserwärmepumpe per Fußbodenheizung beheizt. Das Gebäude ist mit einer 60 mm starken Fassadenverbunddämmung nachgerüstet worden. Nacht- und Wochenabsenkung führen schließlich zu einem spezifischen Strombedarf für die Heizung von nur 40 kWh_{el}/m^2a.

Die Lampenausstattung ist in Tabelle 4.18-4 gegenübergestellt. Im Vergleich zu durchschnittlich 15 W/m^2 installierter Lampenleistung in Verkaufsräumen des Splits Dienstleistungen und freie Berufe liegt Friseursalon I mit 16,2 kW/m^2 leicht über dem Durchschnitt, Friseursalon II mit 9,7 W/m^2 deutlich darunter. Bedingt durch eine große Anzahl an Glühlampen zur Akzentbeleuchtung in Downlights und hohe Brenndauern wird in Salon I ein zweieinhalb mal höherer spezifischer Beleuchtungsstromverbrauch verursacht als in Salon II.

Tabelle 4.18-4: Lampenausstattung und spezifischer Verbrauch zweier Friseursalons im Vergleich

	Salon I	**Salon II**
Glühlampen	6 * 25 W an 10 h/d 6 * 60 W an 10 h/d 3 * 100 W an 3 h/d	3 * 40 W an 3 h/d 2 * 60 W
Niedervolt-Halogenglühlampen	6 * 35 W an 10 h/d	–
Leuchtstofflampen	26 * 20 W an 10 h/d	8 * 36 W an 8 h/d
Reklamebeleuchtung	80 W an 4 h/d	–
Jahresverbrauch	4.075 kWh/a	880 kWh/a
Spezifischer Beleuchtungsstromverbrauch	40,75 $kWh/m^2 * a$	16,30 $kWh/m^2 * a$

Obwohl Salon II mit einer größeren Anzahl an Geräten ausgestattet ist (siehe Tabelle 4.18-5), liegt dort der kundenspezifische Stromverbrauch bei nur einem Siebtel des Verbrauchs von Salon I. Die Ursache ist in erheblich längeren Anwendungsdauern der leistungsintensiven Wärmeanwendungen Föhn, Trockenhaube und Frisierstab zu sehen. Die verhältnismäßig geringe Auslastung von Salon I legt die Vermutung nahe, daß dort der Kunde wesentlich länger – und sicher auch länger als für Trocknungsprozesse erforderlich – mit den genannten Geräten bedient wird.

Der Endenergieverbrauch beider Salons ist in Abbildung 4.18-4 zusammenfassend dargestellt. Einsparpotentiale sind primär in den Schwerpunktbereichen Heizung und Licht zu identifizieren. Hier gilt sinngemäß das in Kapitel 3.2 Gesagte. Interessant ist, daß auch beim Einsatz von Elektrogeräten ein Einsparpotential von mehr als einer Kilowattstunde je Kunde möglich scheint. Die damit verbundene Kosteneinsparung von ca. 0,30 DM/Kunde ist jedoch wahrscheinlich nicht genug Anreiz für eine Änderung der Arbeitsweise in einer Art, die eventuell vom Kunden als Minderkomfort empfunden wird.

Tabelle 4.18-5: Geräteausstattung und spezifischer Verbrauch zweier Friseursalons im Vergleich

	Salon I	**Salon II**
Haarföhn	5 * 1000 W	10 * 1.000 W
Trockenhaube	7 * 900 W	9 * 1.200 W
Frisierstab	3 * 600 W	10 * 600 W
Ventilator		2 * 100 W
Rasiergerät	3 * 30 W	
Haarschneideapparat	3 * 40 W	2 * 40 W
Staubsauger	1 * 1.000 W	1 * 1.100 W
Kaffeemaschine	1 * 750 W	1 * 800 W
Jahresverbrauch	6.298 kWh/a	1.101 kWh/a
Stromverbrauch je Kunde für Elektrogeräte	1,57 kWh/Kunde	0,23 kWh/Kunde

Abbildung 4.18-4: Endenergieeinsatz (hier nur Strom) in zwei Friseursalons im Vergleich

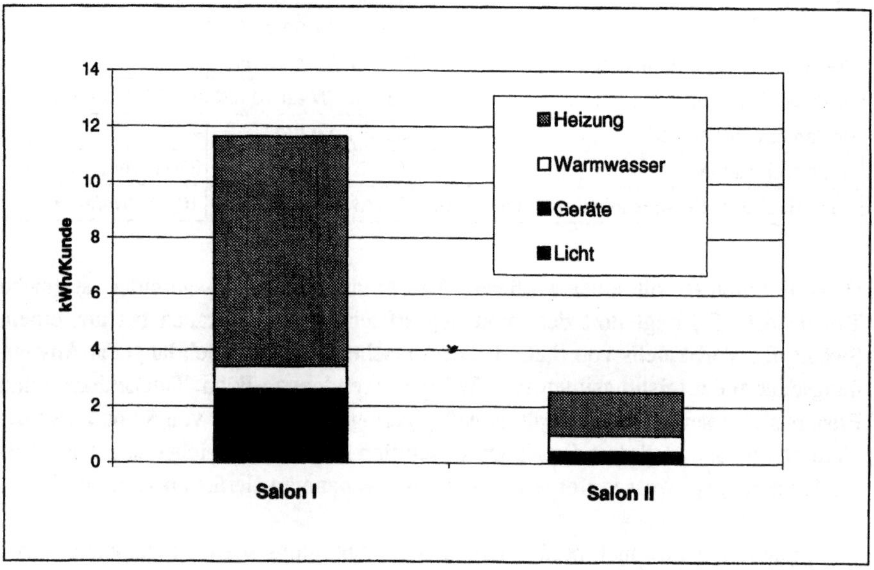

Onlinedienst-Anbieter

Der Onlinedienst-Anbieter ist in einem dreistöckigen Verwaltungsgebäude mit halbkreisförmigem Dachquerschnitt (Tonnendach) und Ost-West-Giebelausrichtung untergebracht. Beidseitige Bürotrakte können über ein mittig angeordnetes Treppenhaus erreicht werden. Über die nördliche Hälfte der Grundfläche ist im 2. OG eine Galerie mit Arbeitsplätzen eingerichtet. Neben Kellerräumen ist das Gebäude mit einer Tiefgarage ausgestattet.

Die Nord- und Süd-Fassaden zeichnen sich durch einen sehr hohen Glasanteil aus. Die südseitigen Glasfassaden werden mit einer automatischen Sonnenschutzeinrichtung beschattet.

Im bestehenden Gebäude belegt der Provider rund 1.500 m^2 in folgenden Bereichen:

UG:	zwei Serverräume (32 und 35 m^2)
EG:	rechter Gebäudeflügel 330 m^2
I OG:	linker Gebäudeflügel 330 m^2
II OG:	beide Gebäudeflügel 660 m^2
Galerie im II OG:	ein Gebäudeflügel, 114 m^2

Da an den vorhandenen Bildschirmarbeitsplätzen nur eine geringe Beleuchtungsstärke gewünscht wird, die Anforderungen hinsichtlich der Blendungsfreiheit jedoch sehr hoch sind, erfolgt die Beleuchtung im wesentlichen indirekt über Halogendeckenfluter. Jedem Arbeitsplatz ist dabei eine Leuchte mit ca. 300 W zugeordnet. Zusätzlich sind in Durchgangsbereichen in den Decken Reflektoren mit Kompaktleuchtstofflampen installiert. Die gesamte installierte Lampenleistung liegt bei 30 kW, was einer installierten Leistung von 20 W/m^2 entspricht.

Zum Zeitpunkt der Untersuchung waren ca. 90 Mitarbeiter bei dem Provider beschäftigt. Jedem Mitarbeiter steht eine Workstation zur Verfügung. Das Ausbauziel liegt bei 170 Mitarbeitern. Die Arbeitszeiten sind derzeit auf zwei Schichten an fünf Tagen pro Woche aufgeteilt. In Zukunft soll im Rahmen von Neueinstellungen der Samstag als Arbeitstag eingeführt werden.

Das gesamte Gebäude wird mit einem Erdgas-Niedertemperaturkessel beheizt. Die Büroräume sind weder mit einer Lüftungs- noch mit einer Klimaanlage ausgestattet.

Im Serverraum I sind ausschließlich hausinterne Server untergebracht. Der Ausbaustand der technischen Ausrüstung liegt hier bei ca. 60 %. Im Serverraum II befinden sich sämtliche Modems und Vermittlungsrechner. Derzeit können sich rund 360 Teilnehmer über ebenso viele Modems gleichzeitig einwählen. Je 32 Teilnehmer können von einem Vermittlungsrechner verwaltet werden. Die Zahl der Anschlüsse wurde zum Zeitpunkt der Untersuchung auf 900 aufgerüstet.

Beide Serverräume werden über eine Klimaanlage gekühlt. Die Wärmeabgabe durch das Kältemittel erfolgt über Kondensatoren in der Tiefgarage. Da die Temperatur in der Tiefgarage nur geringen saisonalen Schwankungen unterworfen ist, kann von einer saisonal unabhängigen Leistungszahl ausgegangen werden. Die

Kühlaggregate werden temperaturabhängig über eine Zweipunktregelung getaktet. Für die Serverräume sind Kältemaschinen mit einer elektrischen Anschlußleistung von zusammen 6 kW installiert.

Für den Strombezug ist in Abbildung 4.18-5 ein Wochengang (13. bis 19. November 1995) und in Abbildung 4.18-6 der mittlere Tagesgang an einem Werktag getrennt nach Server I, Server II und dem gesamten Bürobereich dargestellt. Der Leistungsgang von Server II zeigt nur sehr geringe tageszeitliche Schwankungen. Entsprechend der technischen Ausrüstung dieses Raumes kann dieser Leistungsgang vollständig den über Modem angeschlossenen Teilnehmern zugeordnet werden. Deutliche tageszeitliche Schwankungen bei einem festen Sockel zeigen die Lastgänge von Server I und Büro. Am Wochenende geht der gesamte Leistungsgang auf einen Sockelbedarf von ca. 22 kW zurück.

Abbildung 4.18-5: Wochengang des Strombezuges eines Onlinedienst-Anbieters

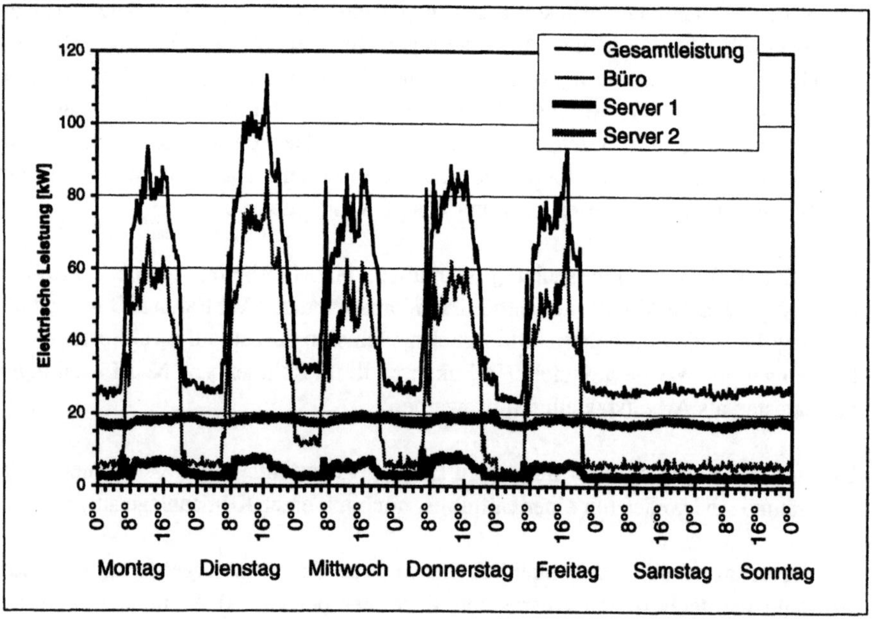

Die Tageslastgänge in Abbildung 4.18-6 zeigen eine charakteristische Leistungsspitze zwischen 6 und 8 Uhr, die durch den Beleuchtungsstrombedarf des Reinigungspersonals hervorgerufen wird.

Der Jahresstrombedarf liegt bei ca. 250 MWh. Davon entfallen 80 % auf die Server inklusive deren Kühlung. Der Rest verteilt sich auf Beleuchtung, Telefonanlage, PC, Drucker und sonstiges. Die Kältemaschinen für die Serverräume haben eine installierte elektrische Leistung von 6 kW und sind aufgrund von raschen Nachrüstungen im Serverbereich zum Meßzeitpunkt an ihrer Leistungsgrenze betrieben worden. Auf Prozeßkälte entfallen ca. 19 % des gesamten Stromverbrauchs.

In der Heizkostenabrechnung wird dem Betrieb ein Jahreserdgasverbrauch von 137 MWh zugeschrieben. Dies entspricht einem flächenspezifischen Heizenergieverbrauch von gut 90 kWh/m²a. Dieser verhältnismäßig günstige Verbrauchswert ist auf die kompakte Bauweise des Neubaus und auf die hohen inneren Wärmegewinne zurückzuführen.

Abbildung 4.18-6: Tagesgang (Werktag) des Strombezuges eines Verwaltungsgebäudes

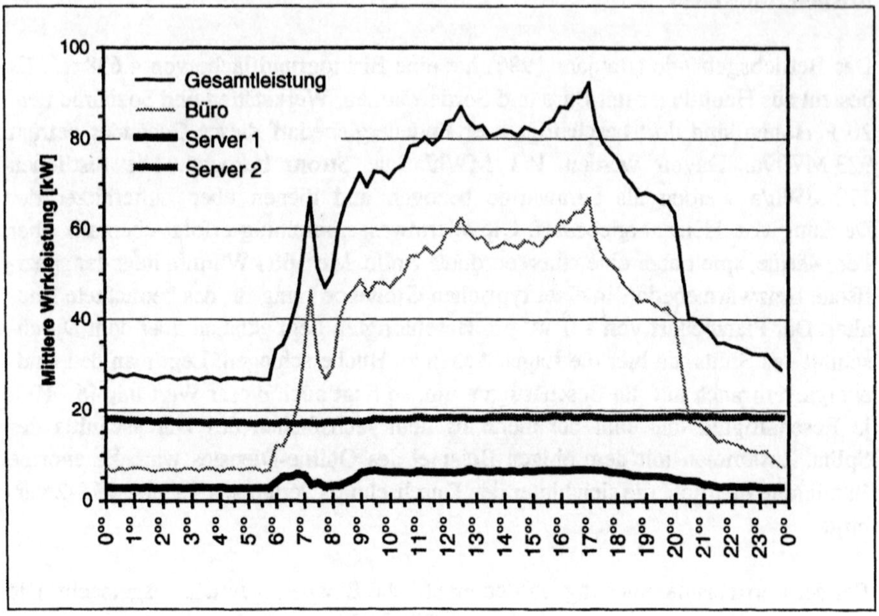

Bezogen auf die Mitarbeiter liegt der spezifische Flächenbedarf mit 16 m² pro Beschäftigten sehr niedrig. Der mitarbeiterspezifische Stromverbrauch ist jedoch mit 2,8 MWh je Beschäftigten und Jahr überdurchschnittlich hoch.

Einsparpotentiale sind vor allem beim Stromverbrauch zu lokalisieren. So ließe sich der hohe Beleuchtungsstromverbrauch durch die für Bürogebäude ungewöhnliche Beleuchtung mit Halogendeckenflutern durch den Einsatz von Kompaktleuchtstofflampen in ähnlichem Design ohne spürbare Einbußen beim Beleuchtungskomfort um mindestens die Hälfte reduzieren.

Spürbare Einsparungen ließen sich bei der Klimatisierung der Serverräume durch zeitweilige Frischluftkühlung erreichen. In Zeitraum von Oktober bis März sind die

Außentemperaturen hinreichend niedrig, um auch mit ungekühlter Frischluft eine ausreichende Kühlung sicherzustellen. Der elektrische Leistungsbedarf wäre damit von 6 kW auf maximal 2 kW zu reduzieren. Die Installation von Lüftungsschächten hätte in diesem rasch expandierenden Betrieb jedoch Platzprobleme bereitet.

Sicherlich sind auch beim Hauptstromverbraucher des Betriebs, der Servertechnik, deutliche spezifische Energieeinsparungen zu erwarten (z. B. geringerer Stromverbrauch der Modems je eingewähltem Netzteilnehmer). Diese Verbesserungen werden jedoch mit Sicherheit dadurch überkompensiert, daß die absolute Zahl der Netzteilnehmer stark anwachsen wird.

Auslieferungslager

Das Betriebsgebäude (Baujahr 1986) hat eine Bruttogrundfläche von 4.638 m^2. Es besteht aus Hauptlager mit Büro und Sortierräumen, Werkstätten und Sozialräumen. 20 Personen sind dort beschäftigt. Der Endenergiebedarf dieses Gebäudes beträgt 923 MWh/a. Davon werden 153 MWh/a als Strom bezogen. Die restlichen 770 MWh/a werden als Fernwärme bezogen und dienen über Lufterhitzer der Deckung von Heizenergiebedarf. Die Warmwasserbereitung erfolgt ebenfalls über Fernwärme, spielt aber eine untergeordnete Rolle. Mit 166 kWh/m^{2}a liegt der spezifische Heizwärmebedarf in einer typischen Größenordnung für das betrachtete Baualter. Der Platzbedarf von 231 m^2 pro Beschäftigten liegt eklatant über dem Durchschnitt des Splits, da hier die Lagerflächen zu Buche schlagen. Legt man den Endenergieverbrauch auf die Beschäftigten um, so liegt auch dieser Wert mit 46 MWh je Beschäftigten und Jahr bei mehr als dem sechsfachen des Durchschnitts des Splits. Zusammen mit dem obigen Beispiel des Online-Dienstes wird die enorme Bandbreite deutlich, die sich hinter den Durchschnittswerten aus Tabelle 4.18-2 verbirgt.

Bei der Betriebsuntersuchung wurden erhebliche Einsparpotentiale ausgemacht. Die Aufteilung des Endenergiebedarfs von 923 MWh/a auf die Verbrauchsschwerpunkte ist in Abbildung 4.18-7 dargestellt. Der Ersatz von konventionellen durch elektronische Vorschaltgeräte kann den Stromverbrauch bei 900 Lampen um 31,5 MWh/a senken. Der Einfluß des Nutzerverhaltens auf den Lichtstrombedarf im Lagerbereich ist erheblich. Weitergehende Einsparungen könnten dort über IR-gesteuerte Lichtschaltungen in selten genutzten Lagerbereichen realisiert werden.

Bei der Raumwärme besteht ein Einsparpotential von 32 % (247 MWh/a.). Dies könnte durch Absenkung der Innentemperaturen, durch Einführung einer Wochenendabsenkung und durch eine Verringerung des Außenluftanteils im Lagerbereich (45 MWh/a) realisiert werden.

Abbildung 4.18-7: Aufteilung der Endenergie auf die Hauptverbraucher im Auslieferungslager

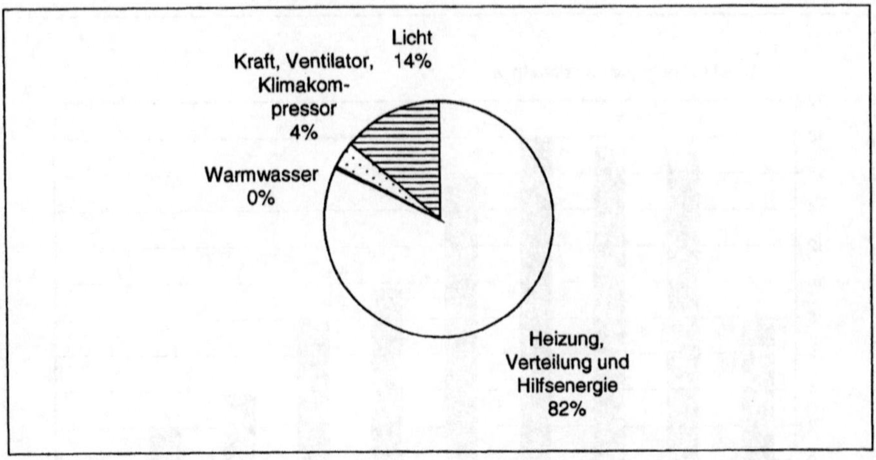

4.18.4 Durchführung energiesparender Maßnahmen und Hemmnisse

Von den insgesamt zehn Maßnahmen zur Energieeinsparung, die den Befragten genannt wurden, gaben die Betriebe durchschnittlich neun Maßnahmen als technisch bzw. organisatorisch möglich an. Davon haben die Betriebe im Schnitt jedoch nur gut ein Drittel durchgeführt (vgl. Abbildungen 4.18-8 und 4.18-9). Der Split Dienstleistungen und freie Berufe weist damit von allen Splits die geringste Energiesparaktivität auf.

Bei den durchgeführten Maßnahmen zur Reduzierung des Heizenergieverbrauchs steht der Einbau von Isolierglasfenstern an erster Stelle. 76 % der Befragten haben diese Maßnahme durchgeführt. Die Wärmedämmung des Daches wurde bei 54 %, die Wärmedämmung der Außenwände bei 48 % der Betriebe durchgeführt oder geplant. Die ausgewiesenen Zahlen beziehen sich ausschließlich auf Betriebe, bei welchen die entsprechenden Maßnahmen technisch realisierbar sind.

Aus den Umfrageergebnissen der unter sonstige Dienstleistungen zusammengefaßten Betriebe ergibt sich ein umsatzbezogener Energiekostenanteil von durchschnittlich 6,5 %. Lediglich 10 % der Befragten ist die Aufteilung des Energieverbrauchs auf die einzelnen Verwendungszwecke genau bekannt. Mehr als die Hälfte der Befragten hat keine Vorstellung von der Aufteilung des Energieverbrauchs auf die einzelnen Anwendungen wie Raumheizung, Beleuchtung oder Warmwassererzeugung. Eine Einordnung des Energieverbrauchs und eine Beurteilung von Möglichkeiten zur Verbrauchsreduzierung setzt jedoch einen guten bis sehr guten Kenntnisstand voraus.

Abbildung 4.18-8: Energiesparaktivität in der Branche Dienstleistungen und freie Berufe

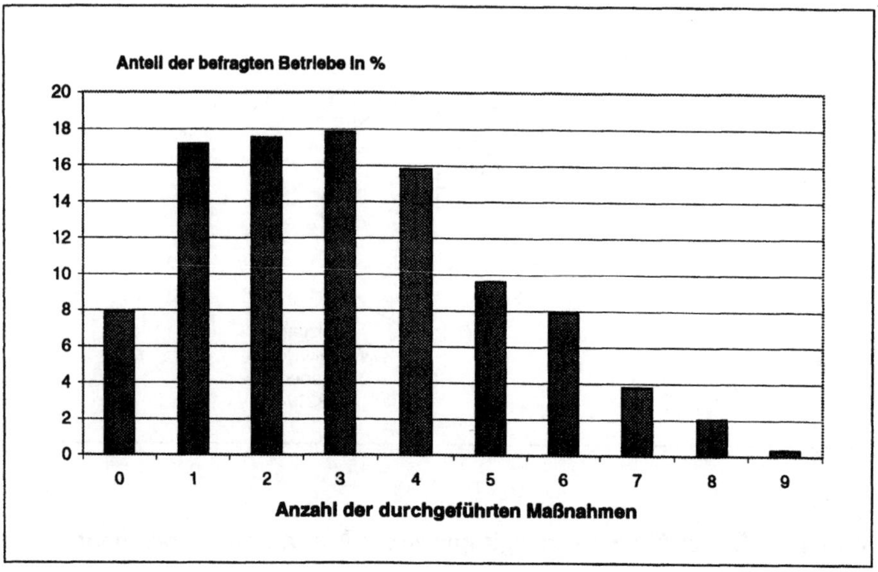

Abbildung 4.18-9: Häufigkeit durchgeführter Maßnahmen in der Branche Dienstleistungen und freie Berufe

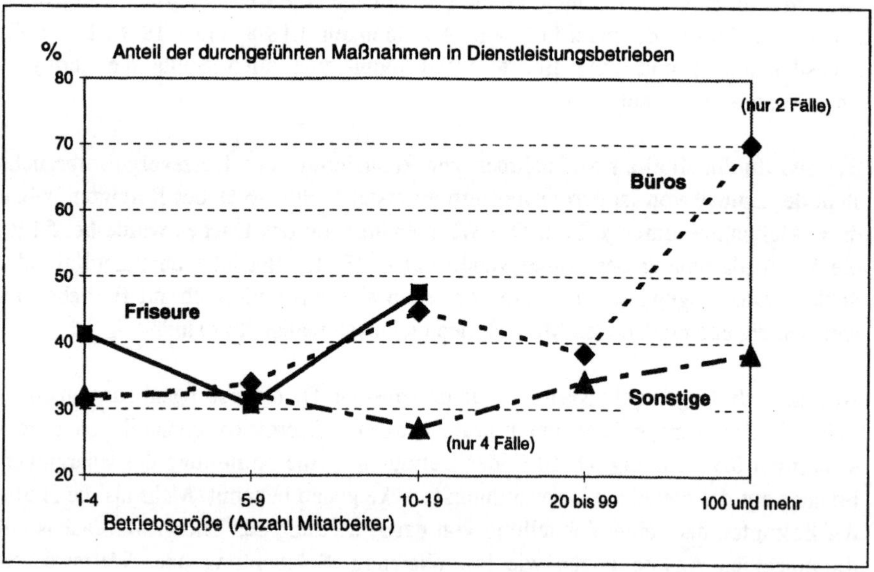

Nur 37 % der Befragten fühlen sich gut bis sehr gut informiert, 37 % wünschen sich mehr oder bessere Informationen zum rationellen Energieeinsatz. Lediglich 6 % der befragten Betriebe haben schon einmal eine Energieberatung in Anspruch genommen.

Der Anteil der Betriebe, die Maßnahmen zur Wärmeeinsparung durchgeführt haben, liegt bei 59 %. Die erzielten Einsparungen werden durchschnittlich auf 12 % beim Stromverbrauch und 15 % beim Brennstoffverbrauch eingeschätzt. Zusätzlich sind über 45 % der Betriebe der Meinung, das Einsparpotential beim Strom- und Brennstoffverbrauch noch nicht voll ausgeschöpft zu haben. Die Einsparpotentiale werden seitens der Betriebe im Durchschnitt auf 13 % des Stromverbrauchs und 15 % des Brennstoffverbrauchs geschätzt. Die Aussagen zum Einsparpotential sind vor dem Hintergrund zu sehen, daß, wie oben ausgeführt, jeder zweite Betrieb keine Vorstellung von der Aufteilung seines Energieverbrauchs hat und sich nicht ausreichend informiert fühlt.

Als hauptsächlicher Hinderungsgrund für die Umsetzung von energiesparenden Maßnahmen wurde von ca. 68 % der Befragten angegeben, daß neue Gebäude und Maschinen heute energietechnisch optimal seien. Rund 59 % der Befragten sahen in der ungewissen Entwicklung der Energiekosten ein Hemmnis bei der Erschließung von Energieeinsparpotentialen, etwa 57 % in der mangelnden Zeit. 48 % der Befragten gaben an, daß die verfügbaren Mittel für wichtigere Investitionen benötigt werden. Die Hälfte der Befragten wies außerdem darauf hin, daß die Betriebsräume angemietet sind und der Einfluß auf energiesparende Maßnahmen daher gering sei.

Aus Tabelle 4.18-6 ist ersichtlich, daß lediglich bei 3 % der befragten Betriebe keine Hemmnisse für die Umsetzung von Energiesparmaßnahmen vorliegen. Über zwei Drittel der Betriebe nennen drei und mehr Hemmnisse. Im allgemeinen nehmen die Hemmnisse mit steigender Betriebsgröße ab.

Tabelle 4.18-6: Anzahl der genannten Hemmnisse im Bereich Dienstleistungen und freie Berufe

Anzahl der genannten Hemmnisse	**0**	**1**	**2**	**3**	**4**	**≥ 5**
Anteil der Betriebe	3 %	11 %	19 %	24 %	21 %	22 %

4.19 Organisationen ohne Erwerbszweck und Heime

4.19.1 Charakteristik der Branche

Zum Split „Organisationen ohne Erwerbszweck und Heime" gehören Kirchen, religiöse und weltanschauliche Vereinigungen, karitative Organisationen, kulturelle, wissenschaftliche und im Erziehungswesen tätige Vereinigungen, politische Parteien, Gewerkschaften, Arbeitgeberorganisationen und andere Wirtschaftsverbände, Kammern, Sportverbände und -vereine usw. Aufgrund der hohen Diversität ist es sehr schwer, detaillierte Aussagen über diesen Bereich zu treffen. Es zählen z. B. sowohl der Kölner Dom als auch Altersheime oder Forschungseinrichtungen mit Vereinsstatus zu diesem Split.

Die genauere Aufteilung der 1,676 Mio. Beschäftigte dieses Splits für 1994 in Deutschland ist in Tabelle 4.19-1 zu sehen.

Tabelle 4.19-1: Beschäftigtenaufteilung im Bereich Organisationen ohne Erwerbszweck und Heime (Deutschland 1994)

	Betriebsgrößenklasse			Summe
	1 bis 4 Beschäftigte	5 bis 19 Beschäftigte	mehr als 19 Beschäftigte	
	[1.000]			
Kirchen, religiöse und weltanschauliche Vereinigungen	65,4	203,3	90,2	358,9
Organisationen der freien Wohlfahrtspflege	11,3	41,6	129,1	181,9
Organisationen der freien Jugendhilfe	3,5	8,6	12,6	24,8
Bildung, Wissenschaft, Forschung und Kultur	4,9	11,5	36,7	53,0
Sport und Gesundheitswesen	7,7	10,6	21,4	39,8
Gewerkschaften, Parteien und Verbände	25,9	53,3	142,6	221,7
Private Heime	5,1	31,4	79,6	116,0
Sonstige Heime	24,3	86,9	568,7	679,9

Quelle: eigene Hochrechnung

4.19.2 Untersuchte Betriebe

In Tabelle 4.19-2 sind die wichtigsten Kennzahlen der Organisationen ohne Erwerbszweck und Heime aufgelistet. Die hohe Strukturvielfalt dieses Splits zeigt sich an der Größe der Arbeitsstätten und der beheizten Betriebsflächen, die von

153 m² (Sport- und Gesundheitswesen) bis zu 6.526 m² bei den sonstigen Heimen reicht. Der Anteil der beheizten Flächen liegt durchweg zwischen 90 und 100 %.

Tabelle 4.19-2: Betriebsflächen der befragten Arbeitsstätten im Split Organisationen ohne Erwerbszweck und Heime

	Betriebe	Mittlere Betriebsfläche		Anteil beheizter Fläche
		pro Beschäftigten [m^2/Person]	pro Betrieb, beheizt [m^2]	[%]
Kirchen, religiöse und weltanschauliche Vereinigungen	78	97	1.162	91
Organisationen der freien Wohlfahrtspflege	9	26	1.223	93
Organisationen der freien Jugendhilfe	4	21	1.086	96
Bildung, Wissenschaft, Forschung, Kultur	2	20	397	98
Sport- und Gesundheitswesen	2	34	153	89
Gewerkschaften, Parteien und Verbände	13	19	1.996	93
Private Heime	4	33	1.330	97
Sonstige Heime	15	53	6.526	97
Insgesamt	127	72	1.860	93

4.19.3 Energieverbrauchsschwerpunkte

Für detaillierte energietechnische Analysen konnten 103 Datensätze verwendet werden. Die Auswertung ergab einen Stromverbrauch von im Mittel 28 kWh/m²a, der Brennstoffverbrauch lag bei 160 kWh/m²a. Dies entspricht ungefähr auch den Literaturangaben (BINE 1990), die bei einem mittleren spezifischen Stromverbrauch von 22 kWh/m²a und einem Brennstoffverbrauch von 172 kWh/m²a liegen. Die Auswertung der Datensätze ergab einen Kraftstoffverbrauch von 170 l pro Beschäftigten.

Abbildung 4.19-1 zeigt die Aufteilung des Brennstoff- und Fernwärmeverbrauchs der befragten Betriebe. 40 % verwenden Erdgas und 27 % Heizöl als Brennstoffe, 14 % setzen Fernwärme ein. Vornehmlich dient dieser Energieverbrauch zur Deckung des Raumwärmebedarfs, weniger als 5 % wird für die Warmwasserbereitung eingesetzt.

In Abbildung 4.19-2 ist die Endenergiebilanz des Splits Organisationen ohne Erwerbszweck und Heime zu sehen. Allein 3/4 des Endenergieeinsatzes wird für die Raumheizung benötigt. Der Stromverbrauch hat einen Anteil von 15 %; der

Schwerpunkt des Stromverbrauchs liegt mit einem Anteil von 44 % bei der Beleuchtung. Der Prozeßwärmebedarf mit einem Anteil von 12 % am Endenergieverbrauch des Splits wird vor allem in Kantinen benötigt. Obwohl Erdgas in 40 % der Fälle von den Betrieben als Brennstoff genannt wurde, wird in diesem Split in den Küchen fast ausschließlich mit Strom gekocht. Nur 9 % der Herdplatten werden mit Gas beheizt (im gesamten Sektor Kleinverbrauch liegt der Schnitt bei 15 %). Für die Anwendungsart Kraft wird 17 % des Stroms eingesetzt. Die Bereiche Prozeßkälte, Kommunikation und Raumheizung sind mit 7 %, 8 % und 1 % in geringerem Maße vertreten.

Abbildung 4.19-1: Einsatz von Brennstoffen und Fernwärme (Breitenerhebung)

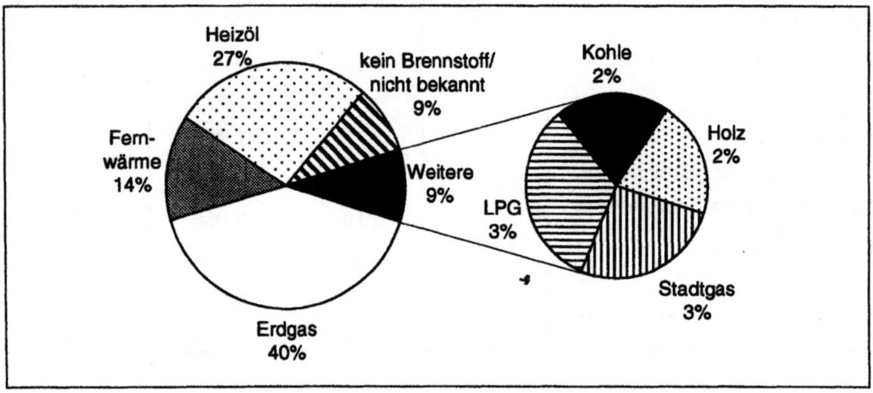

Abbildung 4.19-2: Endenergiebilanz des Splits Organisationen ohne Erwerbszweck und Heime (Hochrechnung)

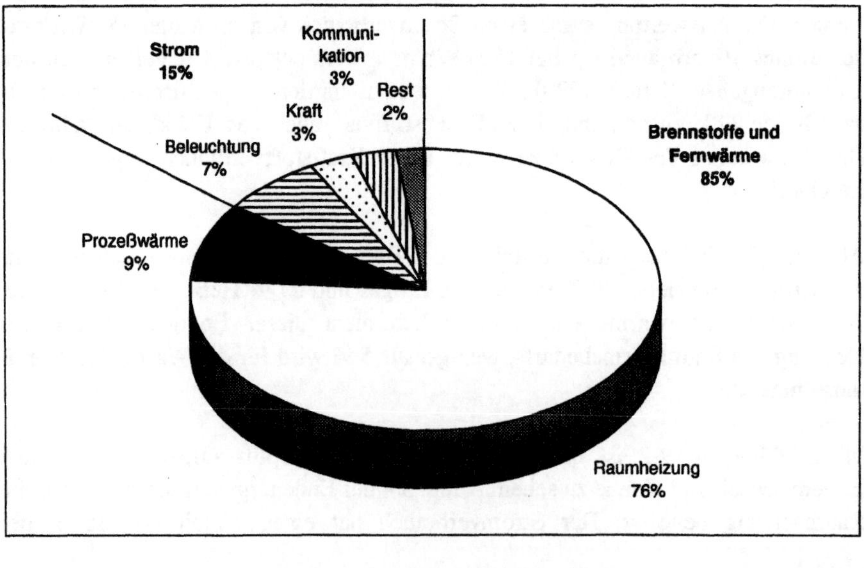

Im Split Organisationen ohne Erwerbszweck und Heime wurden keine Einzeluntersuchungen durchgeführt.

4.19.4 Durchführung energiesparender Maßnahmen und Hemmnisse

Von den insgesamt zehn Maßnahmen zur Energieeinsparung, die den Befragten genannt wurden, gaben die Betriebe im Durchschnitt neun Maßnahmen als technisch bzw. organisatorisch möglich an. Dieses hohe Potential gilt nahezu gleich über alle Größenklassen von Betrieben. Allerdings wurden von diesen Maßnahmen durchschnittlich nur gut 40 % durchgeführt (vgl. Abbildung 4.19-3 und 4.19-4).

Bei den durchgeführten Maßnahmen zur Reduzierung des Heizenergieverbrauchs steht der Einbau von Isolierglasfenstern an erster Stelle. 72 % der Befragten haben diese Maßnahme durchgeführt. Die Wärmedämmung des Daches wurde bei 54 %, die Wärmedämmung der Außenwände bei 42 % der Betriebe durchgeführt oder geplant. Die ausgewiesenen Zahlen beziehen sich ausschließlich auf Betriebe bei welchen die entsprechenden Maßnahmen technisch realisierbar sind.

Abbildung 4.19-3: Energiesparaktivität in Organisationen ohne Erwerbszweck und Heimen

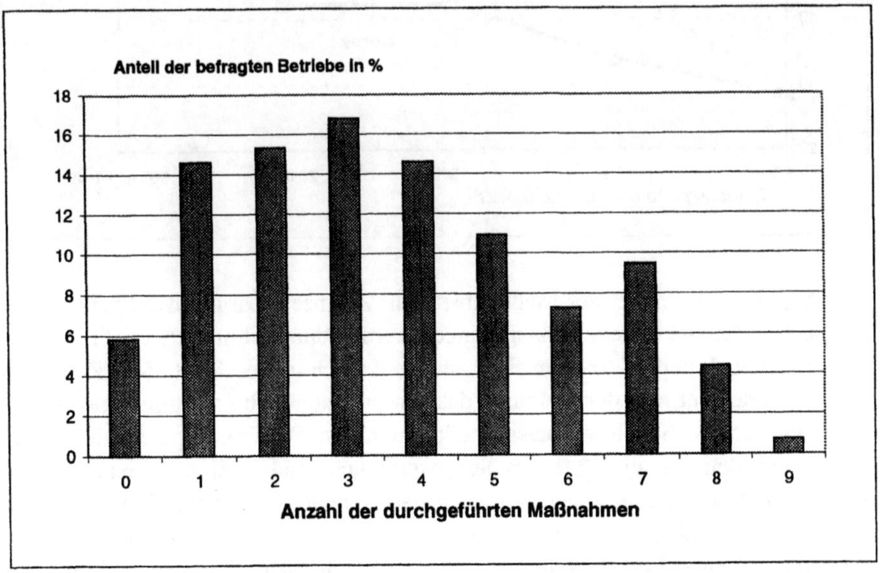

Aus den Umfrageergebnissen in den Betrieben des Splits Organisationen ohne Erwerbszweck und Heime ergibt sich ein umsatzbezogener Energiekostenanteil von durchschnittlich 9,2 %. Lediglich 13 % der Befragten ist die Aufteilung des Energieverbrauchs auf die einzelnen Verwendungszwecke genau bekannt. Mehr als die

Hälfte der Befragten hat keine Vorstellung von der Aufteilung des Energieverbrauchs auf die einzelnen Anwendungen wie Raumheizung, Beleuchtung oder Warmwassererzeugung. Eine Einordnung des Energieverbrauchs und eine Beurteilung von Möglichkeiten zur Verbrauchsreduzierung setzt jedoch einen guten bis sehr guten Kenntnisstand voraus. Nur 45 % der Befragten fühlen sich gut bis sehr gut informiert, 39 % wünschen sich mehr oder bessere Informationen zum rationellen Energieeinsatz. 21 % der befragten Betriebe haben schon einmal eine Energieberatung in Anspruch genommen.

Abbildung 4.19-4: Häufigkeit durchgeführter Maßnahmen in Organisationen ohne Erwerbszweck und Heimen

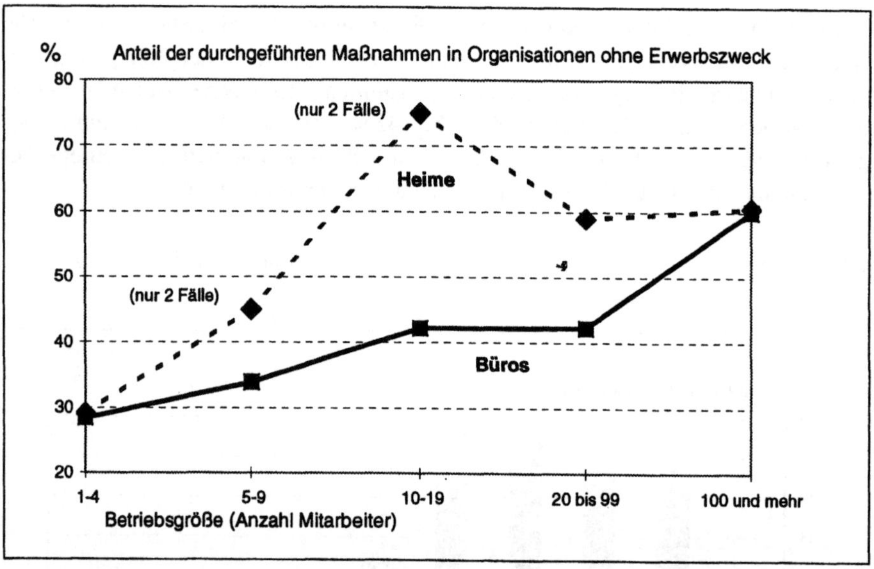

Der Anteil der Betriebe, der Maßnahmen zur Wärmeeinsparung durchgeführt hat, liegt bei 58 %. Die erzielten Einsparungen werden durchschnittlich auf 11 % beim Stromverbrauch und 17 % beim Brennstoffverbrauch eingeschätzt. Zusätzlich sind über 50 % der Betriebe der Meinung, das Einsparpotential beim Strom- und Brennstoffverbrauch noch nicht voll ausgeschöpft zu haben. Die Einsparpotentiale werden seitens der Betriebe auf 12 % des Stromverbrauchs und 14 % des Brennstoffverbrauchs geschätzt. Die Aussagen zum Einsparpotential sind vor dem Hintergrund zu sehen, daß wie oben ausgeführt, jeder zweite Betrieb keine Vorstellung von der Aufteilung seines Energieverbrauchs hat und sich nicht ausreichend informiert fühlt.

Als hauptsächlicher Hinderungsgrund für die Umsetzung von energiesparenden Maßnahmen wurde von ca. 67 % der Befragten angegeben, daß neue Gebäude und Maschinen heute energietechnisch optimal seien. Rund 50 % der Befragten sahen in der ungewissen Entwicklung der Energiekosten ein Hemmnis bei der Erschließung von Energieeinsparpotentialen, etwa 40 % in der mangelnden Zeit. 51 % der Befragten gaben an, daß die verfügbaren Mittel für wichtigere Investitionen benötigt werden.

Aus Tabelle 4.19-3 ist ersichtlich, daß lediglich bei 6 % der befragten Betriebe keine Hemmnisse für die Umsetzung von Energiesparmaßnahmen vorliegen. Fast 50 % der Betriebe nennen drei und mehr Hemmnisse. Im allgemeinen nehmen die Hemmnisse mit steigender Betriebsgröße ab.

Tabelle 4.19-3: Anzahl der genannten Hemmnisse im Bereich Organisationen ohne Erwerbszweck und Heime

Anzahl der genannten Hemmnisse	**0**	**1**	**2**	**3**	**4**	**≥ 5**
Anteil der Betriebe	6 %	17 %	31 %	24 %	12 %	10 %

4.20 Gebietskörperschaften und Sozialversicherungen

4.20.1 Charakterisierung der Branche

In den Split „Gebietskörperschaften und Sozialversicherungen" fallen alle Arbeitsstätten von Bund, Ländern und Gemeinden, von öffentlichen Zweckverbänden, außerdem die Arbeitsämter, die Sozialversicherung sowie einige verwandte Körperschaften des öffentlichen Rechts. Die den Gebietskörperschaften zuzurechnenden Arbeitsstätten der Bundeswehr gehören nur hinsichtlich ihres zivilen Personals in den Erhebungsbereich. Der Bundesgrenzschutz wird dagegen mit allen Beschäftigten hinzugezählt.

Die genauere Aufteilung der 4,164 Mio. Beschäftigten dieser Branche in Deutschland ist für das Jahr 1994 aus Tabelle 4.20-1 ersichtlich.

Tabelle 4.20-1: Beschäftigtenaufteilung der Gebietskörperschaften und Sozialversicherungen

	Betriebsgrößenklasse			Summe
	1 bis 4 Beschäftigte	5 bis 19 Beschäftigte	mehr als 19 Beschäftigte	
	[1.000]			
Gebietskörperschaften (z. B. Stadt- u. Gemeindeverwaltung)	48,8	266,0	3.290,7	3.605,5
Versicherungen (z. B. gesetzliche Renten-, Kranken- und Unfallversicherung)	12,3	44,2	285,8	342,3
Arbeitsförderung (Arbeitsämter, Kindergeldkassen usw.)	1,0	11,3	204,2	216,6

Quelle: eigene Hochrechnung

4.20.2 Untersuchte Betriebe

Im Rahmen der Breitenerhebung wurden 98 Betriebe (davon 20 in den neuen Bundesländern) befragt, wobei 96 Fragebögen für die detaillierte Auswertung verwendet wurden. Für die untersuchten Betriebe ergaben sich folgende Betriebsgrößen: 19 % der Betriebe haben 1 bis 4 Beschäftigte, 35 % haben 5 bis 19 Beschäftigte und 46 % haben mehr als 19 Beschäftigte.

In Tabelle 4.20-2 sind die wichtigsten Kennzahlen der Gebietskörperschaften und Sozialversicherungen aufgelistet. Die mittlere beheizte Betriebsfläche der Gebietskörperschaften liegt bei 2.300 m^2. Die sechs untersuchten Betriebe der Arbeitsförderung sind mit 7.700 m^2 beheizter Betriebsfläche deutlich größer als der nach Hochrechnung ermittelte Durchschnitt dieses Splits. Fast ¾ der Gebäude wurde vor 1978 errichtet. Die Betriebe der Arbeitsförderung sind zum größten Teil jünger als 1977.

Tabelle 4.20-2: Betriebsflächen der befragten Arbeitsstätten im Bereich Gebietskörperschaften und Sozialversicherungen

	Betriebe	Mittlere Betriebsfläche		Anteil beheizter Fläche
		pro Beschäftigten [m^2/Person]	pro Betrieb, beheizt [m^2]	[%]
Gebietskörperschaften	79	28	2.095	91
Versicherungen	11	13	848	96
Arbeitsförderung	6	22	7.706	94
Insgesamt	96	26	2.302	92

4.20.3 Energieverbrauchsschwerpunkte

Auswertung der Breitenerhebung

Die Gebäude der untersuchten Betriebe stammen zu 45 % aus der Zeit vor 1952. 29 % der Gebäude wurden zwischen 1952 und 1977 erbaut, 24 % danach. Mit 6 % ist der Anteil der Gebäude, die nach 1988 erbaut wurden, verhältnismäßig gering.

An 44 % der Gebäude wurde eine wärmetechnische Maßnahme durchgeführt. Die am meisten genannte Maßnahme war mit 43 % die Renovierung der Fenster, an zweiter Stelle lag mit 27 % das Dach. In nur 10 % der Gebäude sind einfach verglaste Fenster eingebaut. Doppelt verglaste Fenster wurden mit 42 % verhältnismäßig häufig genannt. Auffallend ist, daß isolier- oder wärmeschutzverglaste Fenster mit 48 % der Nennungen deutlich überduchschnittlich vertreten sind. Allerdings haben nur 29 % der Betriebsstätten eine Fassade mit Wärmedämmung.

Der spezifische Heizwärmeverbrauch des Splits liegt nach gewichteter Hochrechnung mit 209 kWh/m^{2}a in einem Bereich, der für einen von Altbauten dominierten Split typisch ist.

In Abbildung 4.20-1 ist die Häufigkeit des Einsatzes der Brennstoffe und Fernwärme bei den befragten Betrieben dargestellt. Knapp 39 % aller Nennungen entfielen auf Erdgas, gefolgt von Heizöl mit 27 %. 10 % der Betriebe setzen mindestens zwei unterschiedliche Brennstoffe ein. Die Brennstoffe werden zu mehr als 90 % für die Beheizung eingesetzt, 5 % dienen der Erzeugung von Prozeßwärme.

Abbildung 4.20-1: Einsatz von Brennstoffen und Fernwärme in den befragten Betrieben

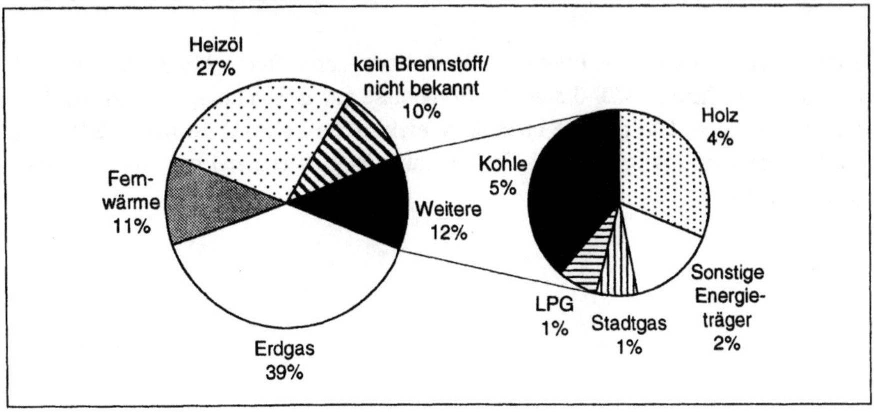

Abbildung 4.20-2 zeigt die Aufteilung der Endenergie nach Anwendungen, ermittelt aus einer gewichteten Hochrechnung der Umfrageergebnisse. Die Raumheizung dominiert mit einem Anteil von 84 % den Endenergieverbrauch. Nur 2 % der Brennstoffe werden zur Prozeßwärmeerzeugung eingesetzt. In den Gebietskörperschaften mit hauptsächlich verwaltungsnahen Tätigkeiten fällt nur ein geringer Warmwasserbedarf an. Der spezifische Strombedarf liegt bei 35 kWh/m^2a. Davon werden rund 50 % für die Beleuchtung eingesetzt, jeweils 18 % für Kraft und Prozeßkälte sowie 14 % für Kommunikation. Der Kraftstoffbedarf beträgt ca. 12 MWh/Person. Ungefähr die Hälfte davon entfällt auf Lkw, jeweils 25 % auf Pkw und Kombis.

Abbildung 4.20-2: Endenergiebilanz der Gebietskörperschaften (Hochrechnung)

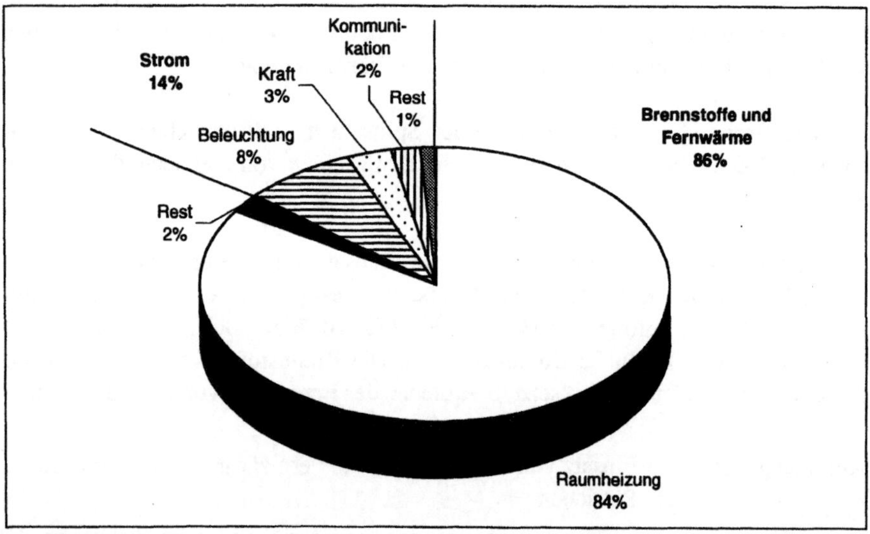

Jeder Befragte wählte zwei typische Räume aus, deren Beleuchtung näher betrachtet wurde. In Tabelle 4.20-3 sind die Ergebnisse zur Beleuchtung der ausgewählten Räume zu sehen. Die höchste installierte elektrische Leistung ist mit 16,2 W/m^2 in Verkaufsräumen anzutreffen. Die Beleuchtung ist überwiegend mit Leuchtstofflampen realisiert.

Tabelle 4.20-3: Daten zur Beleuchtung im Split Gebietskörperschaften und Sozialversicherungen

	Leucht-stofflampen	Kompaktleucht-stofflampen	Glühlampen	Installierte Leistung
	[Anzahl Lampen/100 m²]			[W/m²]
Produktionsraum	41	33	7	11,5
Verkaufsraum	45	–	24	16,2
Büroraum	23	15	14	12,6
Lagerraum	31	–	6	11,3
Küche	38	–	5	17,2
Restaurant, Kantine	22	–	20	11,4
Sonstiger Raum	23	13	28	13,4

Einzelobjektanalyse: Verwaltungsgebäude

Es wurde ein Verwaltungsgebäude aus dem Jahre 1950 analysiert, das auf 6 bis 7 Geschossen eine Nettogrundfläche von insgesamt 8.225 m² aufweist. 250 Personen sind dort beschäftigt. Die Heizungsanlage nutzt als Energieträger Fernwärme, die über Heizkörper mit Thermostatventilen und Lüftungsanlagen das Gebäude versorgt. 77 % des gesamten Endenergiebedarfs von 1.848 MWh/a fließen in die Raumkonditionierung. Die Anteile der übrigen Verbrauchsschwerpunkte können Tabelle 4.20-4 entnommen werden.

Tabelle 4.20-4: Aufteilung des Endenergieverbrauchs im Verwaltungsgebäude

	Brennstoff	Strom
Raumkonditionierung	93,8 %	18,2 %
Warmwasser	6,2 %	0,0 %
Licht	0,0 %	60,0 %
Sonstige Stromanwendung	0,0 %	10,0 %
Rest	0,0 %	11,8 %
Summe	100,0 %	100,0 %
Endenergie	1.441,5 MWh/a	406,3 MWh/a

Bezieht man die Endenergieverbräuche auf die Grundfläche bzw. die Beschäftigtenzahl, so erkennt man, im Vergleich zum Branchendurchschnitt, einen mit 164,4 kWh/m²a etwas geringeren Heizenergieverbrauch (siehe Tabelle 4.20-5). Der beschäftigtenspezifische Stromverbrauch liegt mit 1,6 MWh etwas über dem Branchendurchschnitt von gut 1,4 MWh pro Beschäftigten und Jahr.

Tabelle 4.20-5: Spezifische Endenergieverbrauchskennwerte in Verwaltungsgebäuden

	Endenergieverbrauch [kWh/a]	
	pro m²	**pro Beschäftigten**
Raumwärme	164,4	5.408,5
Warmwasser	11,7	383,6
Strom, gesamt	49,4	1.625,2
Strom, Licht	29,6	975,1

Bei der Betriebsuntersuchung wurde ein Einsparpotential von ca. 20 % ermittelt. Dazu müßten durch reduzierte Wärmeleistungsabgaben die Innentemperaturen im Mittel um 3 K auf 19,4 °C gesenkt (196 MWh/a) und die Temperatur der Tiefgarage von 20 °C auf 10 °C vermindert (105 MWh/a) werden.

Bürogebäude

Das analysierte Verwaltungsgebäude wurde um die Jahrhundertwende erbaut und besteht aus drei Gebäudeteilen. Dort sind insgesamt 220 Personen beschäftigt. Die Bruttogrundfläche beträgt 7.223 m^2. Die Heizungsanlage besteht aus drei Gaskesseln mit 82, 250 und 235 kW. Dies entspricht einer installierten Heizleistung von 78,5 W/m^2. Einige Räume verfügen über eine Teilklima- und Lüftungsanlage. Die Struktur des Endenergieverbrauchs von 1.586 MWh/a ist in Tabelle 4.20-6 dargestellt.

In diesem Gebäudekomplex besteht durch Absenken der Raumtemperatur auf 20 bzw. in Nebenräumen auf 15 °C ein Einsparpotential von 183 MWh/a. Die Verlegung eines Temperaturfühlers für die Leitstelle bringt eine Energieeinsparung um weitere 15 MWh/a. Durch Aktivierung der Wochenendabsenkung um 5 K kann der Gasverbrauch um 22 MWh/a reduziert werden. Die Dämmung der obersten Geschoßdecke bringt nochmals 45 MWh/a an Energieeinsparung.

Tabelle 4.20-6: Aufteilung des Endenergieverbrauchs im Bürogebäude

	Brennstoff	**Strom**
Raumkonditionierung	100 %	15,8 %
Warmwasser	0 %	9,9 %
Licht	0 %	48,7 %
Sonstige Stromanwendung	0 %	13,8 %
Rest	0 %	11,8 %
Summe	100 %	100,0 %
Endenergie	1.175 MWh/a	410,8 MWh/a

4.20.4 Durchführung energiesparender Maßnahmen und Hemmnisse

Von den insgesamt zehn Maßnahmen zur Energieeinsparung, die den Befragten genannt wurden, gaben die Betriebe im Durchschnitt neun Maßnahmen als technisch bzw. organisatorisch möglich an. Dieses hohe Potential gilt nahezu gleich über alle Größenklassen von Betrieben. Aber nur durchschnittlich 42 % der Maßnahmen wurden durchgeführt (vgl. Abbildungen 4.20-3 und 4.20-4).

Bei den durchgeführten Maßnahmen zur Reduzierung des Heizenergieverbrauchs steht der Einbau von Isolierglasfenstern an erster Stelle. 74 % der Befragten haben diese Maßnahme durchgeführt. Die Wärmedämmung des Daches wurde bei 49 %, die Wärmedämmung der Außenwände bei 44 % der Betriebe durchgeführt oder geplant. Die ausgewiesenen Zahlen beziehen sich ausschließlich auf Betriebe, bei welchen die entsprechenden Maßnahmen technisch realisierbar sind.

Aus den Umfrageergebnissen in den Gebietskörperschaften und Sozialversicherungen ergibt sich ein umsatzbezogener Energiekostenanteil von durchschnittlich 7,6 %. Lediglich 18 % der Befragten ist die Aufteilung des Energieverbrauchs auf die einzelnen Verwendungszwecke genau bekannt. Mehr als die Hälfte der Befragten hat keine Vorstellung von der Aufteilung des Energieverbrauchs auf die einzelnen Anwendungen wie Raumheizung, Beleuchtung oder Warmwassererzeugung. Eine Einordnung des Energieverbrauchs und eine Beurteilung von Möglichkeiten zur Verbrauchsreduzierung setzt jedoch einen guten bis sehr guten Kenntnisstand voraus. Nur 47 % der Befragten fühlen sich gut bis sehr gut informiert, 32 % wünschen sich mehr oder bessere Informationen zum rationellen Energieeinsatz. 23 % der befragten Betriebe haben schon einmal eine Energieberatung in Anspruch genommen.

Der Anteil der Betriebe, der Maßnahmen zur Strom- oder Wärmeeinsparung durchgeführt hat, liegt bei 48 %. Die erzielten Einsparungen werden durchschnittlich auf 15 % beim Stromverbrauch bzw. 21 % beim Brennstoffverbrauch eingeschätzt. Zusätzlich sind über 50 % der Betriebe der Meinung, das Einsparpotential beim Strom- und Brennstoffverbrauch noch nicht voll ausgeschöpft zu haben. Die Einsparpotentiale werden seitens der Betriebe im Schnitt auf 15 % des Stromverbrauchs und 17 % des Brennstoffverbrauchs geschätzt. Die Aussagen zum Einsparpotential sind vor dem Hintergrund zu sehen, daß wie oben ausgeführt, jeder zweite Betrieb keine Vorstellung von der Aufteilung seines Energieverbrauchs hat und sich nicht ausreichend informiert fühlt.

Als hauptsächlicher Hinderungsgrund für die Umsetzung von energiesparenden Maßnahmen wurde von ca. 69 % der Befragten angegeben, daß neue Gebäude und Maschinen heute energietechnisch optimal seien. Rund 48 % der Befragten sahen in der ungewissen Entwicklung der Energiekosten ein Hemmnis bei der Erschließung von Energieeinsparpotentialen, etwa 32 % in der mangelnden Zeit. 51 % der

Befragten gaben an, daß die verfügbaren Mittel für wichtigere Investitionen benötigt werden.

Abbildung 4.20-3: Energiesparaktivität in Gebietskörperschaften und Sozialversicherungen

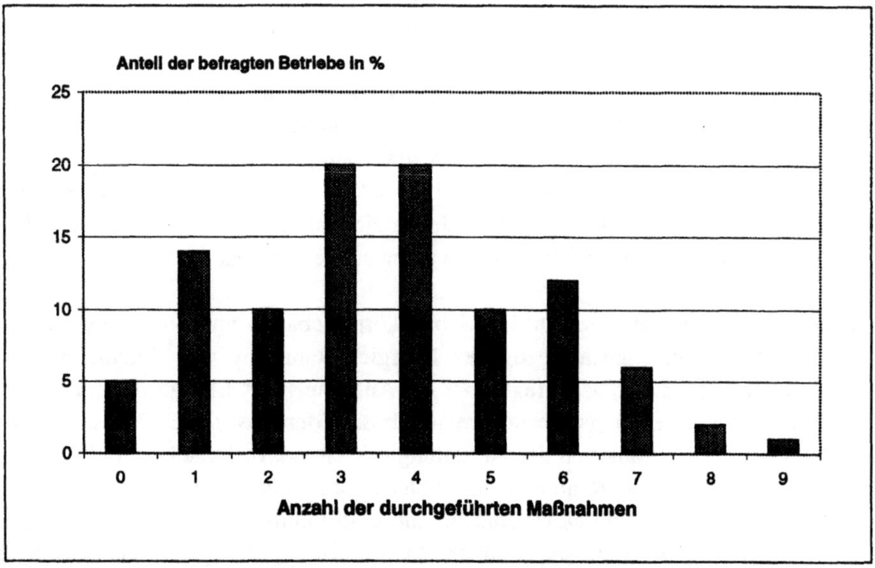

Abbildung 4.20-4: Häufigkeit durchgeführter Maßnahmen in Gebietskörperschaften und Sozialversicherungen

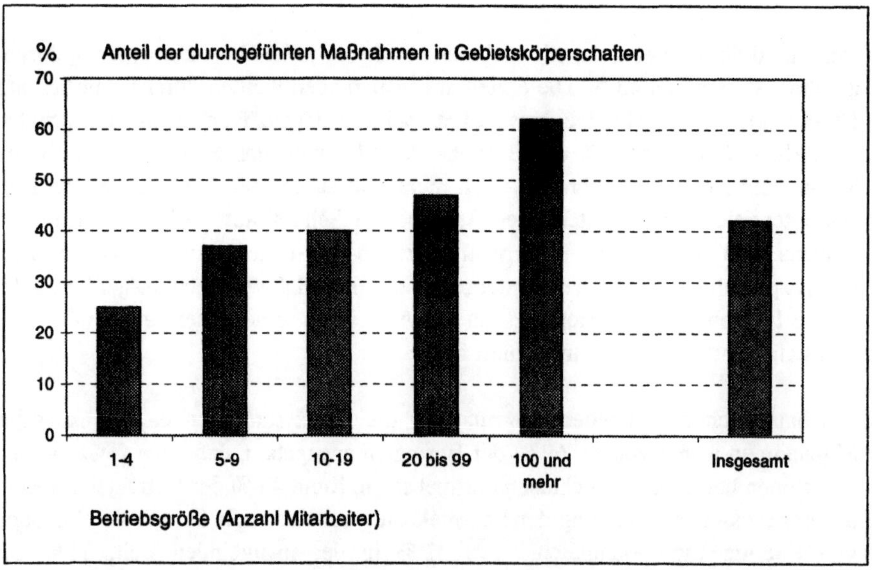

Aus Tabelle 4.20-7 ist ersichtlich, daß lediglich bei 7 % der befragten Betriebe keine Hemmnisse für die Umsetzung von Energiesparmaßnahmen vorliegen. Über 50 % der Betriebe nennen drei und mehr Hemmnisse. Im allgemeinen nehmen die Hemmnisse mit steigender Betriebsgröße ab.

Tabelle 4.20-7: Anzahl der genannten Hemmnisse im Bereich Gebietskörperschaften und Sozialversicherungen

Anzahl der genannten Hemmnisse	**0**	**1**	**2**	**3**	**4**	**≥ 5**
Anteil der Betriebe	7 %	18 %	23 %	26 %	21 %	6 %

4.21 Krankenhäuser

4.21.1 Charakteristik der Branche

Im Jahr 1994 gab es in Deutschland 2.337 Krankenhäuser mit 618.176 Planbetten. Davon waren 30.537 der Planbetten in privaten Krankenhäusern und 48.538 in psychiatrischen und/oder neurologischen Krankenhäusern. Als energierelevantes Bezugsmerkmal wird die Zahl der Planbetten für weitere Analysen zugrunde gelegt. In Tabelle 4.21-1 ist die Verteilung der Planbetten auf verschiedene Größenklassen von Krankenhäusern dargestellt. 1994 gab es in Krankenhäusern 1,059 Mio. Beschäftigte.

Tabelle 4.21-1: Planbetten aufgeteilt nach Größenklassen der Krankenhäuser

	Planbetten 1994
Krankenhäuser 1 – 100 Betten	30.000
Krankenhäuser 101 – 200 Betten	82.000
Krankenhäuser 201 – 500 Betten	271.000
Krankenhäuser > 500 Betten	235.000
Gesamt	618.000

Quelle: Statistisches Bundesamt 1997

4.21.2 Untersuchte Betriebe

In Tabelle 4.21-2 sind die beheizten Betriebsflächen und die spezifische Betriebsfläche je Beschäftigtem aufgeführt. Die beheizte Betriebsfläche liegt bei 3.300 m^2

bei Krankenhäusern mit maximal 100 Betten und reicht bis über 81.000 m^2 bei Krankenhäusern mit mehr als 500 Betten. Es kommen 24 bis 31 m^2 Betriebsfläche auf jeden Beschäftigten. Der mittlere jährliche Brennstoff- und Fernwärmebedarf beträgt im Splitmittel 324 kWh/m^2. Der Brennstoff- und Fernwärmeverbrauch von 15,36 TWh/a wird zu 90 % für die Raumheizung und der Rest für Prozeßwärme eingesetzt. Der Strombedarf pro Beschäftigtem liegt bei 4,38 MWh/a. Der gesamte Stromverbrauch von 4,64 TWh/a des Splits wird zu 30 % für die Beleuchtung, zu 25 % für Kraft, zu 29 % für Prozeßwärme, zu 10 % für Prozeßkälte und zu 5 % für die Kommunikation eingesetzt.

Tabelle 4.21-2: Betriebsflächen der befragten Arbeitsstätten im Bereich Krankenhäuser

	Betriebe	Mittlere Betriebsfläche		Anteil beheizter Fläche [%]
		pro Beschäftigten [m^2/Person]	pro Betrieb, beheizt [m^2]	
Krankenhäuser 1 - 100 Betten	17	31	3.305	95
Krankenhäuser 101 - 200 Betten	16	28	9.586	87
Krankenhäuser 201 - 500 Betten	30	31	20.556	90
Krankenhäuser > 500 Betten	9	24	81.253	96
Insgesamt	**72**	**29**	**21.632**	**92**

4.21.3 Energieverbrauchsschwerpunkte

Auswertung der Breitenerhebung

Die Krankenhäuser der Breitenerhebung stammen zu 30 % aus der Zeit vor 1952, 40 % wurden im Zeitraum von 1952 bis 1977, 21 % im Zeitraum von 1978 bis 1989 und der Rest nach 1989 errichtet. Auffallend ist, daß bei 88 % der Gebäude die nach 1989 errichtet wurden bereits mindestens eine wärmeverbrauchsreduzierende Maßnahme durchgeführt wurde. Der Durchschnitt über alle Gebäude liegt bei 68 %. Dementsprechend sind nur noch 4 % der Krankenhäuser mit einfachverglasten Fenster ausgestattet. 42 % haben eine Doppel-, 12 % eine Wärmeschutz- und bereits 38 % eine Isolierverglasung. Allerdings haben nur 55 % eine Wandkonstruktion mit Wärmedämmung.

In Abbildung 4.21-1 ist der Einsatz der verschiedenen Energieträger dargestellt. In 53 % der Krankenhäuser werden neben Strom zwei weitere Energieträger eingesetzt. Die dominierenden Energieträger sind Erdgas mit 43 %, Heizöl mit 29 % und Fernwärme mit 22 %.

Abbildung 4.21-1: Einsatz von Brennstoffen und Fernwärme (Daten der Breitenerhebung)

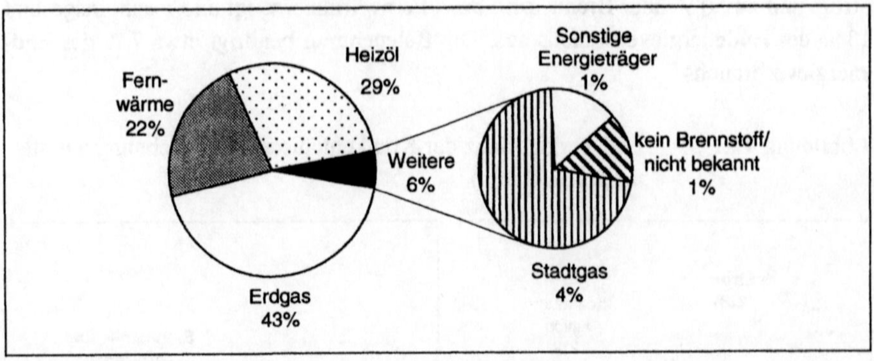

Abbildung 4.21-2: Energieträgerkombinationen bei Krankenhäusern, die neben Strom zwei Energieträger einsetzen (Daten der Breitenerhebung)

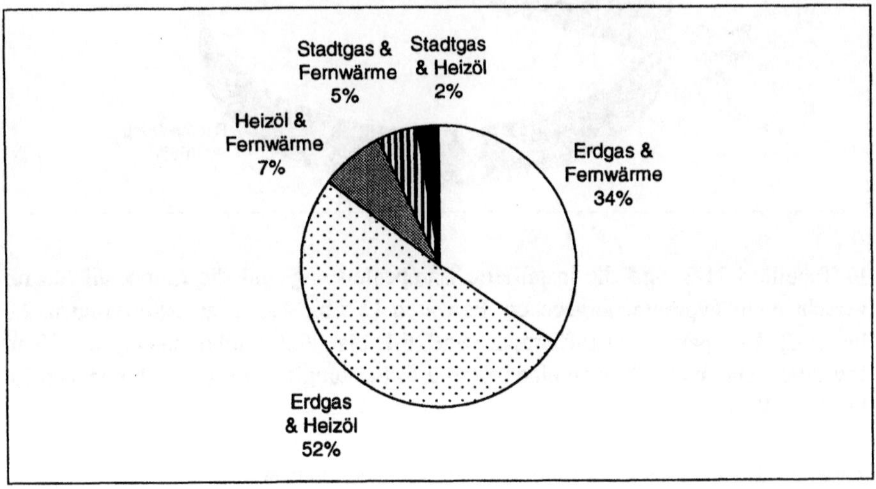

In Abbildung 4.21-2 ist der Anteil der unterschiedlichen Kombinationen von zwei Energieträgern der befragten Krankenhäuser dargestellt. Die Kombination von Erdgas und Heizöl ist mit einem Anteil von 51 % die häufigste Variante. Dies liegt daran, daß beim Einsatz von Zweistoffbrennern nur eine Heizungsanlage notwendig ist. Außerdem kann der Gasbezug unterbrochen werden, wodurch die spezifischen Gaskosten bei einem entsprechenden Abschaltvertrag kostengünstiger liegen. Ähnliches gilt für die übrigen Kombinationen.

Gemäß den Hochrechnungen aus statistischen Daten teilt sich der Endenergieverbrauch bei Krankenhäusern zu 77 % auf Brennstoffe und Fernwärme und zu 23 %

auf Strom auf (vgl. Abbildung 4.21-3). Die Raumheizung nimmt mit 68 % einen Hauptteil des Endenergieverbrauchs ein. Die Prozeßwärme wird etwa zu 50 % über Strom und zu 50 % über Brennstoffe bzw. Fernwärme erzeugt und macht insgesamt 15 % des Endenergieverbrauchs aus. Die Beleuchtung benötigt etwa 7 % des Endenergieverbrauchs.

Abbildung 4.21-3: Endenergiebilanz der Krankenhäuser (Hochrechnung aus statistischen Daten)

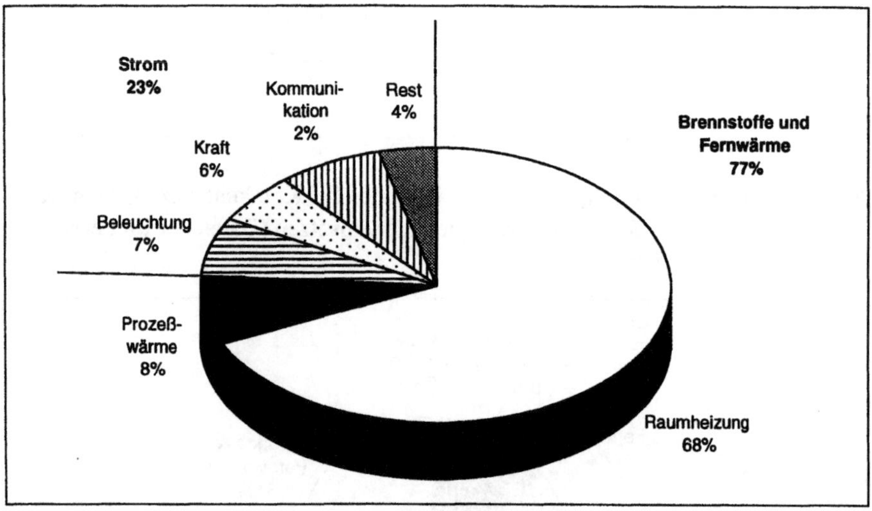

In Tabelle 4.21-3 sind die installierte Lampenleistung und die Lampendichte für verschiedene Typräume angegeben. Es waren 12,5 bis 41,3 Leuchtstofflampen, 2,9 bis 29,2 Kompaktleuchtstofflampen und 6,1 bis 29,2 Glühlampen pro 100 m² installiert. Daraus ergibt sich eine installierte Leistung für die Beleuchtung von 7,6 bis 22,8 W/m².

Tabelle 4.21-3: Daten zur Beleuchtung in Krankenhäusern

	Leuchtstofflampen	Kompaktleuchtstofflampen	Glühlampen	Installierte Leistung
	[Anzahl Lampen/100 m²]			[W/m²]
Produktionsraum	29,6	16,6	12,8	16,0
Verkaufsraum	30,2	–	12,3	18,4
Büroraum	20,2	12,5	7,2	12,0
Lagerraum	25,0	–	–	15,0
Küche	12,5	2,9	6,1	7,6
Restaurant, Kantine	12,7	–	–	7,6
Sonstiger Raum	41,3	17,6	29,2	22,8

Der Fahrzeugbestand ist mit 490 Beschäftigten pro Pkw (733 Besch./Lkw bis 2,8t; 1.465 Besch./Lkw) gering. Die Fahrleistung beträgt je nach Fahrzeugtyp 13.400 bis 21.000 km/a. Daher entfallen auf die Kraftstoffe nur 0,126 TWh/a bzw. 0,63 % des Endenergieverbrauches des Splits.

Einzelobjektanalyse

Es gibt zahlreiche Veröffentlichungen zum Energieverbrauch von Krankenhäusern und Hochschulkliniken. Die nachfolgenden Daten für 61 Universitätskliniken und 31 Krankenhäuser stammen aus verschiedenen Studien (Kahle/Person 1992; Ebert 1994; Amt für Umweltschutz 1993; ERIK 1986; Oberfinanzdirektion Schleswig-Holstein 1995).

Die durchschnittliche Nettogrundfläche der Universitätskliniken beträgt ca. 184.000 m^2 mit einer Hauptnutzfläche von ca. 121.000 m^2. Der Heizenergieverbrauch (Heizung und Warmwasser) beträgt im günstigsten Fall 195 kWh/m^2a und im ungünstigsten Fall 1.026 kWh/m^2a. Der Durchschnitt liegt bei 470 kWh/m^2a (vgl. Abbildung 4.21-4). Der Strombedarf beträgt im Durchschnitt 143 kWh/m^2a bezogen auf die Nettogrundfläche (vgl. Abbildung 4.21-5). Der Brennstoffverbrauch teilt sich in Krankenhäusern zu etwa 75 % auf Raumwärme und zu 25 % auf Prozeßwärme auf. In Hochschulkliniken ist der Brennstoffverbrauch für Prozeßwärme mit rund 40 % etwas höher.

Abbildung 4.21-4: Spezifischer Brennstoffverbrauch in Hochschulkliniken (Literaturwerte)

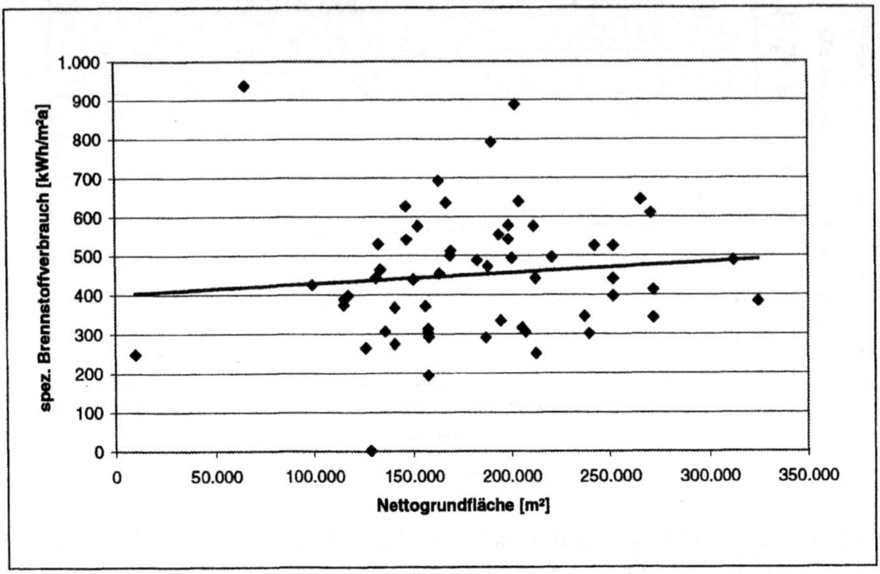

Abbildung 4.21-5: Spezifischer Stromverbrauch in Hochschulkliniken (Literaturwerte)

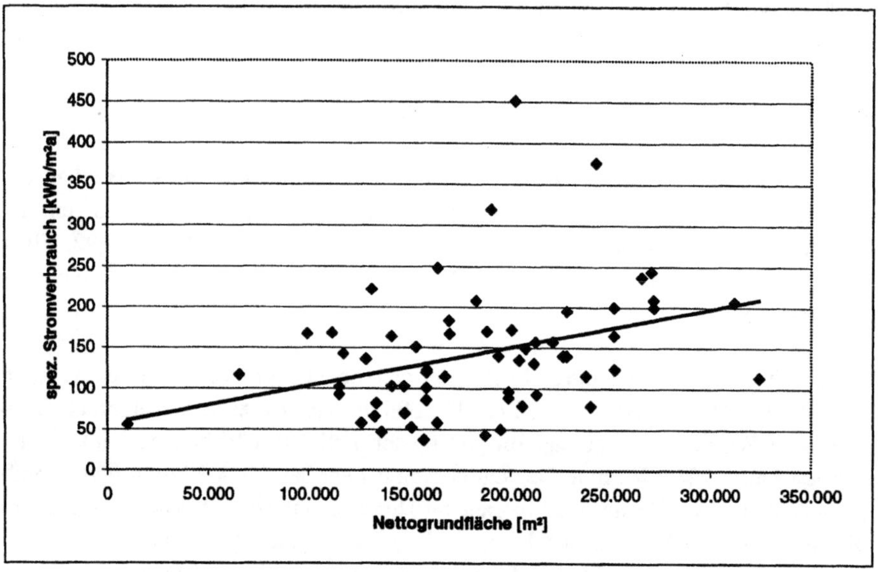

Abbildung 4.21-6: Spezifischer Brennstoffverbrauch in Krankenhäusern (Literaturwerte)

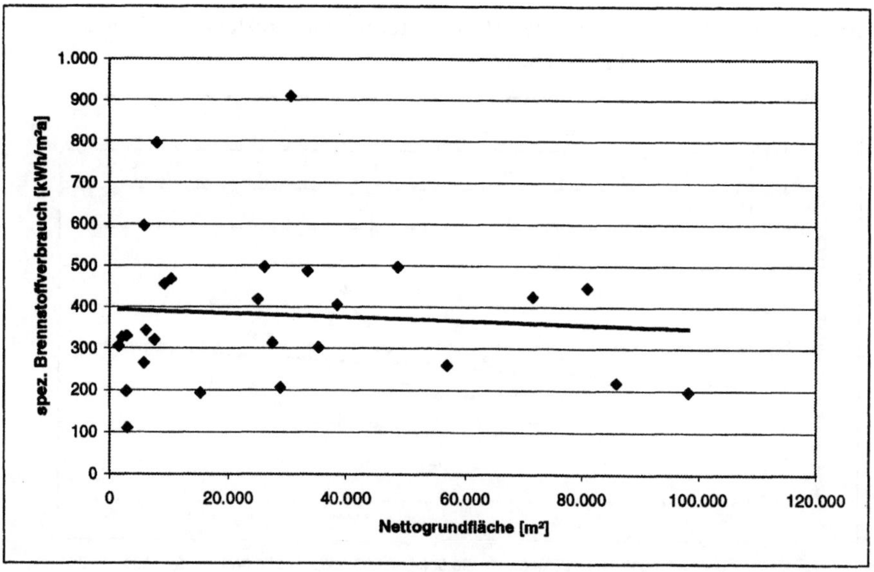

Die Krankenhäuser sind mit einer mittleren Nettogrundfläche von ca. 30.000 m^2 um den Faktor sechs kleiner als die Universitätskliniken. Der Heizenergieverbrauch ist mit 381 kWh/m²a (vgl. Abbildung 4.21-6) niedriger als bei Universitätskliniken und deckt sich mit dem aus der Breitenerhebung ermittelten Wert von 324 kWh/m²/a recht gut. Der Stromverbrauch ist mit 62 kWh/m²a (vgl. Abbildung 4.21-7) nicht einmal halb so hoch wie bei den Universitätskliniken.

Ursache für den großen Schwankungsbereich der Strom- und Brennstoffverbräuche in nachfolgenden Grafiken sind z. B. die unterschiedliche Ausstattung der Krankenhäuser (mit/ohne Wohnheim, mit/ohne Sterilisation, mit/ohne Wäscherei) oder die Behandlungstiefe bzw. die Art des Krankenhauses (Polyklinik mit OP/neurologische Klinik ohne OP).

Abbildung 4.21-7: Spezifischer Stromverbrauch in Krankenhäusern (Literaturwerte)

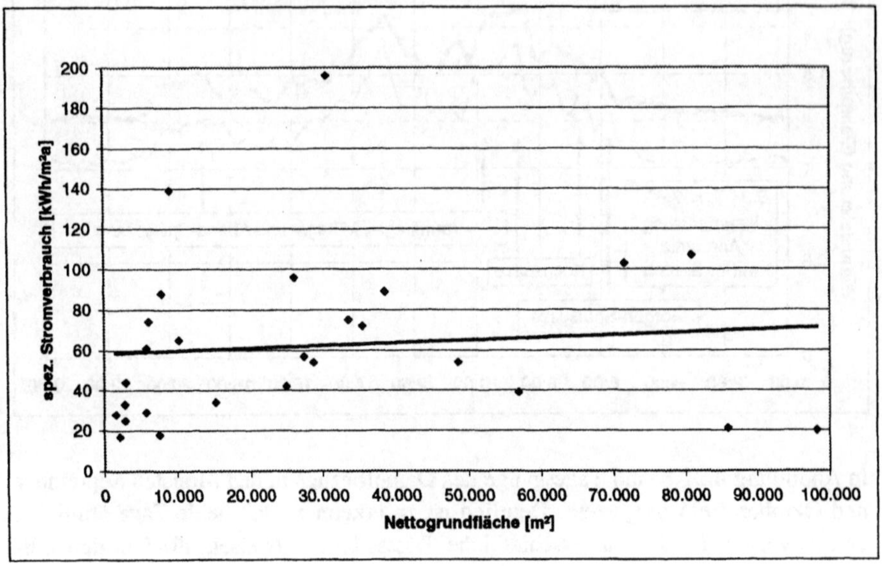

Universitätsklinikum

Im Rahmen eines Auftrags zur detaillierten energetischen Analyse eines großen Universitätsklinikums (über 1.000 Betten, Nettogrundfläche mehr als 200.000 m²) wurden die nachfolgenden Daten erhoben.

Das Stammgelände läßt sich in bezug auf Bausubstanz und Nutzungsstruktur wie folgt in drei verschiedene Bereiche untergliedern:

- überwiegend denkmalgeschützte Altbauten;
- Neubau, bestehend aus einem Hochhaus, dem Lehrtrakt mit verschiedenen Hörsälen, dem intensivmedizinischen Trakt, dem OP-Trakt und weiteren Diagnostik- und Forschungsbereichen;

- Versorgungszentrum (VZ), das als Betriebskantine und der Bereitung der Patientenmahlzeiten dient.

Die Universitätsklinik benötigt als Energieträger Fernwärme in Form von Dampf und Heißwasser sowie elektrische Energie.

Abbildung 4.21-8: Typische Tagesgänge des Dampfbezugs an zwei Werktagen im September und Oktober 1995

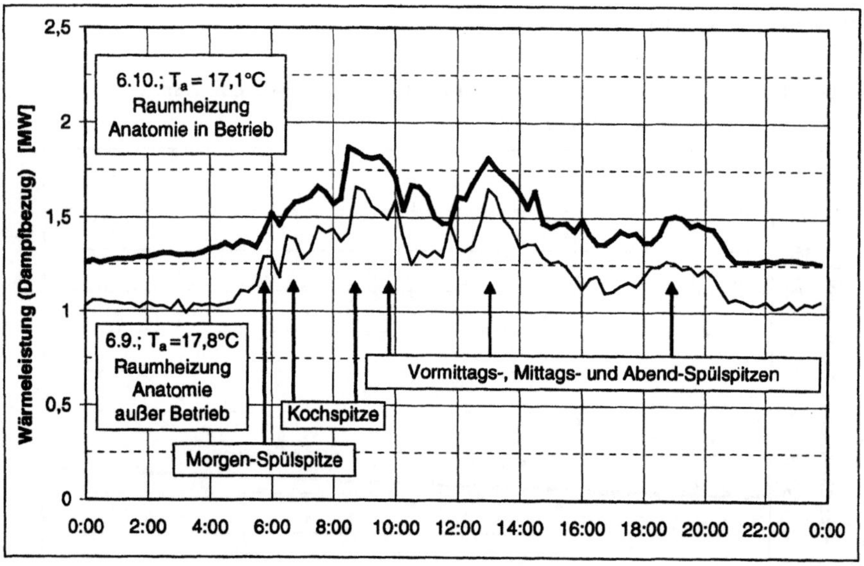

In Abbildung 4.21-8 sind Tagesgänge des Dampfbezugs in den Monaten September und Oktober 1995 dargestellt. Deutlich ist zu erkennen, daß beide Tage ähnliche, vom Niveau her jedoch unterschiedliche Tagesgänge aufweisen, die von den Leistungsspitzen der Prozeßwärmeverbraucher geprägt werden. In den Diagrammen sind Kochspitzen und die vier Geschirrspülvorgänge pro Tag gekennzeichnet. Die unterschiedlichen Leistungsniveaus der einzelnen Tage begründen sich darin, daß am 06.10.1995 im Gegensatz zum 06.09.1995 die dampfbetriebene Raumheizung in den Anatomie-Gebäuden in Betrieb war.

Unabhängig von der Beheizung des Anatomiebereichs ist ein auffällig hoher Dampfbezugssockel von etwa 1 MW zu erkennen, der auch in den Nachtstunden benötigt wird, obwohl in dieser Zeit sowohl das Versorgungszentrum als auch die Zentral- und Bettensterilisation außer Betrieb sind. Die einzigen relevanten Dampfverbraucher nachts sind die Substerilisations- und Desinfektionseinrichtungen auf den einzelnen Stationen des Bettenhauses. Abzüglich Energieinhalt des zurückgespeisten Kondensats und Stand-by-Verbrauch der RLT-Anlagen ist somit ein ganzjähriger Leistungssockel von etwa 770 kW keiner bestimmten Verbrauchergruppe zuzuordnen. Damit entfallen über 55 % des jährlichen Dampfbezugs auf Verteilungsverluste bzw. einen nicht zuordenbaren Verbrauch.

Abbildung 4.21-9: Monatsmittel der Tagessummen des Bezugs an elektrischer Wirkarbeit in den Jahren 1994 und 1995

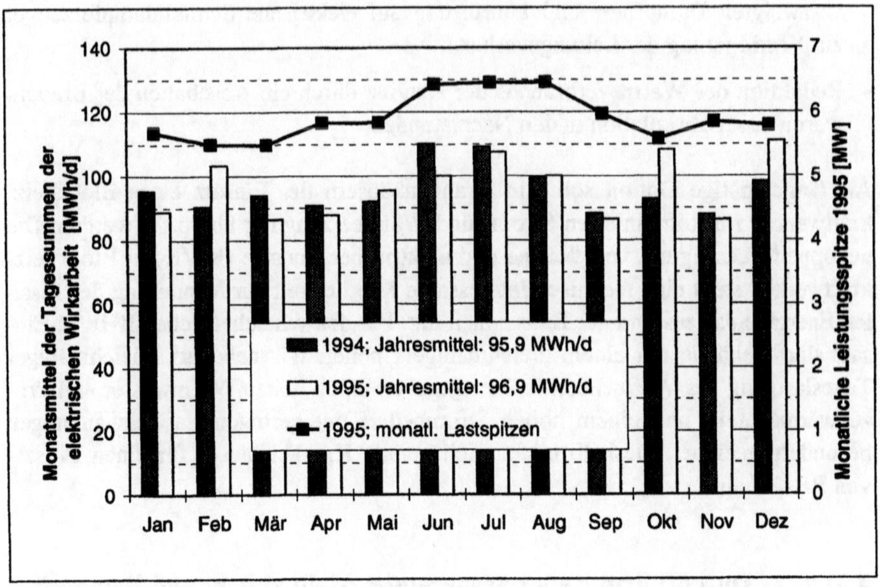

In Abbildung 4.21-9 sind basierend auf den monatlichen Abrechungen des Energieversorgers die Monatsmittel der Tagessummen des Bezugs des Stammgeländes an elektrischer Wirkarbeit für die Jahre 1994 und 1995 aufgetragen. Darüber hinaus sind für das Jahr 1995 die Monatsmaxima der Viertelstundenleistung aufgetragen. Das jährliche Maximum sowohl der Monatsmittel des Strombezugs als auch der monatlichen Leistungsspitzen wird in den Sommermonaten erreicht. Dies ist auf die Klimatisierung in der Intensivmedizin, im OP-Trakt sowie insbesondere im Bettenhaus zurückzuführen.

Die durchgeführten Messungen haben gezeigt, daß die Universitätsklinik durchaus relevante Energieeinsparpotentiale aufweist. Neben einer Vielzahl an Einzelmaßnahmen technischer und organisatorischer Art sind vor allem durch eine detailliertere Analyse des hohen Grundsockels beim Dampf- und Stromverbrauch Ansatzpunkte für drastische Verbrauchsreduzierungen zu erwarten.

Zur Verringerung des Energieverbrauchs ergeben sich derzeit folgende kurz- und mittelfristig umsetzbare Möglichkeiten:

- Überprüfung von Schaltprogrammen für Beleuchtungs- und Lüftungsanlagen; nach verschiedenen Umbauten und Verlagerungen von Stationen stimmen diese nicht immer mit der aktuellen Nutzungsstruktur überein; z.T. laufen Lüftungsanlagen nachts weiter, obwohl die entsprechenden Räume in dieser Zeit nicht genutzt werden;
- Abkoppelung von sporadischen Dampfverbrauchern (z. B. Apotheke) vom weitverzweigten Dampfnetz und Umrüstung auf elektrische Schnelldampferzeuger zur Verringerung der Leitungsverluste;
- Reduktion des Wärmeverbrauchs der Kantine durch ein Abschalten der Brauchwarmwasser-Zirkulation in den Nachtstunden.

Als längerfristige Option sollte in Krankenhäusern der Einsatz eines Blockheizkraftwerkes zur kombinierten Strom- und Wärmeerzeugung überprüft werden. Die gekoppelte Erzeugung von Wärme und elektrischer Energie (KWK) in Blockheizkraftwerken stellt eine technisch interessante Möglichkeit zur Minderung des fossilen Energieeinsatzes und der Emissionen dar. Für den wirtschaftlichen BHKW-Einsatz sind Gebäude mit einem gleichmäßigen, hohen Wärmebedarf (gleichmäßiger Tageslastgang des Wärmebedarfs, hier gegeben durch hohen Warmwasser und Prozeßwärmeanteil) und einem hohen Strombedarf mit geringen Lastschwankungen besonders geeignet. Deshalb bieten sich gerade Krankenhäuser für einen Einsatz von BHKW an.

4.21.4 Durchführung energiesparender Maßnahmen und Hemmnisse

Von den insgesamt zehn Maßnahmen zur Energieeinsparung, die den Befragten genannt wurden, gaben die Betriebe durchschnittlich neun Maßnahmen als technisch bzw. organisatorisch möglich an. Durchgeführt wurden im Schnitt 60 % dieser Maßnahmen (Abbildung 4.21-10). Auch dies ist der höchste Prozentsatz unter allen Branchen.

Bei den durchgeführten Maßnahmen zur Reduzierung des Heizenergieverbrauchs steht der Einbau von Isolierglasfenstern an erster Stelle. 89 % der Befragten haben diese Maßnahme durchgeführt. Die Wärmedämmung des Daches wurde bei 67 %, die Wärmedämmung der Außenwände bei 60 % der Betriebe durchgeführt oder geplant. Die ausgewiesenen Zahlen beziehen sich ausschließlich auf Betriebe bei welchen die entsprechenden Maßnahmen technisch realisierbar sind.

Aus den Umfrageergebnissen im Split Krankenhäuser ergibt sich ein umsatzbezogener Energiekostenanteil von durchschnittlich 5,5 %. Lediglich 21 % der Befragten ist die Aufteilung des Energieverbrauchs auf die einzelnen Verwendungszwecke genau bekannt. Ein Drittel der Befragten hat keine Vorstellung von der Aufteilung des Energieverbrauchs auf die einzelnen Anwendungen wie Raumheizung,

Beleuchtung oder Warmwassererzeugung. Eine Einordnung des Energieverbrauchs und eine Beurteilung von Möglichkeiten zur Verbrauchsreduzierung setzt jedoch einen guten bis sehr guten Kenntnisstand voraus. 47 % der Befragten fühlen sich gut bis sehr gut informiert, 30 % wünschen sich mehr oder bessere Informationen zum rationellen Energieeinsatz. 65 % der befragten Betriebe – und damit der höchste Anteil unter allen Branchen – haben schon einmal eine Energieberatung in Anspruch genommen.

Abbildung 4.21-10: Anzahl der durchgeführten oder geplanten Maßnahmen zur Energieeinsparung

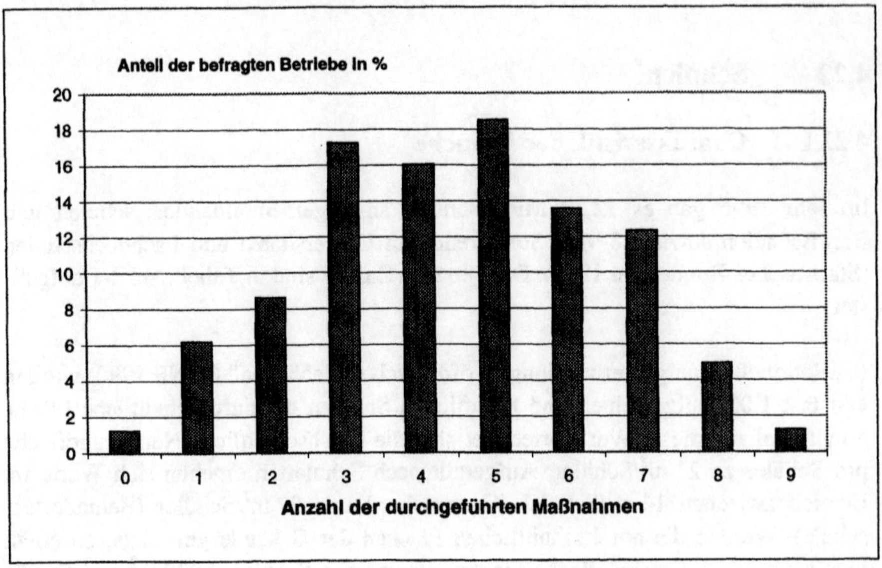

Der Anteil der Betriebe, die Maßnahmen zur Wärmeeinsparung durchgeführt haben, liegt bei 67 %. Die erzielten Einsparungen werden durchschnittlich auf 10 % beim Stromverbrauch und 13 % beim Brennstoffverbrauch eingeschätzt. Zusätzlich sind rund 70 % der Betriebe der Meinung, das Einsparpotential beim Strom- und Brennstoffverbrauch noch nicht voll ausgeschöpft zu haben. Die Einsparpotentiale werden seitens der Betriebe auf durchschnittlich 11 % des Stromverbrauchs und 15 % des Brennstoffverbrauchs geschätzt.

Als hauptsächlicher Hinderungsgrund für die Umsetzung von energiesparenden Maßnahmen wurde von ca. 70 % der Befragten angegeben, daß neue Gebäude bzw. Maschinen heute energietechnisch optimal seien. Rund 56 % der Befragten sahen in der ungewissen Entwicklung der Energiekosten ein Hemmnis bei der Erschließung von Energieeinsparpotentialen, etwa 36 % in der mangelnden Zeit. 68 % der Befragten gaben an, daß die verfügbaren Mittel für wichtigere Investitionen benötigt werden.

Aus Tabelle 4.21-4 ist ersichtlich, daß lediglich bei 1 % der befragten Betriebe keine Hemmnisse für die Umsetzung von Energiesparmaßnahmen vorliegen. Über 50 % der Betriebe nennen drei und mehr Hemmnisse.

Tabelle 4.21-4: Anzahl der genannten Hemmnisse in Krankenhäusern

Anzahl der genannten Hemmnisse	0	1	2	3	4	≥ 5
Anteil der Betriebe	1 %	17 %	31 %	30 %	18 %	3 %

4.22 Schulen

4.22.1 Charakteristik der Branche

Im Jahr 1996 gab es 12,37 Mio. Schüler an allgemeinbildenden Schulen und Berufsschulen sowie 1,8 Mio. Studierende an Universitäten und Fachhochschulen (Statistisches Bundesamt 1997). Die genauen Zahlen sind in Tabelle 4.22-1 aufgelistet.

In „Rationelle Energieverwendung in öffentlichen Gebäuden" (BINE 1990) wurden von fast 1.000 allgemeinen und beruflichen Schulen die durchschnittliche Fläche erfaßt. Anhand dieser Werte errechnet sich die durchschnittliche Nettogrundfläche pro Schüler zu 21 m^2/Schüler. Aufgeteilt nach Schularten ergeben sich Werte im Bereich zwischen 14 m^2/Schüler (Gymnasium) und 32 m^2/Schüler (Behindertenschule). Werden die durchschnittlichen Flächen der Gebäude gewichtet, so erhält man als mittlere Gebäudefläche für die allgemeinen Schulen 4.030 m^2 und für die beruflichen Schulen 8.050 m^2.

Tabelle 4.22-1: Zahlenangaben zu den Schulen und Universitäten

Schulart	Anzahl der Schulen	Anzahl der Schüler [1.000]	Anzahl der Lehrer [1.000]
Schulkindergarten	4.183	84,0	5,4
Grund- und Hauptschulen	27.680	5.501,8	325,7
Behindertenschulen	3.397	391,1	62,5
Realschulen, Gymnasien, Gesamtschulen	7.941	3.955,8	276,4
Berufsschulen und Fortbildung	9.245	2.435,8	107,6
Hochschulen und Universitäten	335	1.838,5	152,4

Quelle: Statistisches Bundesamt 1997

4.22.2 Energieverbrauchsschwerpunkte

Auswertung der Breitenerhebung

Die durchschnittliche beheizte Betriebsfläche der 96 befragten Schulen liegt zwischen ca. 2.700 m^2 (Behindertenschulen) und 11.300 m^2 (Berufsschulen). Der jährliche Brennstoff- und Fernwärmeverbrauch beträgt 21,9 MWh je Beschäftigtem bzw. 215 kWh/m^2a. Als Brennstoff wird in den befragten Schulen nach Abbildung 4.22-1 zur Hälfte Erdgas eingesetzt, zu jeweils etwas mehr als 20 % Fernwärme und Heizöl. Der Stromverbrauch der erfaßten Gebäude beträgt im Mittel 3,9 MWh je Beschäftigten bzw. 38 kWh/m^2a.

Abbildung 4.22-1: Brennstoffaufteilung der erhobenen Schulen

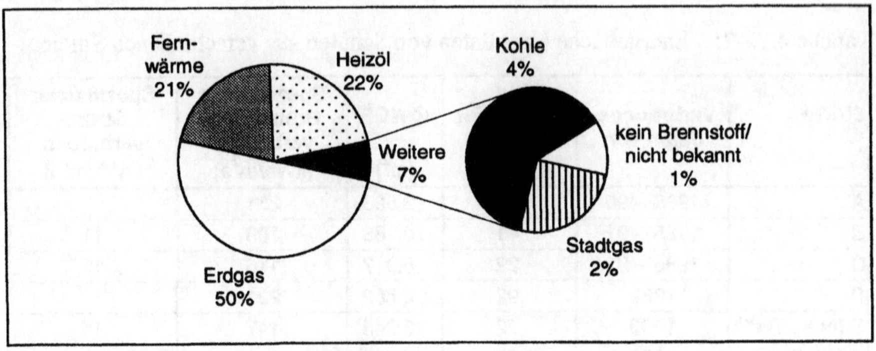

Abbildung 4.22-2: Endenergiebilanz der Schulen (Hochrechnung)

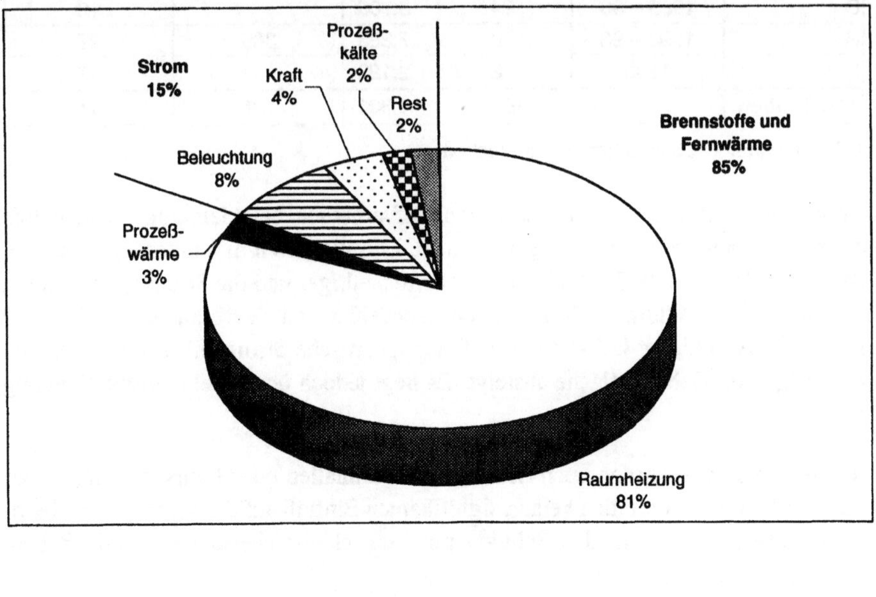

Eine gewichtete Hochrechnung der erhobenen Daten auf den gesamten Split in Deutschland zeigt, daß etwa 85 % des Endenergieverbrauchs in Schulen auf Brennstoffe bzw. Fernwärme und 15 % auf Strom entfallen (vgl. Abbildung 4.22-2). Etwa 81 % des Endenergieverbrauchs wird für Raumheizung und 3 % für Prozeßwärme eingesetzt. Die Beleuchtung benötigt etwa 8 % des Endenergieverbrauchs.

Vergleich mit Literaturdaten

Für einen Vergleich mit den Ergebnissen der Fragebögen wurden die Daten mehrerer hausinterner Studien und vertraulicher Quellen herangezogen. Tabelle 4.22-2 zeigt eine Zusammenstellung der als Studie A bis I anonymisierten Quellen. Es ergaben sich insgesamt ein spezifischer Brennstoffverbrauch von 186 kWh/m²a und ein spezifischer Stromverbrauch von 14 kWh/m²a.

Tabelle 4.22-2: Energetische Kenndaten von Schulen aus verschiedenen Studien

Studie	Verbrauchsdaten von	Anzahl der Schulen	Ø NGF [m²]	Spezifischer Brennstoffverbrauch [kWh/m²a]	Spezifischer Stromverbrauch [kWh/m²a]
A	1988 – 90	87	2.593	271	
B	1985 – 91	41	10.188	109	11
C	1985 – 91	22	6.017	116	13
D	1989	92	2.662	221	
E (ohne TH*)	1993	72	3.245	147	15
E (mit TH*)	1993	88	5.765	143	14
E (mit LSB*)	1993	8	6.344	206	26
F	1989 – 90	6	2.558	235	11
G	1989 – 90	24	3.705		12
H	1992 – 93	2	7.383	365	27
I	1993	12	2.123		12
Alle Studien		454	4.301	186	14

* TH: Turnhalle LSB: Lehrschwimmbecken

Abbildung 4.22-3 zeigt, daß der Brennstoffverbrauch bei kleineren Schulen (bis 4.000 m²) einer großen Streuung von ca. 100 bis 400 kWh/m²a unterliegt. Bei größeren Schulen (ab 8.000 m²) liegen die Werte niedriger und die Streuung ist kleiner, ca. 50 bis 200 kWh/m²a. Es gibt auch „Ausreißer“ mit Verbräuchen größer 500 kWh/m²a. Abbildung 4.22-4 zeigt, daß der spezifische Stromverbrauch tendenziell mit steigender Gebäudefläche ansteigt. Es liegt jedoch überall eine große Streuung vor.

In diesen Studien wurden auch Schulen mit Turnhallen oder Lehrschwimmbecken erfaßt. Während Turnhallen keinen signifikanten Einfluß auf die spezifischen Kennwerte haben, zeigt sich, daß Schulen mit Lehrschwimmbecken eindeutig höhere spezifische Brennstoff- und Stromverbräuche haben. In der Studie E haben Schulen ohne bzw. mit Turnhallen einen spezifischen Brennstoffverbrauch von 147 bzw. 143 kWh/m²a und einen Stromverbrauch von 15 bzw. 14 kWh/m²a. Dieser Wert steigt bei Anwesenheit eines Lehrschwimmbeckens auf einen Brennstoffverbrauch von 206 kWh/m²a und einen Stromverbrauch von 26 kWh/m²a.

Abbildung 4.22-3: Abhängigkeit des spezifischen Brennstoffverbrauchs von der Fläche

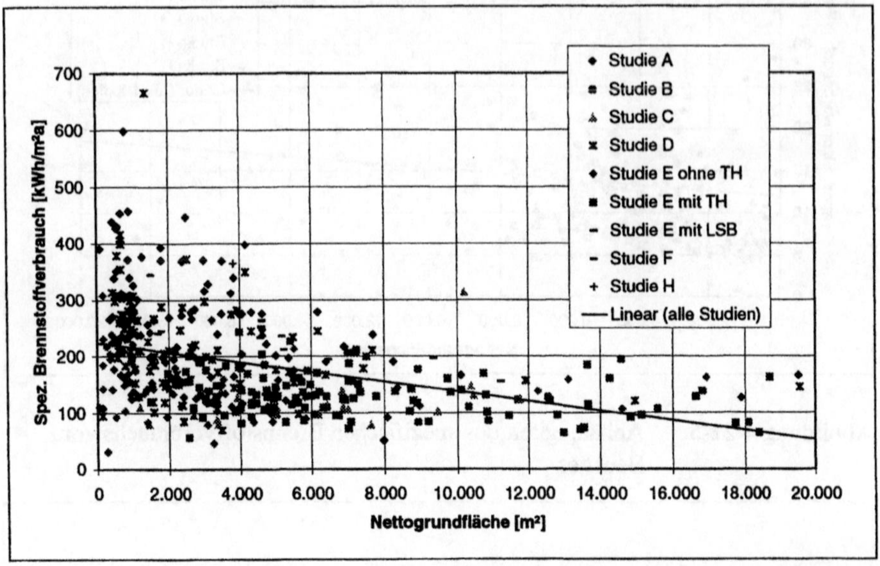

Nicht in allen Studien war das Baualter angegeben. Die berücksichtigten Studien zeigen, daß kein Rückgang der Brennstoffverbräuche bei Schulen neueren Datums verzeichnet werden kann (vgl. Tabelle 4.22-3). Die Gründe dafür können anhand der vorhandenen Angaben nicht geklärt werden. Abbildung 4.22-5 zeigt die großen Schwankungsbreiten im spezifischen Brennstoffverbrauch bei Schulen aus gleichen Baujahren. Schulen, die vor 1952 gebaut wurden, sind etwas sparsamer im Brennstoff- und Stromverbrauch. Dies könnte zum einen an der massiveren Bauweise und zum anderen an der sparsameren technischen Ausstattung der Gebäude liegen.

Tabelle 4.22-3: Spezifischer Brennstoffverbrauch in den verschiedenen Baualtersklassen (Literaturauswertung)

Baualtersklasse	Anzahl der Schulen	Durchschnittlicher NGF [m²]	Spezifischer Brennstoffverbrauch [kWh/m²a]
bis 1951	27	2.683	186
1952 – 1977	194	4.548	214
ab 1978	23	4.320	215

Abbildung 4.22-4: Abhängigkeit des spezifischen Stromverbrauchs von der Fläche

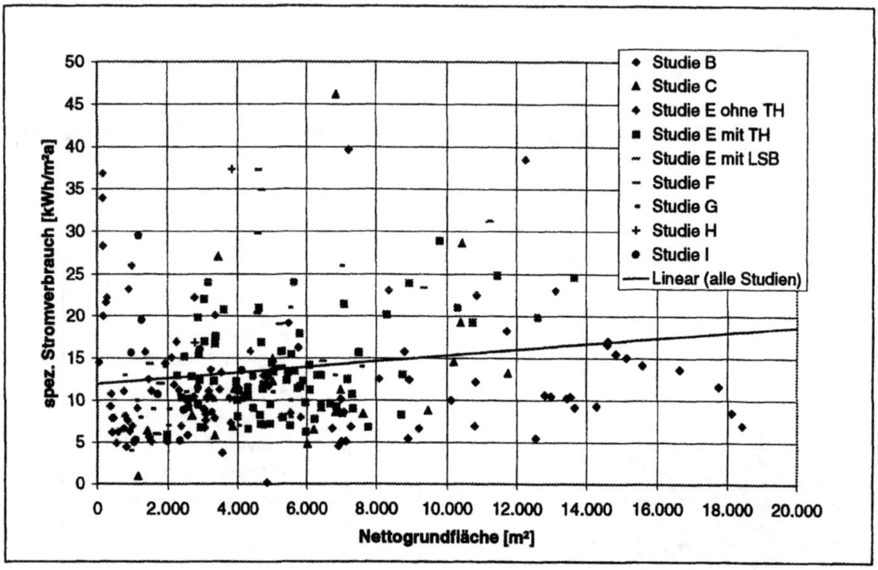

Abbildung 4.22-5: Abhängigkeit des spezifischen Brennstoffverbrauchs vom Baualter

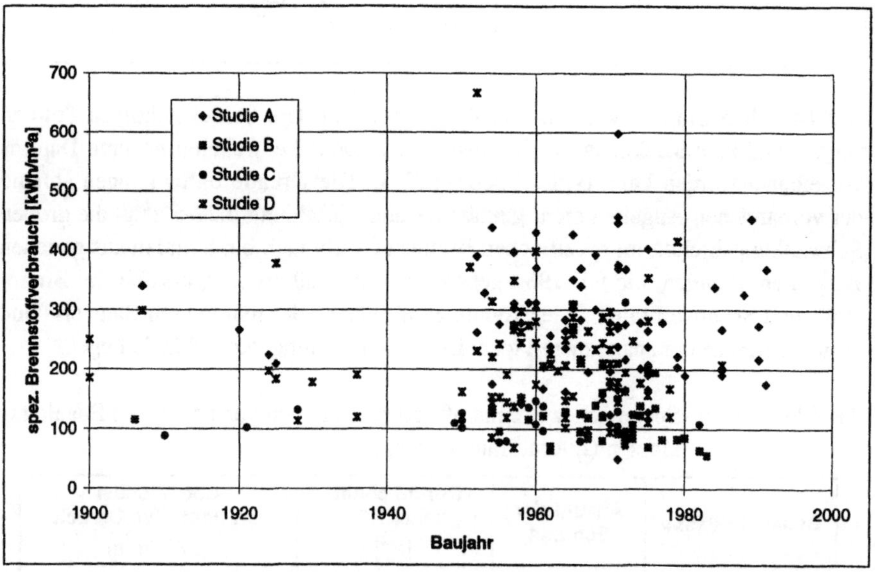

Vergleich mit IKARUS

Der Brennstoffverbrauch der oben genannten Quellen deckt sich gut mit den Ergebnissen des IKARUS-Projektes (Gülec 1993) für die alten Bundesländer, wo bei 435 untersuchten Schulen ein durchschnittlicher Heizenergieverbrauch von 182 kWh/m^2a ermittelt wurde. Der Strombedarf ist mit 29 kWh/m^2a dagegen doppelt so hoch wie die Werte der oben geschilderten Auswertung.

Wesentliche Unterschiede bei den flächenspezifischen Kennwerten dürften sich vor allen Dingen aus der Flächenabgrenzung ergeben. Je nachdem, ob der Verbrauch auf die Bruttonutzfläche, Nettonutzfläche, beheizte Fläche oder auf eine in anderer Weise charakterisierte Fläche bezogen wird, können sich bei ein und dem selben Gebäude die spezifischen Kennwerte um 30 % oder mehr unterscheiden.

Die ebenfalls in der IKARUS-Studie untersuchten Hochschulen weisen einen Heizenergieverbrauch von 253 kWh/m^2a und einen Stromverbrauch von 87 kWh/m^2a aus. Ursache hierfür dürfte eine aufwendigere technische Ausstattung, insbesondere im Bereich EDV und ein erhöhter Raumkonditionierungsaufwand sein.

Einzelobjektanalyse: Schulgebäude in den neuen Bundesländern

Im Rahmen des Projektes wurde eine Schule in den neuen Bundesländern im Detail untersucht. Das Schulgebäude mit Turnhalle wurde Ende der 70er Jahre in Plattenbauweise errichtet. Die Wärmedämmung der Umfassungswände einschließlich Fugenqualität ist als sehr schlecht zu bezeichnen. Das Dach wurde nachträglich wärmegedämmt. Die Außenfassade weist mit ca. 50 % einen hohen Fensteranteil auf.

Die Fenster sind mit einer guten Thermoverglasung ausgeführt, wobei der Holzrahmen in einem äußerst schlechten Zustand ist. Eine hohe Fugenlüftung mit entsprechenden Wärmeverlusten ist die Folge.

Die Gebäude werden ausschließlich mit Fernwärme beheizt; die Energiekosten für die Fernwärme betrugen bei der Untersuchung 260.000 DM/a. Die Warmwasserversorgung erfolgt in der Turnhalle ebenfalls mit Fernwärme, in der Schule mit dezentralen elektrischen Warmwasserboilern. Die Stromkosten lagen bei 50.000 DM/a.

Die Temperatur in den Unterrichtsräumen beträgt ca. 21°C. Es wird eine 7stündige Nachtabsenkung auf 15°C durchgeführt.

In Tabelle 4.22-4 sind die wichtigsten allgemeinen Daten und energetischen Kennwerte aufgelistet.

Tabelle 4.22-4: Kennwerte der untersuchten Schule

Allgemeine Daten				
Baujahr des Gebäudes	1980		Beheizte Fläche Schule	3.820 m²
Schülerzahl	720		Beheizte Fläche Turnhalle	792 m²
Energiebilanz der gesamten Schule	**Strom** [MWh/a]	[%]	**Fernwärme** [MWh/a]	[%]
Raumkonditionierung	23,3	13,5	2.030,1	96,0
Warmwasser für Hygiene	19,0	11,0	84,6	4,0
Licht	123,2	71,5	0,0	
Sonst. Stromanwendungen	6,9	4,0	0,0	
Endenergie	172,3		2.114,7	
Aufteilung der Verbräuche auf die Gebäude	**Strom** [MWh/a]	[kWh/m² a]	**Fernwärme** [MWh/a]	[kWh/m² a]
Schule	77	20	1.392	365
Turnhalle	95	120	722	912

Der spezifische Heizenergieverbrauch liegt mit 600 kWh/m²a ebenso wie der Stromverbrauch mit 39 kWh/m²a deutlich über dem Durchschnitt. Neben der allgemeinen schlechten Wärmedämmung trägt die Turnhalle wesentlich zu diesem Ergebnis bei. Diese ist mit einer raumlufttechnischen Anlage ohne Wärmerückgewinnung ausgestattet, die rund um die Uhr betrieben wird. Zusammen mit dem natürlichen Luftaustausch ergibt sich eine Luftwechselzahl von ca. 2. Ein Zurück- bzw. Ausschalten der Anlage nachts könnte sowohl den Stromverbrauch um ca. 1,5 MWh/a als auch den Heizwärmebedarf deutlich senken.

Die Umwälzpumpe für Warmwasser und Heizung der Turnhalle läuft ebenfalls 24 h pro Tag und führt neben erhöhten Verteilungsverlusten zu einem Stromverbrauch von 5,5 MWh/a. Durch ein Abschalten der Anlage mittels einer Zeitschaltuhr von 22.00 bis 6.00 Uhr morgens könnte der Stromverbrauch um 1,8 MWh/a gesenkt werden. Desweiteren würden sich die Verteilungsverluste reduzieren.

Der überdurchschnittliche Stromverbrauch in der Turnhalle von fast 70 MWh/a resultiert aus der hohen Betriebszeit von ca. 4.000 h/a (11 h/d) für die Beleuchtung. Eine tageslichtabhängige Steuerung könnte den Energieverbrauch deutlich reduzieren.

Durch den hohen Fensteranteil an der Außenfassade könnte durch einen Fensteraustausch mit Wärmeschutzverglasung und einem neuen Rahmen der Heizenergiebedarf in der Schule um ca. 500 MWh/a reduziert werden. Eine Dämmung der Außenwand würde zusätzlich nochmals 400 MWh/a einsparen. Durch diese Maßnahmen könnten die Energiekosten der Schule um ca. 100.000 DM/a gesenkt werden. Die Gesamtinvestitionen hierfür betragen ca. 1 Mio. DM, wobei die Zusatzinvestitionen für die Wärmedämmung deutlich niedriger liegen, da ohnehin Renovierungsmaßnahmen durchgeführt werden müßten.

Einzelobjektanalyse: Heizkraftanlage in einer Sonderschule

Die untersuchte Sonderschule umfaßt Unterrichts- und Aufenthaltsräume, eine Schwimmhalle (50 m^2 Schwimmbad), eine Sporthalle sowie eine Aula. Die Gesamtfläche beträgt 4.621 m^2. Zur Beheizung und zur Warmwasserbereitung sind zwei Gasspezialkessel mit Gasgebläsebrenner (Nennleistung je 535 kW) installiert, sowie ein Gasspezialkessel mit Gasgebläsebrenner (Nennleistung 193 kW). Nachträglich wurde eine Heizkraftanlage (HKA) mit 5 kW_{el} und 12 kW_{th} zur kombinierten Strom- und Wärmeerzeugung eingebaut. Die Heizkraftanlage ist in den Kesselrücklauf eingebunden und dient zur Anhebung der Kesselrücklauftemperatur. Im Vergleich zur Kesselleitung ist die thermische Leistung der HKA verschwindend gering, was sich in langen Benutzungsdauern und dennoch geringem Wärmeerzeugungsanteil auswirkt (Rosenbauer 1998).

In Abbildung 4.22-6 sieht man die gesamte Jahreswärmeerzeugung von HKA und Heizkesseln, aufgetragen über die einzelnen Tage. Das Maximum der täglichen Bruttowärmeerzeugung beträgt 10,55 MWh (08.02.96) bei einer jährlichen Wärmeerzeugung von 1.343 MWh. Man erkennt hier, daß die Heizkessel selbst am kältesten Tag des Jahres nur zur Hälfte ausgelastet waren. Die HKA liefert einen Anteil von 7,4 % an der Gesamtwärmeerzeugung bei einer täglichen Grundlastdeckung im Vollbetrieb von ca. 320 kWh. Die über das gesamte Jahr gemittelte Brennstoffausnutzung der HKA liegt bei 89,5 % bei einer Stromkennzahl von 0,36.

Abbildung 4.22-6: Gesamte Wärmeerzeugung für eine Sonderschule

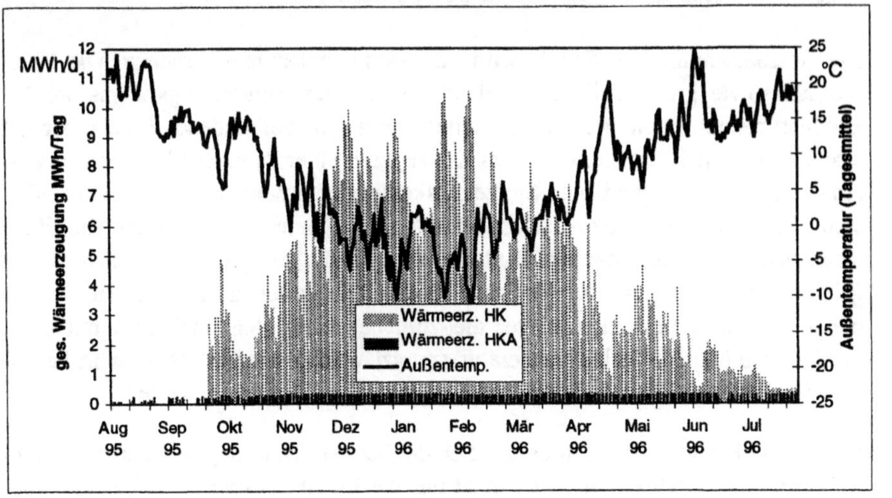

Die Heizkraftanlage wurde hier unter dem speziellen Aspekt des Anlagentests im Feldversuch eingebaut. Unter energietechnischen Aspekten wären in diesem Beispiel vor der Nachrüstung der Heizungsanlage wärmetechnische Maßnahmen wie Fassadendämmung und Schwimmbadabdeckung sowie die Anpassung der Kesselleistungen zu priorisieren.

Einzelobjektanalyse: Schulgebäude im Raum Stuttgart

Am einer Schule im Raum Stuttgart wurde eine modellhafte Sanierung durchgeführt (Moses 1996). Das Demonstrationsprojekt ist eine Grund- und Hauptschule, die in drei Abschnitten in den 30er, 50er und 70er Jahren entstand. Zu den 5.420 m^2 Nettogeschoßfläche zählen neben den Klassenräumen auch eine Turn- und Versammlungshalle. Vom Ausgangswert des Jahres 1977 (328 kWh/m^2a) konnten durch betriebliche Maßnahmen wie Nacht-, Wochenend- und Ferienabsenkung bzw. -abschaltung der Heizung erhebliche Einsparungen erzielt werden, so daß der Heizenergieverbrauch in den Jahren von 1990 bis 1994 ca. 200 – 220 kWh/m^2a betrug. Der Stromverbrauch lag in den selben Jahren bei ca. 11 bis 22 kWh/m^2a.

Durch nachfolgend beschriebene Sanierungsmaßnahmen soll der Heizenergieverbrauch zukünftig auf 50 kWh/m^2a reduziert werden. Aufgrund des heterogenen Aufbaus der Außenwand werden bei der Sanierung unterschiedliche Dämmsysteme realisiert. In Bereich gestalterisch wertvoller Fassadenbereiche soll innen gedämmt werden. Bei den Fenstern werden heizenergetische und lichttechnische Anforderungen gegeneinander abgewogen. Neben dem Einfluß verbesserter Verglasung auf den Heizwärmebedarf (niedrigerer k-Wert) wird auch die verringerte Lichttransmission (niedrigerer g-Wert) bewertet. Dies führt zu orientierungsabhängig unterschiedlicher Verglasungsgüte. In einigen Klassenräumen soll das Energiesparpotential einer tageslichtabhängigen Kunstlichtsteuerung überprüft werden. Die Steuerung soll den Kunstlichtbedarf um ca. 20 % senken.

Die Heizungsanlage der Schule wird umfassend saniert bzw. erneuert. Die Heizzentrale sowie große Teile der Heizkörper und des Rohrleitungssystems werden komplett ersetzt. In einigen Gebäudeteilen werden die vorhandenen Heizkörper mit Themostatventilen nachgerüstet. Das Konzept mit einer Zweikessel-Anlage in Vorrangschaltung mit Grund- und Spitzenlastkesseln wird beibehalten. Die Spitzenleistung kann gegenüber dem Istzustand um ca. 60 % reduziert werden. Zur Wärmeabgabe werden großflächige Plattenheizkörper mit geringen Wasserinhalten eingebaut. Die auf 60 °C/40 °C (Vorlauf-/Rücklauftemperatur) ausgelegten Heizkörper bieten ca. 60 % Leistungsreserve, die zum beschleunigten Aufheizen mit einer kurzzeitig erhöhten Vorlauftemperatur genutzt werden können. Dies ist insbesondere für den instationären Betrieb in Schulgebäuden von großem Vorteil.

Es wird beabsichtigt, die Lehrer und Schüler bei den Sanierungsarbeiten mit einzubeziehen. Hierdurch würden sich nicht nur die Investitionskosten reduzieren, sondern die Schüler könnten im praktischen Beispiel Umweltschutzarbeit leisten und würden für die Thematik des rationellen Energieeinsatzes sensibilisiert.

4.22.3 Durchführung energiesparender Maßnahmen und Hemmnisse

Von den insgesamt zehn Maßnahmen zur Energieeinsparung, die den Befragten genannt wurden, gaben die Befragten durchschnittlich neun Maßnahmen als technisch bzw. organisatorisch möglich an. Durchgeführt wurden im Schnitt aber nur 53 % dieser Maßnahmen (vgl. Abbildung 4.22-7).

Bei den durchgeführten Maßnahmen zur Reduzierung des Heizenergieverbrauchs steht der Einbau von Isolierglasfenstern an erster Stelle. 85 % der Befragten haben diese Maßnahme durchgeführt. Die Wärmedämmung des Daches wurde bei 67 %, die Wärmedämmung der Außenwände bei 51 % der Schulen durchgeführt oder geplant. Die ausgewiesenen Zahlen beziehen sich ausschließlich auf Schulen, bei welchen die entsprechenden Maßnahmen technisch realisierbar sind.

Abbildung 4.22-7: Energiesparaktivität in Schulen

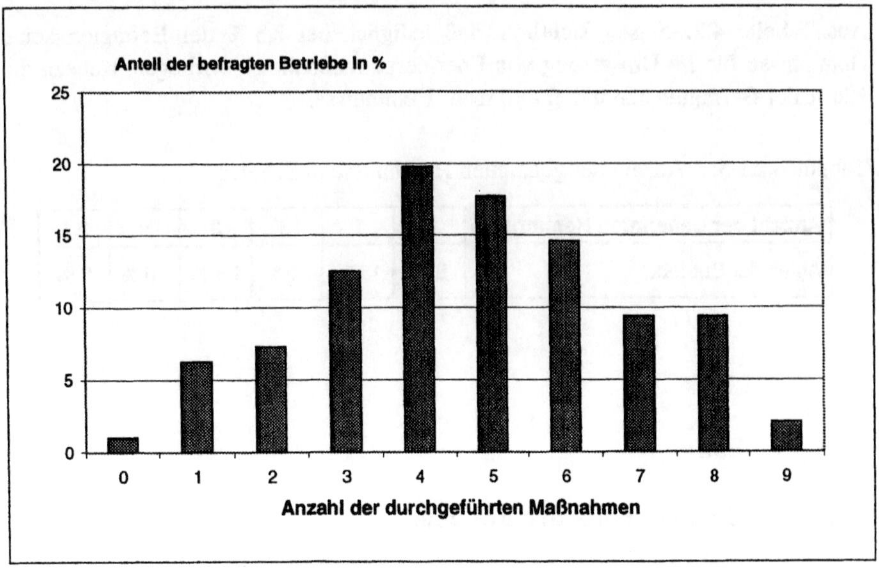

Lediglich 15 % der Befragten ist die Aufteilung des Energieverbrauchs auf die einzelnen Verwendungszwecke genau bekannt. Die Hälfte der Befragten hat keine Vorstellung von der Aufteilung des Energieverbrauchs auf die einzelnen Anwendungen wie Raumheizung, Beleuchtung oder Warmwassererzeugung. Eine Einordnung des Energieverbrauchs und eine Beurteilung von Möglichkeiten zur Verbrauchsreduzierung setzt jedoch einen guten bis sehr guten Kenntnisstand voraus.

52 % der Befragten fühlen sich gut bis sehr gut informiert, 40 % der Befragten wünschen sich mehr oder bessere Informationen zum rationellen Energieeinsatz, 47 % haben schon einmal eine Energieberatung in Anspruch genommen.

Der Anteil an Schulen, die Maßnahmen zur Wärmeeinsparung durchgeführt haben, liegt bei 67 %. Die erzielten Einsparungen werden durchschnittlich auf 15 % beim Stromverbrauch und 17 % beim Brennstoffverbrauch eingeschätzt. Zusätzlich sind fast 60 % der Befragten der Meinung, das Einsparpotential beim Strom- und Brennstoffverbrauch noch nicht voll ausgeschöpft zu haben. Die Einsparpotentiale werden seitens der Befragten im Schnitt auf 14 % beim Strom- und Brennstoffverbrauch geschätzt.

Als hauptsächlicher Hinderungsgrund für die Umsetzung von energiesparenden Maßnahmen wurde von ca. 68 % der Befragten angegeben, daß neue Gebäude bzw. Maschinen heute energietechnisch optimal seien. Rund 55 % der Befragten sahen in der ungewissen Entwicklung der Energiekosten ein Hemmnis bei der Erschließung von Energieeinsparpotentialen, etwa 37 % in der mangelnden Zeit. 50 % der Befragten gaben an, daß die verfügbaren Mittel für wichtigere Investitionen benötigt werden.

Aus Tabelle 4.22-5 ist ersichtlich, daß lediglich bei 8,3 % der Befragten keine Hemmnisse für die Umsetzung von Energiesparmaßnahmen vorliegen. Nahezu die Hälfte der Befragten nennt drei und mehr Hemmnisse.

Tabelle 4.22-5: Anzahl der genannten Hemmnisse in Schulen

Anzahl der genannten Hemmnisse	**0**	**1**	**2**	**3**	**4**	**≥ 5**
Anteil der Betriebe	8 %	16 %	30 %	25 %	16 %	6 %

4.23 Bäder

4.23.1 Charakteristik der Branche

In Jahr 1994 gab es im Split „Hallen- und Freibäder" etwa 66.000 Beschäftigte. Diese teilen sich auf 4.250 Frei- und 4.000 Hallenbäder auf.

In Deutschland gibt es insgesamt 4.250 öffentliche Freibäder; bei etwa 2.900 wird das Beckenwasser beheizt. Die durchschnittliche Wasserfläche pro beheiztem Freibad beträgt rund 1.300 m^2, dies entspricht insgesamt einer beheizten Beckenfläche von 3,655 Mio. m^2 in Deutschland (vgl. Tabelle 4.23-1). Das Verhältnis von überbauter Betriebsfläche zu beheizter Beckenfläche beträgt in Freibädern 0,6. Die überbaute Betriebsfläche liegt bei insgesamt 2,36 Mio. m^2.

Außerdem werden in Deutschland 4.000 Hallenbäder mit einer durchschnittlichen Wasserfläche von ca. 250 m^2 betrieben. Dies ergibt eine beheizte Wasserfläche von 0,995 Mio. m^2. Das Verhältnis von überbauter Betriebsfläche zu beheizter Beckenfläche beträgt in Hallenbädern 0,27. Dies ergibt eine überbaute Betriebsfläche von 3,62 Mio. m^2.

Der Bestand an Hallenbädern setzt sich wie folgt zusammen:

- 72,5 % Hallenbäder – Standardangebote
- 9,5 % Hallenfreibäder
- 7,5 % Thermal-Mineral-Sole-Bäder
- 10,5 % freizeitorientierte Bäder / Freizeitbäder

Tabelle 4.23-1: Beckenfläche der Bäder aufgeteilt nach Typen (Deutschland, statistische Daten)

	Beheizte Beckenfläche [Mio. m^2]	**Überbaute Betriebsfläche** [Mio. m^2]
Freibäder	3,655	2,36
Hallenbäder	0,995	3,62

Quellen: Bundesinstitut für Sportwissenschaft 1987; Deutsche Gesellschaft für das Badewesen 1993

4.23.2 Untersuchte Betriebe

In Tabelle 4.23-2 sind die Betriebsflächen der untersuchten Frei-, Hallen- und Freizeitbäder dargestellt. Die beheizte Betriebsfläche der untersuchten Freibäder ist mit 1.611 m^2 relativ hoch. Dies liegt daran, daß Freibäder im Verhältnis zur Wasserfläche eine relativ kleine Betriebsfläche aufweisen, aber davon 96 % beheizt werden. Die beheizte Betriebsfläche in den untersuchten Hallenbädern beträgt 816 m^2. Freizeitbäder sind meist eine Kombination aus Hallen- und Freibädern. Die Besonderheit von Freizeitbädern ist, daß sie im Vergleich zu Standard-Hallenbädern mit zusätzlichen Freizeitattraktionen ausgestattet sind, z. B. Wellenbetrieb, Sauna, Solarien, Restaurant usw. Diese zusätzliche Ausstattung führt zu höheren Stromverbräuchen.

Der spezifische Brennstoffbedarf liegt in Hallen- und Freibädern deutlich höher als bei anderen Splits. Dies liegt vor allem am Energieverbrauch für die Beckenheizung. In Hallenbädern kommt zusätzlich das höhere Temperaturniveau der Raumluft hinzu. Der hohe Strombedarf der Freizeitbäder wird durch die Pumpen für Wasserfälle, Rutschen, Massagedüsen usw. verursacht.

Tabelle 4.23-2: Betriebsflächen der befragten Arbeitsstätten im Bereich Hallen- und Freibäder

	Betriebe	Mittlere Betriebsfläche		Anteil beheizter Fläche
		pro Beschäftigten [m^2/Person]	pro Betrieb, beheizt [m^2]	[%]
Freibad	14	144	1.611	96
Hallenbad	5	143	816	41
Freizeitbad	8	123	3.571	77
Insgesamt	27	137	2.045	80

4.23.3 Energieverbrauchsschwerpunkte

Auswertung der Breitenerhebung

Der Endenergieverbrauch für Brennstoffe bzw. Fernwärme beträgt in diesem Split etwa 5,56 TWh/a. Dies entspricht einem spezifischen Jahresverbrauch von 931 kWh pro m^2 überbauter Betriebsfläche bzw. 1.196 kWh pro m^2 beheizter Beckenfläche. Dieser Energieverbrauch wird in den untersuchten Bädern zu 52 % mit Erdgas gedeckt (vgl. Abbildung 4.23-1). Weitere 21 % werden mit Fernwärme und 6 % mit Heizöl versorgt. Der Endenergieverbrauch für Strom beträgt in diesem Split etwa 1,702 TWh/a. Der spezifische Jahresverbrauch liegt bei 285 kWh pro m^2 überbauter Betriebsfläche bzw. 366 kWh pro m^2 beheizter Beckenfläche.

Abbildung 4.23-1: Einsatz von Brennstoffen und Fernwärme in den erfaßten Betrieben

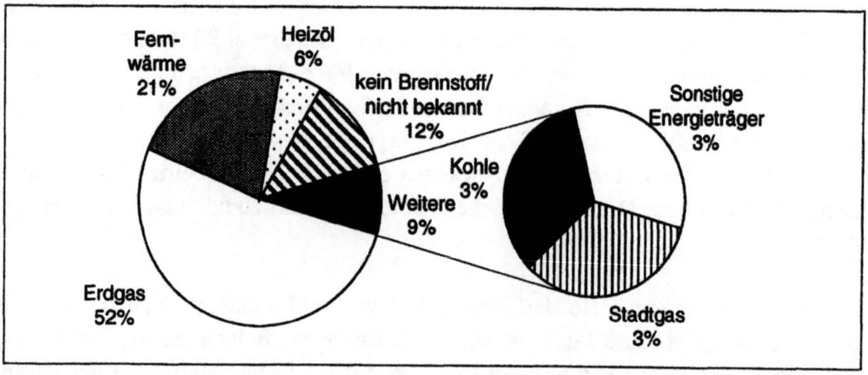

In Abbildung 4.23-2 ist die Baualtersverteilung der untersuchten Bäder dargestellt. Die Bäder stammen zu 72 % aus der Zeit zwischen 1952 und 1977. Insbesondere bei Hallenbädern stellt die Wärmedämmung der Gebäudehülle eine wesentliche Einflußgröße auf den Wärmebedarf dar. An 50 % der Gebäude wurde eine wärmetechnische Maßnahme durchgeführt. Mit jeweils 28 % der Nennungen wurden Fenster, Dach und Außenwände renoviert. Die Verglasung ist überdurchschnittlich gut: nur 16 % der Fenster sind einfach verglast, 22 % doppelt verglast und 54 % isolier- oder wärmeschutzverglast. 45 % der Gebäude haben ein ungedämmtes Mauerwerk als Außenwand. Etwas weniger als die Hälfte (45 %) der Betriebsstätten hat eine Fassade mit Wärmedämmung.

Abbildung 4.23-2: Baualtersverteilung der erfaßten Bäder

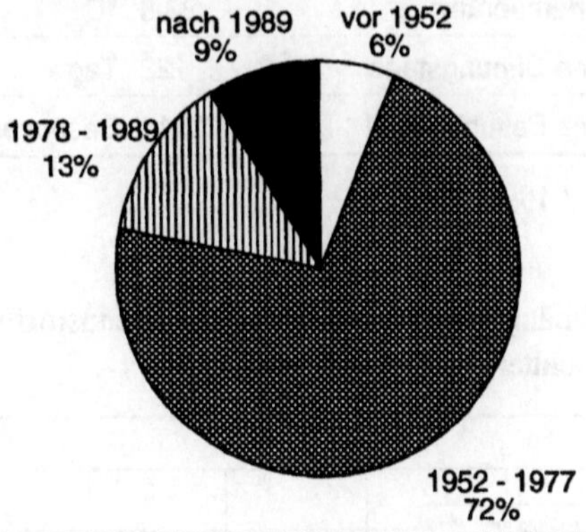

Einzelobjektanalyse: Freibäder

Die Deutsche Gesellschaft für Badewesen (DGBW 1993) hat Daten über Brennstoff- und Stromverbräuche von Freibädern veröffentlicht. Alle Freibäder mit einem im Vergleich zum Brennstoffverbrauch hohen Stromverbrauch wurden nicht mit in die Untersuchung aufgenommen, da bei diesen der Einsatz von elektrischer Energie zu Heizzwecken, z. B. mit Wärmepumpen, vermutet wurde. In Tabelle 4.23-3 sind die wichtigsten Daten der 33 berücksichtigten Freibäder aufgelistet. Die spezifischen Energieverbräuche sind in dieser Studie nicht auf die beheizten Betriebsflächen, sondern auf die Beckenfläche bezogen.

Der jährliche Brennstoffverbrauch in Freibädern liegt bei durchschnittlich 456 kWh und der Stromverbrauch bei 96 kWh pro m^2 Beckenfläche. Der spezifische Brennstoffverbrauch nimmt erwartungsgemäß mit zunehmender Beckenwassertemperatur und zunehmenden Öffnungszeiten zu. Abbildung 4.23-3 zeigt eine starke Zunahme des spezifischen Brennstoffverbrauchs bei Freibädern jüngeren Baudatums. Die Ursache dürfte in einer geänderten Ausstattung (z. B. warme Duschen, größere beheizte Becken) oder in einer geänderten Betriebsweise liegen. Ebenso steigt der Stromverbrauch bei Freibädern neueren Datums im Vergleich zu älteren Freibädern deutlich an (vgl. Abbildung 4.23-4). Der Grund dafür könnte in einem größeren Pumpenaufwand durch verbesserte Filtertechnik und in einer aufwendigeren Ausstattung des Bades zu suchen sein.

Tabelle 4.23-3: Spezifische Daten der untersuchten Freibäder

Anzahl der Freibäder	33	
Durchschnittliche Wasserfläche	1.895	m^2
Spezifischer Brennstoffverbrauch	456	kWh/m^2 pro Jahr
Spezifischer Stromverbrauch	96	kWh/m^2 pro Jahr
Mittlere Wassertemperatur	23,8	°C
Durchschnittliche Öffnungstage	123	Tage
Durchschnittliche Besucherzahl	117.814	Besucher pro Jahr

Quelle: DGBW 1993

Abbildung 4.23-3: Abhängigkeit des spezifischen Brennstoffverbrauchs vom Baualter

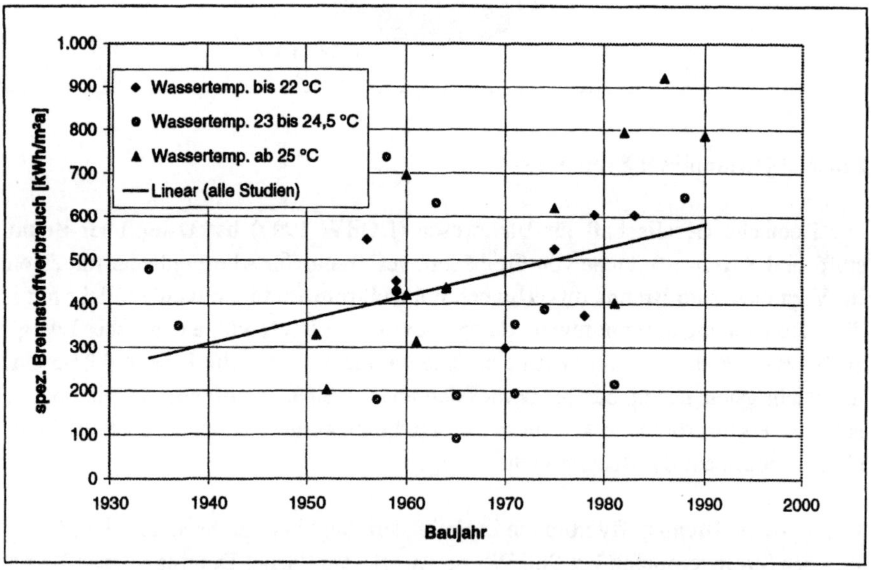

Abbildung 4.23-4: Abhängigkeit des spezifischen Stromverbrauchs vom Baualter

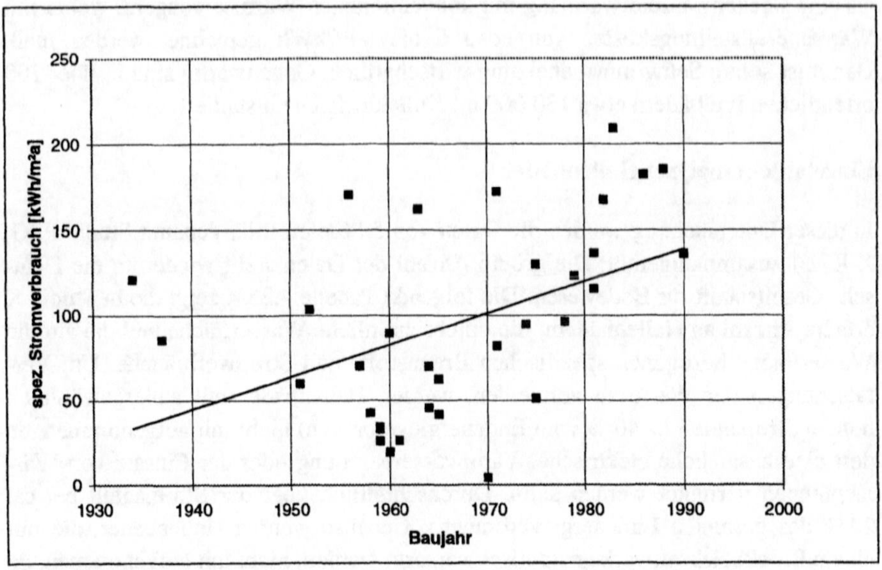

Folgende Energieeinsparmöglichkeiten konnten festgestellt werden:

Beckenabdeckung

Eine Beckenabdeckung ist eine relativ kostengünstige Art, die Wärmeverluste an der Wasseroberfläche zu vermindern und den Brennstoffverbrauch zu reduzieren. So ließe sich bei Freibädern in normaler Lage mit 24 °C Wassertemperatur und 125 d Badesaison der Wärmebedarf von 330 kWh/m^2a mit einer Beckenabdeckung von 12 h auf 215 kWh/m^2a reduzieren. Dies entspricht einer Einsparung von 35 % des Wärmebedarfs für die Beckenwassererwärmung.

Einsatz von Solarkollektoren

Freibäder sind ein sehr gutes Einsatzgebiet für Solarkollektoren, da in Freibädern die Zeiten der Wärmegewinne mit den Zeiten des Wärmebedarfs zusammenfallen. Daraus ergibt sich, daß bei richtiger Dimensionierung der Kollektoranlagen das Beckenwasser vollständig durch Solarenergie erwärmt werden kann. Die Kollektorfläche sollte das 0,7 bis 1,0-fache der Wasseroberfläche betragen. In Freibädern sind Vorlauftemperaturen von ca. 40 °C ausreichend, da die Beckentemperaturen meist im Bereich zwischen 20 bis 25 °C liegen. Aufgrund der hohen Außentemperaturen im Sommer müssen die Kollektoren nicht wärmegedämmt sein. Deshalb können kostengünstige Niedertemperaturkollektoren (einfache Absorber) eingesetzt werden. Die Wärmebereitstellungskosten für solare Beckenwassererwärmung liegen dadurch bei etwa 5 bis 8 Pf/kWh. Dies ist kostengleich oder kostengünstiger als eine Beckenwassererwärmung mit konventionellen Wärmeerzeugern, wobei mit Wärmebereitstellungskosten von etwa 6 bis 8 Pf/kWh gerechnet werden muß. Damit ist solare Schwimmbadheizung wirtschaftlich. Gegenwärtig sind in über 100 öffentlichen Freibädern etwa 130.000 m^2 Kollektorfläche installiert.

Einzelobjektanalyse: Hallenbäder

In dieser Untersuchung werden die Daten von 5 Studien (hier genannt Studie F, G, J, K, L) zusammengefaßt. Die größte Anzahl der Daten stellt wiederum die Deutsche Gesellschaft für Badewesen. Die folgende Tabelle 4.23-4 zeigt die in Studie K erfaßte Anzahl an Hallenbädern, die durchschnittliche Wasserfläche und die auf die Wasserfläche bezogenen spezifischen Brennstoff- und Stromverbräuche. Um Verfälschungen der Werte zu vermeiden, werden Hallenbäder mit außergewöhnlich hohem Stromanteil (> 40 % vom Endenergieverbrauch) nicht mit aufgenommen, da dort eine zusätzliche elektrische Warmwasserbereitung oder der Einsatz von Wärmepumpen vermutet werden kann. Durchschnittlich liegt der Stromanteil bei ca. 20 % des gesamten Endenergieverbrauchs. Genauso werden Hallenbäder, die mit einem Blockheizkraftwerk energetisch versorgt werden, nicht mit aufgenommen, da dort keine klare Zuteilung von Strom- und Brennstoffverbräuchen erfolgen kann. In Studie L sind bei einigen Hallenbädern die Verbrauchswerte über den Verlauf mehrerer Jahre aufgezeigt. In diesen Jahren konnten durch Energiesparmaßnahmen die Verbräuche erheblich reduziert werden (Bundesinstitut für Sportwissenschaft 1987).

Tabelle 4.23-4: Spezifische Daten der untersuchten Hallenbäder

Anzahl der Hallenbäder	81	
Durchschnittliche Wasserfläche	470	m^2
Spezifischer Brennstoffverbrauch	4.502	kWh/m^2 pro Jahr
Spezifischer Stromverbrauch	932	kWh/m^2 pro Jahr
Mittlere Wassertemperatur	28,6	°C
Durchschnittliche Besucherzahl	116.984	Besucher pro Jahr
Anzahl der Bäder mit Sauna	27	
Durchschnittliche Anzahl der Solarienbetten	3	

Quelle: Deutsche Gesellschaft für das Badewesen

Der auf die Wasserfläche bezogene Brennstoffverbrauch in Hallenbädern unterliegt einer sehr großen Streuung, die von ca. 2.000 kWh/m^2a bis zu über 9.000 kWh/m^2a reicht (vgl. Abbildung 4.23-5). Die hohe Schwankungsbreite der spezifischen Brennstoffverbräuche ist eine Folge der vielfältigen Einflüsse, da z. B. die unterschiedlichen Verbräuche für Lüftung (mit und ohne Wärmerückgewinnung), die

Größe der Umkleideräume, das Duschverhalten der Badegäste und der Nutzungsgrad des Heizkessels entscheidend in den spezifischen Brennstoffverbrauch eingehen. Der Brennstoffverbrauch fällt jedoch bei größeren Hallenbädern (> 800 m^2) zu kleineren Werten ab. Bei Hallenbädern der Größe bis zu 600 m^2 ist jedoch keine Tendenz zur Abnahme der Verbrauchswerte erkennbar. Der Einfluß der Wassertemperatur auf den spezifischen Brennstoffverbrauch ist nur gering. Beim spezifischen Stromverbrauch kann bei einer Streuung der Verbrauchswerte zwischen 300 bis etwa 1.200 kWh/m^2a keine Abhängigkeit des spezifischen Stromverbrauchs von der Wasserfläche erkannt werden (vgl. Abbildung 4.23-6). Trotz oben beschriebener Eliminierung der Bäder mit prozentual hohem Stromverbrauch, sind noch Hallenbäder mit Stromverbräuchen bis zu 1.600 kWh/m^2a in der Abbildung enthalten.

Der spezifische Brennstoffverbrauch von Hallenbädern sinkt ganz erheblich bei neueren Hallenbädern. Dies ist wohl auf die stärkeren Wärmedämmungsmaßnahmen zurückzuführen. Während 1965 noch Bäder gebaut wurden, die bis zu 10.000 kWh/m^2a verbrauchten, gibt es bei Bädern die nach 1980 gebaut wurden keines, dessen auf die Wasseroberfläche bezogener Verbrauch über 5.000 kWh/m^2a liegt (vgl. Abbildung 4.23-7).

Bei der Betrachtung des spezifischen Stromverbrauchs muß jedoch festgestellt werden, daß gerade bei Hallenbädern jüngeren Datums der Stromverbrauch recht hoch liegt (vgl. Abbildung 4.23-8). Dies dürfte an der aufwendigeren und attraktiveren Ausstattung mit elektrischen Anlagen, am größeren Pumpaufwand und der aufwendigeren Lüftungstechnik liegen.

Mit Hilfe von Literaturangaben können die Anteile am Brennstoffverbrauch für Beckenwassererwärmung, Lüftung, Duschwarmwasser und Bereitstellungsverlust abgeschätzt werden. Abbildung 4.23-9 zeigt die durchschnittliche Zusammensetzung des Brennstoffverbrauchs in Hallenbädern mit Wärmerückgewinnung. Die Beckenwassererwärmung erfordert täglich 4,7 kWh pro m^2 Wasserfläche (bei Hallentemperatur 30 °C, Beckenwassertemperatur 28 °C, rel. Raumfeuchte 50 %, Betriebszeit 12 h) und macht damit nur etwa 30 % des gesamten Brennstoffverbrauchs aus. Dies ist auch eine Bestätigung für die geringe Abhängigkeit des Brennstoffverbrauchs von der Wassertemperatur. Der jährliche Lüftungswärmebedarf für die Schwimmhalle beträgt ohne Wärmerückgewinnung etwa 3.000 bis 4.000 kWh pro m^2 Wasserfläche und läßt sich durch eine Wärmerückgewinnung (1.500 bis 2.000 kWh pro m^2 Wasserfläche) auf die Hälfte reduzieren. Die Duschwassererwärmung benötigt etwa 1,75 kWh/Badegast.

Die Aufteilung des Stromverbrauchs in Hallenbädern ist in Abbildung 4.23-10 dargestellt. Hierbei benötigen die Umwälzpumpen täglich etwa 0,8 bis 1,0 kWh und die Ventilatoren 0,5 bis 0,6 kWh pro m^2 Wasserfläche. Die installierte Beleuchtungsleistung beträgt etwa 10 W bei Leuchtstofflampen und 50 W pro m^2 Hallenfläche bei Glühlampen. Hier wurde außerdem der Betrieb einer Sauna und von drei Sonnenbetten einbezogen.

Abbildung 4.23-5: Abhängigkeit des spezifischen Brennstoffverbrauchs von der Wasserfläche

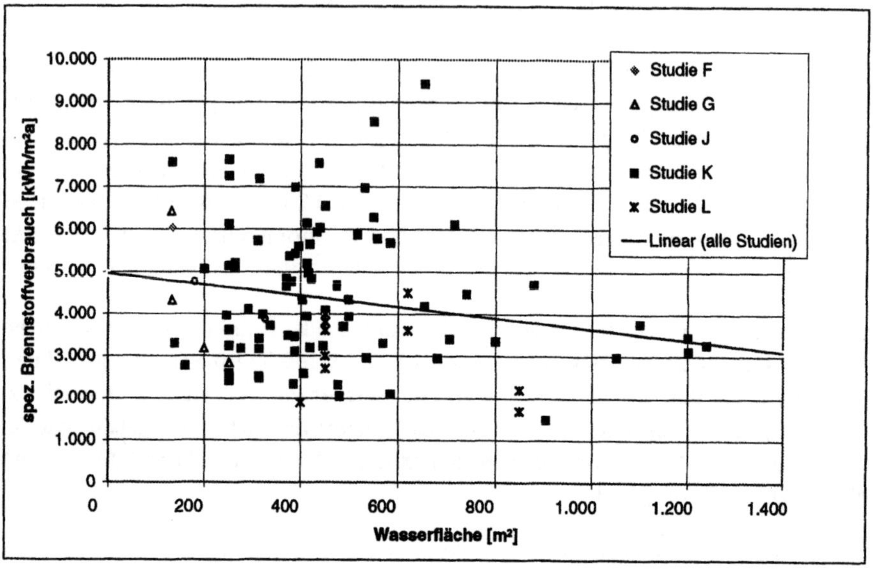

Abbildung 4.23-6: Abhängigkeit des spezifischen Stromverbrauchs von der Wasserfläche

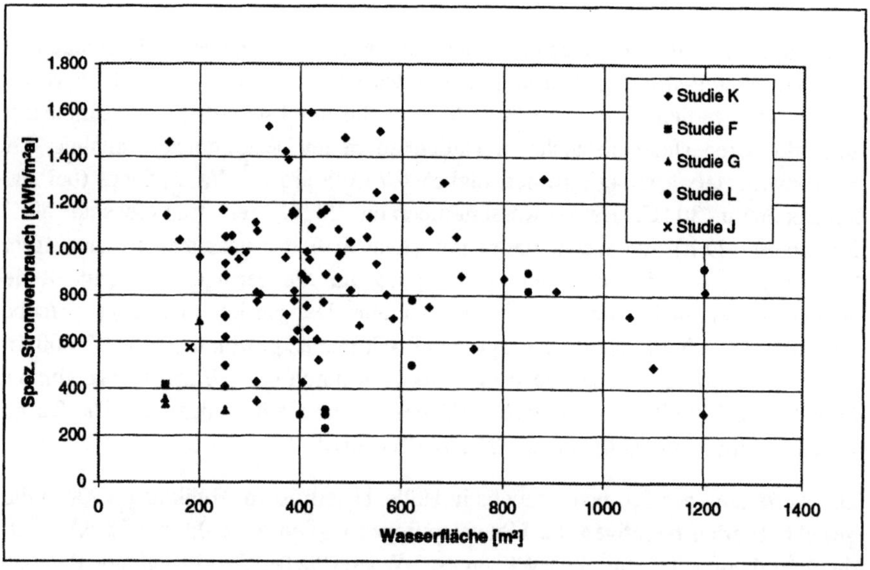

Abbildung 4.23-7: Abhängigkeit des spezifischen Brennstoffverbrauchs vom Baualter

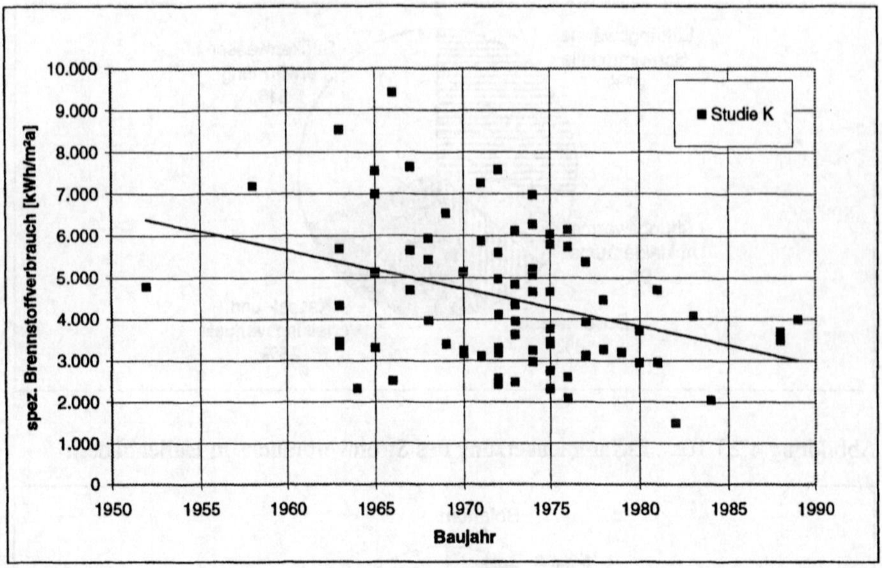

Abbildung 4.23-8: Abhängigkeit des spezifischen Stromverbrauchs vom Baualter

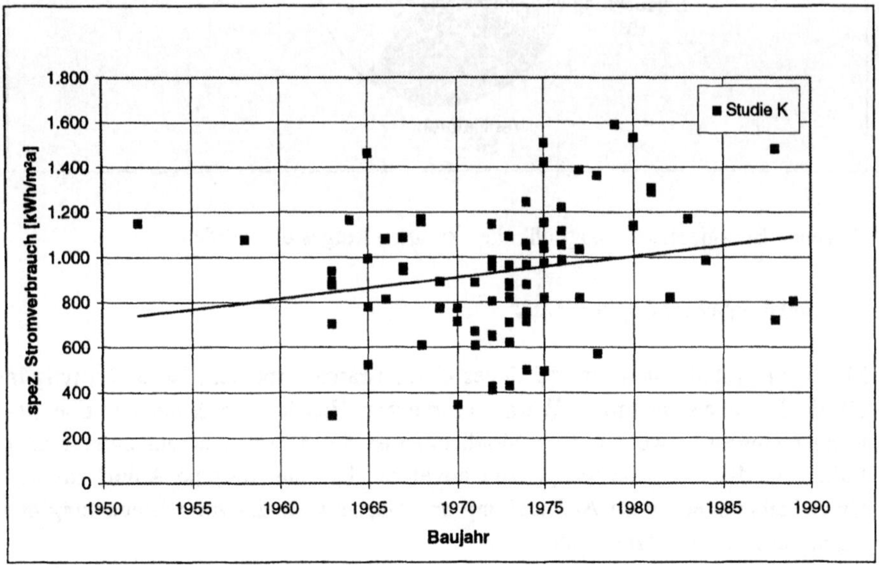

Abbildung 4.23-9: Zusammensetzung des Brennstoffverbrauchs in Hallenbädern mit Wärmerückgewinnung

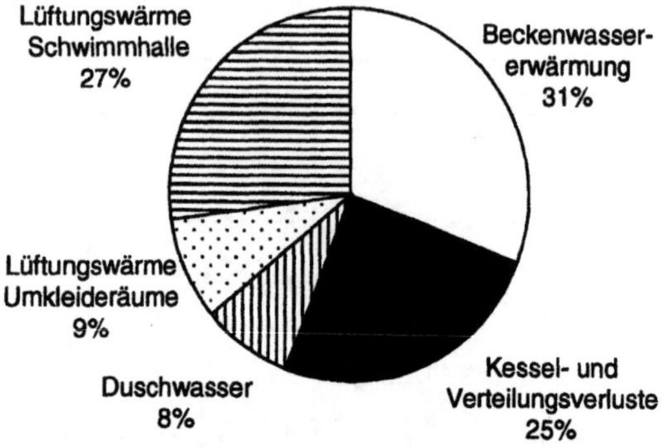

Abbildung 4.23-10: Zusammensetzung des Stromverbrauchs in Hallenbädern

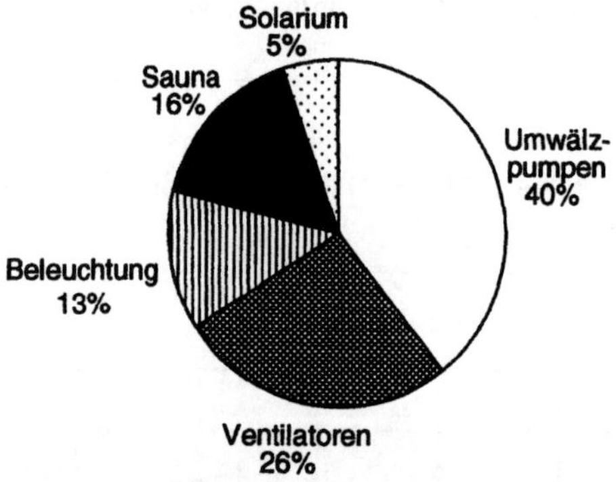

Folgende Energieeinsparmöglichkeiten konnten festgestellt werden:

Wärmerückgewinnung aus Luft

Mit einem Anteil von 45 bis 55 % des Gesamtwärmeverbrauchs ist die Lüftung in einem Hallenbad der größte Wärmeverbraucher. Hier können erhebliche Energiemengen eingespart werden. Eine Möglichkeit ist die Mehrfachnutzung aufbereiteter Luft, d. h. daß z. B. die weitgehend unverbrauchte und trockene Abluft aus den Umkleidebereichen nach Aufbereitung und Nacherwärmung zur Entfeuchtung des Sanitärbereichs genutzt werden kann.

Eine weitere Möglichkeit ist die Änderung der Raumkonditionierung. Beispielsweise kann außerhalb der Betriebszeit die Verdunstung der Wasseroberflächen durch Änderung der Raumkonditionierung wesentlich gemindert werden. Unter Berücksichtigung der bauphysikalischen Gegebenheiten kann ein Anstieg der relativen Luftfeuchte bis max. 75 % zugelassen werden. Gleichzeitig kann während des Ruhebetriebs auf eine Frischluftrate verzichtet werden.

Eine weitere Möglichkeit ist die Wärmerückgewinnung aus der Fortluft über Wärmetauscher und/oder Wärmepumpen. Während der Betriebszeiten verläßt die Fortluft die Räume mit hohen Temperaturen. Bedingt durch die Feuchtigkeitsaufnahme in den Naßräumen enthält die Fortluft in erheblichem Maße auch latente Wärme. Hiermit lassen sich jährlich etwa 1.500 bis 2.000 kWh pro m^2 Wasserfläche einsparen.

Wärmerückgewinnung aus Becken- und Duschwasser

Um die Wasserqualität des Beckens in einem einwandfreien Zustand halten zu können, wird nach DIN 19643 eine Mindestzugabe von 30 l/Besucher verlangt. Mit den Wasserverlusten, die sich durch diese Maßnahme ergeben, ist ein erheblicher Wärmeverlust verbunden. Das zur Ergänzung notwendige Frischwasser mit niedrigem Temperaturniveau muß auf Beckenwassertemperatur erwärmt werden. Hier bietet sich eine Wärmerückgewinnung an.

Für das Duschen werden etwa 40 bis 80 l/Besucher benötigt. Die Duschwassertemperatur kann mit 38 bis 40 °C angenommen werden. Die Abwassertemperatur liegt noch bei 30 bis 33 °C. Der Wärmeinhalt des Abwassers kann bei Einsatz entsprechender technischer Aggregate zum Teil zur Erwärmung des Frischwassers genutzt werden.

Für die Wärmerückgewinnung sind verschiedene Kombinationen aus Wärmetauschern und/oder Wärmepumpen möglich.

Nutzung von externen Wärmequellen

Bei externen Wärmequellen handelt es sich überwiegend um Thermalquellen, industrielle Abwärme und Verbundanlagen, Abwärme aus Kühlung, etc.

Kraft-Wärme-Kopplung

Der Einsatz von Blockheizkraftwerken oder die Nutzung von Fernwärme verringert zwar nicht den Endenergieverbrauch, doch durch die verbesserte Energiebereitstellung reduziert sich der Primärenergieverbrauch. Bei einem Hallenbad ist der Stromverbrauch relativ hoch und über den Tagesverlauf relativ gleichmäßig verteilt. Außerdem kann die anfallende Wärme unabhängig von der Jahreszeit genutzt werden. Deshalb stellt ein Hallenbad einen guten Anwendungsbereich für den Einsatz eines Blockheizkraftwerkes zur kombinierten Wärme- und Stromerzeugung dar.

Solarkollektoren

Es können sowohl Luftkollektoren zur Erwärmung der Raumluft als auch Absorber mit Sole als Wärmeträgermedium zur Erwärmung des Becken- bzw. Duschwassers eingesetzt werden.

4.23.4 Durchführung energiesparender Maßnahmen und Hemmnisse

Aus den Umfrageergebnissen in den Bädern ergibt sich ein umsatzbezogener Energiekostenanteil von durchschnittlich 32 %. Wegen dieses im Vergleich zu den anderen Verbrauchergruppen sehr hohen Energiekostenanteils ist anscheinend auch die Bereitschaft größer, sich mit dem Energieverbrauch auseinanderzusetzen. So gaben immerhin 35 % der Befragten an, die Aufteilung des Energieverbrauchs auf die einzelnen Verwendungszwecke genau zu kennen. Lediglich 23 % der Befragten haben keine Vorstellung von der Aufteilung des Energieverbrauchs auf die einzelnen Anwendungen wie Raumheizung, Beleuchtung oder Warmwassererzeugung. Eine Einordnung des Energieverbrauchs und eine Beurteilung von Möglichkeiten zur Verbrauchsreduzierung setzt einen guten bis sehr guten Kenntnisstand voraus. 60 % der Befragten fühlen sich gut bis sehr gut informiert und lediglich 28 % wünschen sich mehr oder bessere Informationen zum rationellen Energieeinsatz. Mehr als die Hälfte der Befragten haben bereits eine Energieberatung in Anspruch genommen.

Der Anteil der Betriebe, der Maßnahmen zur Wärmeeinsparung durchgeführt hat, liegt trotz des hohen Energiekostenanteils mit 47 % am unteren Ende der Skala im Vergleich mit anderen Branchen. Es bestehen jedoch erhebliche Unterschiede nach Art der Bäder. Von den insgesamt zehn Maßnahmen zur Energieeinsparung, die den Befragten genannt wurden, gaben die Betriebe durchschnittlich neun Maßnahmen als technisch bzw. organisatorisch möglich an. Davon wurde im Durchschnitt die Hälfte realisiert (Abbildungen 4.23-11 und 4.23-12), wobei in Freibädern deutlich weniger Maßnahmen genannt wurden als in Hallen- oder gar in Freizeitbädern.

Bei den durchgeführten Maßnahmen zur Reduzierung des Heizenergieverbrauchs steht der an erster Stelle die Wärmedämmung des Daches, die bei 68 % der Befragten durchgeführt oder geplant wurde. 59 % der Befragten haben den Einbau von Isolierglasfenstern und ebenso 59 % haben die Wärmedämmung der Außenwände durchgeführt oder geplant. Die ausgewiesenen Zahlen beziehen sich ausschließlich auf Betriebe bei welchen die entsprechenden Maßnahmen technisch realisierbar sind.

Abbildung 4.23-11: Energiesparaktivität in Bädern

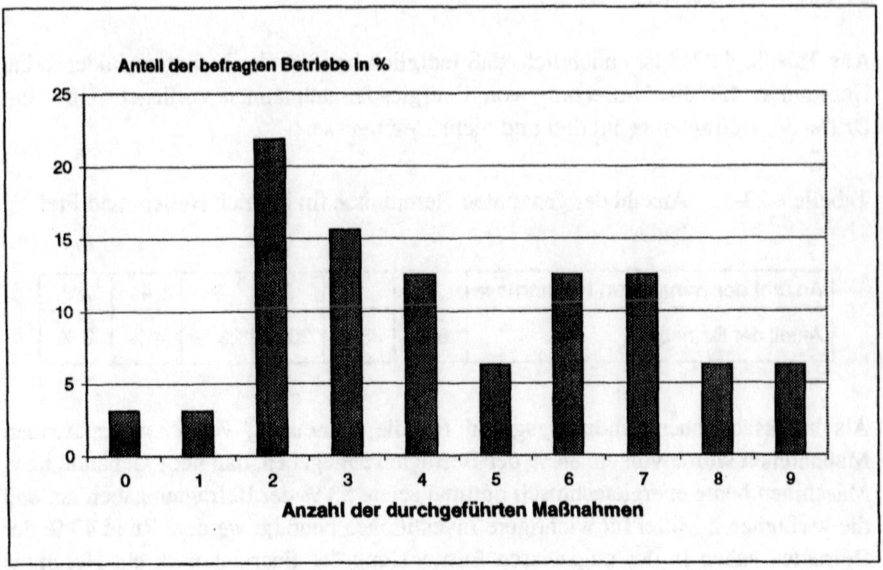

Abbildung 4.23-12: Häufigkeit durchgeführter Maßnahmen in Bädern

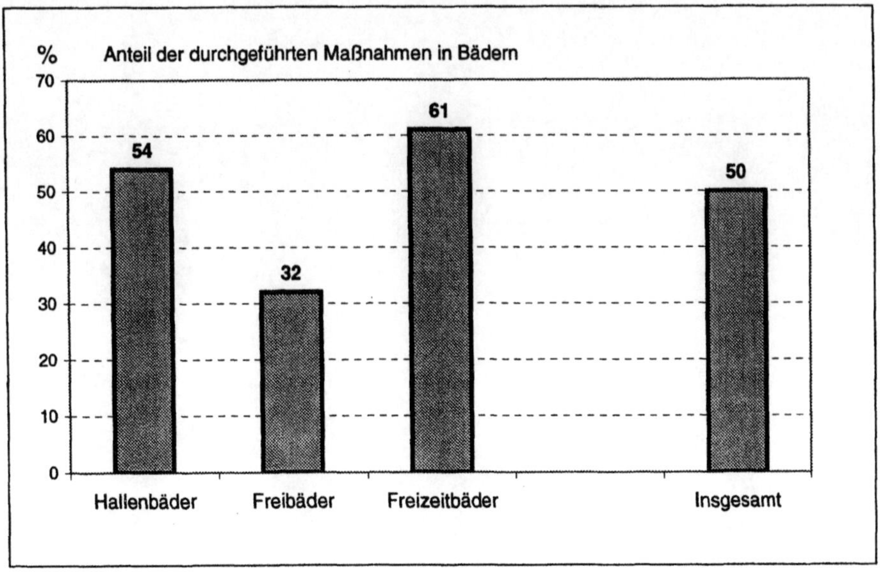

Die bisher erzielten Einsparungen werden durchschnittlich auf 18 % beim Stromverbrauch bzw. 16 % beim Brennstoffverbrauch eingeschätzt. Zusätzlich sind über ein Drittel der Befragten der Meinung, das Einsparpotential beim Strom- und Brennstoffverbrauch noch nicht voll ausgeschöpft zu haben. Die Einsparpotentiale werden seitens der Betriebe im Schnitt auf 11 % des Stromverbrauchs und 21 % des Brennstoffverbrauchs geschätzt.

Aus Tabelle 4.23-5 ist ersichtlich, daß lediglich bei 8 % der befragten Bäder keine Hemmnisse für die Umsetzung von Energiesparmaßnahmen vorliegen. Über ein Drittel der Befragten nennt drei und mehr Hemmnisse.

Tabelle 4.23-5: Anzahl der genannten Hemmnisse im Bereich Hallen- und Freibäder

Anzahl der genannten Hemmnisse	**0**	**1**	**2**	**3**	**4**	**≥ 5**
Anteil der Betriebe	8 %	35 %	23 %	23 %	4 %	8 %

Als hauptsächlicher Hinderungsgrund für die Umsetzung von energiesparenden Maßnahmen wurde von ca. 84 % der Befragten angegeben, daß neue Gebäude bzw. Maschinen heute energietechnisch optimal seien. 53 % der Befragten gaben an, daß die verfügbaren Mittel für wichtigere Investitionen benötigt werden. Rund 43 % der Befragten sahen in der ungewissen Entwicklung der Energiekosten ein Hemmnis bei der Erschließung von Energieeinsparpotentialen, etwa 13 % in der mangelnden Zeit.

5 Umsetzung

Eine wesentliche Zielsetzung der Studie war, Grundlagen für Maßnahmen zur Realisierung der Potentiale für rationelle Energienutzung zu erarbeiten und erste Schritte zur Umsetzung einzuleiten.

Die Herausforderung für Umsetzungsmaßnahmen im Kleinverbrauchssektor liegt vor allem darin, daß rationelle Energieanwendung technologisch äußerst heterogen ist und die Aktivität von zahllosen Entscheidungsträgern (Betriebsleiter, Maschinenführer, Hausmeister, Installateure, Architekten und Amtsleiter) benötigt (Jochem 1991). Unternehmen mit geringem Energiekostenanteil – um die es sich im Kleinverbrauch hauptsächlich handelt – erscheint zudem die Energieeffizienz nicht besonders wichtig; sie gehört jedenfalls nicht zum Kerngeschäft.

Ziel der Umsetzungsmaßnahmen ist in erster Linie, die Verantwortlichen zu motivieren und Wissen über technische und wirtschaftliche Einsparpotentiale in möglichst viele Betriebe hineinzutragen. Zu unterscheiden ist dabei zwischen Prozeß- und Querschnittstechniken. Letztere haben in den Betrieben bei weitem keinen so hohen Stellenwert wie die Prozeßtechniken, die meist branchenspezifisch, häufig sogar betriebs- und produktspezifisch unterschiedlich sind. Die energetisch dominierenden Querschnittstechniken im Kleinverbrauch sind Heiz- und Warmwasserkessel, Druckluft, Kälteerzeugung, Beleuchtung und Bürogeräte. Branchenspezifische Maßnahmen mit hohem Energieeinsparpotential sind Abwärmenutzung, vor allem bei Bäckereien, Fleischereien, Wäschereien und Chemisch-Reinigungen, Wärmedämmung und Beleuchtung in Gärtnereien und energieeffiziente Elektromotoren im Baugewerbe (Kräne, Grundwasserpumpen).

Der Wissensstand über die Querschnittstechniken ist eher gering, und insbesondere mittelständische Unternehmer erfragen dieses Wissen auch nicht aktiv. Die interessanten Potentiale liegen im Kleinverbrauch jedoch bei den Querschnittstechniken, die sich außerdem durch ihre Nachrüstbarkeit auszeichnen, wobei häufig kein Eingriff in den Produktionsprozeß erforderlich ist. Der Schwerpunkt für die Umsetzung wurde deshalb auf den Bereich der Querschnittstechniken gelegt. Bei den Umsetzungsaktivitäten selbst ist jedoch aus Gründen der Akzeptanz meist eine branchenspezifische Vorgehensweise sinnvoll.

Das Schwergewicht der Umsetzungsmaßnahmen und -vorschläge im Rahmen der Kleinverbrauchsstudie liegt auf der Verwendung von Ergebnissen der Breitenerhebung, die dazu dienen, den Verantwortlichen im Betrieb einen realistischen Überblick über den Stand der Energietechnik in der Branche zu geben. Diese Umsetzungsaktivitäten sind in ein Maßnahmenbündel eingebettet, das abschließend dargestellt wird.

5.1 Workshop mit Multiplikatoren

Zu einer gezielten Energieeffizienzpolitik für den Sektor Kleinverbrauch gehören nicht nur Aktivitäten seitens des Staates, sondern auch Eigeninitiativen der Wirtschaftsorganisationen, der Hersteller energieeffizienter Anlagen und energiesparender Güter sowie der Anbieter von Energieberatung und Energiedienstleistung.

Das Projektteam veranstaltete zu diesem Zweck im September 1998 einen Workshop mit ausgewählten Multiplikatoren und Handlungsträgern. Dabei wurde den Teilnehmern zunächst der Charakter der Untersuchungsergebnisse vorgestellt, um zu verdeutlichen, daß Grundlagen für umsetzungsorientierte Maßnahmen geschaffen wurden, indem das Datenmaterial Aussagen über energierelevante Anlagen und Geräte, Nutzflächen, den Stand der rationellen Energienutzung, Energiekennwerte und Einsparpotentiale sowie die Hemmnisse der vielfältigen Verbrauchsgruppen im Kleinverbrauchssektor erlaubt. Das Schwergewicht lag auf dem Meinungsaustausch der eingeladenen Multiplikatoren über Handlungsbedarf und Umsetzungsmaßnahmen, um stärker als bisher die Ausschöpfung der Möglichkeiten zur Steigerung der Energieeffizienz in Betrieben und öffentlichen Einrichtungen voranzutreiben.

Der Workshop stand unter dem Titel „Energie effizient nutzen – ein Gewinn für den Betrieb. Entwicklung von Strategien zur Umsetzung von Energieeinsparpotentialen in Handel, Gewerbe und Dienstleistung". Er fand am 9. September 1998 in der Hessischen Landesvertretung in Bonn statt, da gleichzeitig auch ein Konzept für Informationsbroschüren – eingebunden in das IMPULS-Programm Hessen – vorgestellt wurde (vgl. Kapitel 5.2). Die Organisation einschließlich Einladung von Repräsentanten der Zielgruppen und die Moderation hatte das Forum für Zukunftsenergien übernommen. Eingeladen wurden Multiplikatoren aus Bundesministerien, Verbänden und übergeordnete Initiatoren, Interessenvertreter, Informationsvermittler und Berater sowie die Fachpresse und Verbände von Anlagenherstellern.

Der Workshop sollte ein erster Schritt sein, um zu einem gemeinsamen Konzept von Information und Weiterbildung anzuregen. Ein organisatorisches Netzwerk aus Herstellern energiesparender Güter, Anbietern von Dienstleistungen, Planern, Energieberatern und Forschungsinstitutionen könnte ein wichtiges Instrument werden, um das vielfältige Know-how auf dem Gebiet der rationellen Energieanwendung wirksamer und schneller zu verbreiten. Organisierte Interessenvertretung bedeutet, Akteure zusammenzuführen, die für eine bestimmte Sache – im vorliegenden Fall für die rationelle Energieanwendung – ein gleiches Interesse haben, die bereit sind, sich dafür aktiv zu engagieren und nach außen als Einheit aufzutreten, um ihre Ziele durchzusetzen.

Tabelle 5.1-1: Tagesordnung des Workshops am 9. September 1998

1. Begrüßung und Einführung	Landesvertretung Hessen Forum für Zukunftsenergien
2. Charakterisierung der Ergebnisse	Prof. Wagner (FfE)
3. Herausragende Einzelergebnisse in Anwendungsbereichen und Branchen: • Bestandsaufnahme und Potentiale • Hemmnisse • Erfolgreiche Umsetzungsbeispiele	Projektbearbeiter der beteiligten Institute ISI, FfE und TU München
4. Einsparpotentiale umsetzen – Aktivitäten des IMPULS-Programms Hessen	Dipl.-Phys. Eicke-Hennig (Leiter des IMPULS-Programms Hessen)
Diskussion	
Gemeinsames Mittagessen	
5. Strategien – Ansätze zur Motivation von Entscheidungsträgern zu Energiesparaktivitäten im Kleinverbrauch: • Praktikabilität • Erfolgsaussichten • Alternativen	Moderation: Dr. Rasch (Forum für Zukunftsenergien)
6. Strategien – Von der Idee zum Konzept: Empfehlungen der Workshop-Teilnehmer für ein gemeinsames Konzept: • Impulse • Handelnde • Koordination	Moderation: Dr. Rasch (Forum für Zukunftsenergien)

Die Teilnehmer betonten die große Bedeutung der Studie für die Praxis. Sie begrüßten die branchenspezifischen Informationen über den bisher wenig untersuchten Kleinverbrauchssektor als Bereicherung für ihre tägliche Arbeit. Als besonders wertvoll wurden z. B. die Vergleichswerte spezifischer Energieverbräuche, die Ergebnisse zu Verbrauchsstuktur nach Energieträgern und Verwendungszwecken, zur Gebäudebeschaffenheit, zu Ausstattungsmerkmalen und zum Anlagenbestand bezeichnet. Interesse bestand sowohl an den Auswertungen, die bisher vorgenommen wurden, so etwa die Betriebsflächen nach Nutzungsarten, spezifische Energieverbräuche pro Fläche und Beschäftigte und Zusammenhänge zwischen Betriebsgrößenklassen und Energieintensität, als auch an weitergehenden Auswertungen zu speziellen Fragestellungen, z. B. von Fachverbänden, Energieberatern, Politikern oder Interessenvertretern, die mit Hilfe der Studie möglich sind.

Viele Anwesenden teilten die Erfahrungen mit den gravierenden Hemmnissen für die rationelle Energienutzung, die sich auch durch die Studie herausgestellt hatten. Das allgemein vorhandene Umweltbewußtsein reiche für das konkrete Handeln nicht aus, insbesondere wenn damit Kosten verbunden sind. Empfehlungen der Berater würden oft nicht realisiert. Bei den meisten Betrieben müsse zuerst einmal das Bewußtsein geschaffen werden, daß überhaupt Beratungsbedarf besteht. Zudem spiele die Unsicherheit der Energiepreisentwicklung, vor allem auch infolge der Liberalisierung der Energiemärkte, eine Rolle.

Die Diskussion der anwesenden Multiplikatoren mit den Projektbeteiligten konzentrierte sich zunächst auf die Konkretisierung von Motivationsmaßnahmen für die Betriebe und die Rolle unterschiedlicher Multiplikatoren. Es wurde u. a. die Frage gestellt, ob Kosteneinsparung zur Motivation ausreicht oder ob ein „Zusatznutzen" der Energieeinsparung, z. B. ein Imagegewinn, propagiert werden muß und welchen Einfluß die Einstellungen von Entscheidungsträgern in Betrieben auf die Energiesparaktivität ausüben.

Der Imagegewinn wurde eher als Argument für größere Betriebe gesehen. Energieeffizienz-Verbesserungen erscheinen nicht so attraktiv wie beispielsweise Anlagen zur Nutzung erneuerbarer Energien. Die Anwesenden waren sich einig, daß vor allem bei kleineren Betrieben der Kostenaspekt im Vordergrund steht. Die Betriebsleiter haben wenig Zeit und müßten gesicherte Informationen über Energiesparmaßnahmen und ihre Wirtschaftlichkeit erhalten. Als erster Schritt wurde die Erstellung von Informationsbroschüren, die zur Motivation für bisher nicht angesprochene Branchen dienen sollen, sehr begrüßt. Die meisten verfügbaren Informationen wurden als zu allgemein beurteilt, und eine Segmentierung der Zielgruppen nach Informationsbedarf und geeigneten Informationskanälen wurde für notwendig gehalten. Die Broschüren sollten grobe Vergleichswerte und Informationen zum Stand der Technik enthalten.

Im einzelnen wurden folgende Maßnahmen zur Förderung der Energieeffizienz befürwortet:

- vielschichtiges Vorgehen auf allen Ebenen und von möglichst vielen Multiplikatoren mit einheitlicher Botschaft
- Veröffentlichung von Erfolgsbeispielen, die zeigen, wie große Potentiale durch Maßnahmen mit geringem Aufwand erschlossen werden können; dies erfolgt z. B. in Nordrhein-Westfalen im Rahmen der Landesinitiative Zukunftsenergien, die erarbeitete Branchenenergiekonzepte in ausgewählten Betrieben umsetzt
- Weckung der Beratungsnachfrage und Ausweitung des Beratungsangebots, wobei Überzeugungsarbeit durch die Berater und Beraterverbände im Hinblick auf die Rentabilität einer Beratung erforderlich erscheint; in diesem Zusammenhang wurde auf die zukünftig zu erwartenden erweiterten Beratungsdienstleistungen der Energieversorger hingewiesen
- publizistische Unterstützung durch Verbände, z. B. mittels Preisausschreiben und Darstellung guter Beispiele, sowie durch Presse und Fachpresse, die aber in der Regel erst auf eine entsprechende Nachfrage reagieren und nicht „missionarisch" wirken

- Definition nationaler Ziele und Orientierungswerte, z. B. für Sektoren oder Verwendungszwecke; als Beispiel wurde das Ziel des schwedischen Bauforschungsrats für die Raumwärmeeinsparung genannt
- kooperative Beschaffung energieeffizienter Anlagen und Geräte und – falls dies nicht zum Erfolg führt – Maßgaben für den Energieverbrauch von Geräten, die von den Herstellern eingehalten werden müssen
- „Eta"-Wettbewerb speziell für kleine Betriebe
- Kooperation von Anbietern energiesparender Güter mit „alternativen" Unternehmensverbänden für das Marketing bei umweltbewußt disponierten Betrieben
- Angebot eines Umweltfonds durch den Finanzierungssektor (z. B. Kredite für umweltfreundliche Firmen) als privatwirtschaftliche Initiative.

Immer wieder wurde die zentrale Rolle der persönlichen Kommunikation und Überzeugung hervorgehoben. Den Branchenverbänden – die bei diesem Workshop nur schwach vertreten waren – komme dabei wegen ihrer guten Beziehungen zu den Betrieben eine wichtige Bedeutung zu. Mehr Eigeninitiativen der Verbände wären sehr hilfreich, z. B. zum Angebot von Benchmarking oder kostengünstiger Beratung. Die Verbände sollten über entsprechende Fachleute verfügen oder geschult werden, insbesondere müsse die Energieberatung auf ohnehin stattfindende Kommunikation der Verbände mit den Betrieben „aufgesattelt" werden. So könnte man z. B. das derzeit große Interesse an Beratung über Stromkostensenkung durch Verhandlung mit Energieversorgern zur Energiesparberatung nutzen.

Die Initiative, die mit dem Workshop gestartet wurde, fand unter anderem eine gute Resonanz beim Hauptverband des Deutschen Einzelhandels. Auf einer Sitzung seines Umweltausschusses im Januar 1999 wurden branchenspezifische Ergebnisse der Studie vorgestellt und diskutiert. Es wurde beschlossen, daß das Thema der rationellen Energienutzung weiterverfolgt werden soll.

5.2 Branchenbezogene Informationsbroschüren

Das Forschungsvorhabens umfaßte auch die Erarbeitung branchenspezifischer Informationsbroschüren über Möglichkeiten der rationellen Energienutzung. Bei diesem Arbeitsschritt wurde das IMPULS-Programm Hessen als Kooperationspartner gewonnen. In Vorbereitung dazu wurde das bestehende Informationsangebot für die Branchen des Kleinverbrauchssektor recherchiert.

Realisierung im Rahmen des IMPULS-Programms Hessen

Nach aller Erfahrung und als Ergebnis der zahlreichen Gespräche mit Betrieben und Experten während des Vorhabens reicht eine Informationskampagne allein nicht aus. Deshalb wurde eine Gelegenheit wahrgenommen, die sich durch das IMPULS-Programm in Hessen angeboten hat. Dieses Programm ist eine Qualifizierungsinitiative des Hessischen Umweltministeriums mit Schwergewicht auf den Themen „Stromeinsparung" und „Niedrigenergie-Bauweise". Ein Team von Fachleuten hat die Aufgabe, das verfügbare Fachwissen aufzuarbeiten und zu bündeln und für seine rasche, zielgruppenspezifische und wirksame Verbreitung an relevante Berufsgruppen und Investoren zu sorgen. Unter anderem werden Weiterbildungsseminare zum eigenständigen Thema der rationellen Energienutzung mit dem Anspruch hoher inhaltlicher und didaktischer Qualität erarbeitet, die von den traditionellen Weiterbildungsträgern einem breiten Zielpublikum angeboten werden. Als eine wichtige Zielgruppe werden mittelständische Unternehmen in Handel, Gewerbe und Industrie betrachtet. Die Potentiale zur Energieeinsparung, die hierbei angesprochen werden, beschränken sich nicht auf die Stromseite, sondern es werden auch wärmesparende Maßnahmen und allgemeines Energiemanagement behandelt.

Die Einbindung der Broschüren-Erstellung in die Aktivität des IMPULS-Programms hat den Vorteil, daß die Broschüren in ein Maßnahmenbündel eingebettet sind. In diesem Zusammenhang ist eine umfassende Öffentlichkeitsarbeit vorgesehen. Außerdem werden Kontakte mit Fachverbänden aufgenommen und vor allem die entsprechenden Weiterbildungsveranstaltungen angeboten.

Der Einstieg erfolgt mit drei Branchen: Metallgewerbe, Kfz-Gewerbe und Organisationen ohne Erwerbszweck. Die Broschüren in handlichem Format umfassen rund sechs Seiten mit folgenden inhaltlichen Schwerpunkten:

- Statusbericht über die Branche im Hinblick auf Energieeffizienz
- branchenspezifische Einsparpotentiale
- wesentliche Einspartechniken
- Kosten, Wirtschaftlichkeit
- organisatorische Erfordernisse
- Leitbilder und Zielwerte
- Einzelbeispiele
- Ansatzpunkte und Handlungskonzepte
- Informations- und Weiterbildungsangebot des IMPULS-Programms Hessen.

Es handelt sich bei der Initiative in Hessen zwar zunächst nur um eine regionale Verbreitung der Broschüren, geplant ist jedoch die Ausdehnung auf Impulsprogramme anderer Bundesländer, z. B. Nordrhein-Westfalen, die ebenfalls Industrie und Gewerbe als Zielgruppen ausgewählt haben. Die Impulsprogramme in Deutschland sind grundsätzlich Initiativen auf Bundesländerebene. Dies ist jedoch für die Umsetzung auch von Vorteil, denn es hat sich – auch anhand der Erfahrungen der Energieagenturen – gezeigt, daß soziale Netzwerke für die Verbreitung von Innovationen und die Stimulierung von Energieeffizienz-Maßnahmen bedeutend sind und diese auf regionaler Basis besser als auf nationaler Ebene funktionieren.

Vorbereitende Recherche des Informationsangebots

Die Auswahl der Branchen erfolgte u. a. nach der anderweitigen Verfügbarkeit von Informationsmaterialien. Mittels telefonischer Anfragen bei Verbänden, Energieversorgungsunternehmen, Energieagenturen und Energieberatern, Literaturrecherchen, Betriebsgesprächen und einer schriftlichen Erhebung bei Handwerkskammern, Industrie- und Handelskammern, Branchen-Fachinstituten, Fortbildungs- und Energieberatungseinrichtungen, Wirtschaftsverbänden und Energieversorgern wurden Aktivitäten zur Information, Beratung und Fortbildung auf dem Gebiet der rationellen Energienutzung für Betriebe erhoben.

Insgesamt konnte zwar ein großes Beratungs-, Informations- und Weiterbildungsangebot festgestellt werden. Untersucht man die Aktivitäten aber im Detail, so zeigen sich einige gravierende Einschränkungen. Die Energieversorgungsunternehmen konzentrieren sich meist auf Beratung und Information über Stromanwendungen (z. B. Stromtarife und Vertragsgestaltung einschließlich Maximumüberwachung, Elektrospeichersysteme, Blindstromkompensation etc., das heißt, Maßnahmen zur Stromkosteneinsparung) sowie auf Ölsubstitution durch Gas, Strom oder Fernwärme. Tiefer in die Prozeßtechnik gehen nur wenige von den Energieversorgern verteilte Schriften bzw. durchgeführten Beratungen, etwa für Fleischereien und Friseure. Geplant sind Broschüren und Beraterschulungen für Kfz-Werkstätten, Bäckereien und Bürogebäude. Einige Informationsmaterialien von Kammern, Verbänden und anderen Institutionen befassen sich fast ausschließlich mit dem – auch für viele Betriebe im Vordergrund stehenden – Umweltaspekt und allenfalls am Rande mit Energieeinsparung. Überhaupt keine branchenspezifischen Aktivitäten gibt es für das Metall-, Holz-, Kfz- und Baugewerbe sowie für den privaten Verwaltungsbereich, wie die Übersicht in Tabelle 5.2-1 zeigt, die den Stand Mitte der neunziger Jahre in Deutschland widerspiegelt.

Die Nachfrage nach dem Informations-, Beratungs- und Fortbildungsangebot wurde von befragten Experten häufig als relativ gering eingestuft. Es wurde bestätigt, was frühere Untersuchungen in der mittelständischen Wirtschaft zeigten (z. B. May 1984; Gruber/Brand 1990): In der Regel lassen sich vor allem größere Betriebe informieren und beraten, während in kleinen Betrieben erhebliche Hemmnisse für die Inanspruchnahme von Beratung, Information oder Fortbildung bestehen, solche Betriebe aber – gemessen an den brachliegenden Energieeffizienzpotentialen – einen besonders großen Bedarf aufweisen. Zu den Gründen gehören vor allem geringes Interesse am Energiethema, vor allem wegen der oft geringen Bedeutung der Energiekosten im Betrieb, mangelnde Zeitverfügbarkeit, teilweise fehlendes

Vertrauen in Beratung, insbesondere bei branchenspezifischen Fragen, fehlende Informationsmaterialien oder fehlende Praxisnähe vorhandener Schriften und fehlende Einsicht in die Notwendigkeit, sich zu informieren, sich weiterzubilden oder sich beraten zu lassen.

An einigen Beispielen soll im folgenden das Informationsangebot für bestimmte Branchen dargestellt werden. Die Materialien wurden dabei vor allem nach dem Kriterien der unmittelbaren Umsetzbarkeit beurteilt. So sind Betriebsleiter und Eigentümer kleiner Betriebe mit Alltagsfragen der Produktion und des Verkaufs stark ausgelastet. Informationen zur Energieverbrauchserfassung und zur rationellen Energienutzung müssen für sie möglichst kurz, einfach nachvollziehbar und einprägsam sein. Sie müssen dem Betriebsleiter ermöglichen, die Information auf seinen konkreten Betrieb zu übertragen, z. B. durch grobe Darstellung von Produktionsabläufen nach Betriebsgrößenklassen, die in spezifische Energieverbrauchswerte münden, die im Betrieb ermittelbar sind.

Es muß zudem unterschieden werden zwischen Broschüren zur Motivation, Potentiale zu erkennen und sich mit dem Thema zu beschäftigen, und ausführlicheren Anleitungen zur Erfassung und Interpretation des Energieverbrauchs und zur Durchführung komplexerer Energieeffizienz-Maßnahmen. Letzteres kann nur in ausführlichen Dokumentationen für besonders interessierte Betriebsleiter, in Energieberatungen und in Weiterbildungsseminaren erfolgen.

Forschungsberichte kann ein kleiner Betrieb schon vom Umfang her nur in Ausnahmefällen nachvollziehen. Veröffentlichungen in Fachzeitschriften werden häufig gelesen, enthalten jedoch selten hinreichend umsetzungsorientierte Handlungsanleitungen. Die meisten der in manchen Branchen recht zahlreich vorhandenen Broschüren erfüllen nur Teile der oben genannten Anforderungen. Insbesondere die Anleitung zur Erfassung des Energieverbrauchs und die Benennung von energietechnischen Kennwerten, die einen Vergleich oder eine Umrechnung auf den Einzelbetrieb ermöglichen, werden bis heute sehr vernachlässigt (energietechnisches „Benchmarking"). Checklisten für Energiesparmaßnahmen sind in der Regel ungewichtet; für aufwendige Maßnahmen fehlt es meist an konkreten Praxisbeispielen mit Wirtschaftlichkeitsberechnungen unter Berücksichtigung aller wesentlichen Argumente oder Vorbehalte, die für oder gegen eine Maßnahme sprechen.

Für den Bereich Raumwärme gibt es mehrere Studien und Broschüren, die sich nicht auf spezielle Branchen beziehen, z. B. den Leitfaden „Rationelle Wärmenutzung in KMU" und eine Broschüre der Ruhrgas.

Tabelle 5.2-1: Studien und Informationsbroschüren zur rationellen Energienutzung im Kleinverbrauch

	Split	Studien	Informationsbroschüren
1	Metallverarbeitung	keine Studien bekannt	keine Broschüren bekannt
2	Kfz-Gewerbe	Untersuchungen der FfE	
3	Holz	keine Studien bekannt	
4	Papier, Druck		
5	Bäckereien	mehrere wissenschaftliche Studien	Broschüren des Zentralverbands und der ASEW
6	Fleischereien	mehrere Studien	ASEW-Broschüre
7	sonstiges Nahrungsmittelgewerbe	Studien vorwiegend über Großbetriebe	für Fruchtsafthersteller und Brauereien sehr detailliert
8	Wäschereien und Reinigungen	Studie des Hohensteiner Instituts, Verkaufsstatistiken der Hersteller	BGW-Informationsschriften, Broschüre „Umweltmanagement", Herstellerprospekte
9	Baugewerbe	Studie der Forschungsvereinigung der Deutschen Asphalthersteller	keine Broschüren bekannt
10	Landwirtschaft	Studien über Einzelaspekte	HEA- und AEL-Broschüren, KTBL-Broschüre, Herstellerprospekte
11	Gartenbau	Mehrthemen-Umfrage bei 500 Gartenbaubetrieben mit Unterglasanbau (1983)	AEL-Broschüren
12	Einzelhandel	Handel aktuell 1992, Deutsches Handelsinstitut e. V.	DHI-Untersuchung zu Energie- und Wasserkosten im Einzelhandel; RAVEL (Schweiz): Kühlmöbel
13	Großhandel		keine spezielle Broschüre bekannt
14	Kreditinstitute, Versicherungen	Betriebsanalysen der FfE	RAVEL: Mehr Büro mit weniger Strom
15	Hotels		zahlreiche Broschüren
16	Gaststätten		
17	Verlage	keine speziellen Studien bekannt	keine Broschüren bekannt
18	Dienstleistungen freie Berufe		
19	Organisation. ohne Erwerbszweck		
20	Gebietskörperschaften	BINE-Studien u. a.	VDEW-Leitfaden
21	Krankenhäuser	Studie „Energierationalisierung im Krankenhaus", FfE-Analysen	Bonner Energie-Report (Schwerpunkt Kraft-Wärme-Kopplung)
22	Schulen	Studie „Energierationalisierung in Schulen"	BINE Projekt-Info-Service
23	Bäder	mehrere Studien der FfE	BINE Projekt-Info-Service, EU-Broschüre, Schriften des Bundesinstituts für Sportwissenschaften

Im folgenden wird an einigen Beispielen die Bestandsaufnahme an Informationsmaterial näher erläutert.

Landwirtschaft: Überwiegend werden in den Informationsschriften Anlagendimensionierung, Sicherheitsaspekte und Verwaltungsvorschriften behandelt. Energiekennwerte ergeben sich häufig lediglich als Nebeneffekt. Angegebene Energiekennzahlen stammen oft aus der Zeit zwischen 1975 und 1985 und werden in neuen Informationsschriften lediglich wiederholt. Angaben zur Erfassung von Energieverbrauchs- und Leistungswerten fehlen in den allermeisten Fällen. Maßnahmen zur rationellen Energieverwendung werden relativ selten behandelt und wenn, dann nur qualitativ. Detaillierte und ergiebige Untersuchungen stammen aus der Zeit vor 1985. Verbesserungen bei Energiesparmaßnahmen in der Zwischenzeit sind nicht aufgeführt. Zum Teil sind die Informationsschriften zu wissenschaftlich aufgebaut, zum Teil weisen sie zu wenig Informationsgehalt auf und sind lediglich als erste Einführung brauchbar.

Überwiegend wird Strom betrachtet. Im Bereich der Landwirtschaft gibt es kaum Untersuchungen, welche sich mit der Reduzierung des Dieselverbrauchs auf den Feldern beschäftigen, obwohl der Energieverbrauchsschwerpunkt in der Landwirtschaft beim Diesel-Verbrauch für landwirtschaftliche Geräte liegt und viel Effizienz durch organisatorische und verhaltensbezogene Maßnahmen erreicht werden kann.

Fleischereien: Direkt an den Praktiker sind zwei Broschüren gerichtet (ASEW, 1993; Landesgewerbeamt Baden-Württemberg, 1986), die sich teilweise ergänzen, teilweise überschneiden. Eine Einschätzung des energetischen Ist-Zustands ist grob möglich. Maßnahmen zur rationellen Energienutzung werden beschrieben, teilweise mit theoretischen Beispielen, wie sie in der Praxis vorkommen können, einschließlich Wirtschaftlichkeitsbetrachtung. Hinweise auf weitere Ansprechpartner und Informationsmöglichkeiten sind vorhanden. Beschreibungen konkreter Praxisbeispiele von Maßnahmen zur rationellen Energienutzung im Bereich Kühlen/ Gefrieren, insbesondere der Wärmerückgewinnung aus Kälteanlagen, könnten zu einer weitergehenden Nutzung der hauptsächlichen Einsparpotentiale führen.

In weiteren Branchen des **Nahrungs- und Genußmittelgewerbes** sind etliche Veröffentlichungen und Forschungsberichte vorhanden, die sich aber vorwiegend an größere Betriebe richten oder Möglichkeiten der rationellen Energienutzung nur allgemein behandeln. Drei Broschüren des Landesgewerbeamtes Baden-Württemberg wenden sich an den Praktiker im kleinen bis mittelgroßen Betrieb: für Brauereien (1985), Schlachthöfe (1983) und Fruchtsafthersteller (1988). Sie entsprechen in der Aufmachung den Broschüren für Fleischereien. Dabei ist noch zu erwähnen, daß diese Broschüren vor allem in Baden-Württemberg verteilt werden und in anderen Bundesländern weniger bekannt sind. In den Broschüren für Brauereien und Fruchtsaftbetriebe sind sehr detaillierte Anleitungen zur Datenerfassung und

Bewertung sowie weitgehende Informationen zur rationellen Energienutzung enthalten.

Für **Wäschereien und Chemisch-Reinigungen** gibt es spezielle Broschüren zum Energieverbrauch, die vom Bundesverband der Gas- und Wasserwirtschaft herausgegeben wurden. Sie sind von einer „erdgas-bezogenen" Sichtweise geprägt, beinhalten jedoch energiesparende Maßnahmen. Das Branchenforschungsinstitut in Hohenstein stellt in großem Umfang wissenschaftliche Untersuchungsergebnisse zur Verfügung, die jedoch für die Mehrheit der Betriebe nur mit Mühe lesbar sein dürften. Die Broschüre „Umweltmanagement" des Textilreinigungsverbandes von 1995 soll die Betriebspraktiker zur umweltorientierten Unternehmensführung anhand der EU-Öko-Audit-Verordnung anregen; sie enthält jedoch keine konkreten Maßnahmen zur Energieeinsparung.

Für **Hotel- und Gaststättenbetriebe** ist ein großes Spektrum an Broschüren verfügbar. Sie sind meist praxisnah, enthalten Hinweise auf Energieverbrauchsschwerpunkte und Einsparmaßnahmen – meist in Verbindung mit Empfehlungen zum Umweltschutz – sowie Checklisten zum konkreten Vorgehen. Hervorzuheben ist insbesondere eine Veröffentlichung des Bayerischen Branchenverbandes.

Im Bereich der **öffentlichen Einrichtungen** gibt es für Krankenhäuser und Schulen ausführliche Forschungsberichte des BMBF sowie verschiedene Kurzbroschüren im Rahmen des BINE-Projektinformationsdienstes. Aktuelle, umsetzungsorientierte Leitfäden sind nicht bekannt. In jüngster Zeit entstanden im Zuge des „Fifty-fifty"-Modells, das immer häufiger an Schulen praktiziert wird, mehrere Veröffentlichungen zum Energiesparen in Schulgebäuden (Beyer 1998). Dieses Modell sieht vor, daß jede Schule über die Hälfte der eingesparten Energiekosten selbst verfügen kann.

Fachartikel in Publikationen von Wirtschaftsorganisationen

Eine weitere Möglichkeit zur gezielten Informationsverbreitung sind Fachartikel zur rationellen Energie- und Stromnutzung in den laufenden Veröffentlichungen der Wirtschaftsorganisationen, z. B. im IHK-Magazin. Diese Publikationen werden von Unternehmensleitungen und Betriebsingenieuren gelesen. Das ISI konzipierte eine Reihe solcher Fachartikel, unter anderem auch auf der Basis der Ergebnisse der Tiefeninterviews mit Betriebsverantwortlichen, der Betriebsbegehungen und der Gespräche mit Verbandsvertretern und anderen Experten, die im Rahmen der Kleinverbrauchsstudie durchgeführt wurden.

Ziel der Fachartikel war eine Motivation zur effizienten Stromnutzung und nicht eine technische Darstellung der neuesten technischen Entwicklungen und der aktuellen Forschungsergebnisse. Die Themen und Publikationsorgane wurden so ausgewählt, daß eine möglichst hohe Multiplikatorwirkung erzielt wurde. Inhaltlich umfassen die Artikel Argumente für die rationelle Energienutzung, praktische Beispiele, technisch-betriebswirtschaftliche Potentiale, Wirtschaftlichkeit, Auswirkungen auf die Produktqualität und den Produktionsablauf, Hemmnisse und ihre Überwindung sowie Hinweise auf Beratungsmöglichkeiten. Neben branchenspezifischen Aspekten wurden z. B. folgende Querschnittsthemen behandelt: betriebliches Energiemanagement, elektrische Antriebe, lüftungstechnische Anlagen, Druckluft, stromsparende Beleuchtungssysteme, Blockheizkraftwerke, Wärmerückgewinnung und Abwärmenutzung, Bürogeräte und Kommunikationsanlagen, Contracting. Parallel wurden auch in Fachzeitschriften motivierende Artikel veröffentlicht (z. B. Jochem 1995).

Ergänzende Information durch die IKARUS-Datenbank

Die Datenbasis des IKARUS-Projektes (Instrumente für Klimagas-Reduktionsstrategien) bietet sich ebenfalls zur Überwindung des bei der Breitenerhebung festgestellten Informationsdefizites an. Beratern kann im Datenbankformat rasch verfügbares Wissen über Querschnittstechniken und den Kleinverbrauchssektor zur Verfügung gestellt werden.

Im Bereich Raumwärme existiert zum Beispiel ein Hilfsmittel, mit dem sich der Nutzer schnell und umfassend ein Bild von der Effizienz und von den Kosten einzelner Maßnahmen der Gebäudesanierung machen kann. Aufgrund der positiven Resonanz bei den von der Forschungsstelle für Energiewirtschaft (FfE) im Frühjahr 1998 abgehaltenen Seminaren wurden derartige Tools für alle Querschnittstechnologien erstellt. Damit können viele Fragestellungen aus dem Bereich der Prozeßwärme, -kälte, Beleuchtung und Kraftbedarfsdeckung beantwortet und Einsparpotentiale, Kosten und Amortisationszeiten bestimmt werden. Um dieses Instrumentarium publik zu machen, wurden die IKARUS-Daten der Öffentlichkeit bei mehreren Seminaren vorgestellt. Hierzu wurden über 10.000 Personen – vor allem aus der Zielgruppe der Ingenieurbüros, Kommunen und EVU-Kundenberater – eingeladen, da diese Gruppe aufgrund ihrer Tätigkeitsfelder eine sehr hohe Multiplikatorwirkung hat.

Eine Sonderauswertung der Daten der Kleinverbrauchsstudie erfolgte im Hinblick auf eine Bestandsaufnahme elektrischer Antriebe. Eine breite Umsetzung von Energieeffizienz-Maßnahmen ist in diesem Bereich bei der Komplexität und Vielfalt von Motorenanwendungen besonders schwierig, und die Stromeinsparmöglichkeiten durch Wirkungsgradverbesserung und Optimierung der Systeme werden weithin unterschätzt. Deshalb wurden die technischen Ergebnisse zusammen mit den identifizierten Markthemmnissen und vorgeschlagenen Maßnahmen auf diesem Spezialgebiet in einem Workshop mit Vertretern von Akteursgruppen, z. B. Hersteller, Anwender, IHK, Forschungseinrichtungen etc. erörtert.

5.3 Einbindung der Umsetzungsaktivitäten in ein Maßnahmenbündel

Die Befragungsergebnisse zeigen, daß meist mehrere Hemmnisse gleichzeitig wirken, wenn es um Investitionsentscheidungen zugunsten von Energieeffizienz-Maßnahmen geht. Deshalb reichen einzelne Instrumente in der Regel nicht aus; vielmehr ist ein Maßnahmenbündel erforderlich, um die an verschiedenen Stellen der Entscheidungs- und Innovationskette bestehenden Hemmnisse simultan zu überwinden: bei Herstellern, Weiterverarbeitern, im Großhandel, bei Planern und Architekten, im Installationsgewerbe und bei den Energieanwendern. Gleichzeitig ist wichtig, daß möglichst viele Akteure auf mehreren Ebenen in Politik und Wirtschaft die Botschaft der rationellen Energienutzung vertreten und entsprechend handeln. Tabelle 5.3-1 zeigt bestehende und vorgeschlagene Maßnahmen, geordnet nach Maßnahmearten und Akteuren, die für den Sektor Kleinverbrauch von Bedeutung sind.

Tabelle 5.3-1: Programme zur rationellen Energienutzung nach Maßnahmeart und Akteur für den Sektor Kleinverbrauch

Akteure Maßnahmenart	Europäische Union	Bundesregierung	Bundesländer, Kommunen	Wirtschaft
Information, Motivation, Beratung, Fortbildung	OPET, EU-Öko-Audit	Handbücher, Broschüren, Modellprojekte	Motivation über persönliche Kontakte, Aus- und Weiterbildung	Motivation durch Verbände (Veröffentlichungen, Veranstaltungen, Energieeffizienz-Preise, Benchmarking, Energiesparwochen)
Institutionelle Instrumente	Energie- und Klima-Agentur, Emissionskontrollsysteme	Energieagentur zur Bündelung der Energieeinsparpolitik	Energieagentur, Energiekonzepte	Einrichtung von Energiemanagementstellen, Energiekonzepte
Finanzielle Anreize und Preispolitik	CO_2-/Energieabgabe THERMIE, SAVE	Zuschüsse, Zinsverbilligungen F&E, Modellvorhaben	Energieaufsicht Zuschüsse in Schwerpunktbereichen mit Modellcharakter	Förderprogramme der EVU
Energiedienstleistungen	Entwicklung von Standardlösungen	Modellprojekte, Information, Bürgschaften	Anstoß an EVU	Eigeninitiativen, Anstoß durch Verbände
Selbstverpflichtungen	Rahmenrichtlinien	Aushandeln mit Verbänden, EVU, Großbetriebe und Hersteller	eigene Gebäude und Einrichtungen	Standards für Massengüter, Einhaltung von Energiekennwerten
Vorschriften	SAVE	Wärmeschutzverordnung	Stadtplanung, Bauleitplanung	

Information und berufliche Weiterbildung stellen nur einen Teil der vielfältigen Programme und Aktivitäten dar, die notwendig sind, um die rationelle Energienutzung voranzutreiben. Im Mittelpunkt aller Bemühungen, mit politischen Programmen oder Initiativen der Wirtschaft und ihrer Organisationen die rationelle Energienutzung zu fördern, muß die Motivation der Verantwortlichen stehen. Ein Argument kann sein, daß Energieeffizienz im Betrieb einen wichtigen und positiven Beitrag zur gesamtbetrieblichen Effizienz leistet und ein Qualitätsindikator für betriebliches Management ist (Balthasar/Rieder 1996). Es sollte den Betrieben auch verdeutlicht werden, daß die Energiekosten häufig in der Größenordnung der Gewinnmargen liegen, auch wenn sie nur einen geringen Teil des Umsatzes ausmachen. Für manche Branchen kann auch die Einbindung der Energieeffizienz in die Demonstration eines ökologischen Bewußtseins einen Imageeffekt auslösen, wie z. B. in Hotels und Einzelhandelsbetrieben gelegentlich geäußert wurde.

Maßnahmen zur Weckung des Bewußtseins für solche Aspekte können z. B. sein:

- branchenbezogene Abendveranstaltungen mit fachlichen Anregungen und Erfahrungsaustausch unter Berufskollegen, die als „soziales Ereignis" wahrgenommen werden
- Anregungen von „Aktionswochen" zur Energieeinsparung (z. B. „Energiesparwochen" in Schweizer Verwaltungsgebäuden) durch spezialisierte Berater, die aktiv auf die Betriebe zugehen
- Energieberatung (siehe Abschnitt 5.3)
- Angebot von Vergleichsmöglichkeiten mit anderen Betrieben der Branche („Benchmarking"): branchenspezifisch oder für Bereiche mit homogenen Energieverbrauchsmustern sollten Indikatoren für den Energieverbrauch und die Energiekosten bereitgestellt werden, damit sich die einzelnen Betriebe an guten oder „Best-"Werten messen können.

In alle diese Maßnahmen müssen die Branchenverbände und Kammern intensiv eingebunden werden, weil sie in der Regel das Vertrauen der Betriebe genießen. Allerdings beschäftigen sich die Verbände bisher nur zum kleineren Teil intensiv mit dem Energiethema. Sie argumentieren meist, daß ihnen das Personal fehle, um sich um dieses Thema zu kümmern, und daß es zu viele andere wichtige Fragen gibt. Sehr aktiv sind im Kleinverbrauchssektor Verbände im Hotel- und Gaststättengewerbe, im Gartenbau und in der Landwirtschaft, wie aus der Recherche zu Informationsmaterial hervorging (siehe Kapitel 5.2). Häufig erfolgen die Aktivitäten auf Bundesländerebene und nicht bundesweit.

Aus den umfangreichen Maßnahmenkatalogen, die in anderen Studien und Veröffentlichungen bereits erstellt wurden, werden im folgenden einige Maßnahmen herausgegriffen, die für den Sektor Kleinverbrauch und aufgrund der empirischen Ergebnisse der Studie besonders relevant erscheinen.

5.3.1 Contracting- und Betreibermodelle

In vielen Fällen bieten sich Contracting- oder Betreibermodelle an, um mehrere Hemmnisse zu überwinden, die gerade im Kleinverbrauchssektor oft gemeinsam auftreten: geringe energietechnische Kenntnisse, wenig Information und Marktüberblick über Möglichkeiten zur rationellen Energienutzung, fehlende Finanzmittel oder andere Investitionsprioritäten, zu wenig Zeit für die Beschäftigung mit Energiefragen im Betriebsalltag und Befürchtung möglicher Risiken hinsichtlich Funktionsfähigkeit und Wirtschaftlichkeit neuer Techniken. Ein externes Fachunternehmen kann Planung, technische Ausführung und Finanzierung beispielsweise einer Heizanlage übernehmen; die Rückzahlung erfolgt durch die eingesparten Energiekosten. Möglich ist auch, daß der Betrieb einschließlich Wartung und Instandhaltung vom Contractor übernommen wird.

Diese Modelle werden von den Betrieben und öffentlichen Einrichtungen jedoch nur sehr zögernd angenommen, am ehesten noch von größeren Unternehmen, Kommunen und Landesverwaltungen. Betriebe in Gewerbe und Dienstleistung können sich oft nicht vorstellen, daß Dritte in ihren Betrieben tätig werden und Teile ihrer Einrichtung, z. B. der Heizraum oder der Wärmeerzeuger, in deren Eigentum übergehen, es sei denn, überzeugende Wirtschaftlichkeitsnachweise für solche Lösungen wären gegeben. Kommunen würden ein Betreibermodell im Prinzip akzeptieren, wenn sie nicht selbst über ausreichend Fachleute für den Anlagenbetrieb verfügen. Allerdings präferieren sie als Contractor häufig ihren lokalen Energieversorger, aber nur wenige Versorgungsunternehmen bieten derartige Dienstleistungen an.

Am ehesten liegen Erfahrungen bisher mit dem Contracting bei großen Kraft-Wärme-Kopplungsanlagen und Blockheizkraftwerken vor, die meist von Energieversorgern betrieben werden, womit bisher energierechtliche Probleme der Stromeinspeisung vermieden werden konnten. Eine Initiative für kleinere Anbieter von Wärmedienstleistung durch Heizungsfirmen, Installateure und Ingenieurbüros erfolgte durch den Verband für Wärmelieferung. Jedoch werden von den darin organisierten Wärmelieferanten bisher hauptsächlich Wohngebäude versorgt. Betriebsgebäude sind nur selten vertreten, obwohl sich gerade auch für die gemischte Nutzung von Gebäuden, z. B. durch Läden, Werkstätten, kleine Büros und Wohnungen eine qualifizierte fachliche Betreuung z. B. der Heizanlage anbietet, da sich häufig niemand dafür verantwortlich fühlt.

Für die meisten Contracting-Anbieter kommen infolge der hohen Akquisitions- und Transaktionskosten eher größere Projekte und damit größere Betriebe und Einrichtungen als Kunden in Betracht. Der Kleinverbrauchssektor besteht jedoch überwiegend aus kleinen Betrieben. Voraussetzung für die Attraktivität dieser Dienstleistung für die Anbieter ist eine Standardisierung und die Konzentration auf weit verbreitete Querschnittstechnologien. In Frage kommen z. B. Wärmeerzeuger (Heizkessel), kleine Heizkraftanlagen (z. B. für strom- und wärmeintensive Branchen wie Textilreinigung, Gaststätten und Büros), Kälteerzeugung und Beleuchtung.

5.3.2 Energieberatung

Die meisten kleineren Betriebe verfügen nicht über energietechnische Fachleute. Es kann aber auch nicht das Ziel sein, Betriebsleiter zu Energiefachleuten auszubilden, sondern es bedarf einer Motivation der Verantwortlichen, sich einerseits überhaupt mit dem Thema zu beschäftigen und andererseits so weit wie möglich externes Fachwissen zu nutzen, also z. B. einen Energieberater heranzuziehen.

Wie die Befragungsergebnisse zeigen, wurde nur selten eine Energieberatung in Anspruch genommen (20 % der befragten Fälle), und zwar um so weniger, je kleiner die Betriebe sind. Eine Diskussion dieses Themas in den Tiefeninterviews ergab, daß die meisten Beratenen mit dem Ergebnis zufrieden waren, aber nur ein Teil der empfohlenen Maßnahmen dann wirklich umgesetzt wurde. Erfahrungsgemäß genügt es nicht, von außen eine Maßnahme anzustoßen, sondern die Berater können in der Regel nur betriebsintern beabsichtigte Projekte unterstützen oder durch externes Know-how legitimieren. Die meisten Betriebe sehen aber gar keine Notwendigkeit für eine zusätzliche externe Beratung, die über die Beratung hinausgeht, die sie z. B. von Anlagenherstellern, Lieferanten oder Installationsfirmen erhalten.

Seit vielen Jahren stellt das Bundeswirtschaftsministerium Fördermittel für Energieberatungen in Betrieben bereit. Die meisten Betriebe kennen dieses Programm jedoch nicht. Es ist um so bekannter, je größer die Betriebe sind, wobei Großbetriebe die Förderung in der Regel wegen Überschreitens der Umsatzgrenze nicht in Anspruch nehmen können. Zur Zeit werden in diesem Programm knapp 1 Mio. DM jährlich für Energieberatungen ausgegeben; damit können alle eingehenden Anträge bewilligt werden.

Energieversorger bieten in den letzten Jahren verstärkt Förderungen für Energiesparberatungen und -maßnahmen an. Als Beispiele seien das KeSS-Programm der RWE genannt, in dem neben der Industrie auch kleine und mittlere Unternehmen mit Zuschüssen bis zu 10.000 DM je Energiesparberatung gefördert werden, oder das kostenfreie Beratungsprogramm des Badenwerks für Kommunen in seinem Versorgungsgebiet.

Eine weitere richtungsweisende und aufschlußreiche Aktivität im Bereich Energiesparberatung ist das ProVEK-Programm, in dessen Rahmen ein Beleuchtungsservice für Nichtwohngebäude, eine energietechnische Reihenuntersuchung von öffentlichen Gebäuden und branchenspezifische Energiesparberatungen angeboten wurden. In rund 500 Projekten wurde ein Primärenergieeinsparpotential von 55.000

MWh/a ausgewiesen, das sich zu 62 % auf Brennstoffe und zu 38 % auf elektrische Energie aufteilt. Als spezifische Beratungs- und Mobilisierungskosten seitens des EVU wurden in diesem Programm 0,3 Pf/kWh ermittelt (Layer/Schwaiger 1996).

Gerade für kleine und mittlere Betriebe und für Branchen mit geringen Energiekostenanteilen ist die Förderung der Energieberatung ein wichtiges Instrument. Große oder energieintensive Betriebe haben in der Regel eigene Energiefachleute, die ausreichend informiert sind, oder sie schalten für konkrete Projekte ohnehin Planungsbüros ein. Kleinere Betriebe haben dagegen – auch bei Inanspruchnahme eines Förderprogramms – erhebliche Transaktionskosten, z. B. für die Suche nach einem geeigneten Berater, Beschäftigung mit dem Thema, Verwaltungsaufwand für die Antragstellung etc.

Als Beratungsgrundlage kann außer der VDI-Richtlinie 3922 „Energieberatung für Industrie und Gewerbe" auch der „Leitfaden für das betriebliche Energiemanagement" dienen, den die Forschungsstellte für Energiewirtschaft (FfE) im Auftrag des Umweltbundesamtes erstellt hat (Fink u. a. 1997). Darin werden Grundbegriffe erläutert, die Vorgehensweise einer effizienten Energieberatung geschildert und die wichtigsten Stichpunkte in Form einer Checkliste zusammengefaßt. Auf diesen Leitfaden wurde mit Hilfe des bayerischen Energienetzwerks „Bayerisches Energie-Forum" aufmerksam gemacht. Er wird seither insbesondere von kleinen Betrieben und Ingenieurbüros rege nachgefragt.

5.3.3 Energieanalysen und Benchmarking

Voraussetzung für die Durchführung von Energieeffizienz-Maßnahmen ist eine energietechnische Bestandsaufnahme. Ein erster Schritt hierzu ist die Analyse des gesamtbetrieblichen Energieverbrauchs und der Energiekosten. Daß in den untersuchten Betrieben die Transparenz des Verbrauchs und der Kosten gering ist, zeigten die Schwierigkeiten, die bei der Erhebung auftraten. Die meisten Betriebe benötigen eine praxisnahe Anleitung, z. B. einen vorbereiteten Erhebungsbogen oder ein Computer-Programm, z. T. sogar eine externe Beratung bei der Durchführung der Bestandsaufnahme.

Zur Beurteilung der mittels einer solchen Analyse erhobenen Daten sind Vergleichswerte erforderlich, z. B. energietechnische Kennzahlen anderer Betriebe der Branche. Ein einzelner Betrieb könnte damit seinen eigenen Standort bestimmen. Erste Ansätze des unter dem Begriff „Benchmarking" bekannt gewordenen anonymen Firmenvergleichs von Energieverbräuchen und -kosten in Deutschland wurden vom VDMA (Verband deutscher Maschinen- und Anlagenbau) entwickelt und seit mehr als zwei Jahren mit Erfolg erprobt. Dieses Instrument bietet sich insbesondere für Branchen mit relativ homogenen Energieverbrauchsstrukturen an, z. B. Lebensmittelhandel, Hotels, Gaststätten, Wäschereien und Chemisch-Reinigungen. Energiekennzahlen können sich auf betriebswirtschaftliche Größen beziehen, z. B. Wärme-, Kälte- oder Stromverbrauch pro Betriebsfläche, Mitarbeiter oder Umsatz, auf die Kosten gemessen am Verbrauch oder auch auf einzelne Verwendungszwecke und Prozesse. Durch den Branchenvergleich mittels differenzierter Kennzahlen erfährt der individuelle Betrieb, in welchen Bereichen er zu den „Besseren" und zu den „Schlechteren" gehört. Dies ist eine wesentliche Voraussetzung, um Schwachstellen und Handlungsbedarf zu erkennen.

Durch die Ergebnisse der Breitenerhebung wurden solche Kennwerte verfügbar gemacht. Nunmehr sind Initiativen der Wirtschaftsverbände notwendig, um das Instrument des Benchmarking flächendeckend einzuführen. Dies wird unter anderem ein Thema auf dem geplanten Workshop sein.

5.3.4 Weiterbildungsangebote

Die branchenbezogenen Broschüren, die im Rahmen des Projektes erarbeitet wurden (vgl. Kapitel 5.2), sind Teil eines öffentlich geförderten „Impulsprogramms", das Technologien und Erkenntnisse zur rationellen Energienutzung an die Berufspraktiker vermittelt. Hierzu gehören neben Entscheidungsträgern und Technikern in Betrieben und öffentlichen Einrichtungen auch Planer und Installateure. Im Zuge dieser Programme werden auch Überlegungen angestellt, wie man die Zielgruppen zum Besuch von Kursen motivieren kann. Argumente sind beispielsweise eine generelle Steigerung der Effizienz im Unternehmen durch effiziente Energienutzung, eine Energiekosteneinsparung, die teilweise bis zu den Gewinnmargen reicht, die Leistung eines Beitrags zum Umwelt- und Klimaschutz sowie Qualifikation und sichere Arbeitsplätze für Planer und Installateure durch Fortbildung auf zukunftsorientierten Gebieten.

Bei den Fortbildungsangeboten muß zwischen verschiedenen Zielgruppen unterschieden werden: Für die Führungsebene sind motivierende Argumente, grundsätzliche Hinweise auf die Machbarkeit und Wirtschaftlichkeit energiesparender Maßnahmen, Entscheidungshilfen und von Berufskollegen vorgetragene beispielgebende Erfahrungen aus der Praxis erforderlich, während Planern, Betriebstechnikern und Handwerkern die Planung und Ausführung von Maßnahmen sowie der energiegerechte Betrieb von energierelevanten Anlagen vermittelt werden muß.

Auch die Impulsprogramme, die sich zunächst auf Stromanwendungen konzentrieren wollten, wie bei RAVEL Schweiz oder in Hessen, erkannten bald – insbesondere für die Zielgruppe Industrie und Gewerbe – den Bedarf an Behandlung des gesamten Energiethemas, vor allem bei Fragen des Energiemanagements, wie z. B. Verbrauchserfassung, Messungen, Erstellung von Energiebilanzen und energietechnischen Analysen und Prioritätenplanung für die Durchführung von Maßnahmen (Huser u. a. 1993).

Wesentlich für den Erfolg eines solchen Impulsprogramms ist es, marktgerechte Themen zu finden, die große Zielgruppen ansprechen und merkliche Potentiale der rationellen Energienutzung erfassen. RAVEL Schweiz verzeichnete die größte Resonanz bei branchenübergreifenden Inhalten, wie etwa Beleuchtung, Umwälzpumpen, Strom im Wärmesektor, komplexe Haustechnik-Anlagen und Wärmepumpen. Probleme gab es dagegen bei Angeboten für spezielle Gewerbezweige im Industrie- und Dienstleistungsbereich. Deshalb ist es erforderlich, branchenbezogene Weiterbildungsangebote mit einem Maßnahmenbündel zu verknüpfen (Broschüren, Beratung, Einbindung von Multiplikatoren, Benchmarking etc.).

5.3.5 Veröffentlichung erfolgreicher Beispiele

In Fachkreisen wird immer wieder betont, daß die Existenz einer oder mehrerer Referenzanlagen eine wichtige Voraussetzung für die Verbreitung einer Technologie darstellt. Besuche von potentiellen Anwendern bei Erstanlagenbetreibern, vielleicht veranstaltet durch den Verband oder die in vielen Bundesländern vorhandenen Energie-Agenturen, sind besonders förderlich für Entscheidungen. Sie bringen verläßliche Auskünfte über Nebeneffekte einer neuen Technik auf die Produktion und Produktqualität oder spezielle Hinweise auf notwendige Anpassungsmaßnahmen und ermöglichen häufig eine genauere Risikoabschätzung. Hersteller könnten Pilotanwender bitten, über ihre Erfahrungen zu publizieren, auf geeigneten Versammlungen der Betriebsleiter einer Branche vorzutragen und für einen Ersterfahrungsaustausch zur Verfügung zu stehen. Außerdem sollten die Fachverbände in regelmäßigen Abständen in ihren Verbandsmitteilungen über erfolgreiche Beispiele der rationellen Energieanwendung berichten.

5.3.6 Energieeffizienz-Preise

Eine Prämierung energieeffizienter Lösungen gibt es in Deutschland in Form des Eta-Wettbewerbs „Strom & Innovation" auf nationaler Ebene, getragen von der Vereinigung deutscher Elektrizitätswerke (VDEW) unter Beteiligung regionaler Stromversorger. Prämiert werden herausragende, zukunftsorientierte Lösungen bei elektrischen Produktionsverfahren, u. a. zur Verminderung des spezifischen Energieeinsatzes, aber auch zur Verbesserung der Umwelt- und Arbeitsbedingungen, der Produktqualität und zur Reduzierung der spezifischen Produktionskosten. Auf internationale Ebene wird der Wettbewerb von UNIPEDE, dem gesamteuropäischen Verband der Elektrizitätswirtschaft. Ein sehr motivierendes Verfahren wäre die Auslobung speziell für kleine und mittelgroße Betriebe, z. B. anläßlich einer Energieeffizienz-Tagung, einer größeren Fachmesse oder branchenspezifischer Veranstaltungen.

In Japan wird jährlich ein Energieeffizienzpreis für etwa 20 Unternehmen vergeben. Diese Aktion wird vom „Zentrum für Energieeinsparung" getragen, das in etwa die Rolle des deutschen Verbandes der Energieabnehmer und der Energieagenturen in einer einzigen Institution vereinigt. Die Auslobung dieses Energieeffizienzpreises erfolgt sowohl auf dem Niveau der neun Regionen Japans als auch auf nationaler Ebene (The Energy Conservation Center 1992). Da das Energiesparzentrum mit seinen neun regionalen Geschäftsstellen, einem umfangreichen Beratungsangebot, seinen mehr als 6.000 Firmenmitgliedern und einem großen Fortbildungsangebot in der Industrie sehr bekannt ist, bereitet es auch keine Probleme, hinreichend Bewerber für den Energieeffizienzpreis zu bekommen, was bei den deutschen Wettbewerben der Strom- und Gaswirtschaft nicht so einfach ist. Insgesamt werden jährlich 50 Preise ausgelobt, davon ein Teil vom MITI (Minister für internationalen Handel und Industrie). Die Preise werden anläßlich einer großen Fachtagung und Fachmesse zur rationellen Energienutzung im „Energiesparmonat" des Jahres vergeben (Energy Conservation Center 1992). Alle prämierten Bewerbungen werden in der Fachtagung durch Referate ausführlicher bekannt gemacht, die wegen der Fachmesse auf kompetente und zahlreiche Zuhörer treffen.

5.3.7 Energiesparwochen

Das Ressort „Dienstleistung" des Schweizer Programms „Energie 2000" hat in Dienstleistungsbetrieben, z. B. Banken, Versicherungen, Handel, öffentlichen Verwaltungen, Energiesparaktionen initiiert, die mit Unterstützung des Ressorts bei den Betrieben und Ämtern durchgeführt werden. Sie dienen dazu, ein Bewußtsein für Energieverbrauch und Energieeffizienz bei den Mitarbeitern zu schaffen und geben gleichzeitig Anlaß für eine Bestandsaufnahme der bisherigen und geplanten energiesparenden Investitionen sowie organisatorischen Maßnahmen wie Energie-Controlling etc. Im Rahmen solcher „Energiesparwochen" werden die Mitarbeiter intensiv informiert, ggf. geschult, es werden Energieeffizienz-Preise vergeben und es erfolgen Rückmeldungen über die eingesparte Energie. Erfahrungen zeigen, daß nach Ende der Aktionswochen die Einsparerfolge zwar zurückgehen, der Energieverbrauch aber dennoch auf niedrigerem Niveau als vor der Maßnahme bleibt. Zur Zeit wird eine solche Pilotaktion im Impulsprogramm RAVEL in Nordrhein-Westfalen in einem Unternehmen des Einzelhandels durchgeführt.

5.3.8 Weitere Maßnahmen

Einige weitere energiepolitische Maßnahmen könnten unterstützend wirken. **Energie- oder CO_2-Abgaben** würden die Wirtschaftlichkeit von Investitionen zur rationellen Energienutzung erhöhen. Wenig energieintensive Branchen legen allerdings wegen der niedrigen Energiekostenanteile so wenig Augenmerk auf den Energieaspekt, daß bei ihnen eine doch relativ geringfügige Erhöhung der Energiekosten durch Steuern, die innerhalb der ohnehin vorhandenen Energiepreisschwankungen liegt, nur wenig Wirkung zeigen dürfte. Die Lenkungswirkung hängt von der **konkreten Ausgestaltung** (Höhe, Bemessungsgrundlage, Steuer vs. Abgabe, Ausnahmen, Kompensationsmöglichkeiten etc.) und von ihrer Kombination mit anderen Instrumenten ab. Beispielsweise können die Preissignale durch Informations-, Beratungs- und Weiterbildungsprogramme sowie durch finanzielle Investitionsanreize unterstützt werden. Die Mindeststeuerhöhe müßte sich an den externen Kosten des Energieverbrauchs orientieren (Hohmeyer 1992).

Zuschüsse zu Investitionen werden v. a. von kleinen und mittleren Unternehmen häufig gefordert. Dieses Instrument ist jedoch teuer, die Mitnahmeeffekte sind um so höher, je rentabler die Investition ist. Bei weit entfernt von der Wirtschaftlichkeitsgrenze liegenden Techniken besteht die Gefahr, daß das Augenmerk auf wenig sinnvolle Maßnahmen gelenkt wird und andere, wichtigere Investitionen unterbleiben. Zur Zeit bestehen noch das KfW-Kreditangebot und einige Länderprogramme, z. B. das hessische „Energieanlagen“-Programm, bei dem vorwiegend solche Investitionsbereiche gefördert wurden, die nahe an der Wirtschaftlichkeitsgrenze liegen. Dadurch werden Mitnehmereffekte minimiert und Grenzinvestitionen angeregt.

Kooperative Beschaffung stellt ein energiepolitisches Instrument dar, das auf der Nachfrageseite ansetzt („Demand-Pull“-Strategie): Der Marktanteil der energieeffizientesten Geräte und Anlagen soll gesteigert werden, indem die Kaufkraft gebündelt wird, z. B. durch den Zusammenschluß von Kunden innerhalb einer Branche, einer Region oder auch in öffentlichen Einrichtungen. Gleichzeitig werden dadurch Produktinnovationen zu noch sparsameren Geräten und Anlagen initiiert, da Energieeffizienz als Absatzkriterium wichtiger wird. Der kooperative Beschaffungsprozeß kann dazu beitragen, die Markteinführung und Marktdurchdringung von innovativen, hocheffizienten Techniken zu fördern und deren Verbreitung bei den Energieanwendungen im jeweiligen Verbrauchsbereich zu beschleunigen.

Insbesondere in Schweden und in der Schweiz, aber auch in Deutschland liegen bereits konkrete und erfolgversprechende Erfahrungen mit diesem Instrument vor (Neij 1997; Gruber u. a. 1996; Ostertag u. a. 1997). Es hat sich gezeigt, daß die Voraussetzungen für den Einsatz des Instruments je nach Produkt und Sektor bzw. Branche stark variieren. Dies ist v. a. durch Unterschiede in den typischen Kauf- und Investitionsmustern auf der Nachfrageseite sowie der Verschiedenartigkeit der Absatzwege der betrachteten Produkte begründet. Aus den Ergebnissen der vorliegenden Studie können Hinweise für die Nutzung des Instruments im Kleinverbrauchssektors gezogen werden, da nunmehr Daten über Anlagen-, Maschinen- und Geräteausstattung und ihre Altersstruktur vorliegen.

5.3.9 Fazit

Tabelle 5.3-2 zeigt einen Vorschlag für ein Maßnahmenbündel, das auf den Bedarf der in der vorliegenden Studie behandelten Zielgruppen zugeschnitten ist.

Tabelle 5.3-2: Vorschlag für ein Maßnahmenbündel im Kleinverbrauchssektor

Preispolitische Instrumente und finanzielle Anreize
• CO_2/Energieabgabe unter Orientierung an einer „ökologischen" Steuerreform • Förderung von Investitionen nahe der Wirtschaftlichkeitsgrenze
Förderung von Energiedienstleistungsangeboten
• Eigeninitiativen der Wirtschaft: Organisation von Interessenvertretungen • Angebote der Energieversorger • Ausfallbürgschaften der Öffentlichen Hand
Förderung der Energieberatung
• Kostenlose Initialberatung • Aktives Beratungsangebot • Nutzung von Multiplikatoren
Berufliche Weiterbildung
• Bundesweite Verbreitung der „Impulsprogramme" • Ausdehnung des Branchenspektrums
Information und Motivation
• Energiekennzahlen für Gebäude und Branchen • Veröffentlichung erfolgreicher Beispiele • Auslobung von Energieeffizienz-Preisen • Energiesparwochen
Weitere Maßnahmen
• Energieeffizienz auf kommunaler, Landes- und Bundesebene in eigenen Gebäuden • Contracting-Angebote • Kooperative Beschaffung energieeffizienter Anlagen und Geräte

Angesichts knapper öffentlicher Mittel können nicht alle Fördermaßnahmen gleichzeitig in großem Umfang realisiert werden. Es ist deshalb besonders wichtig, die Multiplikatorfunktion einzelner Zielgruppen und Maßnahmen zu nutzen und insbesondere die Wirtschaft zu Eigeninitiativen zu motivieren. Viele Energieeffizienz-Optionen sind selbst bei den heutigen energiewirtschaftlichen Rahmenbedingungen rentabel, auch wenn sie von vielen Betrieben aufgrund unzureichender Kenntnisse über Risiko- und Wirtschaftlichkeitsanalysen irrtümlich als unrentabel betrachtet werden. Daher ist die Motivation in hohem Maße auch eine Frage der unternehmerischen Kreativität (z. B. Contracting) und betriebsinterner Neuerungen (z. B. Energie-Controlling).

Bei den staatlichen Maßnahmen ist wichtig, daß eine hohe Kontinuität von Programmen erreicht wird, z. B. bei Förderung von Investitionen, Weiterbildung, Beratung und Motivation, damit sich Anwender und Anbieter, z. B. von Energiedienstleistungen, auf einen dauerhaften Markt verlassen können. Es kommt aber auch darauf an, daß die Öffentliche Hand eine Vorreiterrolle bei der erfolgreichen Demonstration neuer Maßnahmen übernimmt, z. B. bei der Inanspruchnahme von Energiedienstleistungsangeboten oder bei Beschaffungsprogrammen.

5.5 Ausblick: Datenbedarf und künftige Erhebungen

Alle bisher durchgeführten Detaillierungsstudien zur Energieverbrauchsstruktur im Kleinverbrauch hatten Probleme mit der Heterogenität, der Bandbreite der Unternehmen, der Informationsbeschaffung, ihrer Verarbeitung und Interpretation bei diesem Verbrauchersektor des tertiären Bereichs: Handel, Handwerk, Dienstleistungen, Landwirtschaft u. a. m.

Wieder einmal hat sich gezeigt, daß die Vielzahl der Einzelbranchen und Fragenbereiche sich häufig nicht parallel, sondern erst und nur nacheinander bearbeiten lassen. Eine solche zeitliche Abfolge erfordert daher immer Bearbeitungszeiten von mehreren Jahren und Projektteams, deren verantwortliche Mitarbeiter zur Wahrung der Kontinuität über den gesamten Zeitraum präsent sein müssen. Dies war und ist nur in Grenzen möglich und wird künftig noch schwieriger sein. Aufgabenteilungen, d. h. sukzessive, aufeinanderfolgende und laufend angepaßte Branchenbearbeitungen werden daher künftig zweckmäßiger und von der Handhabung her eher angesagt sein. Dabei stellt sich natürlich die Frage nach der Aktualität solcher, in Turnusabfolge und damit zeitlich um Jahre entkoppelt bearbeiteter, erhobener und untersuchter Branchen.

Aktueller Informationsbedarf und seine Befriedigung wird bei einem solchen Modus auch künftig gegeben und sicherzustellen sein. Eine in Teilschritten vorzunehmende Informationsbeschaffung wäre dabei sicherlich zweckmäßiger, um sich so intensiver und besser mit einzelnen Verbrauchergruppen befassen zu können.

Die Bearbeitung von 4 bis 5 Splits pro Jahr wäre aus heutiger Sicht und gemachten Erfahrungen sicherlich rationeller bewältigbar, dabei zielführend und aktualisierend zugleich in den gesamten Kleinverbrauch integrierbar. Binnen fünf Jahren wäre damit ein Turnus durchlaufbar, der wiederkehrend notwendige, ggf. gar die Chance zu erweiterten Informationen bringt. Dabei wäre auch an einen methodisch geänderten Dialog zwischen befragtem Betrieb und wertender Fachinstitutionen zu denken. Denn nach wie vor klaffen Lücken und bestehen vehemente Wissensdefizite, die methodisch zu schließen sind, wenn anders als bisher praktiziert, vorgegangen würde:

Der Kontakt mit den interviewten Unternehmen muß mit technisch geschultem Personal ermöglicht werden. Die Interviewer der meisten Befragungsinstitute sind den gestellten spezifischen Aufgaben nicht gewachsen. Kontrollen von Fehlangaben oder Falschaussagen können so erst spät vom Fachpersonal erkannt und mit hohem zeitlichem Aufwand berichtigt oder ergänzt werden. Direktkontakte zum befragten Betrieb müssen möglich sein, wenn Qualität der Ausgangsdaten gesichert und zügig ermittelte Arbeitsergebnisse gewährleistet sein sollen; gleiches gilt für eine schnelle praktische Umsetzung von Verbesserungsvorschlägen. Nur so ist bei entdeckter technischer oder betrieblicher Schwachstelle eine Abhilfe möglich.

Die Anonymität befragter Unternehmen muß selbstverständlich nach wie vor gewahrt bleiben. Entsprechender Datenschutz muß gewährleistet sein. Aber es kann nicht der Sinn solcher Erhebungen und gewonnener Erkenntnisse sein, daß bei Auffinden eklatanter Schwachstellen keine Direktinformation und Diskussion mit den Betroffenen anhand ihrer speziellen Rahmenbedingungen möglich ist. So gesehen ist eine modifizierte Vorgehensweise vorzuschlagen und künftig auch vorzusehen.

Die gewonnenen Informationen lassen den Schluß zu, daß viele der Interviewten, wenn man von banalen Fragestellungen zu Beständen einmal absieht, häufig wenig sattelfeste Angaben machen konnten, die nur durch Querchecks und aus anderen Informationen ableitbare Erkenntnisse belastbares Datenmaterial ergaben. Im Gegensatz zur Voruntersuchung belegt die Hauptuntersuchung fundamentale Kenntnismängel. Hilfe durch für solche Erhebungen bestens technisch geschultes Personal oder Einbezug von rechnergestützten Kontrollhilfsmitteln beim Interview ist unverzichtbar.

Kontrollhilfsmittel könnten sein: an die einzelnen Splits angepaßte, parametrisch aufgebaute Verbrauchskennwerte, die eine schnelle Kontrolle von Informationen auf Richtigkeit und Vollständigkeit ermöglichen. Installiert im Laptop mit entsprechender Eingabemaske könnte dies ein sehr rationelles Hilfsmittel für die Datenerhebung, Verbrauchskontrolle und eine erste schnelle Verbraucherberatung sein.

Komplexe Versorgungssysteme, zu denen vor allem die Gebäudekonditionierung mit Klimatisierung, Teilklimatisierung und Zwangslüftung gehören, bleiben den Betreibern hinsichtlich Funktion und Energieverbrauch solange eine rätselhafte Einrichtung, solange Erbauer keine verbindlichen Angaben zu Fahrweise und Energieverbrauch machen. Hier herrschen eklatante Defizite und Einsparmöglichkeiten. Schließlich treten hier nicht nur in Einzelfällen groteske Energieverbräuche auf.

Die Erfassung des Energieverbrauchs der Kleinverbraucher ist überarbeitungswürdig. Die Untersuchung ergab eindeutige Hinweise, daß ein Teil des Energieverbrauchs der Kleinverbraucher im Sektor Haushalte enthalten und dort auch weiter geführt ist. Damit erscheinen die Haushalte gegenwärtig als tendentiell verbrauchsintensiver, die Kleinverbraucher als verbrauchsextensiver – beides Basisinformationen für eine fehlerbehaftete sektorenspezifische Energiesparpolitik. Aufgrund des Strukturwandels der Wirtschaft hin zu einem höheren Dienstleistungsanteil und des Trends zu weniger energieintensiver Produktlinien im Verarbeitenden Gewerbe erhält der Energiebedarf des Sektors Kleinverbrauch – neben dem Verkehr – ein größeres Gewicht. Dieser Entwicklung sollte auch die amtliche Statistik Rechnung tragen.

Ein Zuwarten auf die nächste Detaillierungsstudie in rund 15 Jahren – solange war der zeitliche Abstand zur Vorgängerstudie – wäre energie- und klimapolitisch nicht ratsam und auch beschäftigungs- und industriepolitisch eine verpaßte Chance, eine aktuelle Informationsbasis für diese Politikbereiche und „Benchmarks" für die Betriebe zur Verfügung zu stellen. Trotz der Bemühungen der Bundesregierung, den Aufwand der Betriebe zur Datenbereitstellung für die amtliche Statistik zu reduzieren, sei hier ausdrücklich darauf hingewiesen, daß ein Erhebungskonzept zum Energiebedarf des Kleinverbrauchssektors notwendig ist. Dieser Sektor mit immerhin mehr als 15 % des Endenergieverbrauchs in Deutschland ist eine Terra incognita, während andere Branchen des Verarbeitenden Gewerbes mit wesentlich geringerem Anteil am Energieverbrauch jährlich detailliert berichten müssen. Hier sollte man auch die Empfehlungen des Deutschen Instituts für Wirtschaftsforschung (DIW) sorgfältig prüfen (vgl. Messer/Ziesing 1992; Görgen/Ziesing 1996).

Zusammenfassung

Zielsetzung der Studie

Aktuelle Datenbasis

Aufgabe der Studie war es, den sehr heterogenen Sektor „Kleinverbrauch" im Hinblick auf den Energieverbrauch und die Verwendungszwecke empirisch zu untersuchen. Die letzte repräsentative Erhebung – für Westdeutschland – stammte aus dem Jahr 1982, und für die neuen Bundesländer lagen keine energiestatistischen Daten für den Sektor vor. Daher war die Aktualisierung der Datenbasis als Grundlage für umsetzungsorientierte Maßnahmen in Wirtschaft und Politik dringend geboten.

Detailanalysen und Gesamtüberblick

Der Stand der rationellen Energienutzung war im Kleinverbrauch bisher noch wenig erforscht, Bestandsdaten über energierelevante Nutzflächen, Anlagen und Geräte sowie statistische Erkenntnisse über die energietechnische Situation fehlten gänzlich. Die Ergebnisse der Studie sollen dazu beitragen, daß die unbestritten vorhandenen erheblichen Potentiale zur Energieeffizienz-Verbesserung stärker als bisher ausgeschöpft werden, indem zugleich in die Tiefe gehende Branchen-Detailanalysen und repräsentative Ergebnisse zur Verfügung gestellt werden.

Umsetzungsrelevanz

Zwei konkrete Maßnahmen sollten im Umsetzungsteil der Studie ergriffen werden: die Erarbeitung von Informationsbroschüren zum Energiesparen für einzelne Branchen und die Durchführung eines Workshops für Multiplikatoren, die in die Verwirklichung einer Energieeffizienzpolitik eingebunden werden sollen. Bereits während der Projektarbeit wurden Erkenntnisse aus der Studie für aktuelle Umsetzungsaktivitäten genutzt.

Methodisches Vorgehen

Detailanalysen in homogenen Verbrauchsgruppen

Aus der Vielfalt der Bereiche des Sektors Kleinverbrauch wurden 23 hinsichtlich energierelevanter Gegebenheiten vergleichbare Gruppen gebildet. Die Gliederung sollte mit statistischen Quellen kompatibel sein und es gleichzeitig erlauben, Details zu energierelevanten Anlagen zu erheben. In den 23 Gruppen wurden zunächst Tiefeninterviews, Betriebsbegehungen und energietechnische Analysen durchgeführt, auf deren Basis einzelbetriebliche Energiebilanzen erstellt wurden. Hierbei wurden auch Energiesparaktivitäten und Hemmnisse detailliert angesprochen.

Breitenerhebung bei knapp 3.000 Betrieben

Ein Schwerpunkt der Studie lag auf der persönlichen Befragung von knapp 3.000 Betrieben und öffentlichen Einrichtungen. Diese Erhebung diente dazu, die in den Detailanalysen gewonnenen Erkenntnisse auf eine breite Basis zu stellen und Hochrechnungen auf den gesamten Sektor Kleinverbrauch zu ermöglichen. Dabei wurden Quoten für Branchen und Betriebsgrößen vorgegeben. Die Feldarbeit wurde an ein Marktforschungsinstitut vergeben. Die meist sehr geringen energietechnischen Kenntnisse der Befragten führten zu großen Problemen bei der Datenerfassung und zu einem erheblichen Aufwand für die Plausibilisierung der Angaben und die Fehlerbeseitigung. Die Hochrechnung der Ergebnisse auf den Sektor erfolgte auf der Basis der Arbeitsstättenstatistik und je nach Branche weiteren Indikatoren.

Branchenübergreifende und branchenspezifische Ergebnisse

Qualität der technischen Ergebnisse

Die Befragungsergebnisse erlauben Aussagen über den Energieverbrauch nach Energieträgern, den Nutzenergiebedarf für Raumheizung und Warmwasserbereitung, die Verwendungszwecke von Strom für Beleuchtung, Kühlung, Kälteerzeugung, Kraftmaschinen, den Wärmeverbrauch prozeßtechnischer Anlagen und den Kraftstoffverbrauch für betriebliche Fahrzeuge einschließlich Bauverkehr und landwirtschaftliche Geräte. Der angegebene Energieverbrauch wurde dabei mit den installierten Leistungen, Benutzungsstunden, Gebäudedaten etc. abgeglichen.

Querschnittstechnologien

Ausgewiesen wird zunächst die Gebäudestruktur mit Baualtersverteilung, verwendeten Wandkonstruktionen, v. a. unter Berücksichtigung des Dämmstandards, Verglasung, Kesselleistungen pro Fläche, Baualter der Kessel, zentrale und dezentrale Warmwassererzeugung, Kälteleistungen pro Fläche, installierte Beleuchtungsleistungen pro Fläche und Raumtyp, Helligkeitssteuerungen, Kühl- und Gefrierleistungen sowie Baualtersverteilung der Anlagen, Fahrzeugbestände und Ausstattung der Betriebe mit energierelevanten Bürogeräten.

Energiekennwerte und Schwachstellen

Für Querschnittstechniken wie Kühlanlagen, Heizkessel, Beleuchtung, Bürogeräte und Fahrzeuge wurde die Verteilung von Energiekennzahlen über die befragten Betriebe ermittelt. So konnten branchenübergreifende Schwachstellen identifiziert und Hinweise auf Möglichkeiten zur Verbesserung der Energieeffizienz gegeben werden. Das Schwergewicht der Auswertung von Kennzahlen und Schwachstellen lag allerdings im branchenspezifischen Teil der Untersuchung.

Energiesparaktivität und Hemmnisse

In den Tiefen- und Breiteninterviews wurden die Betriebe auch nach ihrer Energiesparaktivität gefragt. Indikatoren waren z. B. Energie-Controlling im Betrieb, Einschätzung des realisierten und möglichen Einsparpotentials, Inanspruchnahme von Energieberatung und Hemmnisse für energiesparende Investitionen und organisatorische Maßnahmen. Der Informationsstand der meisten Betriebe bei Energiefragen ist gering. Maßnahmen zum Energiemanagement, eine Untersuchung nach energietechnischen Schwachstellen und externe Energieberatung waren um so häufiger anzutreffen, je größer die Betriebe sind. Gut die Hälfte der Befragten war der Meinung, daß die Einsparpotentiale schon ausgeschöpft sind. Die bisherige Energiesparaktivität korreliert bei einem Teil der Branchen ebenfalls mit der Betriebsgröße, nicht aber mit dem – im Kleinverbrauchssektor ohnehin fast durchweg geringen – Energiekostenanteil. Als wesentliche Hemmnisse wurden genannt, daß man bei neuen Anlagen, Maschinen und Geräten nicht auf den Energieverbrauch achten müsse, weil diese ohnehin energieeffizient seien, daß die Energiepreisentwicklung ungewiß sei, verfügbare Mittel in wichtigere Investitionen fließen müßten und zu wenig Zeit für die Beschäftigung mit solchen Fragen bleibe.

Hochrechnung auf den Sektor

Auf der Basis des festgelegten Quotenplans wurden die Brennstoff-, Strom- und Kraftstoffverbräuche absolut und pro Beschäftigten hochgerechnet. Es ergaben sich branchentypische Verbrauchswerte, die mit teilweise anderweitig verfügbaren energiestatistischen Daten verglichen wurden. Der Stromverwendungszweck des Kleinverbrauchssektors wurde nach Beleuchtung, Kraft, Prozeßwärme, Prozeßkälte, Kommunikation und Raumheizung aufgeschlüsselt. Erstmals wurde auch der Energieverbrauch für Verkehrsleistungen von Betrieben des Kleinverbrauchs quantifiziert und differenziert ausgewiesen. In Landwirtschaft und Gartenbau wurde bei der Hochrechnung auch auf die Ergebnisse aktueller Vollerhebungen zurückgegriffen. Insgesamt liefert die plausibilisierte Datenerhebung belastbare Ergebnisse als Grundlage für umsetzungsorientierte Aussagen und Maßnahmen.

Branchenspezifische Erkenntnisse

Die Einzelergebnisse für die definierten 23 Branchen des Kleinverbrauchs werden im Bericht ausführlich dargestellt. Die einzelnen Kapitel liefern die Basis für die Broschüren. Sie enthalten einen Überblick über die Größe und Struktur der Branche, die Energieverbrauchsschwerpunkte, eine Energiebilanz nach Energieträgern und Verwendungszwecken, Möglichkeiten der rationellen Energienutzung und ihre Realisierung in den befragten Betrieben sowie Einzelbeschreibungen typischer Fälle.

Beschäftigte, Brennstoff- und Stromverbrauch der 23 definierten Branchen, Deutschland 1994 (Ergebnisse der Hochrechnung)

	Beschäftigte [1.000]	Absoluter Verbrauch [TWh/a]		
		Strom	Brennstoffe	Kraftstoffe
Metallgewerbe	960	2,33	8,50	10,92
Kfz-Gewerbe	144	0,46	1,96	0,99
Holzbe- und -verarbeitung	209	0,68	4,25	2,36
Papier- und Druckgewerbe	106	0,43	1,35	0,68
Bäckereien/Konditoreien	193	1,18	5,99	1,28
Fleischereien	147	1,03	2,13	0,87
Restliche Nahrungsmittel	27	0,09	0,39	0,37
Wäschereien, Reinigungen	86	0,60	3,37	0,50
Baugewerbe	2.998	2,47	16,87	32,45
Landwirtschaft	794	4,90	20,3	25,20
Gartenbau	273	0,60	6,90	1,02
Einzelhandel	3.065	12,99	35,50	14,54
Großhandel	1.567	7,04	16,25	18,57
Kreditinstitute, Versicherungen	1.039	2,80	7,22	4,27
Beherbergungsgewerbe	354	3,25	10,91	1,02
Gaststätten	856	5,01	11,98	4,32
Verlagsgewerbe	182	0,48	0,70	1,07
Sonst. betriebl. Dienstleistungen	4.014	5,44	23,63	31,99
Org. ohne Erwerbszweck, Heime	1.676	4,27	24,48	2,88
Gebietskörperschaften	4.164	5,92	32,07	2,94
Krankenhäuser	1.059	4,64	15,36	0,13
Schulen	1.271	4,94	27,88	0,05
Bäder	66	1,70	5,56	0,00
Nicht untersuchte Branchen	1.642	13,29	26,73	k. A.
Summe	**26.892**	**86,55**	**310,27**	**158,42**

Quelle: ISI/FfE/TUM 1998

Maßnahmen zur Umsetzung

Branchen-spezifische Broschüren

Im Projektverlauf ergab sich die Gelegenheit, die vorgesehenen Broschüren im Rahmen des IMPULS-Programms Hessen, einer Weiterbildungsinitiative, zu realisieren. Sie dienen zur Motivation der Betriebsleiter und als erster Einstieg in das Thema. Die Einbindung in das IMPULS-Programm garantiert die zielgruppenspezifische und wirksame Verbreitung der Information im Zusammenhang mit Weiterbildungsveranstaltungen und umfassender Öffentlichkeitsarbeit unter Einbindung der Fachverbände.

Vorliegendes Informationsmaterial

In Vorbereitung zur Auswahl der Branchen und zur Erstellung der Broschüren wurden Recherchen über das vorliegende Informationsangebot durchgeführt, das einige Lücken aufwies, die nun aufgefüllt werden sollen. Diese Aktivität beschränkt sich zwar zunächst auf Hessen, geplant ist jedoch die Ausdehnung auf Impulsprogramme in anderen Bundesländern. Die regionale Konzentration wird eher als Vorteil gesehen, da soziale Netzwerke, die für die Diffusion sehr wichtig sind, auf dieser Basis am besten funktionieren.

Workshop mit Multiplikatoren

Um das Material vorzustellen, das mit der Studie erarbeitet wurde, und um Eigeninitiativen der Wirtschaftsorganisationen und anderer Handlungsträger anzustoßen, wurde zum Projektabschluß ein Workshop durchgeführt. Die Teilnehmer wurden über die Art der Ergebnisse und Beispiele für Schwachstellen und Energieeffizienz-Verbesserungen informiert; das Schwergewicht lag auf Praktikabilität und Erfolgsaussichten von Umsetzungmaßnahmen sowie eigenen Ideen der Teilnehmer und der Erörterung eines gemeinsamen Konzepts.

Aktivitäten während der Projektlaufzeit

Zwischenergebnisse der Studie wurden bereits während der Projektlaufzeit für Umsetzungsaktivitäten genutzt. Hierzu gehörte eine Reihe von Fachartikeln für Publikationsorgane der Wirtschaftsorganisationen und Fachzeitschriften über Querschnittsthemen der rationellen Energienutzung und zu einzelnen Branchen. Außerdem wurden Seminare angeboten, bei denen auf Basis der Ergebnisse der Untersuchung und der IKARUS-Datenbank interessierten Betrieben und Beratern ein Hilfsmittel für die Beurteilung der Effizienz energiesparender Maßnahmen zur Verfügung gestellt wird. Auch in die VDI-Richtlinie „Energieberatung" flossen Erkenntnisse aus dem Projekt ein.

Einbindung in ein Maßnahmenbündel

Da meist mehrere Hemmnisse gleichzeitig wirken, ist ein Maßnahmenbündel zur Überwindung erforderlich. Wichtig ist auch, daß eine Vielzahl von Akteuren auf mehreren Ebenen von Politik und Wirtschaft die Botschaft der rationellen Energienutzung vertreten. Dazu werden Maßnahmen vorgeschlagen, die besonders relevant für den Kleinverbrauchssektor erscheinen, z. B. die Förderung von Contracting- und Betreibermodellen, Energieberatung, Energieanalysen und Benchmarking, Weiterbildungsangebote, Veröffentlichung erfolgreicher Beispiele, die Auslobung von Energieeffizienz-Preisen und die Durchführung von „Energiesparwochen" im Betrieb.

Datenbedarf und künftige Erhebungen

Kontinuierliche Studien

Alle bisher durchgeführten Detaillierungsstudien zur Energieverbrauchsstruktur im Kleinverbrauch hatten Probleme mit der Heterogenität, der Bandbreite der Unternehmen, der Informationsbeschaffung, ihrer Verarbeitung und Interpretation. Auch wäre aus Sicht der Nutzer der Ergebnisse eine Aktualisierung in kürzeren Zeitabständen wünschenswert. Deshalb wird vorgeschlagen, jährlich vier bis fünf Branchen zu bearbeiten, so daß der Kleinverbrauchssektor in rund fünf Jahren abgedeckt werden kann.

Fachlich qualifizierte Interviewer

Wegen der erheblichen Probleme für die Erfassung und Auswertung energietechnischer Daten bei den meist wenig informierten Betrieben sollten auch Breitenerhebungen künftig von fachlich geschulten Mitarbeitern der beteiligten Forschungsinstitute durchgeführt werden. Gleichzeitig ergibt sich dadurch die Möglichkeit, im Betrieb eine Art Kurzberatung vorzunehmen.

Energie-Statistik

Schließlich sollte auch die Erfassung des Energieverbrauchs im Kleinverbrauchssektor Eingang in die amtliche Statistik finden, vor allem in der Abgrenzung zum Sektor Haushalte. Aufgrund des Strukturwandels der Wirtschaft hin zu einem höheren Dienstleistungsanteil und des Trends zu weniger energieintensiver Produktlinien im Verarbeitenden Gewerbe erhält der Energiebedarf des Sektors Kleinverbrauch – neben dem Verkehr – ein größeres Gewicht. Dieser Entwicklung sollte auch die amtliche Statistik Rechnung tragen.

Anhang:

Beschäftigtenstruktur und Quotierung

Beschäftigtenstruktur

Für das Jahr 1994 wird eine Gesamtübersicht zu den insgesamt 26,892 Mio. Beschäftigten im Kleinverbrauch (einschließlich tätiger Inhaber) gegeben. Dabei wird nach den untersuchten Branchen (Splits) und Subsplits unterschieden; außerdem sind die nicht untersuchten Bereiche („Strangers") mit insgesmt 1,642 Mio. Beschäftigten aufgeführt. Für die Splits Landwirtschaft, Gartenbau, Krankenhäuser, Schulen und Bäder werden weitere energierelevante Bezugsgrößen angegeben: Ackerfläche, Großvieheinheit, Gewächshaus- und Frühbeetfläche, Planbetten, Schüler und m^2 Beckenfläche.

Quotierung

Die rechte Hälfte der Tabellen enthält die Quotierung der Fallzahlen für die Breitenerhebung, d. h. die Anzahl zu befragender Arbeitsstätten, die erreicht werden muß, um Hochrechnungen durchführen zu können. Die Quotierung erfolgte in den alten Bundesländern nach Split, Subsplit und Betriebsgrößenklasse der Arbeitsstätten, in den neuen Bundesländern lediglich nach Split und Subsplit. In heterogenen Branchen, wie z. B. dem Metallgewerbe, wurde darauf geachtet, daß in einem relativ homogenen Subsplit eine ausreichende Fallzahl für Detailauswertungen gegeben ist. Insgesamt war ein Erhebungsumfang von 2.661 Arbeitsstätten vorgesehen.

Die gewünschte Quotierung konnte nicht in allen Fällen erreicht werden. Einige Quoten waren übererfüllt, einige etwas untererfüllt. Eine Aufstockung der fehlenden Fallzahlen war angesichts der fortgeschrittenen Zeit für die Befragungen nicht mehr vertretbar. Letztlich wurden jedoch mehr Arbeitsstätten erfaßt als ursprünglich geplant: Insgesamt waren es 2.848. Dabei lagen gesicherte oder plausibilisierte Angaben zum Jahresstromverbrauch und den Einsatzschwerpunkte bei 2.717 und zum Brennstoffverbrauch oder Fernwärmeeinsatz bei 2.474 Arbeitsstätten vor. Für allgemeine Angaben und Informationen zur betrieblichen Tätigkeit, Ausstattung und zu Betriebsabläufen konnte auf 2.778 Fragebögen zurückgegriffen werden.

		Anzahl der Beschäftigten [1.000]				**Quotierung** [Anzahl Fälle]					
		Betriebsgrößenklasse				**Betriebsgrößenklasse ABL**				**NBL**	**Summe**
		1 – 4	**5 – 9**	**10 – 19**	**Gesamt**	**1 – 4**	**5 – 9**	**10 – 19**	**Gesamt**		
1) Metallgewerbe	insgesamt				**960**				**99**	**20**	**119**
1 Stahlverformung					47,6				3		
2 Schlossereien / Schweißereien					136,8				5		
3 Reparatur von Landmaschinen					45,5				3		
4 Herstellung von Stahl- u. Metallkonstruktionen					70,3				3		
5 Maschinenbau			99,2	117,9			3	5	8		
6 Herstell. v. elektrotechnischen Erzeugnissen		25,2	31,1	52,0		20	20	20	60	20	
7 Reparatur von Elektrogeräten f. den Haushalt					62,2				3		
8 Herst. v. augenoptischen Erzeugnissen					49,0				3		
9 Herst. v. mediz. und orthopäd. Erzeugnissen					97,8			3	3		
10 Herst. v. Eisen-, Blech- und Metallwaren					99,6				5		
11 Gold- und Silberschmieden					26,0				3		
2) Kraftfahrzeuggewerbe		35,8	55,0	53,1	**144**	20	20	20	**60**	**20**	**80**
3) Holzgewerbe	insgesamt				**209**				**69**	**20**	**89**
1 Säge- und Hobelwerke					27,1				3		
2 Herstellung von Bauelementen aus Holz					77,9		3		3		
3 Herstellung von Holz- und Polstermöbeln		21,5	30,3	29,3		20	20	20	60	20	
4 Herstellung von sonstigen Holzwaren					23,0				3		
4) Druckereien		26,3	34,3	45,4	**106**	20	20	20	**60**	**20**	**80**
5) Bäckereien und Konditoreien	insgesamt				**193**				**63**	**20**	**83**
1 Bäckereien		28,1	79,1	65,9		20	20	20	60	20	
2 Konditoreien					19,6				3		
6) Fleischereien		26,6	67,0	53,5	**147**	20	20	20	**60**	**20**	**80**
7) Sonstiges Nahrungsmittelgewerbe					**27**				**3**		**3**

	Anzahl der Beschäftigten [1.000]				Quotierung [Anzahl Fälle]					
	Betriebsgrößenklasse				Betriebsgrößenklasse ABL				NBL	Summe
	1 – 4	5 – 19	> 19	Gesamt	1 – 4	5 – 19	> 19	Gesamt		
8) Wäschereien und Chemisch-Reinigungen	33,0	29,1	23,9	**86**	20	20	20	**60**	**20**	**80**
9) Baugewerbe insgesamt				**2.998**				**187**	**40**	**227**
1+6 Hoch- und Tiefbau + allgemeiner Tiefbau			591,6				20	20		
2 Hochbau und Fertigbau	24,9	185,9	311,7		20	20	20	60	20	
3 Fertigteilbau im Hochbau				33,0				3		
4 Erdbewegungen und Landeskulturbau				40,6				3		
5 Straßenbau			161,6				10	10		
7 Gerüstbau				21,1				3		
8 Abdichtung Wasser/Feuchte				24,6				3		
9 Abdämmung (Kälte, Wärme, Schall)				55,1			3	3		
10 Stukkerei, Gipserei, Verputzerei				80,8		3		3		
11 Zimmerei, Ingenieur-Holzbau				101,5		5		5		
12 Dachdeckerei		95,5	48,6			5	3	8		
13 Klempner, Gas- u. Wasserinstallation	32,7	97,8	46,0		3	5	3	11		
14 Heizung und Klima		134,4	111,1			5	5	10		
15 Elektroinstallation	48,1	138,0	92,6		3	10	5	18	10	
16 Maler, Tapetenkleber	64,1	151,9	75,8		3	10	5	18	10	
17 Glasergewerbe				26,6				3		
18 Bautischler				91,6		3		3		
19 Fußboden, Fliesen, Platten				110,9		3		3		

	Ackerfläche [1.000 ha]	Tiere* [1.000]	Beschäftigte [1.000]	Quotierung [Anzahl Fälle] ABL Ackerfläche	ABL Tiere*	NBL	Summe
10) Landwirtschaft insgesamt			**794**	**40**	**105**	**40**	**185**
1 Acker 0 – 5 ha	} 17.045			10			
2 Acker 5 – 20 ha				10			
3 Acker mehr als 20 ha				20		20	
4 Rindvieh 10 – 29 Stück		1.652			20		
5 Rindvieh 30 Stück und mehr		13.956			20	20	
6 Schweine 10 – 199 Stück		644			20		
7 Schweine 200 Stück und mehr		1.908			10		
8 Zuchtsauen 10 Stück und mehr		867			10		
9 Legehennen < 3000 Stück		18			10		
10 Legehennen 3.000 Stück und mehr		126			10		
11 Masthähne 100 Stück und mehr		136			5		

	Unterglasfläche [ha]	Beschäftigte [1.000]	Quotierung [Anzahl Fälle] ABL	NBL	Summe
11) Gartenbau insgesamt	**4.033**	**273**	**45**	**20**	**65**
1 Unterglasanbau (Zierpflanzen u. a.)	2.535		20	20	
2 Obst	} 1.138		15		
3 Freilandgemüse					
4 Mehrspartenbetriebe					
5 Baumschulen / Baumschulenerzeugnisse	196		5		
6 Dienstleistungen (Friedhofsgärtn./Grabpflege)	164		5		

* Großvieheinheiten

	Anzahl der Beschäftigten [1.000]				Quotierung [Anzahl Fälle]					
	Betriebsgrößenklasse				Betriebsgrößenklasse ABL				NBL	Summe
	1 – 4	5 – 19	> 19	Gesamt	1 – 4	5 – 19	> 19	Gesamt		
12) Einzelhandel insgesamt				**3.065**				**276**	**40**	**316**
1 Supermärkte	114,1	228,7	290,7		20	20	20	60	20	
2 Brot- und Konditoreiwaren				50,4	3			3		
3 Fleisch (nur Verkauf)				55,1		3		3		
4 Gemüse und Obst				24,4				3		
5 Molkereiprodukte, Fisch				16,2				3		
6 Süßwaren, Kaffee, Tee				23,9				3		
7 Getränke	60,1				3			3		
8 Tabakwaren	36,8				3			3		
9 Non-food Warenhäuser, Kaufhäuser	34,7	41,8	175,7		3	3	20	26		
10 Baumärkte				87,9				10		
11 Textilien, Schuhe (Verkauf)	181,2	200,2	190,3		20	20	20	60	20	
12 Metall, Hausrat, Wohnbedarf	84,6	78,6	67,9		5	5	5	15		
13 Elektro, Musikinstumente	45,1	49,6	24,2		3	5	3	11		
14 Schreibwaren, Papier, Bücher	50,2	50,2	33,4		5	5	3	13		
15 Kosmetik, Farben, Pharma	52,4	168,0			5	10		15		
16 Fahrzeuge, Maschinen, Reifen	50,6	87,3	157,9		5	5	10	20		
17 Blumen	43,7	39,1			3	3		6		
18 Zoologie, Samen				16,8				3		
19 Foto, Feinmechanik				29,0				3		
20 Uhren, Schmuck				49,3				5		
21 Spielwaren, Sportartikel				51,7				5		
22 Kohle, Öl				23,5				3		

	Anzahl der Beschäftigten [1.000]				Quotierung [Anzahl Fälle]					
	Betriebsgrößenklasse				Betriebsgrößenklasse ABL				NBL	Summe
	1 – 4	5 – 19	> 19	Gesamt	1 – 4	5 – 19	> 19	Gesamt		
13) Großhandel insgesamt				**1.567**				**149**	**20**	**169**
1 Getreide, Futtermittel	25,7	37,4	32,4		3	3	3	9		
2 Technische Chemikalien				20,5				3		
3 Kohle, Mineralöl				33,5				3		
4 Erz, Metall, Halbzeuge				60,0			3	3		
5 Holz- und Baustoffe		66,8	88,2			5	5	10		
6 Nahrungs- und Genußmittel	33,3	75,1	156,6		20	20	20	60	20	
7 Textilien, Schuhe				80,8			3	3		
8 Metalle, Kunststoff, Feinkeramik	28,0	64,5	139,2		3	5	10	18		
9 Elektro, Uhren, Optik				36,8				3		
10 Fahrzeuge, Maschinen, technischer Bedarf	35,1	90,8	168,1		3	5	10	18		
11 Pharmazeutische u. kosmetische Erzeugnisse				91,4			5	5		
12 Papier- und Druckerzeugnisse				98,8			5	5		
13 Tankstellen	25,1	40,2			3	3		6		
14 Sonstiger Großhandel				38,8				3		
14) Kreditinstitute und Versicherungen insgesamt				**1.039**				**125**	**20**	**145**
1 Kredit- und Teilzahlungsbanken		46,3	179,2			3	20	23		
2 Sparkassen u. genossenschaftl. Kreditinstitute	45,8	99,6	265,1		20	20	20	60	20	
3 Bausparkassen				22,2				3		
4 Versicherungen		24,9	184,2			3	20	23		
5 Leasing, Leihhäuser, Effekten				28,9				3		
6 Versicherungsmakler und -vertreter	106,3	36,7			10	3		13		

		Anzahl der Beschäftigten [1.000]				Quotierung [Anzahl Fälle]					
		Betriebsgrößenklasse				Betriebsgrößenklasse ABL				NBL	Summe
		1 – 4	5 – 19	> 19	Gesamt	1 – 4	5 – 19	> 19	Gesamt		
15) Beherbergungsgewerbe	insgesamt				**354**				**83**	**20**	**103**
1 Hotels			62,6	128,4			10	20	30	20	
2 Gasthöfe mit Zimmern		41,3	62,6			10	20		30		
3+4 Hotels garni + Pensionen					42,7	20			20		
5 Sonstiges					16,4				3		
16) Gaststätten	insgesamt				**856**				**88**	**20**	**108**
1 Speisewirtschaften, Restaurant		156,8	209,9	83,5		20	20	20	60	20	
2 Imbißhallen					63,1	3			3		
3 Schankwirtschaften, Kneipen		144,8	47,9			10	3		13		
4 Bars, Tanzlokale					41,7				3		
5 Cafes, Eisdielen, Trinkhallen		26,0	40,6			3	3		6		
6 Kantinen					41,8				3		
17) Verlagsgewerbe	insgesamt				**182**				**11**	**3**	**14**
1 Buchverlage					34,9				3		
2 Zeitschriftenverlage					38,0			3	3		
3 Zeitungsverlage und übriges Verlagsgewerbe					108,8			5	5	3	

	Anzahl der Beschäftigten [1.000]				Quotierung [Anzahl Fälle]					
	Betriebsgrößenklasse				Betriebsgrößenklasse ABL				NBL	Summe
	1 – 4	5 – 19	> 19	Gesamt	1 – 4	5 – 19	> 19	Gesamt		
18) Dienstleistungen und freie Berufe insgesamt				**4.014**				**238**	**20**	**258**
1 Friseure	103,3	191,7			10	10		20		
2 Kosmetik	38,8				3			3		
3 Fotografen				14,7				3		
4 Bestattungsinstitute				17,3				3		
5 Sonstige persönliche Dienstleistungen				33,0				3		
6 Schornsteinfegergewerbe				21,7				3		
7 Gebäudereinigung				697,5			20	20		
8 Abfallbeseitigung				42,8				3		
9 Wett- und Lotteriewesen, Lottoannahme				15,3				3		
10 Schaustellerbetriebe				13,4				3		
11 Spielhallen, Clubs				40,6				3		
12 Ärzte, Zahnärzte, Heilpraktiker, Masseure usw.	183,7	506,4			10	20		30		
13 Sonstige Einrichtungen im Gesundheitswesen				56,1				5		
14 Veterinärwesen, Tierärtze				21,2				3		
15 Rechtsanwälte, Steuerberater u. ä.	269,0	415,9	231,3		20	20	20	60	20	
16 Werbung, Public Relations	52,4	33,9	49,2		5	3	3	11		
17 Datenverarbeitung, EDV, Software	40,3	33,9	74,6		3	3	5	11		
18 Sonstige Dienstleistungsunternehmen	54,1	42,7	437,7		5	3	20	28		
19 Vermietung beweglicher Sachen				55,1				5		
20 Grundstücks- und Wohnungswesen, Makler	95,6	55,0	62,3		5	5	5	15		
21 Andere sonstige Dienstleistungen				13,8				3		

	Anzahl der Beschäftigten [1.000]				Quotierung [Anzahl Fälle]					
	Betriebsgrößenklasse				Betriebsgrößenklasse ABL				NBL	Summe
	1 – 4	5 – 19	> 19	Gesamt	1 – 4	5 – 19	> 19	Gesamt		
19) Organisationen ohne Erwerbszweck und Heime insgesamt				**1.676**				**103**	**23**	**126**
1 Kirchen, relig. u. weltanschauliche Vereinig.	65,4	203,3	90,2		20	20	10	50	20	
2 Organisationen der freien Wohlfahrtspflege				181,9			10	10		
3 Organisationen der freien Jugendhilfe				24,8				3		
4 Bildung, Wissenschaft, Forschung, Kultur				53,0				3		
5 Sport und Gesundheitswesen				39,8				3		
6 Gewerkschaften, Parteien, Verbände		79,1	142,6			3	5	8		
7 Private Heime				116,0			3	3		
8 Sonstige Heime		111,2	568,7			3	20	23	3	
20) Gebietskörperschaften und Sozialversicherungen insgesamt				**4.164**				**78**	**20**	**98**
1 Gebietskörperschaften	48,8	266,0	3290,7		20	20	20	60	20	
2 Versicherungen		56,5	285,8			3	10	13		
3 Arbeitsförderung (Arbeitsämter u. ä.)			216,6				5	5		

	Planbetten [1.000]	Beschäftigte [1.000]	Quotierung [Anzahl Fälle]		
			ABL	NBL	Summe
21) Krankenhäuser insgesamt	**618**	**1.059**	**80**	**20**	**100**
1 1 – 100 Betten	30		20		
2 101 – 200 Betten	82		20		
3 201 – 500 Betten	271		20	20	
4 mehr als 500 Betten	235		20		

	Schüler [1.000]	Beschäftigte [1.000]	Quotierung [Anzahl Fälle]		
			ABL	NBL	Summe
22) Schulen insgesamt	**14.043**	**1.271**	**83**	**20**	**103**
1 Schulkindergärten, Grund- und Hauptschulen	5.492		20	20	
2 Behindertenschulen	383		3		
3 Realschulen, Gymnasien, Gesamtschulen	3.840		20		
4 Berufsschulen und Fortbildung	2.471		20		
5 Hochschulen und Universitäten	1.857		20		

	Beckenfläche [1.000 m^2]	Beschäftigte [1.000]	Quotierung [Anzahl Fälle]		
			ABL	NBL	Summe
23) Bäder insgesamt	**4.650**	**66**	**30**		**30**
1 Hallenbäder	995		10		
2 Freibäder	3.655		10		
3 Freizeitbäder			10		

	Beschäftigte [1.000]	Quotierung [Anzahl Fälle]		
		ABL	NBL	Summe
„Strangers“: nicht befragte Wirtschaftszweige	**1.642**	keine Fälle		
Insgesamt im Sektor Kleinverbrauch	**26.892**	**2.195**	**466**	**2.661**

Abbildungsverzeichnis

Seite

Tabellenverzeichnis

Literaturverzeichnis

AEL (Arbeitsgemeinschaft für Elektrizitätsanwendung in der Landwirtschaft e. V.): Mahl- und Mischanlagen im landwirtschaftlichen Betrieb (Heft 7/1992); Entwicklung eines Zuluftkühlsystems für Tierställe in Verbindung mit einer Wärmeaustauschuntersuchung (Manuskript 1/1992a); Elektroinstallation im Gartenbau (Heft 12/1992); Belüften und Lagern von Getreide (Heft 18/1991); Stallüftungsanlagen, Planung Berechnung, Installation (Heft 8/1991); Tabellarium für Elektroenergiedaten im landwirtschaftlichen Betrieb (Bericht 14/1991); Beleuchtung im landwirtschaftlichen Betrieb (Merkblatt 7/1991); Wärmetauscher für den Einsatz in Ställen (Merkblatt 18/1990); Beheizung und Lüftung von Melkständen (Merkblatt 5/1990); Milchkühlung und Wärmerückgewinnung (Merkblatt 21/1986); Warmes Wasser in der Landwirtschaft (Merkblatt 2/o. J.).

Amt für Umweltschutz, Landeshauptstadt Stuttgart: Energiebericht. Fortschreibung für das Jahr 1992. Stuttgart 1993.

Arbeitsgemeinschaft Energiebilanzen: Energiebilanz für die Bundesrepublik Deutschland 1997.

ASUE: BHKW in Krankenhäusern, Arbeitsgemeinschaft für sparsamen und umweltfreundlichen Energieverbrauch e. V. Hamburg o. J.

Balthasar, A.; S. Rieder: Praxisnutzen und wirtschaftliche Auswirkungen von RAVEL bis Ende 1995. Bern: Bundesamt für Konjunkturfragen 1996.

Betrieb & Meister: Wohlgefühl – Komfort durch Deckenstrahlungsheizung. Leinfelden-Echterdingen 1992.

Beyer, A. (Hrsg.): Energiesparen an Schulen. Erfahrungsberichte. Hamburg: Krämer 1998.

BGW: Erdgas in der Textilreinigung. Informationsschrift des Bundesverbands der deutschen Gas- und Wasserwirtschaft. Bonn, o. J.

BINE/FORUM (Hrsg.): Förderfibel Energie. Öffentliche Finanzhilfen für den Einsatz erneuerbarer Energiequellen und die rationelle Energieverwendung. 5. Aufl. Köln: Deutscher Wirtschaftsdienst 1997.

BINE: Rationelle Energieverwendung in öffentlichen Gebäuden. Köln: Verlag TÜV Rheinland 1990.

Bundesinstitut für Sportwissenschaft: Länderübergreifende Sportstättenstatistik. Köln 1988.

Bundesinstitut für Sportwissenschaft; Rationelle Energieverwendung in Hallen- und Freibädern. Köln 1987.

Bundesministerium für Ernährung, Landwirtschaft und Forsten (BML): Statistisches Jahrbuch über Ernährung Landwirtschaft und Forsten 1992. Münster-Hiltrup 1992; 1996; 1997.

Corsten, H.-D.: Erdgasanwendung im Erwerbsgartenbau. Gas 5 (1991), S. 5.

de Baey-Ernsten, H. u. a.: Ferkelheizungen auf dem Prüfstand. Schweinezucht und Schweinemast (SUS) 5 (1995). Münster (Westf.) 1995.

DeCanio, St.: Barriers within Firms to Energy-Efficient Investments. Energy Policy 21 (1993) 9, S. 906ff.

DEKRA: Energiedatenauswertung von Kfz-Autohäusern. Stuttgart 1992.

Deutsche Gesellschaft für das Badewesen e. V.: Bäderbestand in der Bundesrepublik Deutschland. Essen: Wibera 1993.

Deutscher Textilreinigungsverband (DTV): Das Textilreinigungsgewerbe. Zahlen und Fakten 1995. Bonn 1996.

Deutscher Textilreinigungsverband (DTV): Umsätze der Wäschereien und Mietservice-Unternehmen in der BRD für 1995. Bonn 1996.

DHI-Deutsches Handelsinstitut GmbH (Hrsg.): „Handel aktuell ′92“. Köln: DHI 1992.

DIW; EWI, RWI: Detaillierung des Energieverbrauchs in der Bundesrepublik Deutschland im HuK-Sektor nach homogenen Verbrauchergruppen sowie in den Sektoren HuK, Industrie und Verkehr nach Verwendungszwecken. Berlin, Essen, Köln 1982.

DIW; EWI, RWI: Endenergieverbrauch der Bundesrepublik Deutschland. Eine Disaggregierung nach Sektoren, Energieträgern und Verwendungszwecken. Berlin, Essen, Köln 1986.

Ebersbach, K. F. u. a.: Studie über die Möglichkeit der rationalen Energiebedarfsdeckung in Handel und Gewerbe. BMFT-Forschungsbericht T82-077. Eggenstein-Leopoldshafen: Fachinformationszentrum Karlsruhe 1982.

Ebert-Ingenieure: Persönliche Informationen. München 1994.

Ebner, T. u. a.: Kälteanlagen in Lebensmittelmärkten. Graz: Enertec, Technisches Büro für Maschinenbau 1994.

Eicke-Hennig, W. u. a.: Empirische Überprüfung der Möglichkeiten und Kosten, im Gebäudebestand und bei Neubauten Energie einzusparen und die Energieeffizienz zu steigern. Enquête-Studie. Darmstadt 1994.

Enquête-Kommission „Vorsorge zum Schutz der Erdatmosphäre" (Hrsg.): Energie und Klima, Bd. 2: Energieeinsparung, rationelle Energienutzung und –umwandlung. Bonn/Karlsruhe 1990.

ERIK: Energierationalisierung im Krankenhaus Teil I bis III. BMFT-FB-T 86-189, BMFT-03 E-5340-A, Forschungs-Nr. 0335340C. Eggenstein-Leopoldshafen: Fachinformationszentrum Karlsruhe 1986.

Fink, S. u. a.: Leitfaden für das betriebliche Energiemanagement. Forschungsstelle für Energiewirtschaft. München: Selbstverlag 1997.

Fischer, A.; M. Nickel: Markforschung bei Gewerbebetrieben – VDEW-Bäckereibefragung. Elektrizitätswirtschaft 97 (1998) 26, S. 12–16.

Fischer, J.: Förderfibel Energie. Öffentliche Finanzhilfen für den Einsatz erneuerbarer Energiequellen und die rationelle Energieverwendung. Fachinformationszentrum Karlsruhe (Hrsg.). 4. Aufl. Köln: Dt. Wirtschaftsdienst 1995.

Fleißner, E.; E. Thöne: Rationelle Energieanwendung im Kleinverbrauchssektor. Energiewirtschaftliche Tagesfragen 44 (1994) 10.

Frahm, T. u. a.: Verhaltens- und Hemmnisforschung im Bereich Energie. Bericht zum Experten-Seminar am 9. und 10. Juni 1997 in Bonn. Karlsruhe: Fraunhofer-Institut für Systemtechnik und Innovationsforschung 1997.

Geiger, B.: Struktur und Analyse des Energieverbrauchs im Kleinverbrauch der BRD und DDR als Ausgangsbasis für die Verbrauchsentwicklung in den alten und neuen Bundesländern. IKARUS. Instrumente für Klimagas-Reduktionsstrategien. Teilprojekt 5 „Haushalte und Kleinverbraucher". Band 5–03. Forschungszentrum Jülich 1991.

Geiger, B.; Heß, W.: Energieverbrauch in der Bundesrepublik Deutschland. In: Jahrbuch 97 der VDI-Gesellschaft Energietechnik. Düsseldorf: VDI-Verlag 1997.

Geiger, B.; Heß, W.: Energieverbrauch in der Bundesrepublik Deutschland. In: Jahrbuch 98 der VDI-Gesellschaft Energietechnik. Düsseldorf: VDI-Verlag 1998, S. 537-551.

Geiger, B.; W. Heß: Energieverbrauch in der Bundesrepublik Deutschland. In: Jahrbuch 96 der VDI-Gesellschaft Energietechnik. Düsseldorf: VDI-Verlag 1996, S. 495-509.

Gillissen, M. u. a.: Energy Conservation and Investment Behavior of Firms. Utrecht: Dept. of Science, Technology and Society. 1995.

Görgen, R.: Energiestatistik in Deutschland. Aufbau, Problemlagen und Verbesserungsmöglichkeiten. Energiewirtschaftliche Tagesfragen 43 (1993) 7.

Görgen, R; H.-J. Ziesing: Zur Reform der Energiebilanzen. Energiewirtschaftliche Tagesfragen 46 (1996) 1/2.

Gruber, E. u. a.: Evaluation der Verbrauchs-Zielwerte für Elektrogeräte. Bern: Bundesamt für Energiewirtschaft 1996.

Gruber, E.: Handlungsmöglichkeiten zur Überwindung von Hemmnissen in Industrie, Gewerbe und Haushalten. In: Klimaschutz. Global denken – regional handeln. Radebeul: Sächsisches Landesamt für Umwelt und Geologie 1996, S. 30ff.

Gruber, E.; M. Brand: Rationelle Energienutzung in der mittelständischen Wirtschaft. Köln: TÜV Rheinland 1990.

Gülec, T.; Kolmetz, S.; Rouvel, L.: Energieverbrauch öffentlicher Liegenschaften in der Bundesrepublik Deutschland. Hrsg. Forschungszentrum Jülich GmbH. Jülich 1993.

HEA (Hauptberatungsstelle für Elektrizitätsanwendung e. V.): Elektrische Energie im landwirtschaftlichen Betrieb. Frankfurt am Main 1991.

HEA (Hauptberatungsstelle für Elektrizitätsanwendung e.V.): Tips zum Umweltschutz und zur Energieeinsparung in Bäckereien und Konditoreien. Frankfurt am Main 1995.

Heidenreich, T.: Monoschacht-Lüftungssystem im Schweinestall mit Chancen? dlz agrarmagazin 7 (1996). München 1996.

Hennicke, P. u. a.: Interdisciplinary analysis of successful implementation of energy efficiency in the industrial, commercial and service sector. Wuppertal u. a. 1998.

Herbst, S.: Energetische Untersuchung von Gebäuden im Altenheim- und Klinikbereich, HLH, April 1996.

Hessisches Ministerium für Energie und Umwelt: Domotechnika 1992 Wiesbaden 1992.

Hofer, M.; H. Schnitzer: Energiesparen in Österreichs Industrie und Gewerbe – eine empirische Untersuchung. Graz: Technische Universität 1992.

Hohmeyer, O.: Adäquate Berücksichtigung der Eschöpfbarkeit nicht erneuerbarer Ressourcen. In: Identifizierung und Internationalisierung externer Kosten der Energieversorgung. Prognose-Schriftenreihe. Basel 1992.

IKARUS-Technikdatenbank. CD-ROM. Eggenstein-Leopoldshafen: Fachinformationszentrum Karlsruhe 1999.

Information Erdgas: Erdgas Zahlenspiegel für das Bäckerhandwerk. Essen 1995.

ISI u. a.: Analyse von Hemmnissen und Maßnahmen für die CO_2-Minderung. In: Enquête-Kommission (Hrsg.): Energie und Klima. Bonn: Economica 1995.

Jochem u. a.: German Energy Policy in Transition. In: F. McGowan (Hrsg.): European Energy Policies in a Changing Environment. Heidelberg: Physica 1996, S. 57ff.

Jochem, E.: Energieeffizienz ist Chefsache. Energie & Management. Zeitung für den Energiemarkt (1995) 19.

Jochem, E.: Long-term Potentials of Rational Energy Use – The Unknown Possibilities of Reducing Greenhouse Gas Emissions. Energy and Environment 2 (1991) 1.

Kahle, M.; R.-D. Person: Betriebskosten von Hochschulkliniken 1988/89. Hannover: Hochschul-Informations-System 1992.

Kaufmann, U. u. a.: Beim Kühlen Strom sparen. Kühlmöbel im Lebensmittelhandel: IMPULS (Hrsg. Bundesamt für Konjunkturfragen, Bern). (1994) 4.

Kleinhanß, W. W.: Auswirkungen steigender Energiepreise in der Landwirtschaft. Schriftenreihe des BML, Reihe A: Angewandte Wissenschaft, Heft 323. Münster-Hiltrup 1987.

Kolmetz, s. u. a. : Endenergiebedarf raumlufttechnischer Anlagen in Nichtwohngebäuden. Jülich: Forschungszentrum Jülich 1995, S. 44ff.

Kolmetz, S.; L. Rouvel: Energieverbrauch öffentlicher Liegenschaften in der Bundesrepublik Deutschland (alte Bundesländer, 1989). Bericht BMFT TP 5.12.1, München 1992.

Kolmetz,: Endenergiebedarf der privaten Haushalte für Raumheizung und Warmwasserbereitung in der Bundesrepublik, 1994. Forschungszentrum Jülich, S. 49ff.

Kraus, M.: Einzelhandel in der Kostenfalle. In: Energiedepesche: Information für Energieverbraucher (1992) 4.

KTBL (Hrsg.): Energie und Agrarwirtschaft. KTBL-Schrift Nr. 320. Münster-Hiltrup: Kuratorium für Technik und Bauwesen in der Landwirtschaft 1987.

Lamberts/Neumann: Heizölverwender legen deutlich zu, Energiekosten und -verbrauch im Lebensmittel-Einzelhandel 1988/89. In: Dynamik im Handel 12 (1990).

Landwehr, M.; E. Jochem: Stromverbrauch in Elektroantrieben. Karlsruhe: Fraunhofer-Institut für Systemtechnik und Innovationsforschung 1997.

Landwehr, M.; E. Jochem: Stromverbrauch in Elektroantrieben. Analyse technischer, ökonomischer und politischer Aspekte der rationellen Stromnutzung. Karlsruhe: ISI 1997.

Layer, G.; K. Schwaiger: Auswertung und Anmerkungen zum Projekt ProVEK. München: Bayernwerk AG 1996.

Markert, H. O.: Detaillierung und Analyse des Endenergieverbrauchs im Sektor „Kleinverbrauch" der ehemaligen DDR (Vergleichsjahr 1988) nach homogenen Verbrauchergruppen und Verwendungszwecken. Zittau/München: TH Zittau/TU München 1991.

May, E., Hemmnisse bei der Durchführung energiesparender Maßnahmen im Handwerk. Bonn: Institut für Mittelstandsforschung 1984.

Meißler, B.; M. Krüger: Mehrthemenumfrage bei 500 Gartenbaubetrieben mit Unterglaskulturen 1983. BMFT-Forschungsbericht. Eggenstein-Leopoldshafen: Fachinformationszentrum Karlsruhe, 1984.

Messer, R.; H.-J. Ziesing: Aktueller und längerfristiger Bedarf an energiestatitischen Basisdaten. Gutachten des DIW im Auftrag des BMWi. Berlin 1992.

Mielicke, U. u. a.: Forschungs- und Entwicklungsbedarf emissionsarmer Technologien im Nahrungs- und Genußmittelgewerbe. BMFT-Forschungsbericht T85-027. Eggenstein-Leopoldshafen: Fachinformationszentrum Karlsruhe 1985.

Mielicke, U.; A. Schlicher: Nutzung organisatorischer Maßnahmen und einfacher Techniken zur Emissionsminderung im Nahrungs- und Genußmittelgewerbe. Teil 1: Fleischereien. Studie im Auftrag des Bundesministeriums für Umwelt, Naturschutz und Reaktorsicherheit. Karlsruhe: ISI 1987.

Moses: Energiegerechte Sanierung eines Schulgebäudes in Stuttgart-Plieningen. Stuttgart: Fraunhofer-Institut für Bauphysik, Universität Stuttgart 1996.

Neij, L.: Market transformation by technology procurement – The Swedish experience. ENER Bulletin 20 (1997), S. 108ff.

Niethammer, F.: Regelung von Stallventilatoren. Förderkreis Stallklima. Tagung am 1. und 2. Oktober in Kirchheim/Teck 1996.

Oberfinanzdirektion Schleswig-Holstein: Schriftliche Mitteilung. Kiel 1995.

Ostertag, K. u. a.: Procurement as a Means of Market Transformation for Energy Efficient Products. Karlsruhe/Wuppertal: FhG-ISI/Wuppertal Institut 1997.

Prognos: Die energiewirtschaftliche Entwicklung in der Bundesrepublik Deutschland bis zum Jahre 2010. Basel 1989.

Prognos: Die energiewirtschaftliche Entwicklung in der Bundesrepublik Deutschland bis zum Jahre 2010 unter Einbeziehung der fünf neuen Bundesländer. Basel 1991.

Michael, K.: Besonders sparsame Haushaltsgeräte. Auswertung der Domotechnika 1992. Wiesbaden 1992.

Reichert, J. u. a.: Vergleichende Analyse der CO_2-Minderungspotentiale der Bundesrepublik Deutschland und der vorgeschlagenen Maßnahmen seitens verschiedener Institutionen und der Bundesregierung. Reihe „Umweltpolitik" des Bundesministeriums für Umwelt, Naturschutz und Reaktorsicherheit. Bonn 1993.

Roosen, H.-P.: Blockheizkraftwerke im Gartenbau. Gas 4 (1988), S. 88.

Rosenbauer, G.; G. Kraft Wölfel: Kleinst-Blockheizkraftwerke – Betriebserfahrungen, Wirtschaftlichkeit, Emissionen. Energiewirtschaftliche Tagesfragen 48 (1998) 6.

Schaefer, H.; B. Geiger; T. Brunner: Kurzfassung zum Forschungsvorhaben „Senkung energiebedingter klimarelevanter Emissionen in Mitteleuropa durch Beeinflussung der Energieumwandlungs-, Verteilungs- und Bedarfsstrukturen in der BRD, alte und neue Bundesländer". Im Auftrag der Stifung Wald in Not. München: TU München 1993.

Schaefer, H.; B. Geiger; T. Brunner: Senkung energiebedingter klimarelevanter Emissionen in Mitteleuropa durch Beeinflussung der Energieumwandlungs-, Verteilungs- und Bedarfsstrukturen in der BRD, alte und neue Bundesländer. Bonn: Stiftung Wald in Not 1993.

Schulte-Sutrum, R.: Damit Ihre Mastschweine keine „Eisbeine" kriegen. dlz agrarmagazin 11(1996). München 1996.

Sonntag, P.: Kennwerte zur Charakterisierung und Bewertung des energietechnischen Zustandes und des Energieverbrauchs der Gebäude im Nichtwohnbereich. Bericht BMFT TP 5.05.1, Leipzig: Gesellschaft für wirtschaftliche Energienutzung 1992.

Statistisches Bundesamt: Fachserie 2, Unternehmen und Arbeitsstätten, Reihe 1.1: Kostenstruktur im Handwerk, 1990. Stuttgart: Metzler Poeschel 1994.

Statistisches Bundesamt: Fachserie 2: Unternehmen und Arbeitsstätten. Arbeitsstättenzählung vom 25. Mai 1987. Stuttgart/Mainz: Kohlhammer 1990.

Statistisches Bundesamt: Fachserie 3, Land- und Forstwirtschaft, Fischerei: Gartenbauerhebung Teil 1/2. Stuttgart: Metzler Poeschel 1996b.

Statistisches Bundesamt: Fachserie 4, Produzierendes Gewerbe, Handwerkszählung vom 31. März 1995, Heft 3: Ergebnisse für Unternehmen nach ausgewählten Wirtschaftszweigen der Klassifikation der Wirtschaftszweige, Ausgabe 1993. Stuttgart: Metzler Poeschel 1996a.

Statistisches Bundesamt: Fachserie 4, Produzierendes Gewerbe, Reihe 7.1: Beschäftigte und Umsatz , 4. Vierteljahr 1989. Stuttgart/Mainz: Kohlhammer 1990.

Statistisches Bundesamt: Fachserie 4, Produzierendes Gewerbe, Reihe 7.1: Beschäftigte und Umsatz , 4. Vierteljahr 1984. Stuttgart: Metzler Poeschel 1995.

Statistisches Bundesamt: Fachserie 4, Heft 1. Produzierendes Gewerbe, Handwerkszählung vom 31.3.1995. Stuttgart: Metzler Poeschel 1996c.

Statistisches Bundesamt: Statistisches Jahrbuch 1997 für die Bundesrepublik Deutschland. Stuttgart: Metzler Poeschel 1997.

Statistisches Bundesamt: Systematik der Wirtschaftszweige mit Erläuterungen, Ausgabe 1979. Stuttgart/Mainz: Kohlhammer 1980.

Stratos Ventilation GmbH: Firmenprospekte und persönliche Mitteilungen. Nortorf, 1992.

The Energy Conservation Center: ECC Profile 91. Tokio 1992.

Thomas, R.: Wärmen ohne Flamme. Siemens Standpunkt Mai 1992. Berlin/München 1992.

van der Sluis, S. M.: „Energiebesparing door toepassing van een strokengordijn", Energieeinsparung durch Anwendung von Streifenvorhängen; TNO-Milieu en Energie. Apeldorn 1992.

Weber, R.: Gewächshäuser: Energiebedarf halbiert. HR 5 (1991), S. 190.

Zentralverband der Deutschen Geflügelwirtschaft e. V.: Jahrbuch für die Geflügelwirtschaft 1993. Stuttgart 1992.

TECHNIK, WIRTSCHAFT und POLITIK

Schriftenreihe des Fraunhofer-Instituts für Systemtechnik und Innovationsforschung (ISI)

Band 2: B. Schwitalla
Messung und Erklärung industrieller Innovationsaktivitäten
1993. ISBN 3-7908-0694-3

Band 3: H. Grupp (Hrsg.)
Technologie am Beginn des 21. Jahrhunderts, 2. Aufl.
1995. ISBN 3-7908-0862-8

Band 4: M. Kulicke u. a.
Chancen und Risiken junger Technologieunternehmen
1993. ISBN 3-7908-0732-X

Band 5: H. Wolff, G. Becher, H. Delpho S. Kuhlmann, U. Kuntze, J. Stock
FuE-Kooperation von kleinen und mittleren Unternehmen
1994. ISBN 3-7908-0746-X

Band 6: R. Walz
Die Elektrizitätswirtschaft in den USA und der BRD
1994. ISBN 3-7908-0769-9

Band 7: P. Zoche (Hrsg.)
Herausforderungen für die Informationstechnik
1994. ISBN 3-7908-0790-7

Band 8: B. Gehrke, H. Grupp
Innovationspotential und Hochtechnologie, 2. Aufl.
1994. ISBN 3-7908-0804-0

Band 9: U. Rachor
Multimedia-Kommunikation im Bürobereich
1994. ISBN 3-7908-0816-4

Band 10: O. Hohmeyer, B. Hüsing S. Maßfeller, T. Reiß
Internationale Regulierung der Gentechnik
1994. ISBN 3-7908-0817-2

Band 11: G. Reger, S. Kuhlmann
Europäische Technologiepolitik in Deutschland
1995. ISBN 3-7908-0825-3

Band 12: S. Kuhlmann, D. Holland
Evaluation von Technologiepolitik in Deutschland
1995. ISBN 3-7908-0827-X

Band 13: M. Klimmer
Effizienz der computergestützten Fertigung
1995. ISBN 3-7908-0836-9

Band 14: F. Pleschak
Technologiezentren in den neuen Bundesländern
1995. ISBN 3-7908-0844-X

Band 15: S. Kuhlmann, D. Holland
Erfolgsfaktoren der wirtschaftsnahen Forschung
1995. ISBN 3-7908-0845-8

Band 16: D. Holland S. Kuhlmann (Hrsg.)
Systemwandel und industrielle Innovation
1995. ISBN 3-7908-0851-2

Band 17: G. Lay (Hrsg.)
Strukturwandel in der ostdeutschen Investitionsgüterindustrie
1995. ISBN 3-7908-0869-5

Band 18: C. Dreher, J. Fleig M. Harnischfeger, M. Klimmer
Neue Produktionskonzepte in der deutschen Industrie
1995. ISBN 3-7908-0886-5

Band 19: S. Chung
Technologiepolitik für neue Produktionstechnologien in Korea und Deutschland
1996. ISBN 3-7908-0893-8

Band 20: G. Angerer u. a.
Einflüsse der Forschungsförderung auf Gesetzgebung und Normenbildung im Umweltschutz
1996. ISBN 3-7908-0904-7

Band 21: G. Münt
Dynamik von Innovation und Außenhandel
1996. ISBN 3-7908-0905-5

Band 22: M. Kulicke, U. Wupperfeld
Beteiligungskapital für junge Technologieunternehmen
1996. ISBN 3-7908-0929-2

Band 23: K. Koschatzky
Technologieunternehmen im Innovationsprozeß
1997. ISBN 3-7908-0977-2

Band 24: T. Reiß, K. Koschatzky
Biotechnologie
1997. ISBN 3-7908-0985-3

Band 25: G. Reger
Koordination und strategisches Management internationaler Innovationsprozesse
1997. ISBN 3-7908-1015-0

Band 26: S. Breiner
Die Sitzung der Zukunft
1997. ISBN 3-7908-1040-1

Band 27: M. Kulicke, U. Broß
U. Gundrum
Innovationsdarlehen als Instrument zur Förderung kleiner und mittlerer Unternehmen
1997. ISBN 3-7908-1046-0

Band 28: G. Angerer, C. Hipp
D. Holland, U. Kuntze
Umwelttechnologie am Standort Deutschland
1997. ISBN 3-7908-1063-0

Band 29: K. Cuhls
Technikvorausschau in Japan
1998. ISBN 3-7908-1079-7

Band 30: J. Fleig
Umweltschutz in der schlanken Produktion
1998. ISBN 3-7908-1080-0

Band 31: S. Kuhlmann, C. Bättig
K. Cuhls, V. Peter
Regulation und künftige Technikentwicklung
1998. ISBN 3-7908-1094-0

Band 32:
Umweltbundesamt (Hrsg.)
Innovationspotentiale von Umwelttechnologien
1998. ISBN 3-7908-1125-4

Band 33: F. Pleschak, H. Werner
Technologieorientierte Unternehmensgründungen in den neuen Bundesländern
1998. ISBN 3-7908-1133-5

Band 34: M. Fritsch, F. Meyer-Krahmer
F. Pleschak (Hrsg.)
Innovationen in Ostdeutschland
1998. ISBN 3-7908-1144-0

Band 35: Frieder Meyer-Krahmer,
Siegfried Lange (Hrsg.)
Geisteswissenschaften und Innovationen
1999. ISBN 3-7908-1197-1

GPSR Compliance

The European Union's (EU) General Product Safety Regulation (GPSR) is a set of rules that requires consumer products to be safe and our obligations to ensure this.

If you have any concerns about our products, you can contact us on ProductSafety@springernature.com

In case Publisher is established outside the EU, the EU authorized representative is:

Springer Nature Customer Service Center GmbH
Europaplatz 3
69115 Heidelberg, Germany

Batch number: 10815964

Printed by Printforce, the Netherlands